中 国 国 家 标 准 汇 编

2011年修订-27

中国标准出版社　编

中国标准出版社

北　京

图书在版编目(CIP)数据

中国国家标准汇编:2011年修订.27/中国标准出版社编.—北京:中国标准出版社,2012
ISBN 978-7-5066-6959-7

Ⅰ.①中…　Ⅱ.①中…　Ⅲ.①国家标准-汇编-中国-2011　Ⅳ.①T-652.1

中国版本图书馆CIP数据核字(2012)第197823号

中国标准出版社出版发行
北京市朝阳区和平里西街甲2号(100013)
北京市西城区三里河北街16号(100045)

网址 www.spc.net.cn
总编室:(010)64275323　发行中心:(010)51780235
读者服务部:(010)68523946
中国标准出版社秦皇岛印刷厂印刷
各地新华书店经销

*

开本 880×1230　1/16　印张 28.25　字数 767 千字
2012年9月第一版　2012年9月第一次印刷

*

定价 220.00 元

出 版 说 明

1.《中国国家标准汇编》是一部大型综合性国家标准全集。自1983年起，按国家标准顺序号以精装本、平装本两种装帧形式陆续分册汇编出版。它在一定程度上反映了我国建国以来标准化事业发展的基本情况和主要成就，是各级标准化管理机构，工矿企事业单位，农林牧副渔系统，科研、设计、教学等部门必不可少的工具书。

2.《中国国家标准汇编》收入我国每年正式发布的全部国家标准，分为"制定"卷和"修订"卷两种编辑版本。

"制定"卷收入上一年度我国发布的、新制定的国家标准，顺延前年度标准编号分成若干分册，封面和书脊上注明"20××年制定"字样及分册号，分册号一直连续。各分册中的标准是按照标准编号顺序连续排列的，如有标准顺序号缺号的，除特殊情况注明外，暂为空号。

"修订"卷收入上一年度我国发布的、被修订的国家标准，视篇幅分设若干分册，但与"制定"卷分册号无关联，仅在封面和书脊上注明"20××年修订-1，-2，-3，……"字样。"修订"卷各分册中的标准，仍按标准编号顺序排列(但不连续)；如有遗漏的，均在当年最后一分册中补齐。需提请读者注意的是，个别非顺延前年度标准编号的新制定的国家标准没有收入在"制定"卷中，而是收入在"修订"卷中。

读者配套购买《中国国家标准汇编》"制定"卷和"修订"卷则可收齐由我社出版的上一年度我国制定和修订的全部国家标准。

3. 由于读者需求的变化，自1996年起，《中国国家标准汇编》仅出版精装本。

4. 2011年我国制修订国家标准共1 989项。本分册为"2011年修订-27"，收入新制修订的国家标准39项。

中国标准出版社
2012年8月

目　　录

ICS 67.260
X 91

中华人民共和国国家标准

GB/T 26590—2011

粮油机械　重力谷糙分离机

Grain and oil machinery—Gravity paddy separator

2011-06-16 发布　　2011-09-01 实施

中华人民共和国国家质量监督检验检疫总局
中国国家标准化管理委员会　发布

前　言

本标准的附录A为规范性附录。

本标准由国家粮食局提出。

本标准由全国粮油标准化技术委员会归口。

本标准起草单位：国家粮食储备局武汉科学研究设计院、湖北永祥粮食机械股份有限公司。

本标准主要起草人：刘化、杨喜华、王勇强。

粮油机械　重力谷糙分离机

1　范围

本标准规定了重力谷糙分离机的相关术语和定义、工作原理、型号及基本参数、技术要求、试验方法、检验规则、标志、包装、运输和储存要求。

本标准适用于稻谷砻谷后的谷糙分离机。

2　规范性引用文件

下列文件中的条款通过本标准的引用而成为本标准的条款。凡是注日期的引用文件，其随后所有的修改单(不包括勘误的内容)或修订版均不适用于本标准，然而，鼓励根据本标准达成协议的各方研究是否可使用这些文件的最新版本。凡是不注日期的引用文件，其最新版本适用于本标准。

GB/T 120.2　内螺纹圆柱销　淬硬钢和马氏体不锈钢

GB/T 191　包装储运图示标志

GB/T 700　碳素结构钢

GB 1350—2009　稻谷

GB/T 3768　声学　声压法测定噪声源声功率级　反射面上方采用包络测量表面的简易法

GB 5226.1　机械电气安全　机械电气设备　第1部分:通用技术条件

GB/T 5495　粮油检验　稻谷出糙率检验

GB/T 13306 标牌

GB/T 15055—2007　冲压件未注公差尺寸极限偏差

GB/T 24854　粮油机械　产品包装通用技术条件

GB/T 24855　粮油机械　装配通用技术条件

GB/T 24856　粮油机械　铸件通用技术条件

GB/T 24857　粮油机械　板件、板型钢构件通用技术条件

GB/T 25218　粮油机械　产品涂装通用技术条件

GBZ 158　工作场所职业病危害警示标识

3　术语和定义

下列术语和定义适用于本标准。

3.1

重力谷糙分离机　gravity paddy separator

利用稻谷和糙米之间密度、粒度及表面摩擦系数的差别，通过增加自动分级来分离稻谷和糙米的设备。

3.2

回砻谷　re-husking paddy, unhusked rice

经谷糙分离机分出的需返回砻谷机再次脱壳的稻谷。

3.3

谷糙混合物　mixture of paddy and husked rice

砻下物经分离谷壳后的糙米和未脱壳稻谷的混合物。

3.4

回流量　capacity of returns

经谷糙分离机分出的还需循环分选的谷糙混合物的流量,以千克每小时(kg/h)表示。

3.5

回流比　returns ratio

回流量对净糙产量的质量百分比。

3.6

回砻量　capacity of returns to husker

经谷糙分离机分出的回砻谷的流量,以千克每小时(kg/h)表示。

3.7

净糙含谷　paddy content in clean husked rice

每千克糙米中含未脱壳稻谷的数量,以粒每千克(粒/kg)表示。

3.8

回砻谷含糙率　percent husked rice in paddy returns to sheller

回砻谷中含糙米的质量分数。

3.9

含稻壳率　percent of husk content

砻下物经谷壳分离后的混合物中含稻壳的质量分数。

4　工作原理

根据稻谷和糙米之间密度、粒度及表面摩擦系数的差别,利用双向倾斜、往复运动的分离板之作用,加大谷糙混合物的自动分级,从谷糙混合物中分离出纯净的糙米。

5　型号及基本参数

5.1　型号编制方法

按附录A执行。

5.2　基本参数项目

基本参数项目包括:型号规格、生产能力、电机功率、转速、分离板层数、纵向和横向倾角、外形尺寸,在使用说明书中应明确标明。

6　技术要求

6.1　一般要求

6.1.1　重力谷糙分离机应符合本标准的要求,并按经规定程序批准的图样和技术文件制造。

6.1.2　原材料、外购件、外协件等应附有合格证,经验收合格后才能使用。

6.1.3　板件板型钢构件按GB/T 24857的规定执行。

6.1.4　分离板材料为冷轧板或不锈钢板,材料机械性能应符合GB/T 700及GB/T 120.2的规定。

6.1.5　分离板表面形状分为袋孔式和凸台式两种,尺寸应符合图纸要求,前后排袋孔或凸台应错开均匀排列,其高度误差和中心距误差按GB/T 15055—2007中规定的m级。

6.1.6　铸件应按GB/T 24856的规定执行。

6.1.7　装配应按GB/T 24855的规定执行。

6.1.8　产品涂装按GB/T 25218的规定执行。

6.2　机械性能要求

6.2.1　各传动轴应转动灵活,运转正常平稳,无异常振动、声响。

6.2.2 支承部装的刀口与刀口座之间不应有间隙，各支承点应加润滑脂。

6.2.3 各调节装置应灵活、准确、可靠。

6.2.4 正常运行时，空载噪声不大于 82 dB(A)。

6.2.5 正常运行时，轴承部位温升(工作温度与环境温度的差值)不高于 30 ℃，最高温度不高于 75℃。

6.3 工艺性能要求

当所加工的稻谷符合 GB 1350—2009 规定的三等稻谷时，其工艺性能指标应达到表 1 的要求。

表 1 重力谷糙分离机性能指标

项　目		指　标
净糙含谷量/(粒/kg)	≤	10
回砻谷含糙率/%	≤	10
回流比/%	≤	50

6.4 安全要求

6.4.1 安全警示标志应符合 GBZ 158 的规定。

6.4.2 传动或转动装置应安装防护罩。

6.4.3 电气设备的安全应符合 GB 5226.1 的规定。

6.4.4 在产品使用说明书中应详细表述设备在使用、检修、维修过程中应注意的安全事项。

7 试验方法

7.1 试验条件和要求

7.1.1 试验场地和样机安装，应能满足性能试验各项测定的需要。

7.1.2 样机的操作和测定、检验工作，均应配备固定的熟练人员。

7.1.3 试验用仪器、仪表，使用前均应校验合格。

7.1.4 按下列要求准备净谷，由胶辊砻谷机脱壳，提供脱壳率、含稻壳率符合要求的谷糙混合物作为试验原料：

a) 品种与水分：符合 GB 1350—2009 规定；

b) 各类稻谷内混入其他类稻谷的总限度不大于 10%；

c) 根据试验需要，每一品种同一批原料，数量应备足；

d) 脱壳率：80%～85%；

e) 含稻壳率：应不大于 0.8%。

7.1.5 按照样机工艺流程要求，配用相应的提升机，应使各种回本机物料连续、均匀地回入。

7.2 机械性能测定

7.2.1 检测机械性能时，每台产品空运转时间不应少于 30 min。

7.2.2 噪声的测定：按照 GB/T 3768 的规定进行，测量点位于距机器表面 1 m，距地面高度 1.5 m 的前、后、左、右四点，取其平均值为噪声值。

7.2.3 轴承温升的测定：试验结束时用测温计或其他测定仪测定各轴承外壳表面温度，并记录试验场所室温，计算轴承温升。

7.3 工艺性能测定

7.3.1 试验要求

性能试验应在样机满负荷条件下进行，每次试验时间不少于 1 h。

7.3.2 取样及样品处理

7.3.2.1 取样：在 1 h 试验时间内，对进机原料、出机净糙、出机回砻谷，分别取样三次。第一次取样时间在试验开始后 10 min 左右，以后每隔 15 min 取样一次。每次取样时，先同时取净糙和回砻谷样，而后取进机原料样(若有回料,应在并入之前取样)。每一取样点每次连续取样两份,每份样质量除净糙约1 500 g外,其余均为500 g左右,一份作为原始样,一份作为平行样。同一取样点的三份原始样混合均匀后,即为该点的检测样品;各取样点的三次平行样不应混合,应分开保管备查,待试验结束核对无误后方可处理。

7.3.2.2　净糙产量和回砻谷流量测定:在第一、二次(或二、三次)取样之间,在净糙出口与回砻谷出口处横断面各接取二次物料,每次1 min,当二次误差值不超过5%时,取得的净糙米和回砻谷称量后折算成小时产量(流量)。

7.3.2.3　回流量测定:在第三次取样完毕后,在回流料出口处接取物料,时间30 s。若回流料有二路回料的,则先接取后路回料,再接取前路回料,分别称量后相加,折算成小时流量。

7.3.2.4　进机原料:了解进机原料的稻谷品种、产地、等级、粳籼互混等,测定出糙率、水分,并检验脱壳率、含稻壳率。出糙率按GB/T 5495测定。水分按GB/T 5495测定。脱壳率、含稻壳率的检验:从进机原料的平均样品中分取试样约100 g,用手拣出糙米、稻谷和稻壳,分别称量。由式(1)和式(2)计算脱壳率及含稻壳率。

7.3.3　各项指标的计算

7.3.3.1　脱壳率按式(1)计算:

$$\delta_t = \frac{Q_c}{Q_c + Q_g k} \quad \cdots\cdots (1)$$

式中:

δ_t——脱壳率,%;

Q_c——试样中糙米质量,单位为克(g);

Q_g——试样中未脱壳稻谷质量,单位为克(g);

k——出糙率,%。

7.3.3.2　含稻壳率按式(2)计算:

$$\delta_k = \frac{Q_k}{Q} \quad \cdots\cdots (2)$$

式中:

δ_k——谷糙混合物中含稻壳率,%;

Q——试样质量,单位为克(g);

Q_k——谷糙混合物中稻壳质量,单位为克(g)。

7.3.3.3　净糙含谷(指未破壳饱满稻谷粒,下同)的计算:

从净糙检测样品中,分取试样约1 000 g,拣出稻谷粒,数其粒数,即每千克含谷粒数(粒/kg)。

7.3.3.4　回砻谷含糙率的计算:

从回砻谷检测样品中,分取试样约100 g,拣出糙米,称量,按式(3)计算:

$$\delta_s = \frac{Q_s}{Q} \quad \cdots\cdots (3)$$

式中:

δ_s——回砻谷含糙率,%;

Q_s——糙米质量,单位为克(g);

Q——试样质量,单位为克(g)。

7.3.3.5　回流比的计算:

回流量与净糙产量的质量分数,按式(4)计算:

$$\delta_h = \frac{Q_h}{Q} \qquad \cdots\cdots(4)$$

式中：

δ_h　　回流比，%；

Q_h——回流量，单位为千克每小时(kg/h)；

Q——净糙产量，单位为千克每小时(kg/h)。

7.4　其他要求和参数测定

6.1、6.2和6.4中引用标准要求的按其标准规定测定方法检验，其他要求的检测采用常规方法或目测。

8　检验规则

8.1　检验分类

分为出厂检验和型式检验两类。

8.2　出厂检验

8.2.1　每台出厂产品应进行检验，产品合格后，方可出厂。

8.2.2　出厂检验项目按6.1、6.2、6.4的规定检验。

8.3　型式检验

8.3.1　有下列情况之一的应进行型式检验：

a)　新产品投产；

b)　产品投产后，在材料、工艺有较大改动，可能影响产品性能；

c)　产品停产一年以上，恢复生产；

d)　连续生产三年；

e)　出厂检验结果与上次型式检验有较大差异时；

f)　国家有关质量管理部门提出检验要求。

8.3.2　型式检验项目按第7章的规定检验。

8.3.3　型式检验采取随机抽样，抽样数为5%，但不少于2台。

8.4　判定规则

8.4.1　型式检验结果应符合第6章的规定。

8.4.2　对任一台或任一项检验不合格，允许修复一次后，加倍抽样复验，以复验结果为准。若仍不符合规定，则判定为不合格。

9　标志、包装、运输和储存

9.1　标志

9.1.1　在明显位置固定产品标牌，标牌内容按GB/T 13306执行。

9.1.2　外包装的包装储运图示标志按GB/T 191执行。

9.2　包装

9.2.1　按GB/T 24854执行。

9.2.2　随机文件和备件：

——使用说明书；

——检验合格证；

——装箱单；

——备件和附件(根据需要可省略)。

9.3　运输

9.3.1　运输方式可按供需双方商定或商业惯例办理。

9.3.2 裸装产品在运输途中应遮盖。

9.3.3 运输过程中的吊卸、装载应按照外包装的图示标志进行。

9.4 储存

9.4.1 室内存放时，通风良好，应防潮。

9.4.2 露天存放时，应防潮、防雨、防晒、防风。

附 录 A
（规范性附录）
型号编制方法

A.1 型号编制方法

重力谷糙分离机型号由专业代号、品种代号、型式代号和规格代号四部分组成。

```
M   GC   Z   □×□×□
|   |    |     |
|   |    |     └——主要规格：分离板宽度(cm)×层数(层)×筛船数(个)
|   |    └————————型式：Z，表示重力式
|   └—————————————品种：GC，表示谷糙分离机
└—————————————————专业：M，表示碾米机械设备
```

A.2 示例

MGCZ40×20×2：表示分离板宽度为40 cm，层数为20层，筛船数为2的重力谷糙分离机。

ICS 67.260
X 91

中华人民共和国国家标准

GB/T 26591—2011

粮油机械　糙米精选机

Grain and oil machinery—Husked rice separator

2011-06-16 发布　　　　2011-09-01 实施

中华人民共和国国家质量监督检验检疫总局
中国国家标准化管理委员会　发布

前言

本标准的附录 A 为规范性附录。

本标准由国家粮食局提出。

本标准由全国粮油标准化技术委员会归口。

本标准起草单位:国家粮食储备局武汉科学研究设计院、湖北永祥粮食机械股份有限公司。

本标准主要起草人:龙继英、石定秒、王辉。

粮油机械　糙米精选机

1　范围

本标准规定了糙米精选机的有关术语和定义、工作原理、型号及基本参数、技术要求、试验方法、检验规则、标志、包装、运输和储存要求。

本标准适用于糙米清理、分级用的糙米精选机。

2　规范性引用文件

下列文件中的条款通过本标准的引用而成为本标准的条款。凡是注日期的引用文件，其随后所有的修改单(不包括勘误的内容)或修订版均不适用于本标准，然而，鼓励根据本标准达成协议的各方研究是否可使用这些文件的最新版本。凡是不注日期的引用文件，其最新版本适用于本标准。

GB/T 191　包装储运图示标志

GB/T 3768　声学　声压法测定噪声源声功率级　反射面上方采用包络测量表面的简易法

GB 5226.1　机械电气安全　机械电气设备　第1部分:通用技术条件

GB/T 13306　标牌

GB/T 24854　粮油机械　产品包装通用技术条件

GB/T 24855　粮油机械　装配通用技术条件

GB/T 24856　粮油机械　铸件通用技术条件

GB/T 24857　粮油机械　板件、板型钢构件通用技术条件

GB/T 25218　粮油机械　产品涂装通用技术条件

GBZ 158　工作场所职业病危害警示标识

GBZ/T 192.1　工作场所空气中粉尘测定　第1部分:总粉尘浓度

3　术语和定义

下列术语和定义适用于本标准。

3.1

糙米　husked rice,brown rice

稻谷脱去外颖壳后的颖果。

3.2

糙米精选机　husked rice separator

根据粮粒厚度不同，利用一定孔型的筛筒将糙米中的破碎粒、未熟粒分离出来的设备。

4　工作原理

利用糙米与破碎粒及未熟粒的厚度差异，通过回转运动的筛筒将破碎粒和未熟粒从糙米中分离。

5　型号及基本参数

5.1　型号编制方法

按附录A执行。

5.2　基本参数项目

基本参数项目包括:型号、产量、筛筒转速、功率、风量、外形尺寸。在使用说明书等技术文件中应明

确标明。

6 技术要求

6.1 一般要求

6.1.1 糙米精选机应按照规定程序批准的图样及技术文件制造。

6.1.2 原材料、外购件、外协件等应附有合格证,经验收合格后才能使用。

6.1.3 筛板表面形状为槽孔式;筛筒组件的进口法兰、辐板、出口法兰、关节轴承盖均采用冲压成型,按 GB/T 24857 的规定执行。

6.1.4 铸件应按 GB/T 24856 执行。

6.1.5 装配应按 GB/T 24855 执行。

6.1.6 糙米精选机涂装按 GB/T 25218 的规定执行。

6.2 机械要求

6.2.1 筛筒安装时应注意接缝方向,从出料端观看,接缝为左上右下的装于上部和下部,接缝为左下右上的装于中部。

6.2.2 清洁板的安装方向应与转向一致,从出料端观看,清洁板伸出端位置左上右下的装于上部和下部,左下右上的装于中部。

6.2.3 整机安装完成以后,运转应正常平稳,无异常振动、声响,正常运行时,空载噪声应不大于 85 dB(A)。

6.2.4 在正常工作条件下,糙米精选机工作场所的粉尘浓度应不超过 10 mg/m^3。

6.2.5 正常运行 4 h 时,轴承温升应不大于 35 ℃,轴承温度最高不大于 75 ℃。

6.2.6 筛板表面形状为槽孔式,采用冲压成型,槽孔按 GB/T 24857 执行。

6.3 工艺性能要求

经过精选机的糙米,其破碎粒、未熟粒含量应不大于 4%。

6.4 安全要求

6.4.1 安全警示标志应符合 GBZ 158 的规定。

6.4.2 外露传动带应加防护罩。

6.4.3 电气设备安全应符合 GB 5226.1 的规定。

7 试验方法

7.1 条件和要求

7.1.1 试验场地和机器的安装应符合糙米精选机说明书的有关规定,试验设备应配有相应的起动和过载保护装置,并能满足试验要求。

7.1.2 试验用动力为电动机,其功率应符合配套要求。

7.1.3 试验用仪器、仪表和量具应按有关规定检定合格,并在有效使用期内。

7.1.4 试验电压为 380 V,偏差不大于±10%。

7.1.5 试验过程中的机器操作和检验均由固定的操作人员进行操作。

7.1.6 空运转试验应在标定转速下进行,运转时间不少于 30 min。

7.2 机械性能测定

7.2.1 噪声测定:按照 GB/T 3768 中规定的测定方法进行。

7.2.2 粉尘测定:按照 GBZ/T 192.1 规定的方法测定整机工作场所的粉尘浓度。

7.2.3 轴承温升:采用测温计在试验开始和结束后测定各轴承外壳的表面温度,并算出温升。

7.3 工艺性能测定

7.3.1 取样方法:在试验过程中,在糙米精选机的出料口取样三次,其时间间隔为 15 min。每次取样 2 份,每份不少于 1 kg。一份作原始样,一份作平行样。

7.3.2 破碎粒、未熟粒含量的测定：将 3 份原始样品混合均匀后分取 50 g 样品作为试样进行挑选，称量。

7.3.3 破碎粒、未熟粒含量按式(1)计算：

$$\delta_s = \frac{Q_s}{Q_c} \quad \cdots\cdots(1)$$

式中：

δ_s——破碎粒、未熟粒含量，%；

Q_s——试样糙米中破碎粒、未熟粒质量，单位为克（g）；

Q_c——试样糙米质量，单位为克（g）。

7.4 其他要求和相关参数测定

6.1、6.2 和 6.4 中给定标准要求的按其标准规定测定方法检验，其他要求的检测采用常规方法或目测。

8 检验规则

8.1 检验分类

分为出厂检验和型式检验两类。

8.2 出厂检验

8.2.1 出厂检验项目按 6.1、6.2、6.3 执行。

8.2.2 每台出厂糙米精选机应进行检验，检验合格后，方可出厂。

8.3 型式检验

8.3.1 有下列情况之一的应进行型式检验：

a) 新糙米精选机投产；

b) 糙米精选机投产后，当材料、工艺有较大改动，可能影响糙米精选机性能；

c) 糙米精选机停产一年以上，恢复生产；

d) 连续生产三年；

e) 出厂检验结果与上次型式检验结果有较大差异；

f) 国家有关质量管理部门提出检验要求。

8.3.2 型式检验项目按第 6 章的规定执行。

8.3.3 型式检验采取随机抽样，抽样数为 5%，但不少于 2 台。

8.4 判定规则

8.4.1 型式检验结果应符合第 6 章的规定。

8.4.2 对任一台或任一项检验不合格，允许修复一次后加倍抽样复验，以复验结果为准。若仍不符合规定，则判定为不合格。

9 标志、包装、运输和储存

9.1 标志

9.1.1 在明显位置固定糙米精选机标牌，标牌内容按 GB/T 13306 执行。

9.1.2 外包装的包装储运图示标志按 GB/T 191 执行。

9.2 包装

9.2.1 按 GB/T 24854 的规定执行。

9.2.2 随机文件和备件应包括：

——使用说明书；

——检验合格证；

——装箱单；

——备件和附件(根据需要可省略)。

9.3 运输

9.3.1 裸装糙米精选机在运输途中应遮盖。

9.3.2 运输过程中的吊卸、装载应按外包装的图示标志进行。

9.4 储存

9.4.1 室内存放时,通风良好,应防潮。

9.4.2 露天存放时,应防潮、防雨、防晒、防风。

附 录 A
（规范性附录）
型号编制方法

A.1 型号编制方法

糙米精选机型号由专业代号、品种代号、型式代号和规格代号四部分组成。

M JX H □×□

——主要规格：筛筒直径（cm）×筛筒数

——型式：H，表示厚度分级

——品种：JX，表示精选机

——专业：M，表示碾米机械设备

A.2 示例

MJXH30×6：表示筛筒直径为 30 cm，筛筒数为 6 只的滚筒精选机。

ICS 19.100
N 78

中华人民共和国国家标准

GB/T 26592—2011

无损检测仪器 工业X射线探伤机性能测试方法

Non-destructive testing instruments—Properties test methods of industrial X-ray apparatus

2011-06-16 发布 2011-11-01 实施

中华人民共和国国家质量监督检验检疫总局
中国国家标准化管理委员会 发布

前言

本标准附录A、附录B为规范性附录。

本标准由中国机械工业联合会提出。

本标准由全国试验机标准化技术委员会(SAC/TC 122)归口。

本标准负责起草单位:辽宁仪表研究所、丹东市无损检测设备有限公司、深圳市华测检测技术股份有限公司。

本标准参加起草单位:丹东市万全无损检测仪器厂、辽宁省计量科学研究院。

本标准主要起草人:武太峰、董殿刚、聂鹏翔、张宏、刘剑。

无损检测仪器
工业X射线探伤机性能测试方法

1 范围

本标准规定了进行技术性能试验和安全可靠性、稳定性试验时，试验仪器、试验程序、结果处理等。

本标准适用于额定电源电压为交流220 V、380 V或220 V/380 V，频率为50 Hz的完全防电击的工业X射线探伤机(以下简称X射线机)的性能测试。

2 规范性引用文件

下列文件中的条款通过本标准的引用而成为本标准的条款。凡是注日期的引用文件，其随后所有的修改单(不包括勘误的内容)或修订版均不适用于本标准，然而，鼓励根据本标准达成协议的各方研究是否可使用这些文件的最新版本。凡是不注日期的引用文件，其最新版本适用于本标准。

GB/T 9582—1998　工业射线胶片ISO感光度和平均斜率的测定(用X和γ射线曝光)

GB 18871—2002　电离辐射防护与辐射源安全基本标准

GB 22448—2008　500 kV以下工业X射线探伤机防护规则

GB/T 25758.5—2010　无损检测　工业X射线系统焦点特性　第5部分：小焦点和微焦点X射线管的有效焦点尺寸的测量方法

JB/T 6220—2004　射线探伤用密度计

JB/T 7902　线型像质计

JB/T 7903　工业射线照相底片观片灯

IEC 60336:2005　医疗电气设备　医疗诊断用X射线管组件　焦点特性

3 技术条件和性能试验

3.1 试验一般条件

a) 环境温度为2 ℃～40 ℃；

b) 空气相对湿度不大于85%；

c) 电源电压波动不超过额定电源电压的±10%；

d) 大气压力83 979 Pa～106 640 Pa；

e) 试验室屏蔽良好不受外界射线电离辐射干扰；

f) 技术环境条件：容量不小于10 kW的电源，电网容量不小于X射线机总功率的2倍。

3.2 电源电压波动时正常工作试验

3.2.1 试验仪器

a) 容量为被测试X射线机功率150%以上的调压器；

b) 准确度不低于1.0级的交流电压表。

3.2.2 试验程序

3.2.2.1　如图1所示连接好后使X射线机的控制器上的电源电压调整钮处于正常位置，使电压表示值为电源额定值(如单相为220 V)，调整管电压为额定值，管电流为额定值，曝光时间为额定值，进行额定工作状态模拟曝光试验。

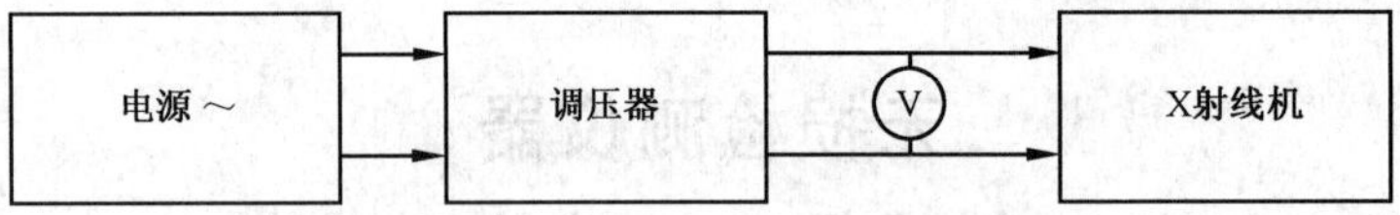

图 1　仪器电气连接示意图

3.2.2.2　调整调压器使电压表指示值为电源电压额定值的90%(如单相为198 V),可调整X射线机控制器上电源电压调整钮,重复进行额定工作状态模拟曝光试验。

3.2.2.3　调整调压器使电压表指示值为电源电压额定值的110%(如单相为242 V),可调整X射线机控制器上电源电压调整钮,重复进行额定工作状态模拟曝光试验。

3.2.3　结果处理

试验结果应符合产品标准。

3.2.4　说明

试验进行期间电源电压变化应小于2.5%。试验可与穿透力试验、透照灵敏度试验等项目同时进行。试验中额定工作状态模拟曝光试验是指管电压、管电流、曝光时间均为额定值,可不放胶片进行试验。

3.3　穿透力试验

3.3.1　试验仪器

符合附录A规定的标准试块、符合GB/T 9582—1998中表1列出的ISO感光度为320以上的工业胶片、符合JB/T 7903要求的观片灯、符合JB/T 6220—2004中4.2要求的密度计。

试验示意图如图2所示。单位为mm。

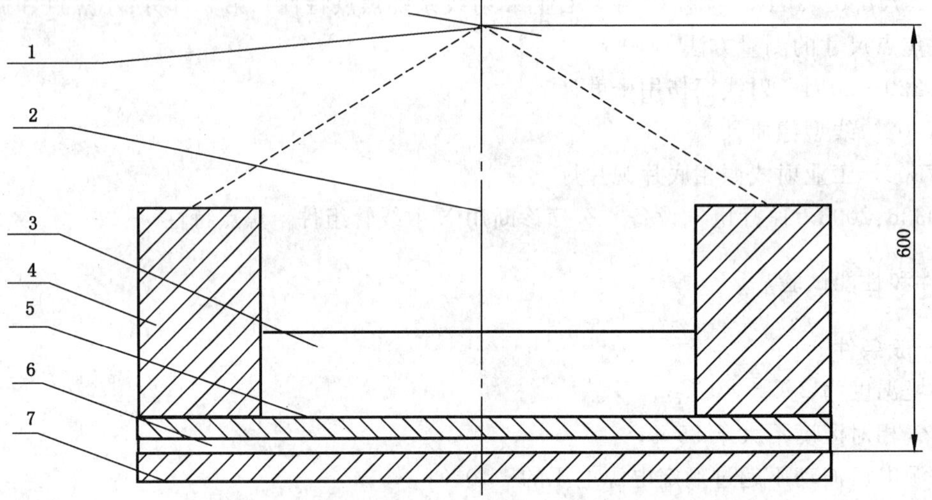

1——实际焦点;
2——X射线束中心轴线;
3——标准试块;
4——铅挡板;
5——前增感屏;
6——胶片;
7——后增感屏。

图 2　穿透力试验示意图

3.3.2　试验程序

3.3.2.1　把胶片裁成100 mm×225 mm长方形,前增感屏0.03 mm,后增感屏不限。标准试块放在前增感屏之上,并面向X射线机一侧,试块四周用铅挡块挡好,防止漏散射线影响。

3.3.2.2　调整X射线机位置使实际焦点与胶片中心处距离为600 mm。如测辐射场中心处穿透力,要使X射线束中心轴线通过胶片中心，如要测辐射场2/3处穿透力，则要根据计算把胶片中心置于辐射场2/3处。

3.3.2.3 使电源电压处于额定电压后，采用额定管电压、额定管电流进行曝光。携带式X射线探伤机曝光量宜为30 mA·min，固定式(移动式)X射线探伤机曝光量宜为100 mA·min。

3.3.2.4 将曝光后的胶片进行暗室处理，温度为21 ℃±1 ℃，显影5 min。使用ISO感光度在320以上的工业胶片。经冲洗干燥后在背景照度最低为215 lx的观片灯下，用密度计或测微光度计进行密度测量。

3.3.2.5 密度计应仔细校正。可按标准密度片对照。在试块之外被铅块挡住部分的胶片测得的本底密度应在0.3以下，否则应换好的胶片重新进行试验。要在底片中央处多次测量，至少应测5次，记下密度值，并将底片装袋保存备查。

3.3.3 结果处理

按式(1)计算底片密度算术平均值$\overline{D}$：

$$\overline{D}=\frac{1}{n}\sum_{i=1}^{n}D_i \qquad \cdots\cdots(1)$$

式中：

i——测量顺序号；

n——测量次数；

D_i——第i次测量值。

$\overline{D}\geqslant 2.0$时为合格。

3.4 透照灵敏度试验

3.4.1 试验仪器

标准试块：按穿透力试验选用。

线型像质计：像质计材料应选用与试块类似的材料。钢试块应选用符合JB/T 7902中要求的钢线型像质计，铝试块应选用铝线型像质计。

3.4.2 试验程序

3.4.2.1 把像质计放置在试块上，细线朝外。试块应与X射线管轴线平行。

3.4.2.2 按3.3.2有关程序进行。

3.4.2.3 在观片灯下目测底片，记下可分辨出来的像质计中最小线径。

3.4.3 结果处理

按式(2)计算透照灵敏度：

$$K=(d/h)\times 100\% \qquad \cdots\cdots(2)$$

式中：

d——底片上能分辨出来的最小线径；

h——试块厚度。

3.5 有效焦点测定试验

3.5.1 试验仪器

针孔照相机的放大倍数、针孔板尺寸、针孔板材料应按附录B的规定选择。胶片应按附录B选用无增感屏的微粒胶片。

3.5.2 试验程序

针孔相机应按图3布置，应保证针孔相机的轴线与X射线管轴线垂直，并与窗口平面垂直。

3.5.2.1 按附录B选择测试电流，测试电压。曝光时间选择应使底片得到1.1～1.5之间密度。

3.5.2.2 经过显影、定影、冲洗、干燥后的底片被用带刻线的，放大倍数为5～10倍的放大镜测量，测量范围应为所见的边缘，背影照度约为215 lx。

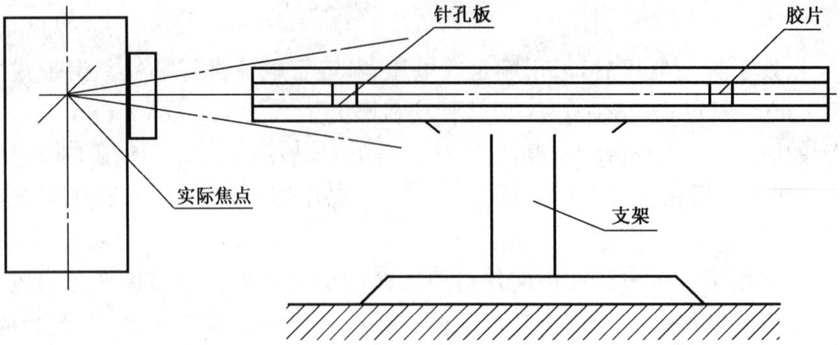

图 3　针孔照相示意图

3.5.3　结果处理

测量得到的尺寸除以放大倍数后即为有效焦点尺寸。

3.5.4　此方法只适用于定向 X 射线管有效焦点为 0.1 mm～10 mm 的 X 射线管；焦点尺寸为 5 μm～100 μm 的测量方法按照 GB/T 25758.5—2010 进行。

3.5.5　周向 X 射线管按具体型号产品文件规定的测定方法进行，出厂检验可查试验记录。

3.6　用胶片法进行辐射圆锥角及辐射场均匀性测定试验

3.6.1　试验仪器

胶片、胶片支架、密度计或测微光度计。

3.6.2　试验程序

3.6.2.1　按图 4 将胶片放置在胶片支架上，使射线束中心对着胶片中心。如果已知实际焦点至胶片的距离，拍照一张辐射场照片。如果不知实际焦点至胶片的距离，那么在一次曝光中同时拍两张不同距离的辐射场照片。两张胶片之间距离一般为 100 mm。选择适宜的曝光参数，使曝光后胶片最大密度在 1.0～1.5 左右。

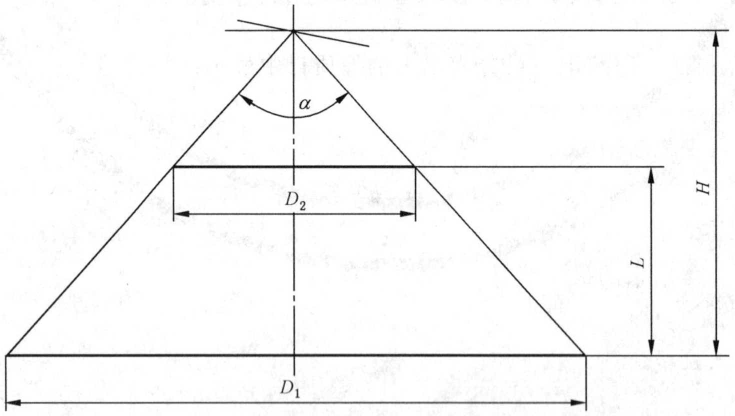

图 4　辐射圆锥角示意图

3.6.2.2　在观片灯下用密度计测量显影后底片上包括中心处和边缘处各点密度，以确定底片上最大密度值和辐射场边缘(辐射场边缘以最大密度的 50%为界)。进行辐射场直径测量。

3.6.3　结果处理

3.6.3.1　按图 6 指定位置测量，并将试验结果填入记录表中。

3.6.3.2　按式(3)确定辐射场圆锥角，当实际焦点至胶片的距离 H 已知：

$$\left.\begin{aligned}\alpha &= 2\operatorname{arctg}\frac{D_1}{2H}\\ \alpha &= 2\operatorname{arctg}\frac{D_1 - D_2}{2L}\end{aligned}\right\} \quad \cdots\cdots(3)$$

式中：

α——辐射场圆锥角；

D_1——远焦点处胶片上辐射场直径，mm；

D_2——近焦点处胶片上辐射场直径，mm；

L——胶片间距离，mm。

3.6.4 **说明**

3.6.4.1 试验方法仅适用于辐射圆锥角度小于70°的辐射场，大于70°的辐射场建议用辐射探测器法测量。其测量点的位置建议如图6所示。

3.6.4.2 周向X射线管的测试方法

将周向管安装在测试台上进行，将四张胶片按如图5所示位置放置，并使胶片在辐射场范围内并靠近管头表面，选用适当的曝光参数，拍片后在底片上测辐射角，取其最小角度值。

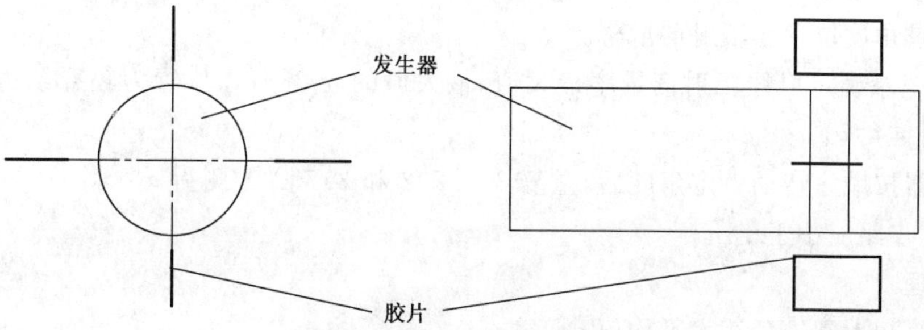

图5 周向管辐射角的测试

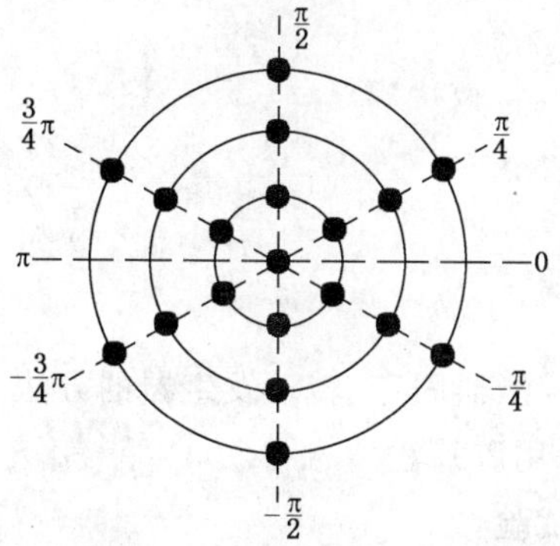

图6 测量辐射场均匀性的测量点位置

3.7 **用辐射探测器法进行辐射场圆锥角及辐射场均匀性测定试验**

3.7.1 **实验仪器**

实验仪器应符合GB 18871—2002中4.3和附录B的要求。

3.7.1.1 应选用记录X射线辐射能量具有线性的辐射探测器，其辐射输出量应在远距离显示和记录。

3.7.1.2 应备有安装辐射探测器的装置。该装置应保证探测器在所测量角度内转动并带有角度指示器，角度指示相对误差应在±2%之内。探头元件最大线性尺寸应不大于辐射场最大尺寸的50%，试验的示意图如图7所示。

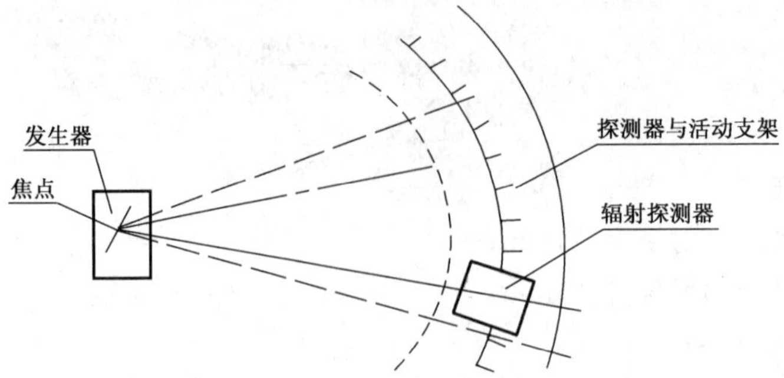

图 7　辐射探测器测量示意图

3.7.2　试验程序

3.7.2.1　按图 7 把 X 射线管发生器安放在固定位置上，使发生器窗口中心与探测器中心在同一水平轴线上，测量距离相对误差应在±1%之内。探测器窗口中心垂直于 X 射线束轴线，中心轴线偏差在 1 m 距离上不应超过 10 mm。

3.7.2.2　使管电压为 2/3 额定管电压，管电流为 2/3 额定管电流，X 射线管进入工作状态 1 min 后使探测器移动，记录角度位置和辐射剂量率。

3.7.2.3　根据记录确定射线辐射剂量率最大值，最大值的 50%所在位置为辐射场边缘。两个边缘之间夹角为辐射圆锥角 α。

3.7.2.4　发生器按顺序转动一定角度后，重复 3.7.2.2 和 3.7.2.3 测得 α_1、α_2……发生器转动角度步距和探测器移动步距应小于 15°。

3.7.3　结果处理

按式(4)计算辐射圆锥角算术平均值 $\bar{\alpha}$：

$$\bar{\alpha}=\frac{1}{n}\sum_{i=1}^{n}\alpha_i \qquad \cdots\cdots(4)$$

式中：

i——测量序号；

n——测量次数；

α_i——第 i 次测量值。

3.7.4　说明

3.7.4.1　进行试验时也可以采用探测器固定、转动发生器的方法进行。

3.7.4.2　对小于 70°的辐射场宜采用胶片法。

3.8　漏射线空气比释动能率测定试验

3.8.1　试验仪器

同 3.7.1。

3.8.2　试验程序

3.8.2.1　将辐射探测器窗口与 X 射线管焦点间距离调到 1 m，发生器窗口用 GB 22448—2008 中表 1 规定的铅当量的铅罩屏蔽。

3.8.2.2　X 射线机调到额定管电压，额定管电流，观察并记录在该位置的漏射线空气比释动能率后停机。

3.8.2.3　转动 X 射线管或移动辐射探测器，记下方位，对好距离，重复进行 3.7.2.2。如此测出距焦点 1 m 处所有方向(除掉主射线束方向)漏射线空气比释动能率，至少测出图 8 所列方位剂量率。

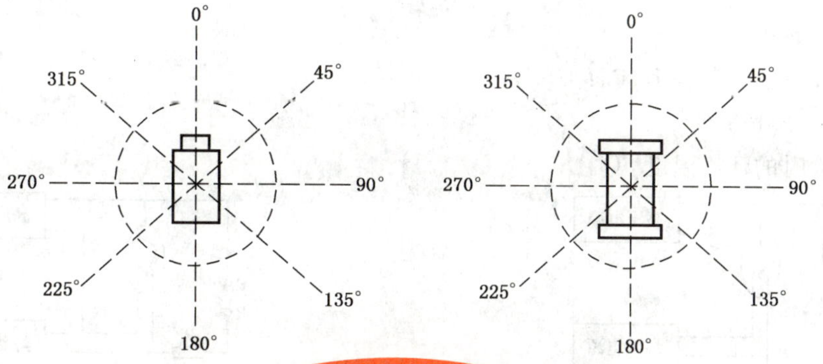

图 8 漏射线空气比释动能率测试位置示意图

3.8.3 结果处理

从记录表中取漏射线空气比释动能率最大值为 X 射线机的漏射线空气比释动能率。

3.8.4 说明

试验也可用手提式剂量仪进行。

3.9 计时器计时误差测定试验

3.9.1 试验仪器

秒表或电子时间测量仪。

3.9.2 试验程序

将计时器分别调到 0.5 min、1 min、5 min 位置，在按动起动开关的同时按动秒表，在计时器停止同时按动秒表，在计时器每一位置上重复测量三次以上。

3.9.3 结果处理

根据记录结果，计算每一位置上测量值的算术平均值并与调定值进行比较。

3.9.4 说明

进行试验时可以不连接发生器。

3.10 用球隙放电法测定管电压误差试验

3.10.1 试验目的

本试验是为了测定 X 射线机控制器上电压表指示值与 X 射线管高压实际值之差。

3.10.2 试验条件

3.10.2.1 试验应在具有防护条件的高压实验室中进行。实验室应符合试验一般条件要求。试验应在大气压强为 101 325 Pa，室温 21 ℃±1 ℃的条件下进行，否则需按公式计算修正。

3.10.2.2 应具有可拼装的活动射线防护墙，用来屏蔽 X 射线发生器。

3.10.3 试验仪器

选用合适的球隙放电器。在管电压为 20 kV～150 kV 范围内选用直径为 125 mm 的球；在管电压为 40 kV～270 kV 范围内选用直径为 250 mm 的球，在管电压为 60 kV～460 kV 范围内选用直径为 5 000 mm 的球。

限流电阻 R 应按每伏 3 Ω 估算和选用。

温度计、气压表。

3.10.4 试验程序

3.10.4.1 如图 9 所示进行仪器连接后，测定试验温度 t 和大气压力 b，按式(5)计算密度修正系数 K_d：

$$K_d = \left(\frac{b}{b_0}\right)\left(\frac{273+20}{273+t}\right) \quad \cdots\cdots(5)$$

式中：

K_d——密度修正系数；

b——试验时的大气压力，Pa；

b_0——101 325 Pa；

t——试验时的环境温度，℃。

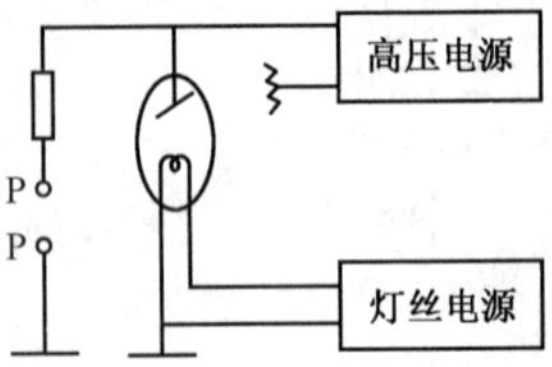

a）阴极接地

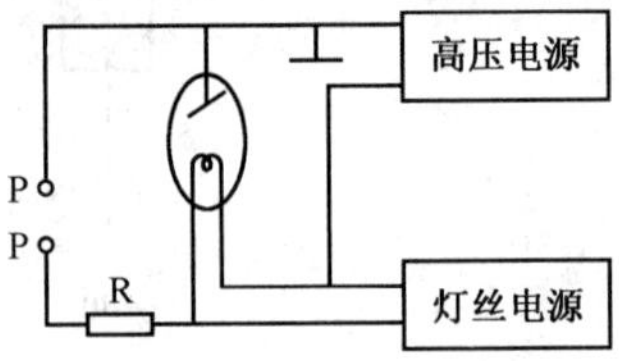

b）阳极接地

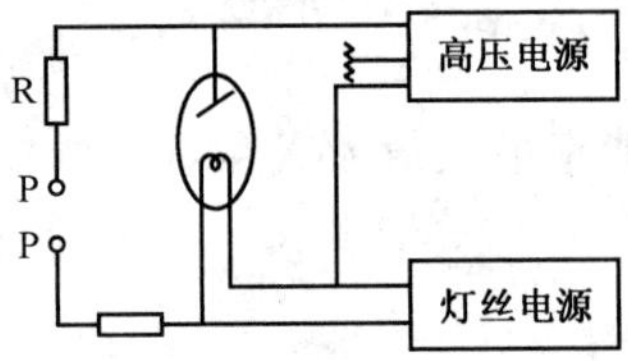

c）中间接地

图 9　球隙放电法电气联结图

表 1　球间距和球形放电器击穿电压的峰值基准表

球隙距离 mm	球直径 mm		
	125	250	500
5	16.8	—	—
10	31.7	31.7	—
15	45.5	45.5	—
20	59.0	59.0	59.0
24	70.0	70.0	70.0
26	75.0	75.0	75.0
30	85.0	86.0	86.0
35	97.0	99.0	99.0
40	108.0	112.0	112.0
45	119.0	125.0	125.0
50	129.0	137.0	138.0
55	138.0	149.0	151.0
60	146.0	161.0	164.0
65	(154.0)	173.0	177.0
70	(161.0)	184.0	189.0
75	(168.0)	195.0	202.0
80	(174.0)	206.0	214.0
90	(185.0)	226.0	239.0
100	(195.0)	244.0	263.0
110	—	261.0	289.0
120	—	275.0	309.0
130	—	(289.0)	331.0
140	—	(302.0)	353.0
150	—	(314.0)	373.0
160	—	(326.0)	392.0
170	—	(337.0)	411.0
180	—	(347.0)	429.0
190	—	(357.0)	445.0
		(366.0)	460.0

3.10.4.2 确定试验点后，根据计算得到的密度修正系数 K_d 乘以表 1 中的数值，确定并调好球隙距离。

3.10.4.3 在试验人员做好防护的情况下，缓慢升高 X 射线管电压(30 s 内不应发生击穿才继续升高电压)。观察并记录听到击穿放电声音瞬间千伏表所达到最大指示值。

3.10.4.4 试验要在管电压的起末点和中间点进行，每点至少测三次。每次测量中千伏表指示值相差 10 kV 以上，则试验应重新进行。

3.10.5 结果处理

按式(6)计算管电压误差

$$\Delta = \frac{U_1 - U_2}{U} \times 100\% \qquad \cdots\cdots(6)$$

式中：

Δ——管电压误差；

U_1——管电压实测值；

U_2——千伏表指示值。

3.10.6 说明

3.10.6.1 分别测量正高压和负高压，将两次测量结果相加。

3.10.6.2 在必要情况下，用模拟负载代替 X 射线发生器。

3.10.6.3 试验时也可采用在施加高压的情况下，逐步缩小球距的方法。在这种情况下需要球距能远距离机动调节，而且球距的变化每秒钟最大为球半径的 1%。调整放电间隙应为计算距离 2 倍以上。如果三次测量中放电距离在 200 kV 以下相差 3 mm，或者电压在 200 kV 以上相差 4 mm，测量应重新进行。

3.10.6.4 为了测量准确，应注意：

a) 测量前应将球表面全部油漆和润滑油及保护层清除，应用无水酒精拭擦球体表面；

b) 周围物体到球形放电器距离应不小于 10 倍击穿距离。

3.10.6.5 试验时应将射线窗口屏蔽好，防止 X 射线造成伤害。

3.11 用带分压器的 X 射线管电压测量计测定管电压误差试验

3.11.1 试验仪器

3.11.1.1 带分压器的 X 射线管电压测量计的电路原理图如图 10 所示。

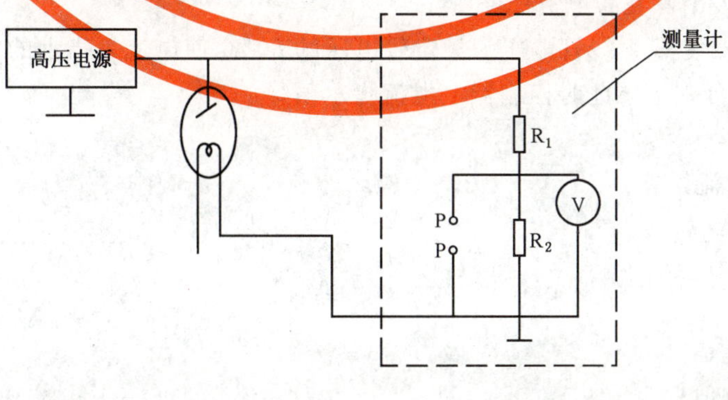

R_1、R_2——分压器电阻；

P——放电器；

Ⓥ——千伏表。

图 10 测量计法电气原理图

3.11.1.2　电阻 R_1 阻抗选择的估算按每伏不小于 1 kΩ，电阻 R_2 阻抗选择应保证千伏表读数在测量度盘的 2/3 处左右。电阻值相对误差应在±2.5%之内，受热时其阻抗值变化度在±2%之内。

3.11.2　试验程序

3.11.2.1　根据 3.11.1.2 的要求选择 R_1 和 R_2。

3.11.2.2　在管电压的起点、终点和中间点分别依次给 X 射线发生器加高压，同时观察并记录千伏表指示值电压 U_3（电阻器 R_2 上的电压）和 X 射线机控制器上电压表指示值 U_2。

3.11.3　结果处理

3.11.3.1　根据式(7)计算管电压实测值 U_1

$$U_1 = KU_3 f \qquad \cdots\cdots(7)$$

式中：

U_1——管电压实测值；

K——分压器电阻分配系数；

f——有效值与峰值换算系数：

纹波系数小于 10%时，$f=1.00$；

纹波系数小于 25%大于 10%时，$f=0.95$；

纹波系数大于 25%时，$f=0.74$。

3.11.3.2　根据式(8)计算管电压误差

$$\Delta = \frac{U_1 - U_2}{U_1} \times 100\% \qquad \cdots\cdots(8)$$

式中：

Δ——管电压误差；

U_1——管电压实测值；

U_2——控制器上千伏表指示值。

3.11.4　说明

a）试验不适用于自整流线路 X 射线机；

b）如采用峰值电压表，则 $f=1$。

3.12　管电流误差测定试验

3.12.1　试验仪器

选用准确度不低于 1.0 级的电流表。

3.12.2　试验程序

3.12.2.1　将测量仪表串联在管电流回路中。

3.12.2.2　调整控制器使 X 射线管电压为额定管电压的 80%，使电流表指示的管电流分别为额定电流的 60%、80%、100%，分别记下此时控制器上电流指示值。

3.12.3　结果处理

按式(9)计算管电流误差：

$$\Delta = \frac{I_1 - I_2}{I_1} \times 100\% \qquad \cdots\cdots(9)$$

式中：

Δ——管电流误差；

I_1——管电流实测值；

I_2——控制器上电流表指示值。

3.13　总耗电功率测定试验

3.13.1　试验仪器

1.0 级三相功率表。

3.13.2 试验程序

3.13.2.1 在X射线机电源输入端按功率表规定的接线法接线。

3.13.2.2 观察并记录X射线机进入额定工作状态时功率表的读数，并做好记录。

3.13.3 结果处理

取三次读数，计算其算术平均值。

3.13.4 说明

3.13.4.1 X射线机允许总耗电率与管功率有关。按式(10)计算管功率：

$$P = fUI \times 10^{-3} \qquad \cdots\cdots(10)$$

式中：

P——管功率，kW；

U——额定管电压，kV；

I——额定管电流，mA；

f——有效值与峰值换算系数：

纹波系数小于10%时，f=1.00；

纹波系数小于25%大于10%时，f=0.95；

纹波系数大于25%时，f=0.74。

3.13.4.2 允许用两个或三个单相功率表，按二表法或三表法进行测量计算。如果没有功率表可用相电流乘相电压进行视载功率计算。该值不应超过被测产品的标称值，也认为合格。

4 安全性、可靠性、稳定性试验

4.1 低压回路绝缘电阻、接地电阻和绝缘强度测定试验

4.1.1 试验仪器

a) 1.0级500 V绝缘电阻表或绝缘电阻测定仪；

b) 功率不小于0.5 kW波形为近似正弦波的可调电源；

c) 接地电阻测量仪。

4.1.2 试验程序

4.1.2.1 绝缘电阻表连接在X射线机控制器的电源接头端子和外壳接地端之间。控制器各开关置于接通位置，但电源插头不接入电源。在施加测试电压1 min后读取绝缘电阻的阻值。测试时应保证接触点有可靠的接触。试验用引线间绝缘电阻应足够大，以保证读数正确。

4.1.2.2 控制器各部分开关置于接通位置，但电源插头不接入电源。用接地电阻测量仪测量控制器外壳任何可能带电部分和电源接地端子之间电阻。

4.1.2.3 控制器各部分开关置于接通位置，但电源插头不接入电源，用功率不小于0.5 kW的可调电源分别接入试验回路与电源接地端子之间，试验电压按表2选择。

表2 低压回路绝缘强度试验电压

回路电压 U V	试验电压 V
220<U≤380	1 500
100<U≤220	1 000
U≤100	500

试验电压在5 s～10 s内逐渐增加到最大值，试验电压维持1 min。试验后在5 s～10 s内逐渐降低到零后，断开试验电源。

4.1.3 结果处理

4.1.3.1 测量得到的绝缘电阻值应大于规定数值。

4.1.3.2 测量得到的接地电阻值应小于规定数值。

4.1.3.3 在绝缘强度试验时不得出现击穿、打火等异常现象。

4.2 高压回路过电压试验

4.2.1 试验仪器

电源容量不小于 X 射线机总功率 2 倍。

4.2.2 试验程序

4.2.2.1 冷机状态过电压试验:高压各部分开关处于接通位置,试验电压加在所有高压回路上。试验电压按表 3 选择。

表 3 高压回路绝缘强度试验电压

额定管电压 U	试验电压
$U \geqslant 200$ kV	1.05 U
$U < 200$ kV	1.10 U
$U > 300$ kV	1.02 U

试验电压在 5 s～10 s 内逐渐增加到最大值,试验电压维持时间应符合相关产品标准中的规定(如果标准有特殊要求,可按元件的要求进行)。试验在 5 s～10 s 内逐渐降到低于额定电压的 20%后,断开试验电源。允许分部分试验。

4.2.2.2 热机状态过电压试验:使各部分内部温度达 50 ℃后重复进行上述 4.2.2.1 试验。

4.2.3 结果处理

试验时各部分均不得出现击穿、打火等异常现象。

4.2.4 说明

如果 X 射线机的管电压指示仪表经过测量仪表标定(即做过管电压误差试验),也可用机器本身的高压发生器来馈给高压(拆除或调整过电压保护装置,调整过温度保护装置)。

4.3 过电压保护装置可靠性试验

4.3.1 试验仪器

同 3.2.1。

4.3.2 试验程序

4.3.2.1 调整调压器使电压表指示的电源的电压为额定值。调整管电压为额定值,维持 1 min 后使管电压超过额定值。此时应仔细缓慢调节,观察高压断开瞬间管电压指示值是否在规定的整定值的范围内,并做好记录。

4.3.2.2 如果管电压未达到整定值高压已自动切断或管电压超过整定值范围持续 5 s 后仍不能自动切断高压,停止继续升高管电压。

4.3.3 结果处理

在切断高压瞬间,管电压指示值不在规定的整定值范围内应认为过电压保护装置没调好或者失效。

4.3.4 说明

试验时可以不连发生器,单独对控制器进行试验。

4.4 过电流保护装置可靠性试验

4.4.1 试验仪器

同 3.2.1。

4.4.2 试验程序

4.4.2.1 调整管电压到额定值的 50%,管电流为额定值,在至少模拟曝光 1 min 后,使管电流超过额定值。此时务必仔细缓慢调节,观察高压断开瞬间管电流指示值是否在规定的整定值范围内,并做好记录。

4.4.2.2 如果管电流未达到整定值高压已自动切断或电流超过整定值范围持续 5 s 后仍不能自动切断高压，停止继续增大管电流。

4.4.3 **结果处理**

在切断高压瞬间管电流指示值不在规定的整定值范围内应认为过电流保护装置没调好或者失效。

4.5 **高压发生器温度保护可靠性试验**

4.5.1 **试验仪器**

a) 任何可使房间升温的热源；

b) 酒精温度计或电子测温仪的热电偶。

4.5.2 **试验程序**

4.5.2.1 将电子测温仪的热电偶或酒精温度计浸入油绝缘发生器的上油面以下 50 mm 处，测量上层油温。在温度计的玻璃泡不能浸入时，要把它置于发生器的上油面以下 50 mm 处的外壳上，用粘胶毯垫覆盖。对气绝缘发生器也类似。

4.5.2.2 断开 X 射线机冷却源（如冷却水、风扇等），X 射线机按额定工作规程工作，当温度继电器动作使高压自动切断时，观察并记录温度计指示值。

4.5.2.3 为加速试验可以使用外热源提高试验室温度，但应使 X 射线机高压发生器恒温 2 h 以上。

4.5.3 **结果处理**

温度计指示值与规定值比较，如超出整定值范围应视为保护装置失效或不合格。

4.5.4 **说明**

a) 进行试验时，室内空气要相对平稳；

b) 对于小型高压发生器允许在恒温箱里进行；

c) 试验时也可采用其他形式的测温计测温。

4.6 **额定工作可靠性试验**

4.6.1 **试验仪器**

同 3.2.1。

4.6.2 **试验程序**

4.6.2.1 调整调压器使电压表指示的电源电压为额定值。调整管电压为额定值、管电流为额定值，曝光时间为额定值进行试验。

4.6.2.2 按 X 射线机额定工作规程连续重复进行，试验次数应满足产品标准的规定。

4.6.3 **结果处理**

在规定的试验次数内，除外界因素造成保护器件动作外，管电压或管电流达不到额定值均视为工作不正常。

4.7 **供电线路电压变化时管电压稳定性试验**

4.7.1 **试验仪器**

同 3.2.1。

4.7.2 **试验程序**

4.7.2.1 调节调压器使电压表指示的电源电压为额定值的 110%。调节管电压为额定值，管电流为额定值，称为线路高电压下的管电压数值。

4.7.2.2 调节调压器使电压表指示的电源电压为额定值的 90%。管电流调到额定值，管电压不作调整。记下管电压数值称作线路低电压下的管电压值。

4.7.3 **结果处理**

根据式(11)计算管电压稳定度：

$$S_1 = \frac{U_1 - U_2}{U_1} \times 100\% \qquad \cdots\cdots(11)$$

式中：

S_1——供电线路电压变化时管电压稳定度；

U_1——线路高电压下的管电压数值；

U_2——线路低电压下的管电压数值。

4.7.4 说明

试验主要适用于可自动重复曝光的X射线机。

4.8 负载变化时管电压稳定性试验

4.8.1 试验仪器

输出电压波动小于1%的交流稳压电源。

4.8.2 试验程序

将交流稳压电源接入X射线机电源端。管电压调到额定值的90%，在管电流调节范围内进行调节。观察并记下管电压的波动的最大值和最小值。

4.8.3 结果处理

根据式(12)计算管电压稳定度：

$$S_2 = \frac{U_1 - U_2}{U_1} \times 100\% \qquad \cdots\cdots(12)$$

式中：

S_2——负载变化时管电压稳定度；

U_1——管电压最大值；

U_2——管电压最小值。

4.8.4 说明

本试验主要适用于可自动重复曝光的X射线机。

4.9 供电线路电压变化时管电流稳定性试验

4.9.1 试验仪器

同3.2.1。

4.9.2 试验程序

4.9.2.1 调节调压器使电压表指示的电源电压为额定值的110%，管电压为额定值，管电流为额定值，称作线路高电压下的管电流数值。

4.9.2.2 调节调压器使电压表指示的电源电压为额定值的90%，管电压调到额定值，管电流不作调节。记下管电流数值称作线路低电压下的管电流数值。

4.9.3 结果处理

根据式(13)计算管电流稳定度：

$$S_3 = \frac{I_1 - I_2}{I_1} \times 100\% \qquad \cdots\cdots(13)$$

式中：

S_3——供电线路电压变化管电流稳定度；

I_1——线路高电压下的管电流数值；

I_2——线路低电压下的管电流数值。

4.9.4 说明

试验主要适用于可自动重复曝光的X射线机。

4.10 管电压变化时管电流稳定性试验

4.10.1 试验仪器

同4.8.1。

4.10.2 试验程序

4.10.2.1 将交流稳压电源接入X射线机电源端。管电压调到额定值,管电流调到额定值。在管电压调节范围内,调节管电压到最低值,管电流不作调节,观察并记录管电流数值。

4.10.3 结果处理

根据式(14)计算管电流稳定度:

$$S_4=\frac{I_1-I_2}{I_1}\times 100\% \quad \cdots\cdots(14)$$

式中:

S_4——管电压变化管电流稳定度;

I_1——额定管电流数值;

I_2——变化后管电流数值。

4.10.4 说明

试验适用于可自动重复曝光的X射线机。

4.11 温度变化时管电流稳定性试验

4.11.1 试验仪器

同4.8.1。

4.11.2 试验程序

4.11.2.1 将交流稳压电源接入X射线机电源端,使电源电压为额定值。X射线机的控制器在开机试验前至少断电4 h。管电压调到80%额定值,管电流调到80%额定值,作为冷机毫安值。

4.11.2.2 控制器通电8 h(但不加高压)记下环境温度和控制器壳体温度,重复进行曝光(管电压可调到80%额定值,管电流不调),记下毫安值,作为热机毫安值。

4.11.3 结果处理

根据式(15)计算管电流稳定度:

$$S_5=\frac{I_1-I_2}{I_1}\times 100\% \quad \cdots\cdots(15)$$

式中:

S_5——温度变化管电流稳定度;

I_1——冷机毫安值;

I_2——热机毫安值。

4.11.4 说明

试验主要适用于可自动重复曝光的X射线机。

附 录 A
（规范性附录）
工业 X 射线探伤机用标准试块

工业 X 射线探伤机用标准试块应符合表 A.1 的规定。

表 A.1 检验 X 射线机穿透力用试块厚度

单位为毫米

kV	50	100	150	200	250	300	400
携带式	—	7	19	29	39	50	—
固定式(移动式)	25※	45※	24	48	55	71	95

注：材质：钢 Q235。
规格：(长×宽)：100 mm×200 mm。
粗糙度：3.2 μm。
※铝试块。

附　录　B
（规范性附录）
X射线管焦点尺寸的测量

本附录规定了测量X射线管的焦点尺寸的方法。

B.1　针孔板

B.1.1　针孔尺寸（如图B.1所示）

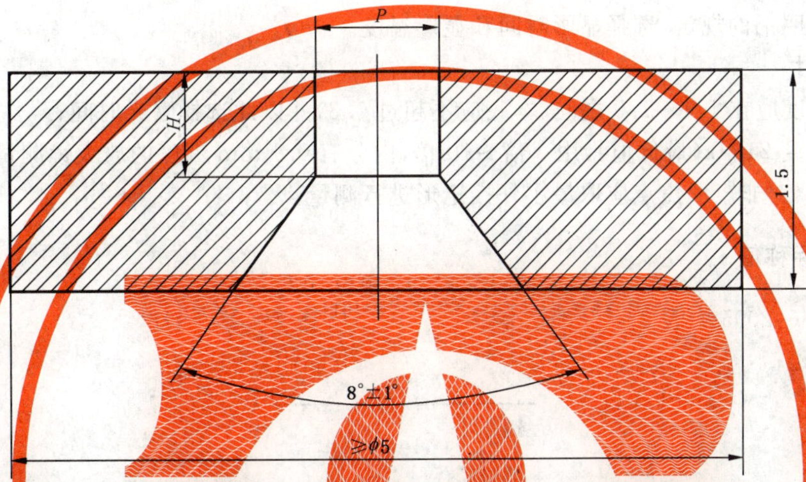

图B.1　针孔尺寸

B.1.2　针孔板材料（可以选下列一种）

a)　钨；
b)　铼合金（铼占10%）；
c)　铂铱合金（铱占10%）；
d)　90%金加10%铂；
e)　钽。

B.2　X射线管焦点尺寸测量

B.2.1　工作条件

a)　X射线管应放在防护罩或发生器中；
b)　将针孔板的孔和胶片按正常操作条件放在管屏蔽窗口的中心垂线上；
c)　焦点至针孔（上孔）距离应大于或等于100 mm；
d)　用针孔板按表B.1和表B.2拍取X射线管焦点像。

表B.1　针孔尺寸和放大倍数

焦点标称值 f	直径 P		高度 H		放大倍数 E
mm					
	基本尺寸	偏差	基本尺寸	偏差	
$1.0 \geqslant f \geqslant 0.1$	0.030	±0.005	0.075	0.010	≥2
$f \geqslant 1.1$	0.100	±0.005	0.500	0.010	≥1

表 B.2 测试电压和测试电流

额定管电压 U	测试电压	测试电流
kV		
$U \leqslant 75$	75	额定管电流
$75 < U \leqslant 150$	$\frac{1}{2}U$	
$U > 150$		

B.2.2 胶片

采用无增感屏的微粒胶片。

B.2.3 显影

按胶片厂说明书的规定，选择显影时间和显影温度。

B.2.4 测量条件

a) 底片密度应在 1.1～1.5 之间(本底应不超过 0.3)并以此选择曝光时间；

b) 背景照度 215 lx(最低值)，用 5 倍～10 倍，内分有 0.1 mm 刻度的放大镜测量肉眼看得见的边缘尺寸，对非矩形焦点应取最小外接矩形进行测量。

B.3 焦点尺寸标称值

见 IEC 60336:2005 中表 3。

ICS 19.100
N 78

中华人民共和国国家标准

GB/T 26593—2011

无损检测仪器 工业用X射线CT装置性能测试方法

Non-destructive testing instruments—Properties test method for performance of industrial X-ray computed tomography (CT) equipment

2011-06-16 发布　　　　2011-11-01 实施

中华人民共和国国家质量监督检验检疫总局
中国国家标准化管理委员会　发布

前　言

本标准附录 A、附录 C、附录 D 为规范性附录。

本标准附录 B 为资料性附录。

本标准由中国机械工业联合会提出。

本标准由全国试验机标准化技术委员会(SAC/TC 122)归口。

本标准负责起草单位:辽宁仪表研究所、中国工程物理研究院应用电子学研究所、深圳市华测检测技术股份有限公司。

本标准参加起草单位:丹东华日理学电气有限公司、丹东市无损检测设备有限公司、丹东市万全无损检测仪器厂。

本标准主要起草人:武太峰、于志军、陈浩、郭冰、邵德峰、董殿刚、张宏。

无损检测仪器
工业用 X 射线 CT 装置性能测试方法

1 范围

本标准规定了工业用 X 射线 CT 装置(以下简称 CT 装置)性能测试的术语、定义、缩略语以及空间分辨力、密度分辨率、定位光标准确度、层厚准确度、CT 值标准差等试验方法。

本标准适用于工业 CT 装置的出厂检验和型式检验。

2 规范性引用文件

下列文件中的条款通过本标准的引用而成为本标准的条款。凡是注日期的引用文件,其随后所有的修改单(不包括勘误的内容)或修订版均不适用于本标准,然而,鼓励根据本标准达成协议的各方研究是否可使用这些文件的最新版本。凡是不注日期的引用文件,其最新版本适用于本标准。

GB/T 12604.2 无损检测 术语 射线照相检测

3 术语和定义及缩略语

3.1 术语和定义

GB/T 12604.2 确立的以及下列术语和定义适用于本标准。

3.1.1

空间分辨力 spatial resolution

工业 CT 装置鉴别和区分高对比度微小细节特征的最高能力。

3.1.2

密度分辨率 density resolution

工业 CT 装置区分材料对比度密度特性变化的最高能力。

3.1.3

伪像 artifact

在 CT 图像上出现的与试件的结构及物理特性无关的图像特征。

3.1.4

标准试件 phantom

用来确定工业 CT 装置空间分辨力及密度分辨率等性能指标的试件。

3.1.5

调制传递函数 modulation transfer function

图像系统的调制度随空间频率的变化关系。它在数值上等于线扩展函数的一维傅立叶变换。

3.1.6

重建 reconstruction

射线穿过试件后的投影数据转换成代表试件截面衰减特性分布图像的计算过程。

3.1.7

像素 pixel

构成 CT 图像的基本单元。

3.1.8

切片厚度 slice thickness

CT 图像所对应的射线切割物体的厚度。

3.1.9

线扩展函数　line-spread function

理想的线状物质在重建图像上的响应或扩展函数。

3.1.10

调制度　modulation

图像系统对特定空间频率响应能力的度量。在CT图像上，它近似等于细节特征有效对比度和实际对比度的比值。有效对比度是细节特征和背景的显示对比度；实际对比度是细节和背景的真实对比度。

3.1.11

投影　projection

材料线性衰减系数分布函数沿着射线方向的线积分。

3.2　缩略语

下列缩略语适用于本标准：

CDF——对比度鉴别函数(contrast discrimination function)

CT——计算机层析或计算机断层扫描成像(computerized tomography)

ERF——边缘响应函数(edge response function)

MTF——调制传递函数(modulation transfer function)

PSF——点扩展函数(point spread function)

注：理想的点状物质在重建图像(密度图像)上响应或扩展函数。

4　试验方法

4.1　空间分辨力测试

通常采用均匀圆盘法、线对测试卡法和圆孔型测试卡法(见附录C)，推荐采用圆孔测试卡法。

4.1.1　概述

通过圆盘标准试件(见附录A)CT扫描图像得到圆盘边缘CT数据轮廓变化，获得ERF；对ERF求导得到点扩展函数PSF；通过对PSF的傅立叶变换计算最终导出调制传递函数MTF；由调制传递函数MTF获得装置在不同调制度下的空间分辨力。圆盘法测试的算法流程参见附录B中B.1～B.3。

4.1.2　边缘响应函数ERF的生成

对圆盘扫描获得圆盘CT图像；计算出圆盘CT图像的质心位置；以质心位置为圆心，在圆盘图像上选择一圆环区域，使圆盘的边缘图像包含在该圆环区域中；计算出圆环区域内所有像素点到质心的距离。

将圆环区域内像素按一定的距离单位归组，距离单位的大小根据图像矩阵尺寸加以选择。同一个距离单位范围内像素为一组。

将圆环区域内每个组的像素点分别取平均像素值，得到组别与平均像素值的对应关系。建立距离和平均像素值之间关系表。从距圆心最近的1端数据开始，按照表1中推荐的拟合点数(奇数)，依次选取相应的点数组合。第2个组合中的第1个点应是第1个组合中的第2个点，以此类推可得到一组合系列。例如对于像素矩阵尺寸为512的情况，选取每个组合中包含21个点，(即21个距离和平均像素值关系)，第11个点为中间点。对每个组合中点的平均像素值进行最小二乘法立方拟合，用拟合计算得到的中间点像素值替代原中间点的像素值，以此重复操作，计算出全部拟合后的像素值，得到拟合像素值和距离的关系。删除开始端和结束端的多余部分，根据距离和拟合像素值的关系得到边缘响应函数ERF(或ERF曲线)。

表 1　推荐适用的各项参数

单位：像素

图像矩阵尺寸	圆盘图像	方块最大尺寸	像素距离单位	拟合点数
256	235	12	0.100	11
512	470	24	0.050	21
1 024	940	48	0.025	41

4.1.3　点扩展函数 PSF 的生成

对于 ERF 生成的结果重新进行与上面相似的分段拟合，对在此过程中每一次拟合得到的多项式求导，计算中间点在每个导数解析式对应的值，得出距离和导数值关系的函数。

解得此函数的最大值，用最大值对此函数进行标准化处理得到点扩展函数 PSF(或 PSF 曲线)。

4.1.4　调制传递函数 MTF 的生成

将扩展函数 PSF 进行傅立叶变换，对振幅随频率的变化曲线在零频率处进行标准化处理，得到 MTF(或 MTF 曲线)。图像矩阵的截止频率定义为 0.5 线对/像素，傅立叶变换后的最高频率应不低于图像截止频率的 4 倍。由采样定理得到对 PSF 的采样间隔不大于 0.25 像素。为获得光滑的 MTF 曲线，频率域内采样间隔应小于 0.01 线对/像素(亦即对于 PSF 的采样范围应大于 100 像素)。

计算傅立叶变换的振幅。对振幅随频率的变化曲线在零频率处进行标准化处理，得到 MTF(或 MTF 曲线)。

4.1.5　测试结果

由 MTF 曲线直接读出 CT 装置在不同调制度下的空间分辨力指标。

4.2　密度分辨率测试

4.2.1　概述

在圆盘 CT 图像中心区域特定范围选择一系列方块模型。对于每种方块尺寸类型，计算各个方块中的像素平均值，通过计算这些平均值的标准偏差，得到这一方块尺寸下像素值的平均标准偏差。随着方块尺寸的增加，建立方块尺寸和平均标准偏差之间的关系。将平均标准偏差表示为占各自总的像素平均值的百分比，乘以 3 倍的系数得到 CDF。由此计算出系统在一定尺寸范围下的密度分辨率指标。圆盘法测试算法流程参见附录 B 中 B.4～B.5。

4.2.2　测定区范围

测定区范围应包含足够的像素统计数值，但太大和太小都会使环状伪像和单个像素对测定产生影响。测定区范围一般应采用圆盘 CT 图像中心直径约为圆盘直径 1/3 的圆形区域，如图 1 所示。

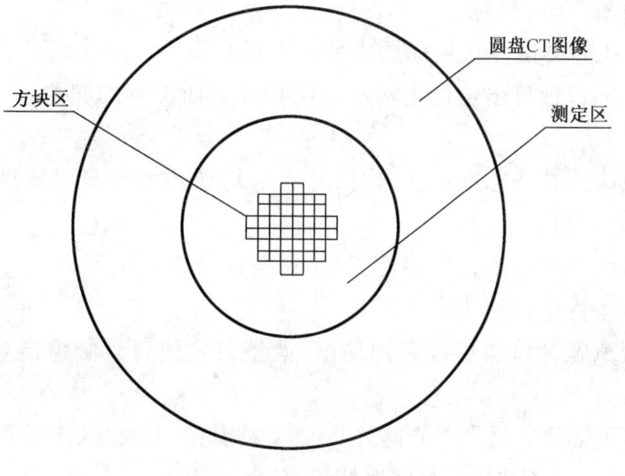

图 1　测定区和方块区

4.2.3 方块的规定

将测定区分成大小相等且互相不重叠的多个方块，方块的大小以像素的数量为单位。方块大小的选取从一个像素尺寸到多个像素尺寸，从而形成一系列方块模型。方块的最大尺寸应符合表1的规定。在每种模型中方块的数量应不少于25个。

4.2.4 平均标准偏差的计算

对圆盘扫描获得CT图像。选择测定区和方块模型。对于每种方块模型，计算每个方块内像素平均值，按式(1)计算方块总的CT平均值：

$$\overline{\mu}=\frac{1}{m}\sum_{i=1}^{m}\mu_i \qquad \cdots\cdots(1)$$

式中：

$\overline{\mu}$——方块总的CT平均值；

m——方块的数量；

μ_i——每个方块的CT平均值(其中 $i=1,2,3,\cdots,m$)。

用计算方块像素平均值标准偏差的方法，获得平均标准偏差(对于一个像素的情况，平均标准误差等于标准偏差)。见式(2)。

$$\sigma=\left[\frac{\sum_{i=1}^{m}(\mu_i-\overline{\mu})^2}{m-1}\right]^{\frac{1}{2}} \qquad \cdots\cdots(2)$$

式中：

σ——平均标准偏差。

4.2.5 **CDF(曲线)的生成**

按照方块尺寸从小到大的次序，建立方块尺寸和平均标准误差之间的关系表。按平均标准误差表示为占各自总的像素平均值的百分比，乘以3，得到方块尺寸范围和密度分辨率的关系，即CDF(曲线)。将CDF曲线绘制在对数坐标系上，由此可以得出在不同尺寸范围下的密度分辨率。

密度分辨率测试也可采用空气间隙法，见附录D。

4.3 定位光标准确度测定

4.3.1 采用均质材料制成圆柱形标准试件，表面应有清晰易见的定位标记，内部嵌有与均质环境成高对比的特定形状的物体，此物体形状和位置与标准试件的定位标记具有严格空间几何关系。

4.3.2 标准试件放置在检测床上，使标准试件圆柱轴线垂直于扫描平面并处于扫描视野中心位置并使标准试件的定位标记和定位光标重合。

4.3.3 采用标准的扫描条件进行扫描。

4.3.4 在CT图像中测定标准试件在扫描层中所处准确位置。

4.3.5 利用表面的定位标记计算出定位光标对实际扫描层面位置的偏差。

4.4 层厚准确度测定

4.4.1 采用均质材料制成圆柱形标准试件，内部嵌有与均质环境成高对比度的金属薄片，金属薄片与标准试件圆柱轴线成一定夹角。

4.4.2 使标准试件圆柱轴线垂直于扫描平面，处于扫描视野中心位置。

4.4.3 采用标准的扫描条件进行扫描。

4.4.4 调整CT图像的窗宽、窗位，窗宽调到最窄，调整窗位使背景影像恰好消失，测出背景的CT值和铝片的最大CT值。

4.4.5 将背景的CT值和铝片的最大CT值之和除以2，其结果称为CT值的半值。

4.4.6 将窗位调到CT值的半值处，窗宽仍保持最窄，测出铝片的斜面宽度(半值全宽)，即为层厚。

4.4.7 如果用多个片状物组成的多斜面，同时按4.4.4～4.4.6的步骤分别得出层厚值，再取其平均值为层厚。

4.5 CT 值标准差测定

4.5.1 通过对标准试件进行扫描，测 CT 图像均匀性的同时获得 CT 均值、噪声值。

4.5.2 使标准试件圆柱轴线垂直于扫描平面并处于扫描视野中心位置，使标准试件的定位标记和定位光标重合。

4.5.3 采用标准的扫描条件进行 CT 扫描。

4.5.4 对每幅图像进行下列测量：

a) 在图像中心取一大于 100 个像素点并小于 10%面积(如 1 cm^2)的区域，测出此区域的 CT 均值和噪声值；

b) 在相当于钟表时针 3、6、9、12 时的方向上，距标准试件边缘 1 cm 处，每个位置的面积大于等于 a)4 项规定的区域，分别测出 4 个区域的 CT 均值，其中以与中心区域 CT 均值的最大差值来表示 CT 值的标准差。

附 录 A
（规范性附录）
圆盘标准试件

A.1 基本结构

圆盘标准试件由均质材料圆柱体制成，其基本结构如图 A.1 所示。

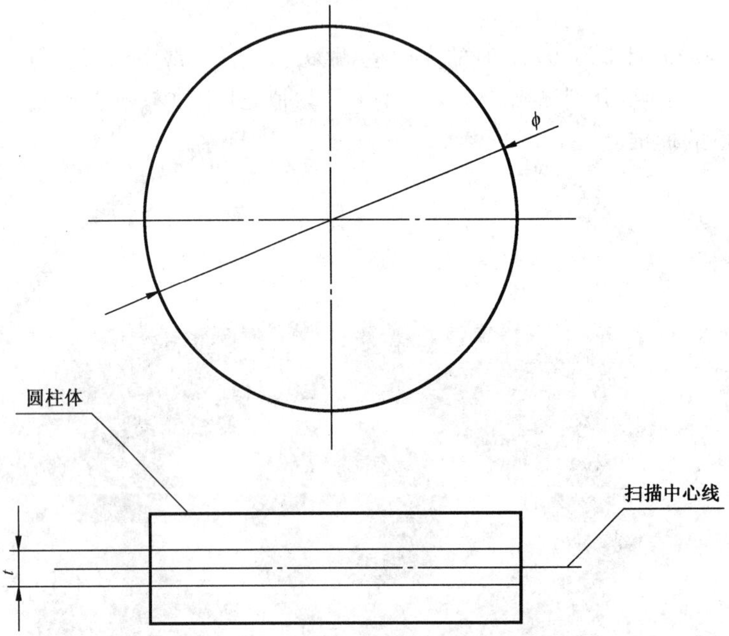

图 A.1 圆盘标准试件结构示意图

A.2 设计要求

A.2.1 圆盘标准试件是由与被检测对象射线吸收特性相同或相近的均匀材料制作，推荐使用钢、铝及有机玻璃。

A.2.2 圆盘的直径 ϕ 应与检测对象尺寸或对射线吸收相近。

A.2.3 圆盘厚度至少是切片厚度 t 的 10 倍，一般应大于 20 mm。

A.2.4 圆盘上下表面的平行度、圆盘圆柱度和侧面的粗糙度应与检测要求相适应。

附　录　B
（资料性附录）
圆盘法测试的算法流程

B.1　ERF 算法流程见图 B.1（以 512 图像矩阵尺寸为例）

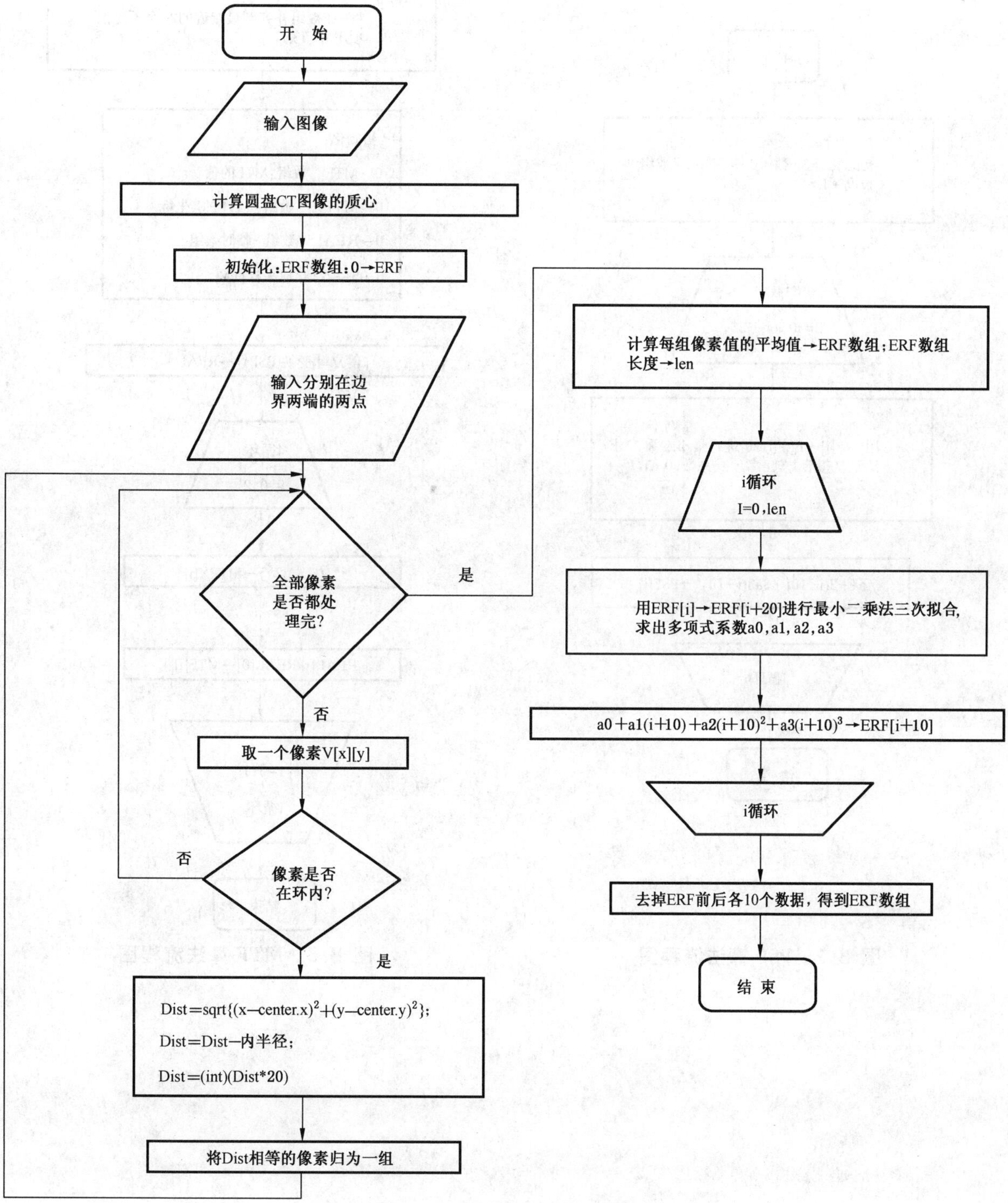

图 B.1　ERF 算法流程图

B.2 PSF 算法流程见图 B.2

B.3 MTF 算法流程见图 B.3

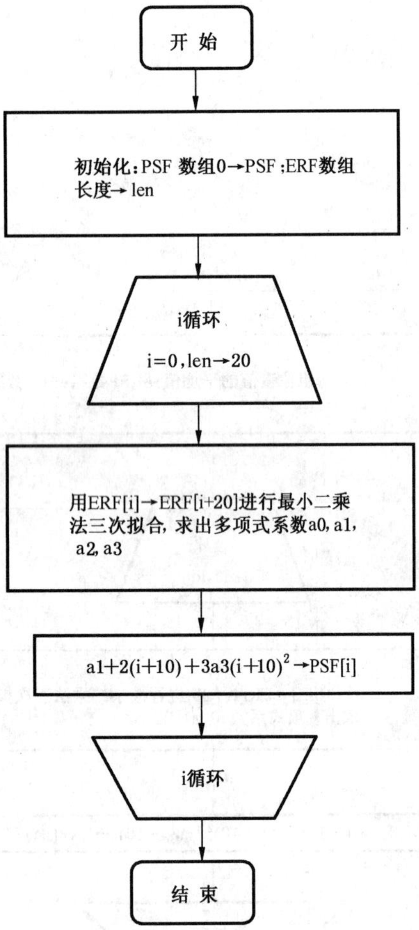

图 B.2 PSF 算法流程图

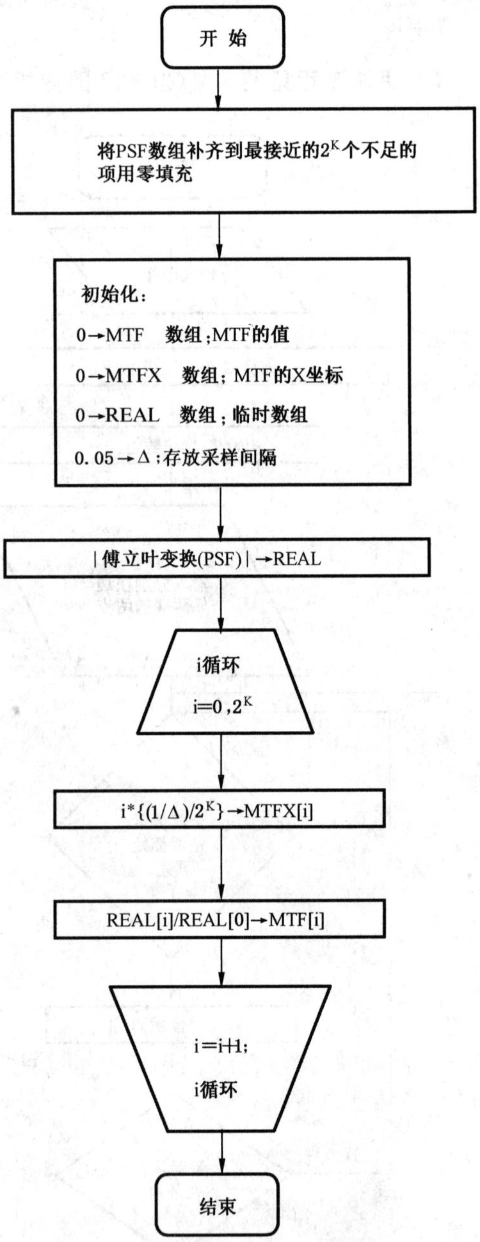

图 B.3 MTF 算法流程图

B.4　CDF 算法流程见图 B.4，图 B.5

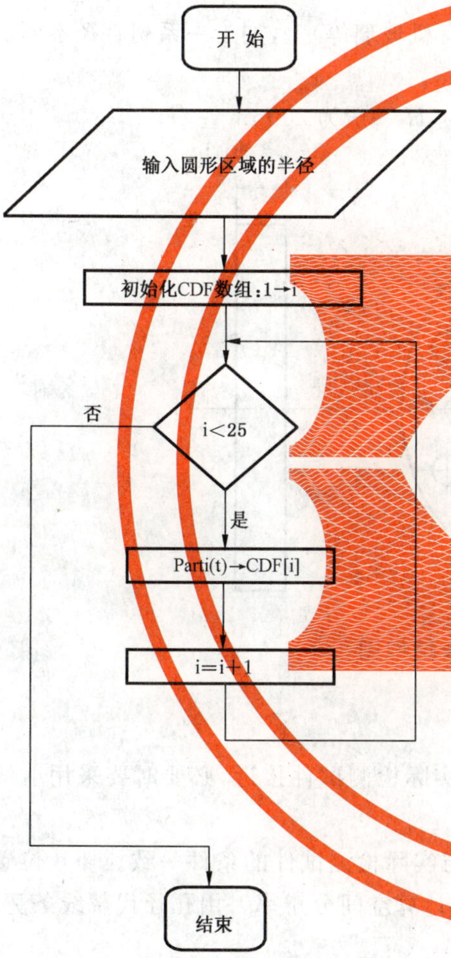

图 B.4　CDF 算法流程图

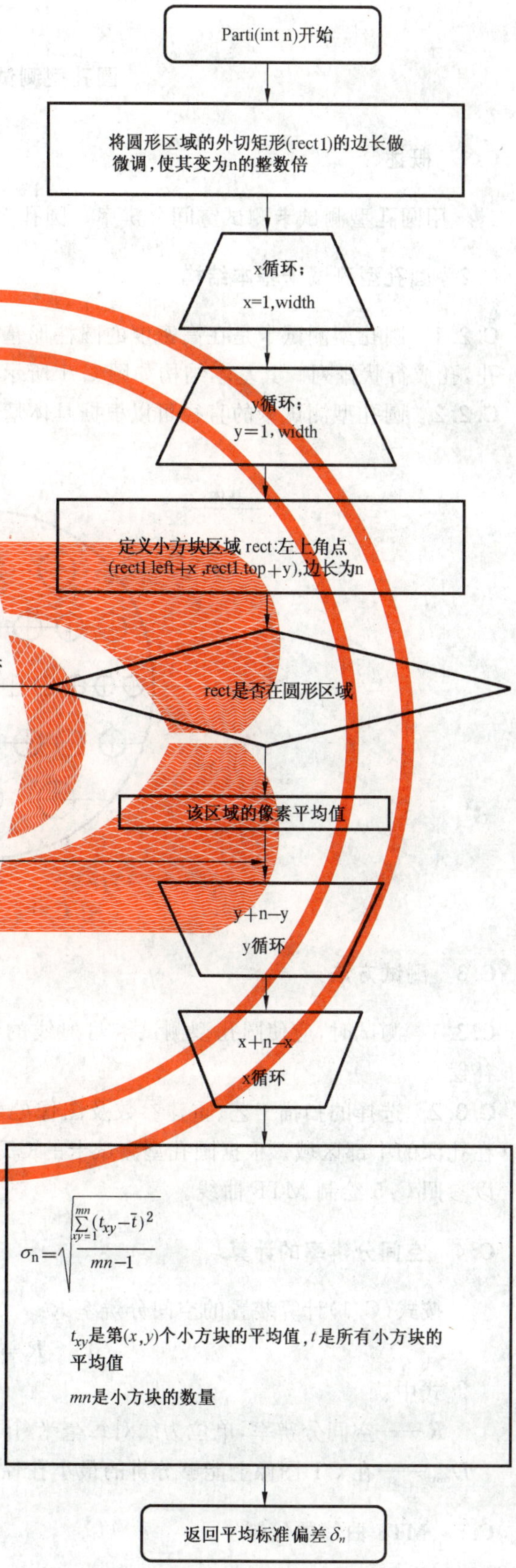

图 B.5　方块函数算法流程图

附　录　C
（规范性附录）
圆孔型测试卡法测试空间分辨率

C.1　概述

用圆孔型测试卡测试空间分辨率。圆孔型测试卡的制作也可以根据供需双方协商决定。

C.2　圆孔型测试卡基本结构

C.2.1　圆孔型测试卡是在高密度的圆柱形基体（钢、铝或有机玻璃等）上，加工一系列直径不同的圆形孔，孔成行状排列。其基本结构如图 C.1 所示。

C.2.2　圆孔型测试卡的直径可以根据具体情况设计。厚度 H 一般为 20 mm 左右。

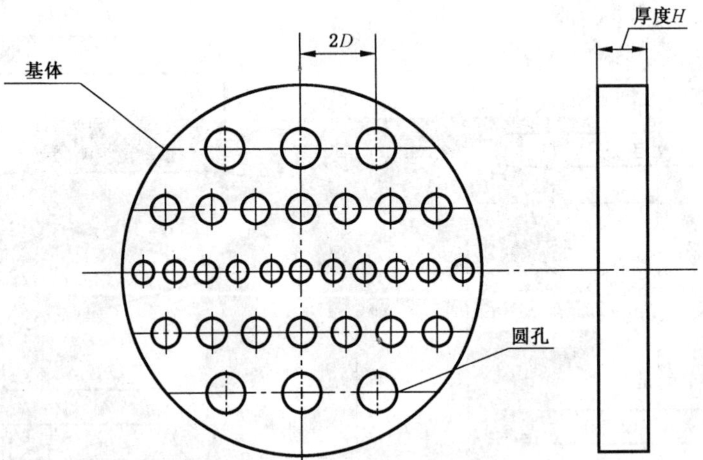

图 C.1　圆孔型测试卡结构图

C.3　测试方法

C.3.1　测试时，应使圆孔型测试卡对射线的衰减条件与实际检测试件接近，必要时要采用射线衰减补偿。

C.3.2　选择的扫描工艺、重建参数及图像处理等条件要与实际检测试件的条件一致。切片位置应选在孔深的中部区域。根据圆孔型测试卡的 CT 图像按 C.4 计算空间分辨率。用孔径代替线条宽度，可以参照 C.5 绘制 MTF 曲线。

C.4　空间分辨率的计算

按式（C.1）计算装置的空间分辨率 R：

$$R=(1/2)\times 1/D_{min} \qquad \cdots\cdots(C.1)$$

式中：

R——空间分辨率，单位为线对每毫米（lp/mm）；

D_{min}——在 CT 图像上能够分辨的最小孔径（指在 10%的调制度下分辨的孔），单位为毫米（mm）。

C.5　MTF 曲线的绘制

以空间分辨率线对数为横坐标（单位为 lp/mm）、调制度为纵坐标绘制出 MTF 曲线。典型的 MTF

曲线如图 C.2 所示。

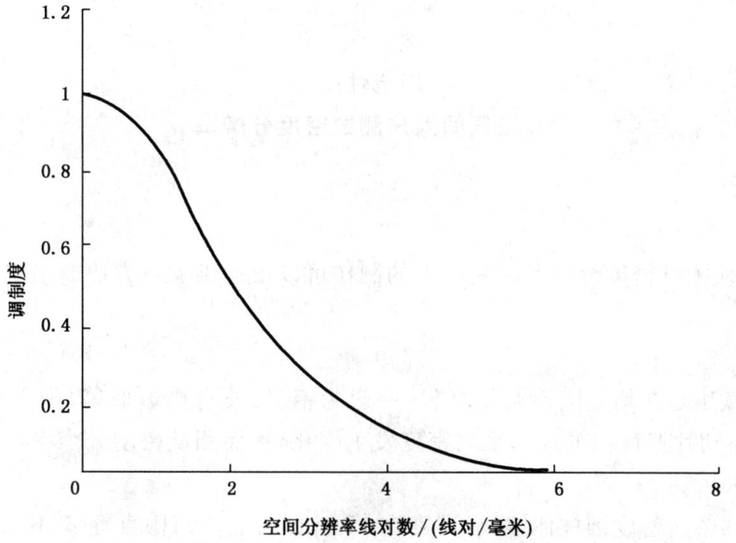

图 C.2 典型的 MTF 曲线

C.6 测试结果

空间分辨率为 10% 的调制度下的测试结果。给出测试结果时，需要给出试件情况、工艺条件及检测时间等技术条件。

附　录　D
（规范性附录）
空气间隙法测试密度分辨率

D.1　概述

用空气间隙试块测试密度分辨率。测试卡的制作可以根据供需双方协商确定。

D.2　空气间隙试块

D.2.1　空气间隙试块是在均质刚性基体材料（一般为钢、铝或有机玻璃等）中人工制作一定直径和厚度的空气间隙，使得切片厚度内的局部平均密度发生变化，从而测试密度分辨率。其基本结构如图 D.1 所示。

D.2.2　基体是由两个高密度圆柱体组成，高度在 15 mm 以上。凹槽直径 ϕ' 不小于 20 mm，圆柱体直径可根据实际情况规定，一般不小于 3ϕ。

D.2.3　凹槽深度 h 根据切片厚度 t 和实际情况确定。

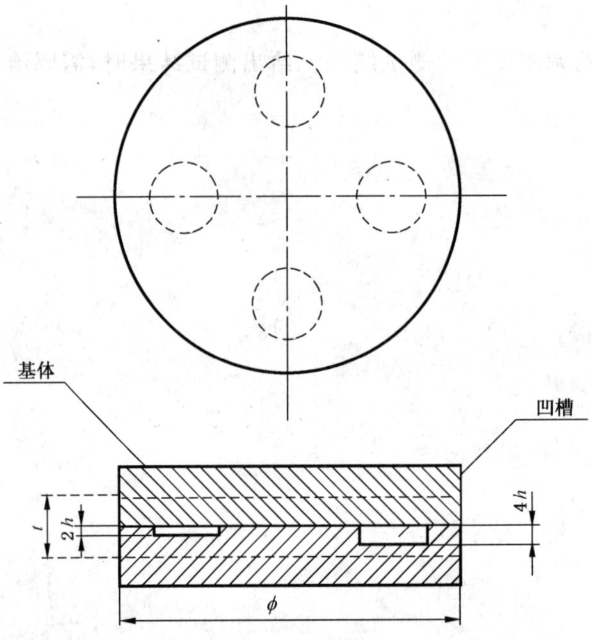

图 D.1　空气间隙试块剖面图

D.3　测试方法

D.3.1　测试时，应使空气间隙试块对射线的衰减条件与实际检测试件接近，必要时要采用射线衰减补偿。

D.3.2　选择的扫描工艺、重建参数及图像处理等条件要与实际检测试件的条件一致。扫描时，应使凹槽包含在切片厚度范围之内，且处于切片厚度的中心。

D.3.3　在 CT 图像上，按照相同或接近的分布直径，选择相同大小的圆形测试范围（如 20 mm 直径范围），分别测试有凹槽部位和没凹槽部位的 CT 值（测试范围内像素的平均值）。没有凹槽部位的 CT 值的测试不能少于 5 个部位。

D.3.4　求出没有凹槽部位测试部位点的平均 CT 值和标准偏差值。

D.3.5 若测试有凹槽部位的 CT 值与凹槽的高度变化呈近似线性，且与没有凹槽部位的平均 CT 值的差（绝对值）大于没有凹槽部位 CT 值的三倍标准差值，则认为此凹槽和基体密度差可分辨。最小分辨的密度差代表了密度分辨能力。

D.4 密度分辨率的计算

密度分辨率按式（D.1）计算：

$$C=(h/t)\times 100\% \qquad \cdots\cdots\cdots\cdots\cdots\cdots\cdots\cdots (\text{D.1})$$

式中：

C——密度分辨率；

h——能分辨的凹槽深度值，单位为毫米（mm）；

t——切片厚度值，单位为毫米（mm）。

D.5 测试结果

密度分辨率为一定测试范围（一般为 20 mm）下的测试结果。给出测试结果时，需要给出试件情况、工艺条件及检测时间等技术条件。

ICS 19.100
N 78

中华人民共和国国家标准

GB/T 26594—2011

无损检测仪器 工业用X射线管性能测试方法

Non-destructive testing instruments—Properties test methods of industrial X-ray tube

2011-06-16 发布

2011-11-01 实施

中华人民共和国国家质量监督检验检疫总局
中国国家标准化管理委员会 发布

前　言

本标准附录 A、附录 B 为规范性附录。

本标准附录 C、附录 D 为资料性附录。

本标准由中国机械工业联合会提出。

本标准由全国试验机标准化技术委员会(SAC/TC 122)归口。

本标准负责起草单位:辽宁仪表研究所、丹东市荣华射线仪器仪表有限公司、深圳市华测检测技术股份有限公司。

本标准参加起草单位:丹东市无损检测设备有限公司、丹东市万全无损检测仪器厂。

本标准主要起草人:徐波、荣吉萍、钱峰、董殿刚、张宏。

无损检测仪器
工业用X射线管性能测试方法

1 范围

本标准规定了对测试条件的要求和对工业用X射线管(以下简称X射线管)的技术参数的测试条件和测试方法。

本标准适用于各种类型工业用X射线管(不包括脉冲式)。

2 规范性引用文件

下列文件中的条款通过本标准的引用而成为本标准的条款。凡是注日期的引用文件,其随后所有的修改单(不包括勘误的内容)或修订版均不适用于本标准,然而,鼓励根据本标准达成协议的各方研究是否可使用这些文件的最新版本。凡是不注日期的引用文件,其最新版本适用于本标准。

GB/T 2421—1999 电工电子产品基本环境试验规则 第1部分:总则

GB/T 25758.5—2010 无损检测 工业X射线系统焦点特性 第5部分:小焦点和微焦点X射线管的有效焦点尺寸的测量方法

3 术语和定义

下列术语和定义适用于本标准。

3.1

灯丝特性 filament character

X射线管灯丝电流与灯丝电压的关系。

3.2

最高工作管电压 maximum working tube voltage

在半波自整流电路中,X射线管在额定阳极电流下,阳极与阴极之间所允许的最高正向阳极电压峰值。

3.3

最高反向峰值电压 highest reverse peak voltage

X射线管在规定的阳极电流下,阳极和阴极之间允许承受的最高反向峰值电压。

3.4

超电压 overvoltage

在规定的阳极电流和试验时间下,在X射线管阳极和阴极之间加上按规定的超电压系数所确定的峰值电压。

3.5

灯丝发射特性 filament emission character

X射线管在给定的管电压条件下,阳极电流与灯丝电流(电压)的关系。

3.6

阳极电流稳定性 stability of anode current

X射线管在规定工作条件下,并在规定的时间内,阳极电流最大变动量与其额定阳极电流值比值。

3.7

最大连续功率　maximum continuous power

能连续加载的最大功率。

3.8

最大短时功率　maximum short-time power

每次短时间加载的最大允许功率。

3.9

光学焦点尺寸　optics focus size

X 射线管的实际焦点在与有用线束中心 X 射线方向相垂直的平面上的投影尺寸。

3.10

固有滤过　inherent filtration

X 射线管本身部件对 X 射线的过滤。用相当于等量过滤的铍、铝或铜的厚度来表示。

3.11

辐射能量通量密度均匀性　radiation energy flux uniformity of dose

X 射线管在特定的有用射线输出区域上辐射强度的不均匀性。以 $E=\frac{M-N}{M}\times 100\%$ 来表示(其中 M 为各测量点中辐射强度最大值,N 为最小值)。

3.12

剂量率　dose rate

在规定的距离及方位上,在规定的电压、电流下测得的单位时间内空气比释动能率数值,单位为 Gy/h。

3.13

灯丝栅极间耐压　grid voltage bearing of filament

栅控 X 射线管的灯丝和栅极之间能承受规定的电压。

3.14

阳极电流截止栅压　cut-off grid voltage of anode current

栅控 X 射线管在最高工作管电压并规定了灯丝电流(或电压)下,使阳极电流截止时的栅极电压。

3.15

X 射线光谱纯度　X-ray spectrum pureness

单色工作的 X 射线管靶面材料杂质谱线对特征谱线 $K_{\alpha 1}$ 的相对强度,以最强杂质谱线积分强度与靶面材料特征谱线 $K_{\alpha 1}$ 积分强度之比来衡量,其比值称为杂质谱线相对强度,是衡量 X 射线光谱纯度的重要指标。

4　测试条件

4.1　测试设备

4.1.1　X 射线管电气测试用的各种设备应符合电气设备的规定标准,每台设备应有使用说明书、仪表校验卡及有关技术资料。

4.1.2　X 射线管阳极与阴极接点之间的绝缘电阻应大于 5 000 MΩ。

4.1.3　测试设备应满足被测管的冷却要求,X 射线管冷却方式有:

a)　自然冷却:X 射线管附近不应有任何隔板屏蔽以及会引起 X 射线管过热的其他零部件。若被测管封闭在箱体内,则箱体上应有通风孔。

b)　强制风冷:若在测试标准或产品标准中没有专门规定冷却方法时,则气流应沿 X 射线管轴向流过，冷却系统应有测量气体流速、流量的仪器，其散热条件应符合在相关产品标准中的规定。

c) 强制水冷：对强制水冷的X射线管，应装有水的循环系统和测量进水温度及水流量的仪器，其散热条件应符合在相关产品标准中的规定。

d) 自然油冷：其散热条件应符合产品标准的规定。

e) 强制油冷：对强制油冷的X射线管，应装有油的循环系统和测量进油温度及油流量的仪器，其散热条件应符合在相关产品标准中的规定。油的绝缘强度不应低于35 kV/2.5 mm。

4.1.4 测量灯丝特性时，应使连接管子同管座之间的导线以及连接电压表与管座之间的导线电阻足够小，使其在导线上的压降不超过规定值的0.2%。当灯丝电流为产品标准规定值时，灯丝电压误差不应超过规定值±10%。

4.1.5 当灯丝用交流供电时，电源的非线性失真系数如影响到测量灯丝电压的最大允许误差（>±1%）时，应进行修正。

4.1.6 对测试电源的要求

4.1.6.1 电源频率为50 Hz的交流电，当负载从零增加到最大值时，电源电压的变化应不大于10%。

4.1.6.2 电源频率变动值应在规定值的±0.5%以内。

4.1.6.3 电源在无负载时，电源电压的变动值应在规定值的±5%以内，而在一个项目的试验过程中，变动值应在±0.5%以内。

4.1.6.4 电源无负载时，电压波形的瞬时值和相应的理想正弦波形瞬时值之差与理想的正弦波形相应瞬时值之比应在±5%以内。

4.1.6.5 应用三相电源时，每两根相线间的阻抗和其他两根相线间的阻抗的差与该二阻抗平均值之比应在±10%以内。

4.1.6.6 电源的高压装置应接地良好，接地电阻应不大于4 Ω。

4.1.7 用于测量X射线管的阳极电流、灯丝电流、灯丝电压用的交流、直流电表的准确度不低于1.5级，其他电表的准确度不低于2.5级。

其他测试设备选用的仪表量程，应保证被测值的读数大于满刻度的1/3。测量灯丝电流（电压）的仪表应使被测值的读数大于满刻度的1/2。

4.1.8 X射线管电气测试用设备应符合有关安全技术要求。

4.1.8.1 测试设备应装有门开关及高压泄漏保护装置。

4.1.8.2 测试设备应有防X射线措施，其泄漏的X射线剂量不应超出国家规定的安全范围。

4.2 测试原理图

4.2.1 X射线管阳极电压的测量，在具体产品文件中未规定时，可采取下列方法之一：

a) 从高压发生器的初级测出初级电压，然后根据高压发生器的负载特性曲线，得出X射线管的阳极电压；

b) X射线管的阳极电压经分压器分压后，用峰值表或示波器等测出X射线管的阳极电压。

4.2.2 测试X射线管技术参数时常用的电原理图参见附录C。

4.3 测试规则

4.3.1 在测试X射线管时，各电极电压应按下列顺序接通：

a) 灯丝电压；

b) 栅极电压；

c) 阳极电压。

电极电压的断开应与接通时的相反顺序进行或同时断开。

4.3.2 测试强制冷却的X射线管时，应先接通冷却系统，方可加上各极电压，测试完毕时，应先断开各极电压。如无规定时，至少 3 min 后方可断开冷却系统。

4.3.3 旋转阳板 X 射线管在阳极加高压前，应使阳极靶转速达到正常值。

测试栅控 X 射线管时，如没有说明栅极与灯丝间施加电压，则认为栅极与灯丝同电位。

4.3.4 测试应在 GB/T 2421—1999 中规定的正常试验条件下进行。

4.3.5 在最高工作管电压，最高反峰压和超电压试验前，应对 X 射线管进行预热。

5 试验方法

5.1 灯丝特性测试

施加在产品文件中规定灯丝电流，待电流表读数稳定后，读出电压表相对应的灯丝电压值。原理见图 C.6。

5.2 X 射线管最高工作管电压的测试

施加在相关产品标准规定的灯丝电流(电压)，按规定的预热时间预热后，施加最高工作管电压的一半时，调节灯丝电流(电压)，使阳极电流达到产品标准规定的数值。然后以不大于 10 kV/min 的速度升至最高工作管电压，与此同时调节灯丝电流(电压)，保持阳极电流不变，并维持在产品文件中规定的时间。原理见图 C.1～图 C.5 中符合在相关产品标准中规定的任何一种。

采用自整流电路时，X 射线管接受的反向峰值电压不应超过产品文件所规定的最高反向峰值电压。

5.3 X 射线管最高反向峰值电压的测试

在半波自整流电路中，施加产品文件规定的灯丝电流(电压)，按规定的预热时间预热后，施加最高反向峰值电压的一半时，调节灯丝电流(电压)，使阳极电流应达到产品文件规定的数值，以不大于 10 kV/min的速度升至最高反向峰值电压，与此同时调节灯丝电流(电压)，保持阳极电流不变，并维持产品文件中规定的时间。原理见图 C.1。

5.4 X 射线管超电压的测试

将 X 射线管装在 X 射线管测试台上按照规定的工作规程使其达到表 1 中的规定，进行超电压试验。

表 1 X 射线管超电压试验

额定管电压 U kV	超过额定管电压百分数 %	持续时间 min		试验管电流
		直接强迫循环冷却	非直接强迫循环冷却	
<200	10	5	3	额定阳极电流的 80%
200≤U≤300	5	5	3	
U>300	2	5	3	

5.5 X 射线管灯丝发射特性的测试

将高压时间控制器调在允许条件下，调节灯丝电流(电压)至某一值，施加给定的管电压，如管电压在加载时下跌，则应提高管电压，再次加载，直至管电压在加载时仍符合给定的数值，并读取相应阳极电流值。用同样方法可测出在(一组)给定管电压下的(一组)，阳极电流 $I_a = f(I_f)$(灯丝电流)曲线。原理见图 C.1～图 C.5 中符合产品文件规定的任何一种。

5.6 X 射线管阳极电流稳定性的测试

施加产品文件规定的灯丝电流(电压)值，按规定预热时间预热后，升高管电压至规定值，同时快速调节灯丝电流(电压)使阳极电流应达到产品文件规定值，开始计时，在规定的时间内，读出阳极电流最大变化量。实验原理见图 C.1～图 C.5 中符合在相关产品标准中规定的任何一种。

灯丝电源电压稳定度为±0.2%。

5.7 X 射线管最大功率的测试

5.7.1 最大连续功率的测试

施加产品文件规定的灯丝电流(电压),按规定的预热时间预热后,施加产品文件中规定的管电压的一半时,调节灯丝电流(电压),使阳极电流达到在规定的管电压下最大连续功率所确定的电流值,然后以不大于 10 kV/min 的速度升至规定值,同时调节灯丝电流(电压),使阳极电流保持不变。

5.7.2 最大短时功率的测试

参数预调:将高压时间控制器调在比特定时间略小的时间上,参照产品文件中规定的 $I_a=f(I_f)$ 曲线选定的灯丝电流(电压),经预热后,再加上产品文件规定的管电压,同时根据仪表指示的管电压和阳极电流值进行多次调节,使之符合产品文件规定值,然后切断高压。

测试:保持预调参数,将高压时间控制器调在产品文件中规定的特定试验时间上,然后接通高压进行试验。试验时间及间隔次数应在产品文件中规定。

5.8 X 射线管有效焦点尺寸的测试

5.8.1 焦点针孔射线照相法

见附录 A。

5.8.2 焦点狭缝射线照相法

见附录 B。

5.8.3 小焦点、微焦点有效焦点尺寸测试见 GB/T 25758.5—2010

注:定向辐射 X 射线管可按附录 A、附录 B 所规定的测验方法进行,周向辐射 X 射线管按具体型号产品文件规定的测定方法进行,出厂检验可查试验记录。

5.9 X 射线管辐射能通量密度均匀性的测试

5.9.1 结构分析用 X 射线管各输出窗辐射强度均匀性的测试。

5.9.1.1 将 X 射线胶片放置在紧靠射线输出窗口的不透光盒子内。

5.9.1.2 在产品文件中规定的条件进行一次曝光。

5.9.1.3 用密度计测量各窗口辐射场胶片密度的平均值(取 3～4 点)来测定该窗口辐射能量密度的大小,测量时应使每个测定点的区域不超过最大照射场尺寸的 5%,胶片密度的拍摄要求见附录 A 中 A.7。

5.9.1.4 由各窗口测得的辐射场胶片密度的平均值来确定各输出窗辐射能量密度的不均匀性。

5.9.2 周向辐射 X 射线管射线强度均匀性的测试。

在周向管测试台上进行,在 ϕ1.2 m 圆筒状器具圆周上排布胶片,使周向管轴线与圆筒器具中心重合,胶片中心线与周向管 X 射线辐射角中心面重合,在圆筒器具的圆周选四个均匀分布位置放胶片,选用适当的曝光参数拍片,使底片密度在 1.1～1.5 之间,用密度计测量四张胶片中线的密度值,取最大值与最小值之差。原理见图 C.1～图 C.5 中符合产品文件规定的任何一种。

5.10 X 射线管 X 射线剂量率的测试

将剂量仪的探头放在产品文件规定的距离及位置上,在规定的电压、电流下测试,当剂量仪有稳定的指示后读取剂量率值。原理见图 C.1～图 C.5 符合产品文件规定的任何一种。

注:如在产品文件中尚未指定测试点的方位,则认为测试点位于射线束中心线上,并且认为在管外无其他衰减材料情况下测试(大气除外)。

5.11 X 射线管固有滤过的测试

测试装置原理图如图 1 所示。单位为 mm。

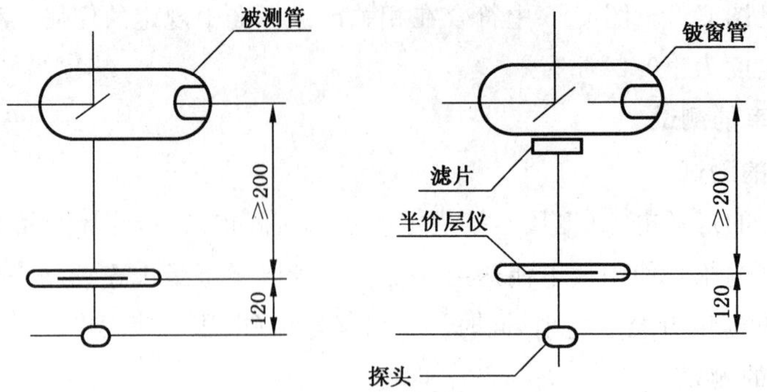

图 1　固有过滤测试原理图

其中铍窗管与被测管的靶材和靶角相同。如靶角不同，可以通过使射线束倾斜得到相同靶角。

当被测管输出窗主要由铍或其他类似物质组成时，滤片宜用铍。

当被测管最高工作管电压不超过 200 kV 时，滤片宜用铝。

当被测管最高工作管电压从 150 kV～400 kV 时，滤片宜用铜。

测量时被测管与铍窗管测试条件完全相同（包括管电压、电流、距离、位置）。管电压为被测管最高工作管电压的一半（或由产品文件规定），阳极电流应在产品文件中规定。

5.11.1　测出不同厚度滤片（Be、Al、Cu）与第一半价层的关系曲线（如图 2 所示）。

5.11.2　测出被测管的第一半价层值 A。

5.11.3　由图 2 曲线找出其相应的滤片厚度 B。

即 B 值为被测 X 射线管的固有过滤。

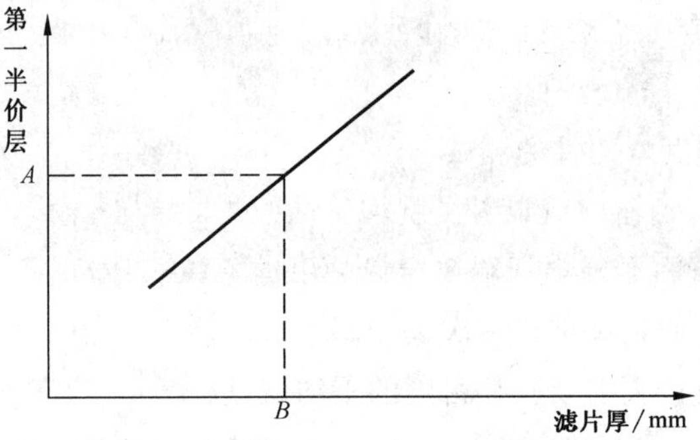

图 2　滤片厚度与半价层关系

注：另一种测试方法是找出被测 X 射线管窗口组成的代用物质。由该物质取代滤片，测出其第一半夹层值，由图 2 曲线找出其相应滤片的厚度，即得到被测管的固有过滤值。

5.12　X 射线管光谱纯度的测试

光谱纯度的测试是在电压和电流稳定度应不大于 0.2% 的 X 射线衍射仪上进行。也可以采用电压和电流稳定度不大于 0.2% 的应用 X 射线衍射原理（$n\lambda=2d\sin\theta$）制成的其他装置上进行。

X 射线光谱纯度测试的光路结构如图 3 所示。

其中：

a)　光源、分光晶面与接收狭缝 4 之轴线互相平行；

b)　分光晶面与衍射仪轴心相重合；

c)　光源与接收狭缝 4 应位于衍射仪圆周上；

d)　光源 F、狭缝 1、S_1、2 固定不动，狭缝 3、S_2、4 及计数管 V 以 2 倍于分光晶面的角速度同步旋转。

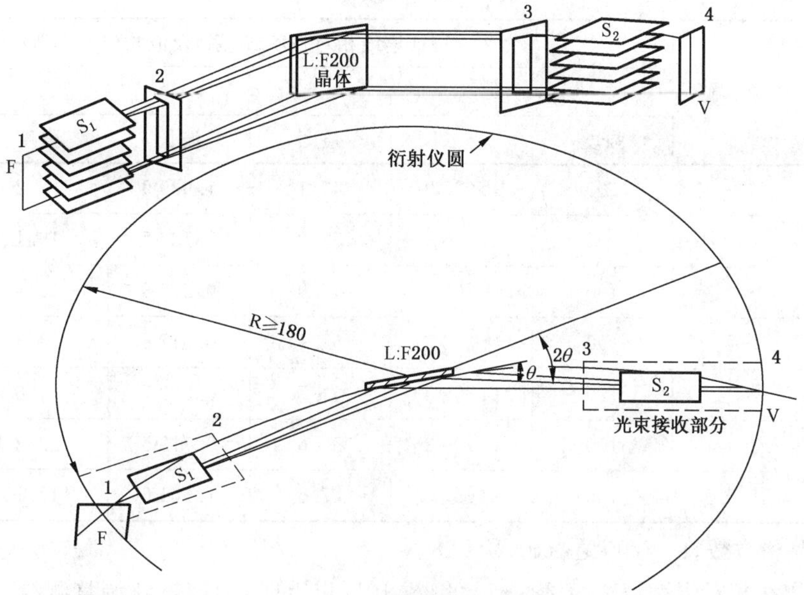

F——光源；

S_1、S_2——索洛狭缝；

1——第一狭缝(开放)；

2——发散狭缝(1/60 或 0.02 mm)；

3——收敛狭缝(同 2)；

4——接收狭缝(0.01 mm)；

V——计数管。

图 3 光谱纯度测试光路结构示意图

将待测 X 射线管装在衍射仪上(图 3F 位置)，在相关产品标准中规定的电参数条件下，测绘该 X 射线管的谱线图，如图 4 或图 5 所示。

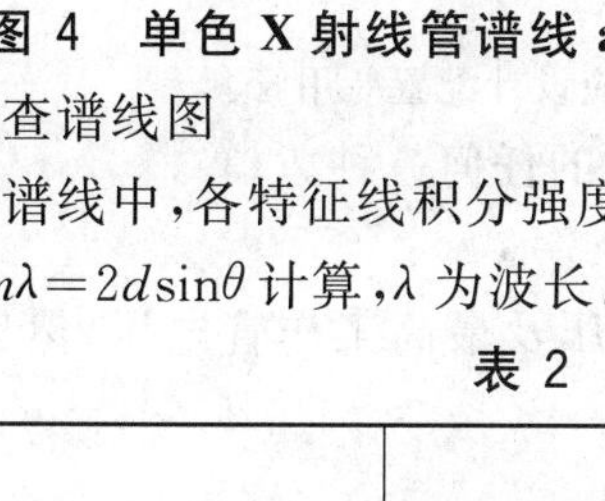

图 4 单色 X 射线管谱线 a

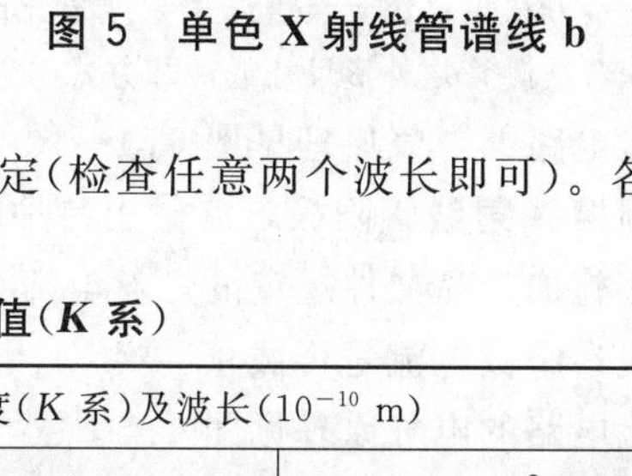

图 5 单色 X 射线管谱线 b

5.12.1 检查谱线图

测得的谱线中，各特征线积分强度相对值应符合表 2 的规定(检查任意两个波长即可)。各谱线所在角，可按 $n\lambda=2d\sin\theta$ 计算，λ 为波长。

表 2 特征谱线积分强度对比值(*K* 系)

靶材	特征谱线相对强度(*K* 系)及波长(10^{-10} m)					
	α_1		α_2		β_1	
	强度	波长	强度	波长	强度	波长
铜	100	1.540 5	46.0	1.544 3	15.8	1.392 1
铬	100	2.289 6	50.6	2.293 5	21.0	2.084 8

表 2（续）

靶材	特征谱线相对强度（K 系）及波长（10^{-10} m）					
	α_1		α_2		β_1	
	强度	波长	强度	波长	强度	波长
铁	100	1.935 9	49.1	1.939 9	18.2	1.756 5
钴	100	1.788 9	53.2	1.792 7	19.1	1.607 5
钨	100	0.208 9	47.0	0.213 8	18.1	0.184 3
铑	100	0.613 2	51.1	0.617 6	25.3	0.545 5
银	100	0.559 3	51.7	0.563 7	24.0	0.497 6
钼	100	0.709 2	50.6	0.713 5	23.3	0.632 2
镍	100	1.657 8	47.6	1.661 6	17.1	1.500 1

d 为分光体晶格常数，L:F200 之 2 d=4.028。

如果各特征谱线相对强度偏离表 2 应有比例数 10%以上时，则应重新调整测绘。如铬靶管 $K_{\alpha2}$ 大于 60.6 或小于 40.6 时，应加衰减片重测。

5.12.2 计算方法

杂质谱线相对强度按式(1)计算

$$H=\frac{A_z}{A_t}\times 100\% \quad \cdots\cdots(1)$$

式中：

H——杂质谱线相对强度；

A_z——最强杂质谱线积分强度；

A_t——靶材特征谱线 $K_{\alpha1}$ 积分强度。

注 1：某波长谱线的积分强度，应以该线峰包线包围的面积计算，可用积分仪测量或以矩形近似法计算。每一矩形之宽度不应大于 3 mm，也可以取衍射仪记录纸每一小格的宽度作为矩形宽度。对图 5 可先算出 K_α（即 $\alpha_1+\alpha_2$）总积分强度，再按表 2 比值折算出 $K_{\alpha1}$ 强度后，按式(1)计算杂质谱线相对 H 值。也可以先算出 $K_{\beta1}$ 积分强度，再按表 2 比值折算出 $K_{\alpha1}$ 强度。如果 $K_{\alpha1}$ 和 $K_{\alpha2}$ 在其高次波（$n\lambda=2d\sin\theta$ 中取 $n=2$ 以上时）可以分开，则可在大角度(θ)处，扫描出高次谱线图，利用其同次波峰包线积分强度计算杂质谱线相对强度 H 值。

注 2：如果所得谱线图中，杂质谱线很小而难以计算积分强度时，可在该杂质谱线所在角附近，减小衰减率重新小范围扫描，利用其较大峰包线算出积分强度后，再缩小相应倍数即可。

注 3：本方法也适用于点焦点 X 射线管光谱纯度测试。

注 4：若被测管之外形尺寸或冷却方式与现行衍射仪管套不相适应时，应设计配置专用管套。

实验电路的电气原理见图 C.1～图 C.5 中符合产品标准规定的任何一种。

5.13 栅控 X 射线管阳极电流截止特性的试验

依次施加产品文件规定的灯丝电流（电压）、阳极电流截止栅压及最高工作管电压，然后用 X 射线计量仪观察阳极电流是否截止。

实验电路的电气原理见图 C.5。

5.14 栅控 X 射线管灯丝栅极间耐压试验

把测试电源输出电压从零逐步上升到产品文件规定值，并维持规定的时间，观察有无绝缘破坏的异常现象。

实验电路的电气原理见图 6。

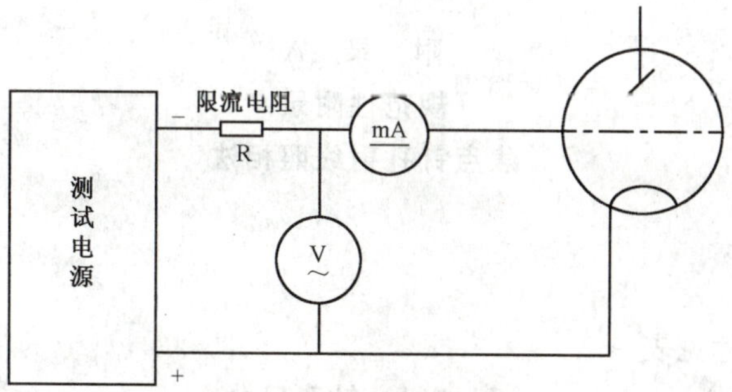

图 6　灯丝栅极间耐压试验电路

附 录 A
（规范性附录）
焦点针孔射线照相法

A.1 针孔照相机

针孔照相机的针孔尺寸见表 A.1。

表 A.1 针孔尺寸

焦点标称值 f	尺寸(mm)	
	直径 D mm	高度 h mm
$0.3<f\leqslant1.0$	0.030 ± 0.005	0.075 ± 0.110
$f>1.0$	0.100 ± 0.005	0.500 ± 0.010

针孔光阑的主要尺寸如图 A.1 所示

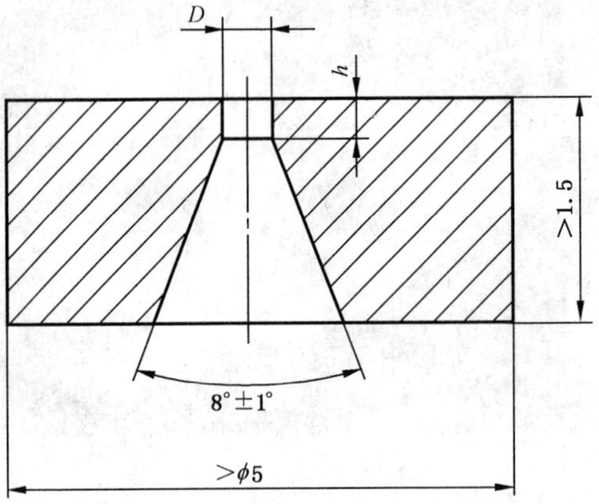

图 A.1 针孔光阑的主要尺寸

针孔光阑应用下列材料之一制造：钨、钽、含铂 10%的金铂合金、含铼 10%的钨铼合金、含铱 10%的铱铂合金。

A.2 胶片

应用射线摄影用微粒胶片拍摄，不用增感屏。

A.3 针孔照相机的准直

基准轴线与针孔轴线所成的角度小于或等于 10^{-3} rad，见图 A.2。

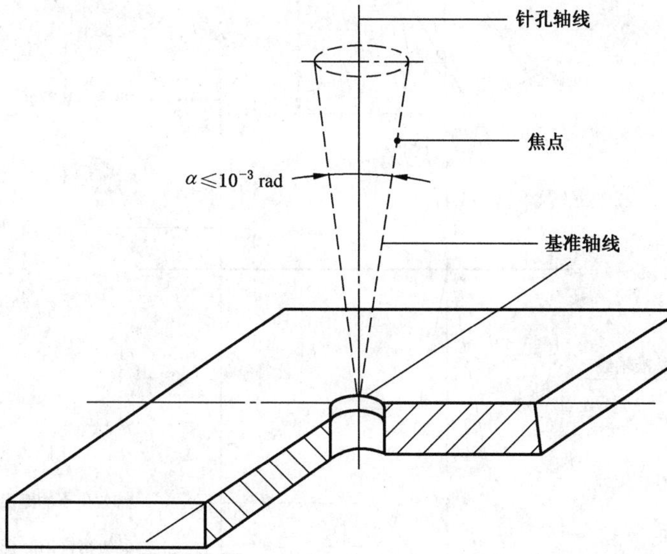

图 A.2 针孔照相机的准直

A.4 针孔照相机的位置

针孔光阑的入射面与焦点的距离应使实际焦点范围内的放大倍率变化在基准方向不超过±5%，分别按式(A.1)、式(A.2)、式(A.3)计算：

$$\frac{n}{m}=E \qquad \cdots\cdots(A.1)$$

$$\frac{n}{m+k}\geqslant 0.95E \qquad \cdots\cdots(A.2)$$

$$\frac{n}{m-p}\leqslant 1.05E \qquad \cdots\cdots(A.3)$$

式中：

E——放大倍率；

k——基准面至实际焦点离光阑较远边缘的距离；

p——基准面至实际焦点离光阑较近边缘的距离；

n——光阑至胶片的距离；

m——基准面至光阑的距离，此距离不应小于 100 mm。

见图 A.3。

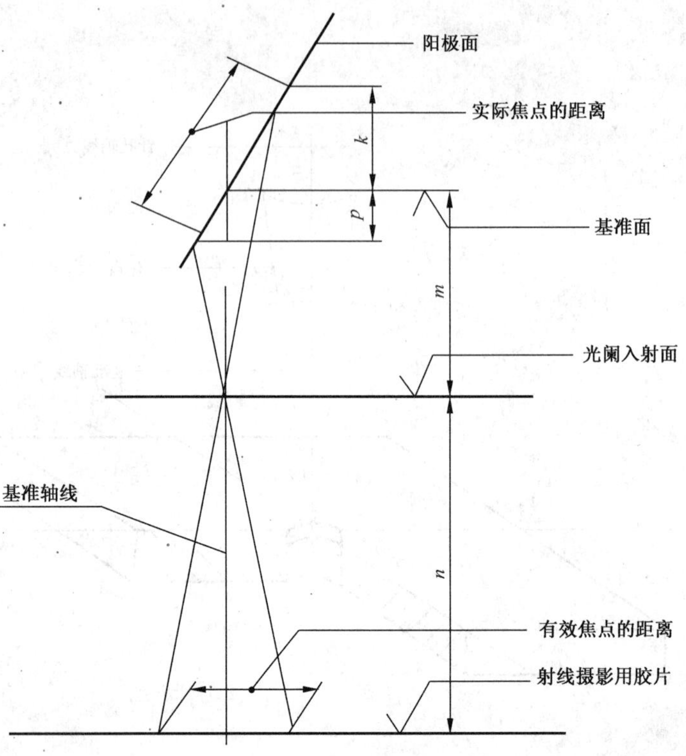

图 A.3　基准面和尺寸

A.5　胶片的位置

胶片应与基准方向垂直，胶片至针孔光阑入射面的距离根据放大倍率按表 A.2 确定（放大倍率 E 的最大允许误差应在±3%以内）。

表 A.2　焦点针孔射线照片的放大倍率

焦点标称值 f	放大倍率 E
$f \leqslant 1.0$	$E \geqslant 2$
$f \geqslant 1.1$	$E \geqslant 1$

A.6　负载因素

摄取焦点射线照片的负载因素按表 A.3 规定。

表 A.3　负载因素

X 射线管最高工作管电压 kV	负　载　因　素	
	管电压 kV	阳极电流 mA
$U \leqslant 75$	最高工作电压	对应于焦点最大功率
$75 < U \leqslant 150$	75 kV	对应于焦点最大功率
$U > 150$	50%最高工作电压	50%的阳极电流
注：若规定不符合 X 射线管正常使用的条件，则可在产品文件中另行规定。		

A.7　焦点针孔射线照相的拍摄

胶片的曝光程度应使充分显影后的密度最高区域的局部密度在 1.0～1.4 之间。

胶片灰雾度和片基本底的密度不得超过0.2。

A.8 测量

焦点尺寸由焦点射线照片的长度和宽度尺寸除以放大倍率 E 来确定。

焦点射线照片从背面说明，照度约3 000 lx，通过10倍放大镜用目力检查，放大镜上有间隔为0.1 mm的网格。

如照片相失真，则宽度方向可以选择与辐射强度最高区域方向相垂直，通常是焦点宽度显现最小的方向，见图A.4。

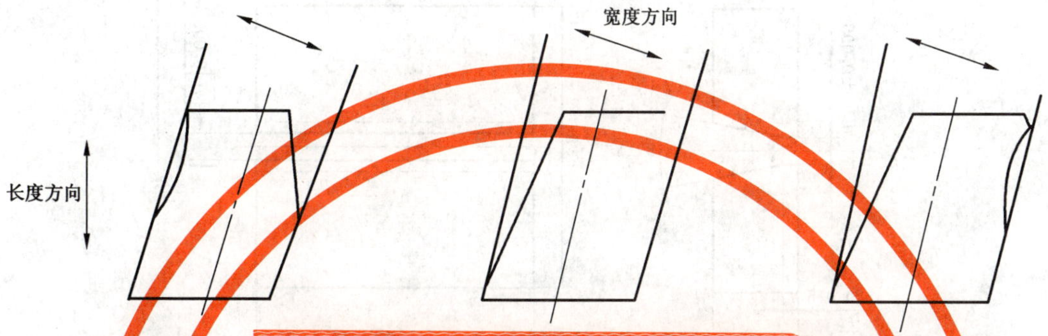

图 A.4 焦点失真时测定的方向

A.9 焦点标称值的容许值

参见附录D。

附　录　B
（规范性附录）
焦点狭缝射线照相法

B.1　狭缝照相机

狭缝照相机的狭缝光阑尺寸见图 B.1。

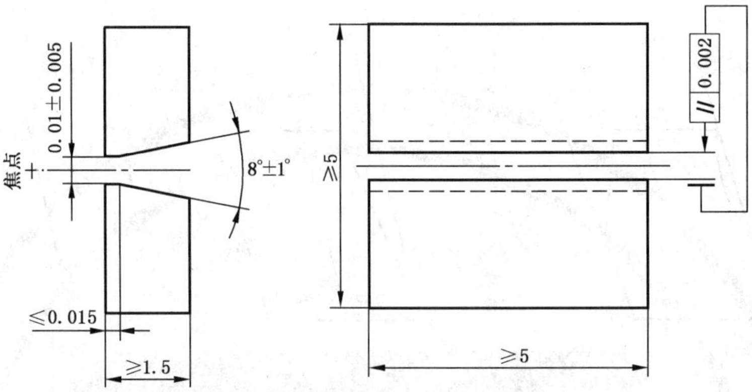

图 B.1　狭缝光阑的基本尺寸

制造狭缝光阑的材料与针孔光阑相同。

B.2　胶片同 A.2。

B.3　狭缝照相机的准直

基准轴线应通过狭缝光阑入射面中心，与狭缝光阑对称轴线所成的角度小于或等于 10^{-3} rad，见图 B.2。

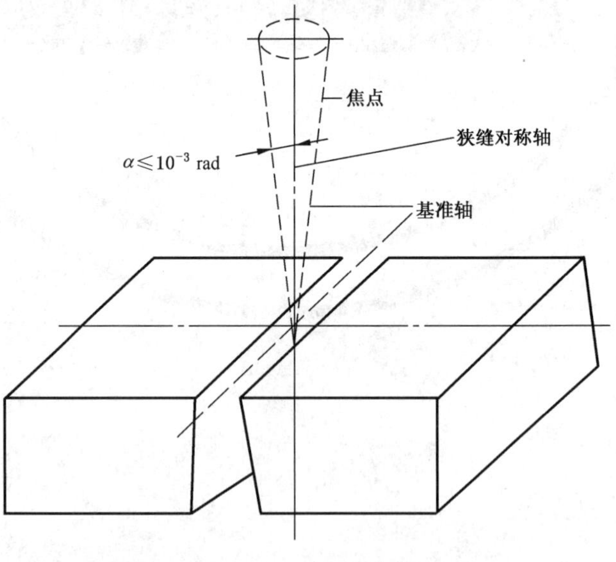

图 B.2　狭缝照相机的准直

B.4　狭缝照相机的位置同针孔照相机，见 A.4。

B.5　狭缝光阑的方位

拍摄焦点的狭缝射线照片时，狭缝光阑的方向应使狭缝的长度对测定的两个方向垂直，偏差在

±0.09 rad(±5°)范围内。

为了测量焦点的长度,测定的方向应与X射线管的纵轴平行。

为了测量焦点的宽度,测定的方向应与测量焦点长度时的方向相垂直。

光学焦点失真时的测定方向见图A.4。

B.6 胶片的位置

胶片应与基准方向垂直,由狭缝光阑入射面算起的距离根据放大倍率按表B.1确定(放大倍率的最大允许误差应在±3%以内)。

表 B.1 焦点狭缝射线照片的放大倍率

焦点标称值 f	放大倍率 E
$f \leqslant 0.4$	$E \geqslant 3$
$0.5 \leqslant f \leqslant 1.0$	$E \geqslant 2$
$f \geqslant 1.1$	$E \geqslant 1$

B.7 负载因素同A.6。

B.8 焦点狭缝射线照片的拍摄同A.7。

B.9 测量

焦点尺寸应根据两张焦点狭缝射线照片确定。对每一张焦点狭缝射线照片,在狭缝的影像长度的中点处,狭缝影像宽度的1/3或1/2中心部位密度最高区域测量胶片密度。

测量时从照片背面照明,照度约3 000 lx,通过10倍放大镜用目视检查,放大镜上有间隔为0.1 mm的网格。

焦点尺寸由焦点狭缝射线照片的长度和宽度尺寸除以放大倍率E来确定。

附　录　C
（资料性附录）
电气原理简图

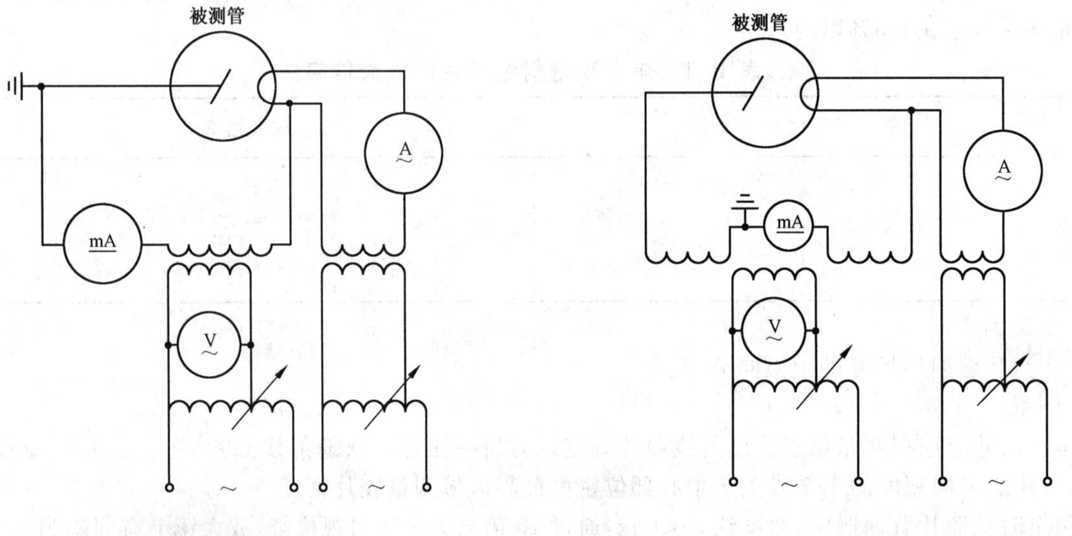

a）单端接地　　　　b）中心接地

图 C.1　自整流电路

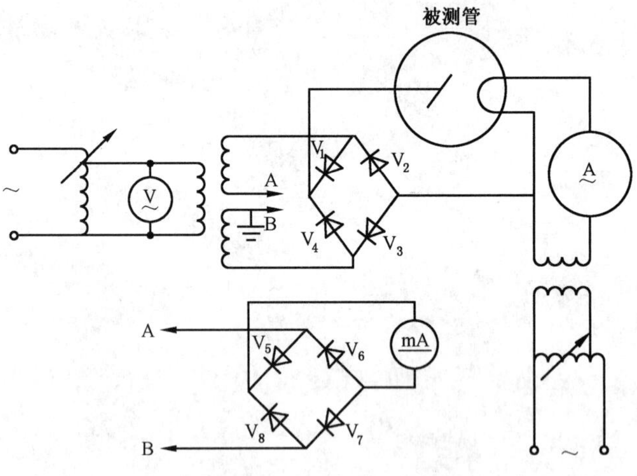

$V_1 \sim V_8$——整流元件。

图 C.2　单相全波整流电路

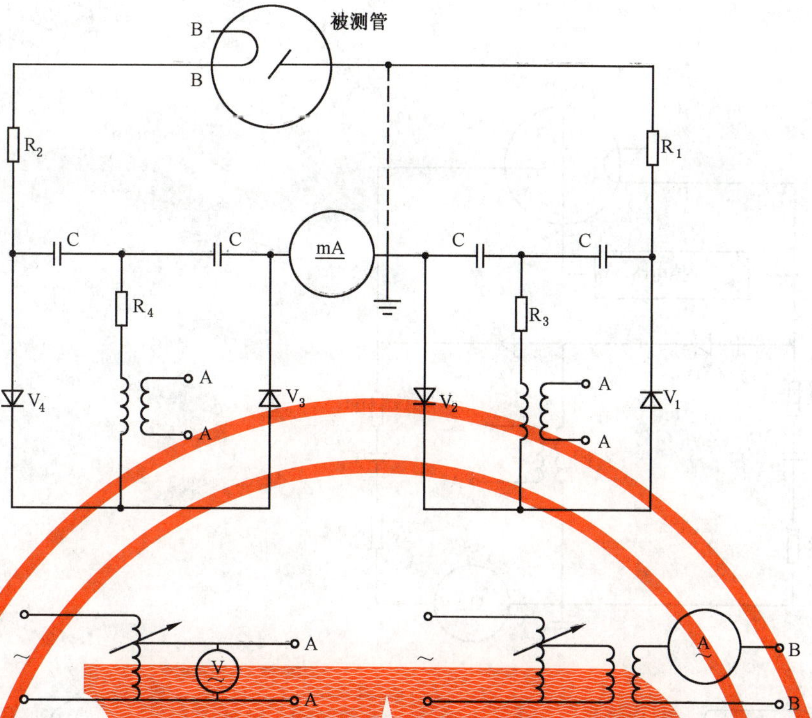

$V_1 \sim V_4$——整流元件；

$R_1 \sim R_4$——限流电阻；

C——倍压电容器。

注 1：虚线连接时，左边电路为单端恒倍压电路。

注 2：直流输出波纹系数应小于 5%。

注 3：阳极电压为 200 kV 以下时，阳极接地可采用单端恒倍压电路；阳极电压为 200 kV～400 kV 时，采用中心接地，对称恒倍压电路。

图 C.3 恒倍压电路

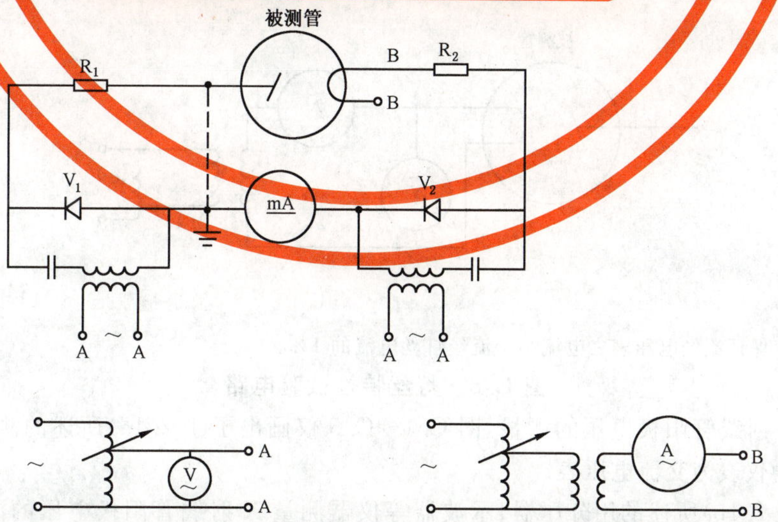

$R_1 \sim R_2$——限流元件；

$V_1 \sim V_2$——整流元件。

虚线连接时，右边的电路为单端(阳极接地)脉动倍压电路。

图 C.4 脉动倍压电路

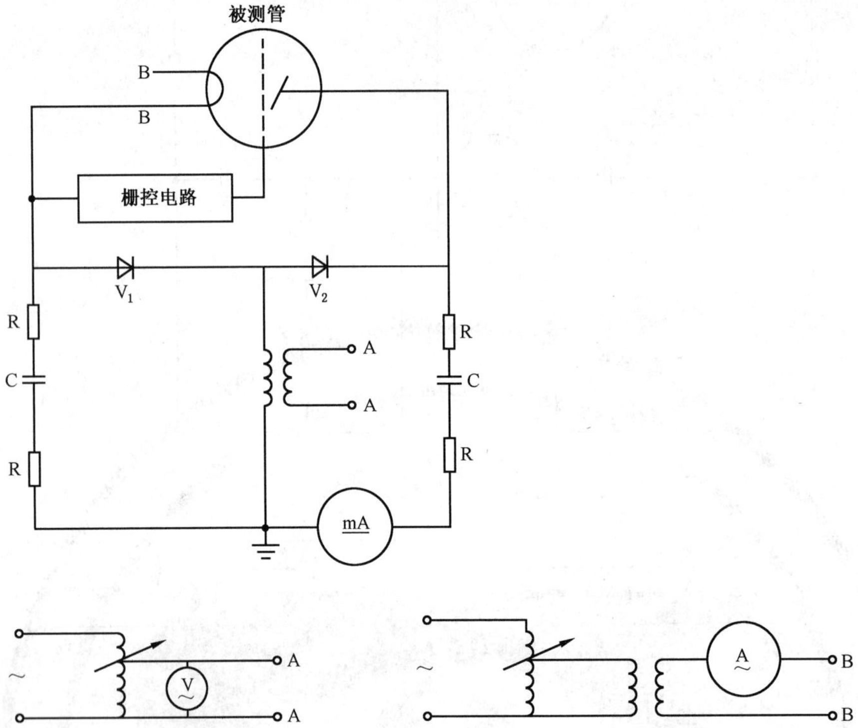

$V_1 \sim V_2$——整流元件；

R——限流电阻；

C——储能电容器。

图 C.5 电容放电电路(用于栅控 X 射线管)

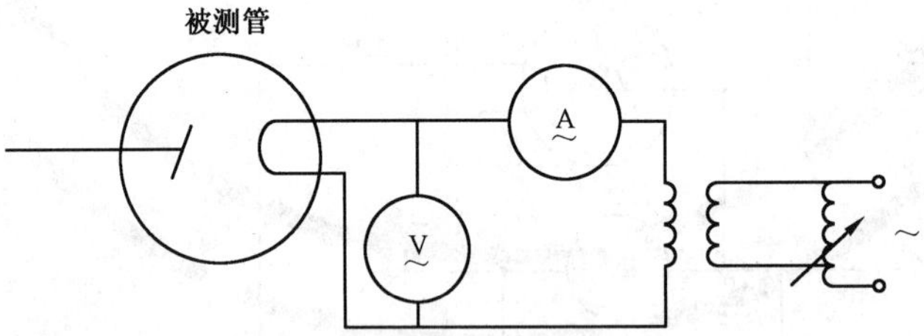

电压表内阻值应保证流经电压表之电流小于流经灯丝电流的 1%。

图 C.6 灯丝特性试验电路

说明：a) X 射线管阳极电压的测量，图 C.1～C.5 仅画出了 4.2.1a)所述的测试方法，所用的测量仪表为交流电压表。

b) 4.2.1b)所述的用分压器、示波器等仪器测量 X 射线管阳极电压的测量电路如图 C.7 所示。

c) 图 C.1～图 C.5 中灯丝电流表如位于高压端，应可靠绝缘或可采用耐高压的电流互感器引出经放大后由电表指示，此时整个测量系统的准确度应满足 4.1.7 的规定。

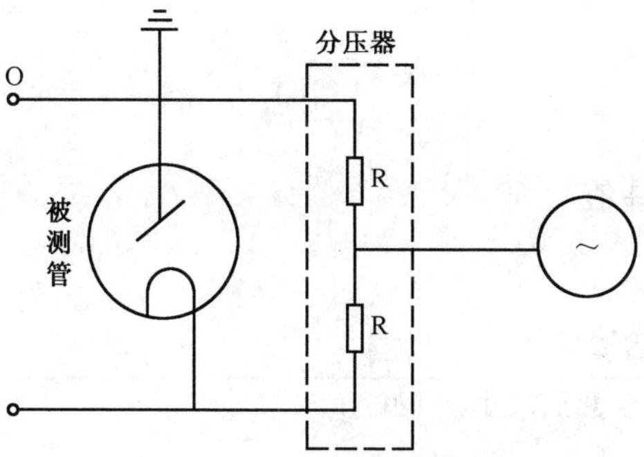

a）单端接地电路

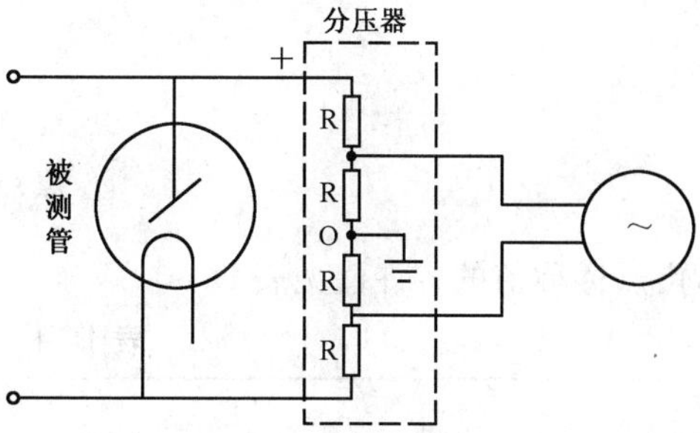

b）中心接地电路

图 C.7　阳极电压测量电路

附 录 D
（资料性附录）
焦点标称值的容许值

焦点标称值的容许值见表 D.1。

表 D.1 焦点标称值的容许值

焦点标称值 f	焦点尺寸容许值 mm	
	宽度	长度
0.1	0.15	0.15
0.15	0.23	0.23
0.2	0.30	0.30
0.25	0.38	0.38
0.3	0.45	0.65
0.4	0.60	0.85
0.5	0.75	1.10
0.6	0.90	1.30
0.7	1.10	1.50
0.8	1.20	1.60
0.9	1.30	1.80
1.0	1.40	2.00
1.1	1.50	2.20
1.2	1.70	2.40
1.3	1.80	2.60
1.4	1.90	2.80
1.5	2.00	3.00
1.6	2.10	3.10
1.7	2.20	3.20
1.8	2.30	3.30
1.9	2.40	3.50
2.0	2.60	3.70
2.2	2.90	4.00
2.4	3.10	4.40
2.6	3.40	4.80
2.8	3.60	5.20
3.0	3.90	5.50

ICS 19.100
N 78

中华人民共和国国家标准

GB/T 26595—2011

无损检测仪器 周向X射线管技术条件

Non-destructive testing instruments—Specification for panoramic X-ray tube

2011-06-16 发布 2011-11-01 实施

中华人民共和国国家质量监督检验检疫总局
中国国家标准化管理委员会 发布

前　言

本标准由中国机械工业联合会提出。

本标准由全国试验机标准化技术委员会(SAC/TC 122)归口。

本标准负责起草单位:辽宁仪表研究所、丹东市荣华射线仪器仪表有限公司、深圳市华测检测技术股份有限公司。

本标准参加起草单位:丹东市万全无损检测仪器厂、丹东市无损检测设备有限公司、丹东市通用电气有限公司。

本标准主要起草人:李洪国、王艳丽、荣吉萍、徐江、张宏、董殿刚、陈刚。

无损检测仪器
周向X射线管技术条件

1 范围

本标准规定了周向X射线管的结构特点、技术要求、试验方法、检验规则及标志、包装、运输、贮存等。

本标准适用于管电压500 kV以下的工业探伤用周向X射线管(以下简称周向管)。

2 规范性引用文件

下列文件中的条款通过本标准的引用而成为本标准的条款。凡是注日期的引用文件,其随后所有的修改单(不包括勘误的内容)或修订版均不适用于本标准,然而,鼓励根据本标准达成协议的各方研究是否可使用这些文件的最新版本。凡是不注日期的引用文件,其最新版本适用于本标准。

GB/T 191 包装储运图示标志(GB/T 191—2008,ISO 780:1997,MOD)

GB/T 2421—1999 电工电子产品环境试验 第1部分:总则

GB/T 13384 机电产品包装通用技术条件

GB/T 26833—2011 无损检测仪器 工业用X射线管通用技术条件

JB/T 9329 仪器仪表运输、运输贮存基本环境条件及试验方法

3 术语和定义

下列术语和定义适用于本标准。

3.1

灯丝特性 filament character

X射线管灯丝电流与灯丝电压的关系。

3.2

阳极电流稳定性 stability of anode current

X射线管在规定的工作条件下,并在规定的时间内,阳极电流最大变动量与其起始阳极电流之比。

3.3

最高反向峰值电压 maximum reverse peak voltage

在半波自整流电路中,X射线管在额定阳极电流下,阳极和阴极之间允许承受的最高反向峰值电压。

4 周向管的结构特点

外壳材料:玻璃、金属陶瓷;

辐射方式:周向(360°)。

5 技术条件

5.1 周向管的正常工作环境条件

a) 环境温度:−10 ℃~+40 ℃;

b) 空气的相对湿度为85%;

c) 海拔高度不超过1 000 m(超过1 000 m用户与制造厂协商解决);

d) 电源电压波动应在规定值的±10%以内。

5.2 技术性能

5.2.1 周向管的灯丝特性

周向管的灯丝电压、灯丝电流应符合具体产品技术要求,当灯丝电流为产品标准规定值时,灯丝电压误差最大允许值为规定值的±10%。

5.2.2 周向管超电压试验

周向管按表1的规定进行超电压试验时,应无放电现象。

表1 超电压试验

额定管电压 U kV	超过额定管电压百分数 %	持续时间 min		试验管电流
		直接强迫循环冷却	非直接强迫循环冷却	
$U<200$ $200\leqslant U\leqslant 300$ $U>300$	10 5 2	5 5 5	3 3 3	额定阳极电流的80%

5.2.3 周向管的灯丝和靶类型

a) 线状灯丝平靶周向管的焦点;

b) 线状灯丝锥靶周向管的焦点;

c) 圆状灯丝平靶周向管的焦点;

d) 圆状灯丝锥靶周向管的焦点。

5.2.4 周向管的寿命

周向管的寿命(即累计工作时间):玻璃壳管应不少于400 h,金属陶瓷壳管应不少于500 h。在工作时限内X射线空气比释动能率应不低于在具体型号的产品文件中规定X射线空气比释动能率的初始值的80%。

5.2.5 周向管的辐射角偏差

周向管的辐射角偏差为+5°。

5.2.6 周向管的X射线辐射强度均匀性

周向管的X射线辐射强度应均匀,其辐射场中心平面内胶片密度差应小于0.4。

5.3 稳定性

5.3.1 周向管在规定的工作条件下,在规定的工作时间内,阳极电流不稳定度应不超过8%。

采用自整流电路时,周向管的最高反向峰值电压不低于其最高工作管电压。

5.3.2 用于SF_6气绝缘X射线探伤机的周向管应有足够的耐气压强度,在压力为0.8 MPa经30 min试验后,不应漏泄。

5.3.3 周向管在规定的负荷、工作规程和工作时间内,阳极电流应稳定,应无异常现象。对工作时间不大于5 min的间断工作的周向管连续工作次数应不少于10次;对工作时间不大于15 min的间断工作的周向管连续工作次数应不少于5次;对工作时间超过15 min的周向管,检测过程中,该管的连续工作时间应不少于20 min。

5.3.4 周向管应有足够的机械强度,按表2进行振动和冲击试验后,外形结构应完好无损。按周向管规定工作时间工作,最高工作管电压、规定的阳极电流无异常。

5.3.5 周向管应满足表3所规定的高温、低温和恒定湿热试验,外表面应无损伤,金属零件无锈蚀,按周向管规定时间工作,额定管电压、额定阳极管电流应无异常。

表 2 机械强度试验

管壳材料	最高工作管电压 kV	机械试验类型	震动频率 Hz	加速度 m/s^2	冲击次数 次	冲击频率 次/min	试验时间 min
玻璃	<200	振动	10～55	10	—	—	60
		冲击	—	40	500	40	—
	≥200	振动	10～55	10	—	—	30
		冲击	—	40	250	40	—
金属陶瓷	<200	振动	2～80	10	—	—	60
		冲击	—	50	500	40	—
	≥200	振动	10～55	10	—	—	30
		冲击	—	50	250	40	—

表 3 高温、低温和恒定湿度试验

试验项目	试验条件	试验时间
高温试验	在温度为 85 ℃±2 ℃的恒温箱内	2 h
低温试验	在温度为 −55 ℃±3 ℃的低温箱内	2 h
恒定湿热试验	在温度为 40 ℃±2 ℃、空气相对湿度为 90%～95%的湿热箱内	2 h

5.4 外观质量

周向管表面无碰伤、划伤、镀层无脱落，玻璃壳不应有影响质量的气泡。

6 试验方法

6.1 试验条件

a) 所有的试验应在 GB/T 2421—1999 第 5 章中规定的正常试验大气压条件下进行（特殊要求者除外）；

b) 电源为 50 Hz 交流电，当负载从零增加到最大值时，电源电压的变化应为规定电压的±10%以内；

c) 电源频率变动值应在规定值的±0.5%以内。

6.2 主要仪器仪表

a) 准确度等级不低于 1.5 级的交、直流电压表和电流表；

b) 总不确定度小于 4.0%的 X 射线剂量仪；

c) 周向管测试台（模拟相应的周向 X 射线探伤机）；

d) 冲击试验台及振动试验台；

e) 恒温箱；

f) 低温箱；

g) 湿热箱；

h) 针孔照相机；

i) 秒表；

j) 密度计；

k) 阅片灯；

l) 调压器(5 kW)；

m) 温度计。

6.3 灯丝特性的测定

6.3.1 X射线管灯丝电流与灯丝电压的关系如图1所示。

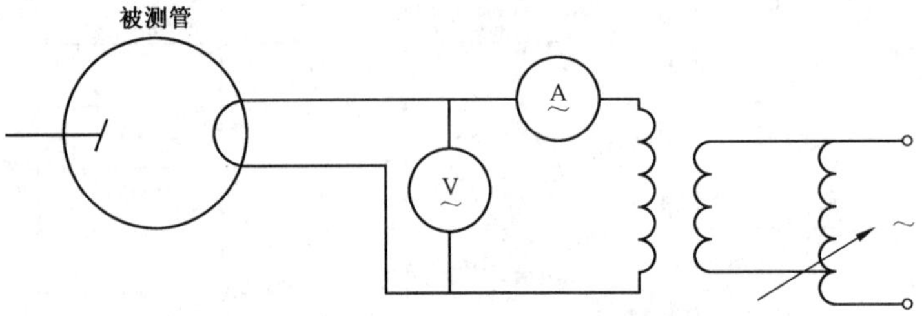

图1 灯丝特性试验电路

6.3.2 测试方法

按产品文件中规定的灯丝电流，待电表读数稳定后，读出相对应的灯丝电压值。

6.4 超电压试验

将周向管装在测试台上，加入按具体产品规定的灯丝电流(电压)后，给周向管加入超电压值的一半，调节灯丝电流使阳极电流达到表1规定的数值，且以不大于10 kV/min的速度将管电压升至表1中规定的超电压值，与此同时调节灯丝电流(电压)，保持阳极电流不变，持续时间按表1规定。

6.5 焦点尺寸的测试

周向管的焦点尺寸按具体型号产品文件规定的测定方法进行，出厂检验可查试验记录。

6.6 寿命试验

按GB/T 26833—2011中4.5规定进行。

6.7 X射线空气比释动能率测试

将周向管装在测试台上，X射线剂量仪放置在距离管焦点600 mm处的X射线辐射角中心面方位上，在额定工作管电压，规定的阳极电流下测试，当X射线剂量仪指示稳定后读数。

6.8 周向管辐射角的测试

将周向管安装在测试台上进行，将四张胶片按如图2所示位置放置，并使胶片在辐射场范围内并靠近管头表面，选用适当的曝光参数，拍片后在底片上测辐射角，取其最小角度值。

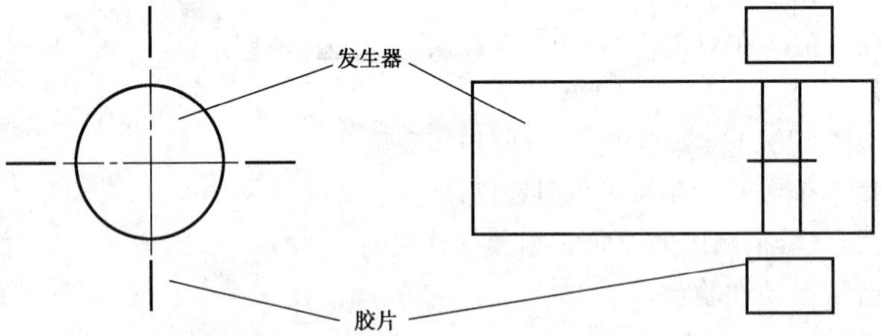

图2 周向管辐射角的测试

6.9 X射线辐射强度均匀性测定

在周向管测试台上进行，在ϕ1.2 m圆筒状器具圆周上排布胶片，使周向管轴线与圆筒器具中心重合，胶片中心线与周向管X射线辐射角中心面重合，在圆筒器具的圆周选四个均匀分布位置放胶片，选用适当的曝光参数拍片，使底片密度在1.1～1.5之间，用密度计测量四张胶片中线的密度值，取最大值与最小值之差。

6.10 阳极电流稳定性的测试

测试方法：

施加按产品文件规定的灯丝电流(电压)值，经规定预热时间后，升高管电压至规定值，同时快速调节灯丝电流(电压)使阳极电流达到规范规定的数值，开始计时，在规定的时间内，读出阳极电流最大变化量。

注：灯丝电源电压稳定度小于±0.2%。

6.11 最高反向峰值电压的测试

测试方法：

加入按产品文件规定的灯丝电流(电压)，经规定预热时间后，加入最高反向峰值电压的一半，调节灯丝电流(电压)，使阳极电流达到规范规定的数值，然后以不大于10kV/min的速度升至最高反向峰值电压，与此同时调节灯丝电流(电压)，保持阳极电流不变，并维持产品文件中规定的时间。

6.12 耐气压试验

将周向管牢固地固定在气压试验容器中，并密封容器，然后以不大于0.1 MPa/min的速度缓慢注入高压空气或氮气，压力达到0.8 MPa后保持30 min。然后打开放气阀，以同样速度缓慢放掉气压试验容器中的高压气体至常压。

6.13 连续工作试验

将周向管装在测试台上，按5.3.3规定进行。

6.14 机械强度试验

把周向管刚性地固定在冲击试验台及振动试验台上，分别放置在水平和垂直(阳极在下)两个位置，按表2规定值进行。

6.15 高温、低温、湿热试验

按表3的规定进行试验，升降温速率0.7 ℃/min～1 ℃/min。

6.16 外观质量检验

外观检验用目测法，应在正常照明条件下和无辅助观察设备情况下进行。

7 检验规则

7.1 出厂检验

7.1.1 凡出厂的周向管应经质量检验部门按出厂检验项目检验合格并签发合格证后方能出厂。

7.1.2 出厂检验项目：

出厂检验项目按表4规定的项目进行。

7.2 型式检验

凡属下列情况之一者，应按本标准进行型式检验：

a) 新产品或老产品转厂生产的试制定型鉴定；

b) 正式生产后，如结构、材料、工艺有较大改变，可能影响产品性能时；

c) 正式生产时，每年至少进行一次检验；

d) 产品长期停产后，恢复生产时；

e) 出厂检验结果与上次型式检验有较大差异时；

f) 国家质量监督机构提出进行型式检验的要求时。

注：属于c)、d)、e)情况，可不进行寿命试验。

7.3 型式检验项目

a) 全部出厂检验项目；

b) 按表4规定的项目进行。

表 4 出厂检验和型式检验

序号	项目名称	对应条款	试验方法	出厂检验	型式检验
1	灯丝特性	5.2.1	6.3	√	√
2	超电压	5.2.2	6.4	√	√
3	焦点尺寸	5.2.3	6.5	√	√
4	寿命、X射线空气比释动能率	5.2.4	6.6、6.7	—	√
5	周向管辐射角	5.2.5	6.8	—	√
6	X射线辐射强度均匀性	5.2.6	6.9	—	√
7	最高反向峰值电压	5.3.1	6.11	—	√
8	耐气压	5.3.2	6.12	—	√
9	连续工作	5.3.3	6.13	√	√
10	阳极电流稳定性	5.3.3	6.10	√	√
11	机械强度	5.3.4	6.14	—	√
12	高温、低温、湿热	5.3.5	6.15	—	√
13	外观质量	5.4	6.16	√	√
注："√"为必检项；"—"为不检项。					

8 标志、包装、运输和贮存

8.1 标志

周向管应有如下标志：

a) 型号规格、产品名称；

b) 制造厂名及商标；

c) 出厂日期及编号；

d) 认证合格标志；

e) 主要技术参数。

8.2 包装

8.2.1 周向管的包装箱应采用复合包装，应按 GB/T 13384 中有关规定进行。

8.2.2 周向管在箱内应固定，以保证运输和贮存安全可靠。

8.2.3 在说明书和包装箱上应标注所执行标准的代号、顺序号、名称和型号、规格。

8.2.4 包装箱上应注有"易碎物品"、"向上"、"怕雨"等符合 GB/T 191 规定的包装储运图示标志。

8.2.5 周向管采用了可能造成危害的材料时，应按国家有关安全要求注明。

8.2.6 随行文件如下：

a) 装箱单；

b) 产品出厂合格证；

c) 产品使用说明书。

8.3 运输贮存

运输和贮存环境条件及其试验按 JB/T 9329 有关规定执行。低温选－10 ℃，高温选＋40 ℃，相对湿度 85％。

ICS 17.180.30
N 31

中华人民共和国国家标准

GB/T 26596—2011/ISO 9849:2000

光学和光学仪器 大地测量仪器 术语

Optics and optical instruments—Geodetic and surveying instruments—Vocabulary

(ISO 9849:2000,IDT)

2011-06-16 发布　　2011-11-01 实施

中华人民共和国国家质量监督检验检疫总局
中国国家标准化管理委员会　发布

前　言

本标准等同采用 ISO 9849:2000《光学和光学仪器　大地测量仪器　术语》。

本标准等同翻译 ISO 9849:2000。

为便于使用,本标准做了下列编辑性修改:

——“本国际标准”一词改为“本标准”;

——删除国际标准的前言;

——将国际标准“范围”一章编号。

本标准由中国机械工业联合会提出。

本标准由全国光学和光子学标准化技术委员会(SAC/TC 103)归口。

本标准起草单位:上海理工大学、苏州一光仪器有限公司、江南永新光学有限公司、宁波舜宇仪器有限公司、宁波永新光学股份有限公司、宁波市教学仪器有限公司、宁波华光精密仪器有限公司、梧州奥卡光学仪器公司、南京东利来光电实业有限公司、麦克奥迪实业集团有限公司、贵阳新天光电科技有限公司。

本标准主要起草人:黄卫佳、侯育炜、章慧贤、冯琼辉、胡森虎、曾丽珠、王国瑞、徐利明、张景华、杨广烈、肖倩、胡清。

光学和光学仪器
大地测量仪器　术语

1　范围

本标准规定了有关测距仪、水准仪、经纬仪等大地测量仪器以及在军事地形测量、地质测量、平面测量和工程测量中使用的部件的术语和定义。而与摄影测量法，天文学，水文测量及工业测量有关的术语除外。

本标准不适用于与仪器功能无关的部件。本术语按英文字母顺序排列。

2　仪器术语

2.1

准线仪　alignment instrument

包含一高倍率望远镜，在望远镜光轴末端安置有固定目标。

注：中间各目标应垂直共轴安置在准线仪的光轴中。

2.1.1

准线激光器　alignment laser

用激光束代替光学视准线的准线仪。

注：利用透镜组，将激光束扩束成相互垂直的两条线状光线，然后交汇成十字光源。

2.2

天线　antenna

发射和(或)接收电磁波的电子设备。

参见：**电子测距仪**(2.4)，**GPS 地面接收器**(2.6)。

2.3

气压计　barometer

测量大气压强的仪器。

注：由于气压随高度而变化，它亦可用来测量高程。

2.3.1

空盒气压计　aneroid barometer

通过某些弹性装置测量大气压强的气压计。

注：又称无液气压计。

2.3.2

气压高度计　barometric altimeter

用于高程测量的气压计。

2.3.3

水银气压计　mercury barometer

用水银柱测量大气压强的气压计。

2.4

电子测距仪　electronic distance meter

电磁波测距仪　EDM instrument; electromagnetic distance meter

能直接测出仪器与目标之间距离的仪器，包含一个发射器和一个接收器。

注：发射器发射一确定速度的调制波，到达目标后，利用光学或电子装置使调制波反射回仪器，由接收器接收并计算出距离。

2.4.1

光电测距仪　electro-optical distance meter

利用调制波作载波的电子测距仪。

注1：调制波波长范围为400 nm～1 000 nm。

注2：发射器由发射管和振荡器组成，振荡器直接控制或通过调制器控制发射管。反射器反射调制波至接收器，发射和接收光学器件的光轴共轴安置或平行安置。

2.4.2

脉冲测距仪　impulse distance meter

基于一个脉冲往返延迟时间的电子测距仪。

示例：用激光脉冲测量的激光测距仪。

2.4.3

微波测距仪　microwave distance meter

利用微波作载波的电子测距仪。

注1：微波波长范围为0.8 cm～10 cm。

注2：有两个相同的信号单元实现距离测量，包括信号发射、接收和处理。

2.5

全球定位系统　Global Positioning System；GPS

美国国防部研制的高精度导航系统，包含了20 000 km地球轨道上的24颗卫星。

注：欧洲伽利略全球卫星导航系统（GIOVE）、俄罗斯全球卫星导航系统（GLONASS）和中国北斗导航系统（Compass）性能类似于GPS。

2.6

GPS地面接收器　geodetic GPS receiver

GPS中卫星定位技术的一部分。

注1：L波段的GPS系统的定位精度低，差分定位系统的定位精度高。后者被安装在地面设施、汽车、船舶、飞机或低轨道卫星上。

注2：差分全球定位系统（DGPS）是以某已知点作为基准点，基准点的GPS接收器连续接收GPS信号，并与已知的位置进行比较，确定当时误差的伪距修正值，将这些修正值传输到移动设备，定位精度达到米级。

注3：实时动态差分全球定位系统（GPS RTK）是以某已知点作为基准点，将已知点的相位信号实时动态传输到移动设备上，通过实时动态计算，定位精度达到厘米级。

2.7

重力仪　gravimeter；gravity meter；gravity instrument

测量重力变化量的仪器。

注：测量原理是测定与重力有关的某种静力平衡系统在重力改变时所产生的位移来测定重力变化的。例如弹簧秤，通过观测弹簧末端位移变化来测定重力的变化。

2.8

水准仪　level

通过确立水平视准线测量地面两点间高差的仪器。一般由能绕竖轴旋转的望远镜和整平设备组成。

参见：**水准泡**（3.19），**视距仪**（2.11）。

注：它安装有水平度盘和（或）平板测微器。视距丝用来测量距离，例如视距仪。

2.8.1

自动安平水准仪　compensator level；self-levelling level；pendulum level；automatic level

通过倾斜补偿器自动安平望远镜视轴的水准仪。

注：安平以前，用圆水准泡整平仪器，到达倾斜补偿器的工作范围。

2.8.2

数字水准仪　digital level

具有自动安平功能、CCD采集系统，使用带有特定比例条码的数字水准标尺的水准仪。

注：利用集成电了图像映射读数，计算机显示、处理结果。

2.8.3

电子水准仪　electronic level

采用电子方式显示物体水平位置的仪器。

2.8.4

液体静力水准仪　hydrostatic level

测量长距离两点间高差的仪器或被测高差很小、精度要求很高的仪器。

注：液体静力水准仪利用连通管的原理，由充满液体的两个贮液器和连通管组成，根据两个贮液器液面高度从标尺上读数。

2.8.5

气泡式水准仪　spirit level; tilting level; bubble level

用管状水准泡来安平望远镜视轴的水准仪。

注：管状水准泡安装在相对脚螺旋和(或)倾斜螺旋的水平位置上。

2.8.6

回转激光器　rotating laser; rotary laser

激光扫平仪　laser level

通过旋转激光束产生水平面的仪器。

2.9

垂准仪　optical plummet

利用液体水泡、管状水准泡或补偿器来确定测量望远镜垂准线的仪器。

注1：利用垂准仪能确定垂准线。

注2：光学对点器是大地测量仪器的部件。

注3：在仪器的下对点安置一目标即天底垂准，同样在仪器的上对点安置一目标即天顶垂准。

2.9.1

激光垂准仪　laser plummet

利用激光束确定垂准线的光学垂准仪。

2.9.2

光学精密垂准仪　optical precise plummet

由精密望远镜和精密水准泡组成的光学垂准仪。

2.10

平板仪　plane table equipment

测定点位和高差，供绘制地形图的仪器。它主要由照准仪、平板、三脚架等组成。

注：照准仪通常设计有自动归算功能。

2.11

速测仪　tacheometer

视距仪　stadia theodolite; tachymeter

测量方位、距离和高差的经纬仪。

注：距离通常用视距丝和视距尺或电子距离测量装置测量。

2.11.1

自动归算速测仪　self-reducing tacheometer; diagram tacheometer; self-reducing stadia; auto-reducing tacheometer

能自动将经纬仪视距测量中所得斜距直接归算成水平距离的经纬仪。

注：由距离曲线和高差曲线定义望远镜的视距尺，照准点到仪器的距离和望远镜的倾角对应于被测的水平距离和高差。

2.11.2

双像速测仪　double-image tacheometer

望远镜光路中含有光楔的速测仪。

注：利用水平标尺的单像变换为双像，将高差自动归算为距离。

2.11.3

电子速测仪　electronic tacheometer；electronic stadia instrument；electronic tachymeter

全站仪　total station US

具有电子测距装置和电子扫描度盘的经纬仪。

注：它具有自动归算装置和数字显示器，并能与相关设备进行数据通讯。

2.12

经纬仪　theodolite；transit US

测量水平方位或水平方位和竖直角度的仪器。它主要由望远镜、水平轴、竖轴、水平度盘、竖直度盘、读数装置等组成。

参见：**速测仪**(2.11)。

注1：望远镜由水平轴支撑并绕水平轴旋转，同时望远镜和水平轴绕竖轴旋转。

注2：经纬仪可带光学测距装置。

注3：用于天文测量的经纬仪通常称为天文经纬仪。

2.12.1

罗盘经纬仪　compass theodolite；compass transit US

带有测定磁方位角罗盘的经纬仪。

2.12.2

电子经纬仪　electronic theodolite

具备自动补偿、电子测角，带有数字显示和/或存储装置的经纬仪。

2.12.3

陀螺经纬仪　gyrotheodolite；gyro-azimuth theodolite；survey gyroscope

利用陀螺的动力学原理及地球的自转影响来达到寻真北目标的经纬仪。

2.12.4

复测经纬仪　repetition theodolite；double-centre theodolite

带有复测机构的经纬仪。

参见：**复测制动机构**(3.5.2)。

2.12.5

悬式经纬仪　suspension theodolite

矿下测量用的特殊安装（通常是偏心安装）的经纬仪。

3　部件术语

3.1

照准仪　alidade

平板仪的基本部件。由带绘图装置的底板和能绕水平轴旋转的望远镜组成。有的带垂直度盘和测距装置。

注：自动归算照准仪常被用在自动归算速测仪上。

3.2

下部　base part；lower part；bottom part

经纬仪下部整体的总称。它由竖轴支撑，由与三角基座连接的装置等组成。它用来支撑中部和上部,在测量时被牢固地固定于三角基座上。

3.3

底板　base plate

三角基座中最低的一块与弹性板用螺钉连接的金属板。在其上安置脚螺旋。

3.4

度盘驱动装置　circle drive

用于旋转水平度盘的装置。

3.5

制动机构　clamp

固定仪器旋转部件包括水平和垂直度盘在内的装置。

参见:**微动机构**(3.11)。

注:制动机构分中心制动机构、同轴制动机构和摩擦制动机构(也称摩擦制动器)。

3.5.1

水平制动机构　horizontal clamp

固定经纬仪照准部绕竖轴转动的装置。

参见:**水平微动机构**(3.11.1)。

3.5.2

复测制动机构　repetition clamp

使复测经纬仪水平度盘固定于照准部的装置。

3.5.3

竖直制动机构　vertical clamp

固定望远镜绕横轴转动的装置。

参见:**竖直微动机构**(3.11.2)。

3.6

罗盘　compass

安装于经纬仪上的磁性盘状装置,根据磁针方向确定水平度盘的方向。

注:罗盘分全周罗盘、标线罗盘和管状罗盘。

3.7

强制中心机构　forced-centering device;constrained-centering device;forced centring

连接仪器和仪器基座并使它们强制归心的可装卸、可互换的装置。

3.8

数字显示器　digital display

将测量结果转化为电子数字显示的装置。

注:数字显示器应用在电子测距仪和电子经纬仪上。

3.9

数字信息记录器　digital field registration;digital recording;data logger

电子作业手薄

收集、记录、再现测量数据或其他信息的电子装置。

3.10

目镜　eyepiece;ocular

在光学系统中,将物镜所成的像放大后供眼睛观察用的光学部件。

注:调节目镜视度能使分划板成像清晰。

3.10.1

棱镜目镜 prismatic eyepiece;eyepiece prisms

使光偏折以后再进入目镜的棱镜。

3.11

微动机构 fine-motion device;slow-motion device

使被制动的旋转部件微量位移的装置。

参见:**制动机构**(3.5)。

注:有两种特殊的微动机构是粗微动机构和无限微动机构。

3.11.1

水平微动机构 horizontal fine-motion device

使照准部绕竖轴微量转动的装置。

参见:**水平制动机构**(3.5.1)。

3.11.2

竖直微动机构 vertical fine-motion device

使望远镜绕水平轴微量转动的装置。

参见:**竖直制动机构**(3.5.3)。

3.12

固定觇标 fixed target;target plate

观测中的对称照准标志。

注:它通常装备有强制中心机构装置。

3.13

调焦机构 focusing drive

通过移动调焦镜,使成像清晰的装置。

3.14

脚螺旋 foot screw

调节仪器竖轴方向的螺旋装置。

注:通常有三个脚螺旋。

3.15

度盘 graduated circle;circle

测量角度的分度圆盘。

注1:度盘通常由玻璃制成。

注2:度盘有时用百分度(gons)为单位(非国际单位)。

注3:电子经纬仪的度盘是扫描电子度盘。

注4:水平度盘相对于竖轴正交置中安装。

注5:竖直度盘相对于水平轴正交置中安装。

3.16

陀螺 gyroscope;gyro

一个绕自转轴的旋转体装置,其轴可以在任何方向自由地转动。当旋转体在外加力矩的作用下旋转,其轴在空间持续指向同一方向而与周围的装置无关。

3.16.1

陀螺罗盘 gyrocompass

能自动寻找和指示真北向的陀螺。

参见:**陀螺经纬仪**(2.12.3)。

3.17

水平轴　horizontal axis

望远镜在铅垂面内旋转时的旋转轴。

3.18

倾斜补偿器　inclination compensator; tilt compensator

双轴补偿器　dual-axis compensator; double-axis compensator

在测量结果上自动消除测量仪器安平误差的补偿器。

注1：倾斜是安平误差的通用术语。

注2：倾斜补偿器可以替代安平用的水准器。

3.19

水准泡　level; spirit level

部分充填液体形成气泡并带有分划线的密封容器。

参见：**水准仪**(2.8)。

注：水准泡用来安平仪器，分圆形水准泡、管状水准器。

3.19.1

圆形水准泡　circular level; bull's eye level; box bubble; circular bubble

内工作面为球面的水准泡。

注：分划线是一个与气泡大小相同的圆，特殊情况是一组同心圆。圆形水准泡适用于较低精度的场合。

3.19.2

管状水准器　tubular level

由内工作面为旋转圆弧面管状形水准泡组成。上表面刻有分划线，具有固定装置及调节旋钮。

3.19.2.1

符合水准器　coincidence level; coincidence bubble; split bubble-level

由符合棱镜光学观察系统和管状水准器组成。通过水准泡末端气泡影像符合安平仪器。

3.19.2.2

竖直度盘指标水准器　index level

指示竖直度盘指标位置的管状水准器。

3.19.2.3

望远镜水准器　telescope level

指示望远镜水平位置的管状水准器。

3.20

水准标尺　levelling staff; leveling rod US; level rod US

用于水准测量的标尺。一般用优质木料或金属材料制成。

3.20.1

数字水准标尺　digital levelling staff

条形码水准标尺　bar code staff US

在尺面上制作条形码的水准标尺。替代传统的水准标尺与数字水准仪配套使用。

3.20.2

因瓦水准标尺　invar levelling staff; invar rod US

精密水准标尺　precise leveling rod US

在因瓦合金带上制作分划线的水准标尺。

3.20.3

视距标尺　stadia staff; stadia rod US

在水平或竖直方向制作分划线的标尺。与速测仪配套使用进行距离测量。

3.21

光源　light sourse

为测量信号提供能量的光电测距仪基本器件。

注：光源以电磁波形式发射能量，并携带调制波测量信号。光源主要有砷化镓红外光源、He-Ne激光器、固体激光器或汞灯。

3.22

中部　limb；centre part US；central part；limbus；middle part

经纬仪中部整体的总称。它由水平度盘、与水平度盘连接的并能使中部围绕竖轴转动的部件等组成。

参见：**下部**(3.2)和**上部**(3.44)。

3.23

调制器　modulator

电磁波测距仪调制载波装置。

3.24

物镜　objective；objective lens

最先对实际物体成像的光学部件。一般由多片透镜组成，与调焦镜一起使物体在像面上成倒立的实像。

注：通过转像棱镜系统可以成正像。

3.25

物镜棱镜　objective prism；wedge prism

使光偏折以后进入物镜的棱镜。

3.26

光学对中器　optical plummet

使仪器中心和测站点对准的光学装置。

参见：**垂准仪**(2.9)。

注：可以用垂球或对中杆替代光学对中器。垂球仪适用于快速、低精度的测量。

3.27

振荡器　oscillator

产生调制频率的电信号装置。用在电磁波测距仪和GPS地面接收器上。

3.28

平板测微器　parallel plate micrometer

利用光学平板玻璃作为测微元件的光学测微器。

3.29

鉴相器　phase detector

用在电磁波测距仪上，对返回信号和参考信号进行相位比较的电信号装置。

3.30

插轴　pivot；plug US

插在下部插座内并强制归心的轴。

参见：**强制中心机构**(3.7)。

3.31

平板　plane table

平板仪照准部上供绘图用的板。它由测量平板和平板连接座组成。测量平板供绘图用，平板连接座由安平装置和平板定向装置组成。

注：平板连接座是平板和三脚架之间的连接装置。包括通过脚螺旋安平的三角基座。

3.32

绘图装置 plotting device

平板仪照准部的一部分。由带可互换标尺和刺点装置的平行直尺组成。

3.33

读数装置 reading device

使度盘分划便于读数的装置。它由光学和机械零件组成。

注1：读数可由一固定指标，或通过游标，或通过分划尺，或通过测微器来读取。

注2：在电子经纬仪中，用度盘编码扫描替代光学读数度盘。

3.33.1

指标显微镜 line microscope

具有读数用固定指标的显微镜。

3.33.2

带尺显微镜 scale microscope

读数窗上带有分划尺的读数显微镜。

3.33.3

光学测微器 optical micrometer

利用光学机械系统，使被测目标影像移动到与固定目标重合，以测定被测间距的测微器。

注：光学测微器用来测量微小距离及小角度。主要应用是符合测微器。

3.33.4

符合测微器 coincidence micrometer

对度盘的对径分划线进行符合读数的测微器。

3.34

分划板 reticule; cross-hair plate

位于望远镜、读数显微镜或其他读数装置像面上的制作有一定标志的光学零件。

示例：十字丝或视距丝是常用的标志。

3.35

旋转光楔 rotating wedge

用来使光线偏转的光楔。

注：在双像速测仪中用一对旋转光楔来纠正测量斜距。

3.36

粗瞄准器 sighting device; diopter; viewfinder

用于粗略瞄准目标的光学或机械装置。

注：由光学元件组成的瞄准器称为准直仪。

3.37

插座 socket

三角基座中承接插轴的插孔件。

参见：**强制中心机构**(3.7)。

3.38

弹性板 spring plate

三角基座的一部分。

注：弹性板安装在仪器基座底部以防止基座扭动。

3.39

横基尺 subtense bar; horizontal stadia

测角求距法使用的定长基尺。工作时它水平安置在三脚架上。

注1：目标通常相隔2 m的间距。

注2：横基尺通过测量方位角求得距离。

3.40

望远镜　telescope;measuing telescope

将远方物体进行视角放大,供眼睛视察的光学仪器或装置。由物镜、调焦镜、分划板和可调目镜组成。

注:分划板中心与物镜中心的连线构成视准轴。

3.40.1

天文望远镜　astronomical telescope

倒像望远镜　inverting telescope

观察天体用,使目标成倒像的望远镜。

3.40.2

正像望远镜　terrestrial telescope;erecting telescope

使目标成正像的望远镜。

3.40.3

消加常数望远镜　anallatic telescope

测距中心与视准线和速测仪竖轴重合的望远镜。

3.40.4

反射望远镜　mirror telescope

物镜是反射式的望远镜。由透镜系统和一至二个反射镜组成。

3.41

微倾螺旋　tilting screw

微倾水准仪望远镜整平视轴的螺旋。

3.42

三角基座　tribrach

用于支承仪器下部的部件。

注:三角基座用来调节竖轴方向,它一般由底板、弹性板、插座和脚螺旋四部分组成。为了使仪器、目标和其他附件之间强制归心,三角基座通常是可装卸、可互换的。

3.43

三脚架　tripod

带有三条可调节支撑腿,用来安置仪器或附件的架子。

示例:速测仪和固定觇标是用来安置的常用仪器和附件。

注:三脚架由架头和三条带金属脚尖的木制或金属材质的架腿组成。架腿能伸缩并与架头稳固连接。

3.44

上部　upper part;top part;upper motion US

经纬仪下部以上旋转整体的总称。包括中部。

参见:**照准仪**(3.1)。

注:它由外壳、望远镜及支架、读数装置、水准泡和倾斜补偿器等组成。

3.45

游标　vernier

利用自身的一组分划将配合零件的一个分划间距细分的读数装置。

注1:辅助分划沿主分划方向移动。

注2:辅助分划零位与主分划零位对齐。

3.46

竖轴　vertical axis;standing axis

定义照准仪旋转中心的机械轴。

注:通过调节脚螺旋使竖轴铅垂,这个过程被称为整平仪器。竖轴垂直并通过水平度盘中心,该点定义为仪器的中心即对点中心。

3.47

竖直度盘指标　vertical index

指示竖直度盘读数的标记。

注：竖直度盘指标水准器安装在竖直度盘标尺上。

3.47.1

竖直度盘指标微动机构　vertical index drive

竖直度盘指标螺旋　vertical index screw

通过竖直度盘指标水准器使竖直度盘指标或其像微动以达到正确位置的装置。

3.47.2

竖直度盘指标补偿器　automatic vertical index

在一定范围内实现竖直度盘指标自动归零以补偿竖轴倾斜影响的补偿器。

注：竖直度盘指标补偿器可替代竖直度盘指标水准器。

参 考 文 献

[1] Definitions of Surveying and Associated Terms. Prepared by a joint committee of the American Congress on Surveying and Mapping and the American Society of Civil Engineers, 19978(rev.). Library of Congress Catalogue Card No. 72-76807.

[2] Glossary of Mapping, Charting and Geodetic Terms. Prepared for Department of Defense Mapping Agency Topographic Center, Washington, D. C. 20315. Third Edition, June 1973. U. S. Government Printing Office: 1973 0-520-006.

[3] Surveying Instruments. Translation of: Fritz Deumlich, Instrumentenkunde der Vermessungstechnik. 7th edition, Berlin, 1980. Walter de Gruyter, Berlin/New York, 1982.

[4] ISO 7078:1985 Building construction—Procedure for setting out, measurement and surveying—Vocabulary and guidance

索　引

汉语拼音索引

英文对应词索引

A

B

C

H

I

L

M

O

P

R

S

ICS 37.020
N 30

中华人民共和国国家标准

GB/T 26597—2011

光学纤维传像元件试验方法

Testing method of fiber optic devices for image transmission

2011-06-16 发布　　2011-11-01 实施

中华人民共和国国家质量监督检验检疫总局
中国国家标准化管理委员会　发布

前　言

本标准由中国机械工业联合会提出。

本标准由全国光学和光子学标准化技术委员会(SAC/TC 103)归口。

本标准主要起草单位:山西长城微光器材股份有限公司、中国计量学院、北京理工大学、上海理工大学。

本标准主要起草人:庄松林、倪国强、王玲玲、张淑琴、刘秀琴、高稚允、吕正中、金尚忠、陈斌赟、董前民、陈钢。

光学纤维传像元件试验方法

1 范围

本标准规定了光学纤维传像元件的术语和定义、试验方法。

本标准适用于像增强器、变像管、像增强型CCD等光电器件中使用的光学纤维传像元件。

2 规范性引用文件

下列文件中的条款通过本标准的引用而成为本标准的条款。凡是注日期的引用文件，其随后所有的修改单(不包括勘误的内容)或修订版均不适用于本标准，然而，鼓励根据本标准达成协议的各方研究是否可使用这些文件的最新版本。凡是不注日期的引用文件，其最新版本适用于本标准。

GB/T 16920 玻璃 平均线热膨胀系数的测定

3 术语和定义

GB/T 16920确立的以及下列术语和定义适用于本标准。

3.1

光学纤维传像元件 fiber optical devices for image transmission

由光学纤维按一定规则排列成型，能把图像从输入端面传输到输出端面的元件。

本标准中光学纤维传像元件包括以下三种产品：

a) 光学纤维面板(简称光纤面板)；

b) 光学纤维倒像器(简称倒像器)；

c) 光学纤维锥(简称光锥)。

3.1.1

光纤面板 fiber optical faceplate

能把图像从输入端面传输到输出端面，图像大小、方向不发生改变的光学纤维传像元件。

3.1.2

倒像器 fiber optical inverter

输出端面相对于输入端面整体绕中心轴扭转180°，从而使输出端面的图像与输入端面的图像互为倒立的光学纤维传像元件。

3.1.3

光锥 fiber optical taper

能使输出图像与输入图像具有一定放大/缩小比的锥状光学纤维传像元件。

3.2

光学纤维；光纤 optical fiber

利用全反射原理，由纤芯和纤皮组成的独立的传光单元。

3.3

复合光纤 multifiber

按一定规则排列的光纤列阵。

3.3.1

一次复合光纤 multi-fiber

将单纤维按一定规则排列经拉制而成的光纤列阵。

3.3.2

二次复合光纤　multi multi-fiber

将一次复合光纤按一定规则排列再经拉制而成的光纤列阵。

3.4

纤外吸收　absorption outside the fibers

光学纤维传像元件中各单光纤之间及周围对杂散光的吸收。

3.4.1

填隙式纤外吸收　absorption outside the fibers with the filling material

将纤外吸收材料以任意的或规则的方式放置在部分或全部光纤之间或周围所产生的光吸收。

3.4.2

统计式纤外吸收　statistical absorption outside the fibers with substituting material

用吸收材料取代单根光纤的全部或其截面的一部分，并将其以任意的或规则的方式放置在整个光学纤维传光单元间形成的吸收。

3.5

光纤中心距　fiber pitch; width between neighbor fiber centers

规则排列的相邻两根光纤的中心距离。

3.6

理论数值孔径　theoretical numeral aperture

NA_t

理论数值孔径定义为(NA_t)，按式(1)计算：

$$NA_t = \sqrt{n_1^2 - n_2^2} \quad \cdots\cdots(1)$$

式中：

n_1——阶跃光纤纤芯的折射率；

n_2——阶跃光纤纤皮的折射率。

3.7

串光　crosstalk light

从一根光纤进入到其他光纤中的光。

3.8

斑点　spot

同周围区域相比，透射比变化大于规定值的局部区域。

3.9

鸡丝　chickenwire

复合光纤边界明显视觉增强的、且宽度不大于两根光纤的线状图案。

注：对形成比较完整的复合光纤边界的鸡丝，也称网格。

3.10

剪切畸变　shear distortion

光学纤维传像元件对传递的直线图形产生的短小线段的位移或旋转。

3.11

蛇形畸变　snake shape distortion; gross distortion

光学纤维传像元件对通过端面中心传递的直线所产生的曲线图形对该直线的位移。

3.12

枕形/桶形畸变　barrel/pincushion distortion

从光学纤维传像元件输出端面观测到的图形相对于从其输入端面输入的基准正方形图形所产生的

枕形/桶形变形。

3.13

像倒转角　image inversion angle

倒像器有效区内传输的图像围绕中心轴旋转的角度。理想像倒转角为180°。

3.14

像位移　frame run-out

以通过光学纤维传像元件输入端面中心的十字交叉点为基准,从输出端面所观察到的图形相对于该基准的最大整体位移。

3.15

放大率　magnification

输出端面图形/图像与输入端面图形/图像的尺度大小的比值。

3.16

放大率相对误差　relative magnification error

所获得的输出端面图像与输入图像的实际放大率和理论放大率的差值与理论放大率之比值。

3.17

透射比　transmissivity

光学纤维传像元件有效共轭传输区输出光通量与输入光通量之比值。

3.17.1

准直光透射比　collimated transmissivity

准直光垂直入射到光学纤维传像元件端面上的透射比。

3.17.2

朗伯光透射比　lambert's transmissivity

朗伯光入射到光学纤维传像元件端面上的透射比。

3.17.3

朗伯光光谱透射比　lambert's spectral transmissivity

在适用光谱段内,随波长变化的朗伯光透射比。

3.18

分辨力　resolving power;resolution

可以区分观测到的目标上两点的最小间隔定义为分辨极限,其倒数即为分辨力,是分辨图像细节的能力。

3.19

真空气密性　vacuum integrity

当光学纤维传像元件一个端面处于一定真空状态,另一端面处于大气压状态时,在其端面的等效空气泄漏率。

3.20

耐热性　thermal stability

光学纤维传像元件经规定温度处理后,其外形、几何尺寸、内部结构等主要性能与指标保持不变的能力。

3.21

热稳定性　thermal steadiness

光学纤维传像元件经受剧烈的温度变化而不破坏的性能。

3.22

刀口响应(效应)　knife-edge response (effect)

通过光学纤维传像元件传递的标准测量刀口边缘的像在不透明区域内垂直刀口方向上的强度分布。

3.23

橘皮状　orange peel

光学纤维传像元件表面粗糙。

3.24

擦伤　scratch

光学纤维传像元件表面划痕。

3.25

残留物　residue

光学纤维传像元件表面粘附的杂质。

3.26

污斑　stains

像残留物一样出现在光学纤维传像元件表面,但无明显深度的物质。

3.27

带状阴影　banding

显现于光学纤维传像元件端面的明显带状亮影或暗影。

3.28

裂纹　crack

由于机械、加热造成的,在光学纤维传像元件材料内部或表面产生的应力断面。

3.29

破边　chip

光学纤维传像元件边缘存在的缺口。

3.30

雾状　haze

光学纤维传像元件抛光表面出现的发雾现象。

4 试验方法

4.1 光纤中心距

4.1.1 试验工具

金相/测量显微镜,读数分辨力 1 μm,物镜放大倍数不小于 40 倍,具有精确测试分划线的目镜放大倍数不小于 10 倍。

4.1.2 试验程序

a) 用漫射光垂直照射光学纤维传像元件的一个端面;

b) 从光学纤维传像元件的另一端面,用金相/测量显微镜上的分划线观察(如另有规定,可用其他适当仪器,如图像分析计算机),在有效的刻度范围内,测量一次复合光纤区域内沿直线连续排列的光纤数量;

c) 用该刻度除以所获得的光纤数量,即为在规定位置和方向上的光纤平均中心距。

4.2 斑点

4.2.1 试验工具

投影仪或光学显微镜,放大倍数不小于 10 倍。

4.2.2 试验程序

用漫射光照射光学纤维传像元件的一个端面，用投影仪或显微镜，沿光学纤维传像元件的另一端面的垂直方向进行观察，在规定的区域内测量斑点的大小和数量。

4.3 鸡丝

4.3.1 试验工具

投影仪或光学显微镜，放大倍数不小于10倍。

4.3.2 试验程序

用漫射光照射光学纤维传像元件的一个端面，用投影仪或显微镜，沿光学纤维传像元件的另一端面的垂直方向进行观察，在规定的区域内测量鸡丝的大小和数量。

4.4 剪切畸变

4.4.1 试验工具

a） 投影仪或测量显微镜，放大倍数不小于10倍；

b） 同一间距和线宽的栅状测试分划板。

4.4.2 试验程序

a） 将光学纤维传像元件放在测试分划板上，用漫射光垂直照射测试分划板；

b） 通过投影仪投影或显微镜观察光学纤维传像元件另一端面输出的分划板图形，利用基准线测量其最大偏移量。

4.5 蛇形畸变

4.5.1 试验工具

a） 投影仪或测量显微镜，放大倍数不小于10倍；

b） 十字基准分划板及夹具。

4.5.2 试验程序

a） 将光学纤维传像元件的一端面置于十字基准分划板的夹具中，用漫射光垂直照射测试分划板，通过投影仪投影或显微镜观察光学纤维传像元件另一端面输出的分划板图形；

b） 旋转光学纤维传像元件，依据投影屏上的测量十字基准线与输出端面的有效区边沿的两端交点，找到并测量垂直正向位移 X_2 的绝对值 $|X_2|$ 与垂直负向位移 X_1 的绝对值 $|X_1|$ 之和的最大值 $\max(|X_1|+|X_2|)$，$\max(|X_1|+|X_2|)/2$ 即为蛇形畸变（见图1）。

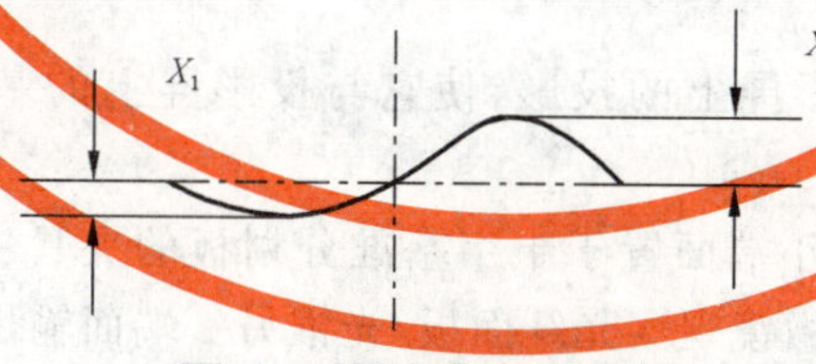

图1 蛇形畸变示意图

4.6 枕形/桶形畸变

4.6.1 试验工具

a） 投影仪，放大倍数不小于10倍；

b） 正方形网络十字基准分划板及夹具。

4.6.2 试验程序

a） 将光锥的小端面置于正方形网格分划板的夹具中，用漫射光垂直照射测试分划板，通过投影仪投影或显微镜观察光学纤维传像元件另一端面输出的分划板图形；

b） 在投影屏上选取与有效区内接的正方形测试图样，读取图样经测量件输出后正方形边长的最大的变形量 H_1 或 H_2，见图2a）、图2b）；

c） 枕形畸变 D_b 与桶形畸变 D_p 分别按式（2）和式（3）计算：

$$D_b = H_1/L_1 \times 100\% \qquad (2)$$

$$D_p = H_2/L_2 \times 100\% \qquad (3)$$

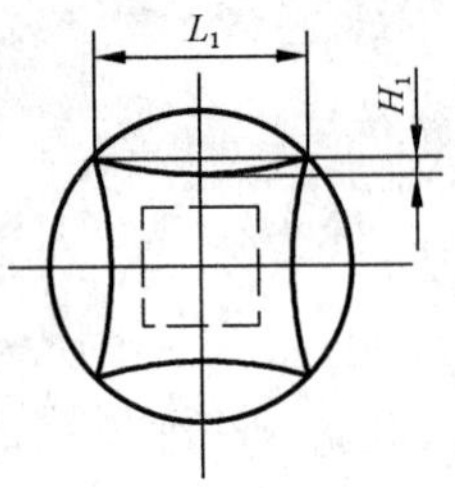

a）枕形畸变

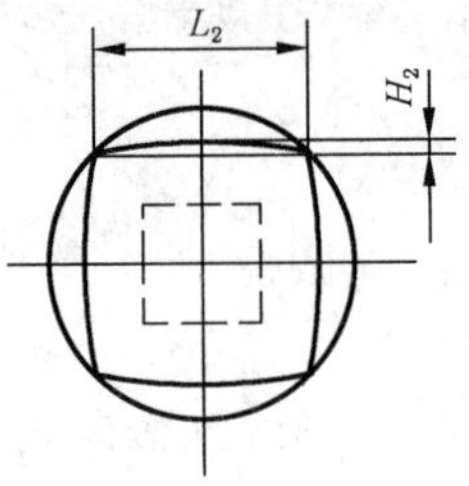

b）桶形畸变

图 2　枕形/桶形畸变示意图

4.7　像倒转角

4.7.1　试验工具

a)　投影仪或测量显微镜，角度分辨力为 1′，放大倍数不小于 10 倍。

b)　十字基准分划板及夹具。

4.7.2　试验程序

a)　调整分划板十字线在投影屏上的投影，使它与投影屏上的基准十字线完全重合，角度显示清零；

b)　将倒像器的一端置于十字基准分划板的夹具中，用漫射光垂直照射测试分划板，通过投影仪投影或显微镜观察倒像器另一端面输出的分划板图形；

c)　旋转倒像器，找到并测量投影屏上基准十字线与分划板十字线投影像之间的最大夹角，该夹角与 180°的代数和，即为像倒转角。

4.8　像位移

4.8.1　像位移（光纤面板、光锥）

4.8.1.1　试验工具

a)　投影仪或测量显微镜，读数分辨力 1 μm，放大倍数不小于 10 倍；

b)　十字基准分划板。

4.8.1.2　试验程序

a)　调整分划板十字线在投影屏上的投影，使它与投影屏上的基准十字线完全重合，角度显示清零；

b)　将光纤面板一端面/光锥小端面置于十字基准分划板的夹具中，用漫射光垂直照射测试分划板，通过投影仪投影或显微镜观察光纤面板/光锥另一端面输出的分划板图形；

c)　旋转光纤面板/光锥，使十字分划线 X 轴与投影屏上十字基准 X 轴完全重合，找到并测量十字分划线 Y 轴与投影屏上的十字基准 Y 轴的最大距离 D，即为所测像位移（见图 3）。

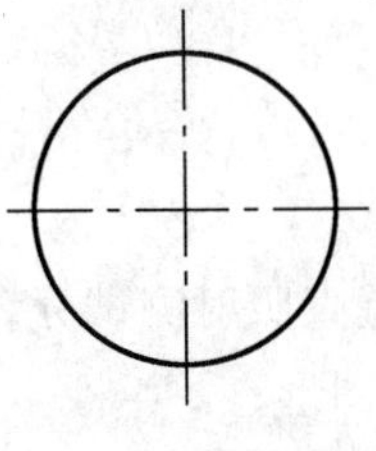

a）分划板

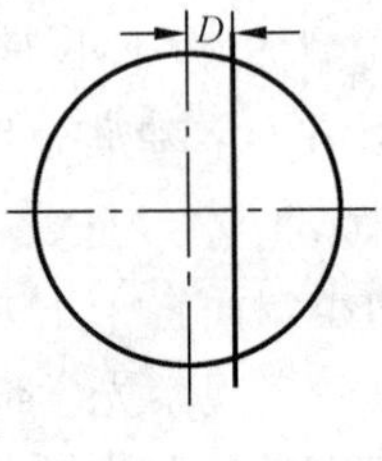

b）像位移

图 3　分划板与像位移示意图

4.8.2 像位移(倒像器)

4.8.2.1 试验工具

a) 投影仪或测量显微镜,放大倍数不小于10倍;

b) 带刻度的十字基准分划板及夹具。

4.8.2.2 试验程序

a) 调整分划板十字线在投影屏上的投影,使它与投影屏上的基准十字线完全重合,角度显示清零;

b) 将倒像器的一端面置于十字基准分划板的夹具中,用漫射光垂直照射测试分划板,通过投影仪投影或显微镜观察倒像器另一端面输出的分划板图形;

c) 旋转倒像器,使十字分划线 $X(Y)$ 轴与投影屏上十字基准 $X(Y)$ 轴完全重合;测量十字分划线 $Y(X)$ 轴与投影屏上的十字基准 $Y(X)$ 轴的最大偏移位置;移动载物台使所成最大偏移线与投影屏 $Y(X)$ 基准轴重合,并标记零位;

d) 再次旋转倒像器,找到 $Y(X)$ 最大偏移;移动载物台使所成最大偏移线与投影屏 $Y(X)$ 基准轴重合,并记录这段偏移值 D,$D/2$ 即为所测像位移(见图4)。

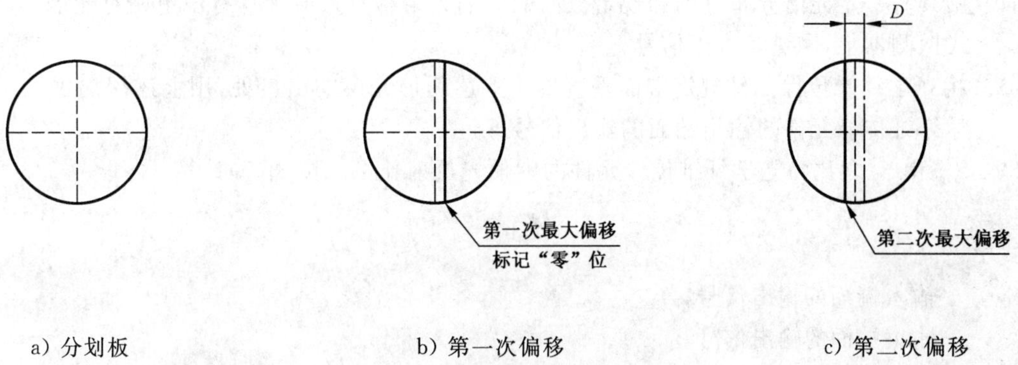

图4 像位移测量试验示意图

4.9 放大率及放大率相对误差

4.9.1 试验工具

a) 投影仪或测量显微镜,放大倍数不小于10倍;

b) 带刻度的十字基准分划板及夹具。

4.9.2 试验程序

a) 将光纤面板、倒像器的一端面/光锥的小端面置于十字基准分划板的夹具中,用漫射光垂直照射测试特定长度为 L_1 的直线段,通过投影仪投影或显微镜观察另一端面输出的直线段图形;

b) 在投影仪上读出经输出端面的该直线段的长度 L_2;

c) 放大率 M 按式(4)计算:

$$M = L_2 / L_1 \qquad \cdots\cdots(4)$$

d) 放大率相对误差 ΔM 按式(5)计算:

$$\Delta M_r = \frac{M - M_1}{M_1} \times 100\% \qquad \cdots\cdots(5)$$

式中:

M_1——理想放大率。

4.10 准直光透射比

4.10.1 试验工具

透射比测试仪。

4.10.2 试验程序

a) 用具有规定光谱特性和规定截面的准直光束垂直入射到具有规定相对光谱灵敏度的探测器上，测量其输出信号 S_{in}；

b) 将光学纤维传像元件规定端面垂直置于上述准直光束的出口处，用上述探测器测量通过该光学纤维传像元件的输出端面的输出信号 S_{out}；

c) S_{out} 和 S_{in} 之比为光学纤维传像元件的准直光透射比 T_C，按式(6)计算：

$$T_C = S_{out}/S_{in} \quad \cdots\cdots(6)$$

式中：

S_{in}——输入端面的输出信号；

S_{out}——输出端面的输出信号。

4.11 朗伯光透射比

4.11.1 试验工具

透射比测试仪。

4.11.2 试验程序

a) 用具有一定光谱分布范围和规定截面的朗伯光束垂直入射到具有规定相对光谱灵敏度的朗伯式探测器上，测量其输出信号 S_{in}；

b) 将光学纤维传像元件规定端面垂直置于上述朗伯光束的出口处，用上述探测器测量通过该光学纤维传像元件的输出端面的输出信号 S_{out}；

c) S_{out} 和 S_{in} 之比为光学纤维传像元件的朗伯光透射比 T_L，按式(7)计算：

$$T_L = S_{out}/S_{in} \quad \cdots\cdots(7)$$

式中：

S_{in}——输入端面的输出信号；

S_{out}——输出端面的输出信号。

4.12 朗伯光谱透射比

4.12.1 试验工具

光谱透射比测试仪。

4.12.2 试验程序

a) 采用一定波长间隔，具有不同波长和规定截面的朗伯光束垂直入射到具有规定相对光谱灵敏度的朗伯式探测器上，测量其输出信号 $S_{in}(\lambda)$；

b) 将光学纤维传像元件规定端面垂直置于上述朗伯光束的出口处，用上述探测器测量通过该光学纤维传像元件的输出端面对应波长的输出信号 $S_{out}(\lambda)$；

c) $S_{out}(\lambda)$和 $S_{in}(\lambda)$之比为光学纤维传像元件随波长变化的朗伯光谱透射比 $T_L(\lambda)$，按式(8)计算：

$$T_L(\lambda) = S_{out}(\lambda)/S_{in}(\lambda) \quad \cdots\cdots(8)$$

式中：

$S_{in}(\lambda)$——输入端面的输出信号；

$S_{out}(\lambda)$——输出端面的输出信号。

4.13 分辨力

4.13.1 试验工具

a) 分辨力测试仪；

b) 经标定的基准分辨力靶标。

4.13.2 试验程序

a) 将上述靶标放置到分辨力测试仪的出口处，把光学纤维传像元件测试端面紧贴于靶标的规定位置；

b） 用分辨力测试仪的显微镜检测在光学纤维传像元件另一端面所形成的靶标图像；

c） 以靶标上可目视分辨的最高空间频率作为被测光学纤维传像元件的极限分辨力。

4.14 真空气密性

4.14.1 试验工具

a） 氦质谱检漏仪；

b） 超声波清洗机；

c） 烘烤炉。

4.14.2 试验程序

a） 用清洗液清洁光学纤维传像元件，放入无水乙醇中浸泡并用超声波清洗，将其晾干后放入烘烤炉中，按规定的温度时间曲线烘烤；

b） 使用灵敏度不低于规定值的检漏仪，在规定温度条件下，将光学纤维传像元件的一端面用真空封脂密封在测试模具上，另一端面喷氦气进行检漏，按检漏仪技术提供的公式计算光学纤维传像元件的空气漏率。

4.15 耐热性

4.15.1 试验工具

马弗炉。

4.15.2 试验程序

a） 用清洗液清洁光学纤维传像元件，放入无水乙醇中浸泡并用超声波清洗，将其晾干后放入烘烤炉中按规定的温度时间曲线烘烤；

b） 使用灵敏度不低于规定值的检漏仪，在规定温度条件下，将光学纤维传像元件的一端面用真空封脂密封在测试模具上，另一端面喷氦气进行检漏，按检漏仪技术提供的公式计算光学纤维传像元件的空气漏率。

4.16 热稳定性

4.16.1 试验工具

马弗炉。

4.16.2 试验程序

将同批次的两块光学纤维传像元件，烘烤到规定的温度，分别将其迅速置于规定温度的空气或水中冷却，观察其表面变化情况。

4.17 高压测试

4.17.1 试验工具

耐高压测试仪。

4.17.2 试验程序

将导电橡胶板电极分别连接到光学纤维传像元件的两个端面，加上规定的电压，判断其耐高压。

4.18 刀口响应

4.18.1 定义

通过光学纤维传像元件传递的标准测量刀口边缘的像在不透明区域内垂直于刀口方向上的强度分布。

4.18.2 试验工具

刀口响应测试仪。

4.18.3 试验程序

a） 将按规定方法制作的不透明刀口，按规定的位置和方向与光学纤维传像元件的一端面紧密接触；

b) 用具有规定光谱特性的朗伯光源，在规定的距离处垂直照射刀口和光学纤维传像元件端面的规定区域，在该区域上获得满足要求的均匀朗伯光；

c) 按规定程序与操作方法，调节符合要求的、具有大数值孔径的显微物镜，使得在像面位置获得经光学纤维传像元件另一端面输出的清晰刀口像；

d) 在像面位置平面内用规定的扫描狭缝沿垂直于刀口的方向，对该刀口像扫描，并用具有规定光谱灵敏度的测试系统测试刀口像通过扫描狭缝的光强分布；

e) 以测得的光强最大值为100%，随着扫描狭缝位置坐标的变化，将相对光强降到50%时的位置定为坐标原点，所测得的各个不同坐标下用百分比值表示的相对光强(%)即是对应的刀口响应分布值。

4.19 橘皮状、擦伤、残留物、污斑、带状阴影、裂纹、破边、雾状外观质量

4.19.1 试验工具

投影仪、显微镜或放大镜。

4.19.2 试验程序

观察光学纤维传像元件表面质量。

ICS 17.180.01
N 30

中华人民共和国国家标准

GB/T 26598—2011

光学仪器用透明导电薄膜规范

Transparent conductive thin film speciation for optical instruments

2011-06-16 发布

2011-11-01 实施

中华人民共和国国家质量监督检验检疫总局
中国国家标准化管理委员会
发布

前　言

本标准由中国机械工业联合会提出。

本标准由全国光学和光子学标准化技术委员会(SAC/TC 103)归口。

本标准起草单位:中国船舶重工集团公司七一七研究所。

本标准主要起草人:熊长新、朱谧、刘水心。

光学仪器用透明导电薄膜规范

1 范围

本标准规定了光学仪器用透明导电薄膜的分类、要求、试验方法及检验规则。

本标准适用于在光学玻璃上镀制全介质透明导电薄膜。

2 规范性引用文件

下列文件中的条款通过本标准的引用而成为本标准的条款。凡是注日期的引用文件，其随后所有的修改单(不包含勘误的内容)或修订版均不适用于本标准，然而，鼓励根据本标准达成协议的各方研究是否可使用这些文件的最新版本。凡是不注日期的引用文件，其最新版本适用于本标准。

GB/T 1185 光学零件表面疵病(GB/T 1185—2006,ISO 10110-7:1996,NEQ)

GB/T 2423.1 电工电子产品环境试验 第2部分:试验方法 试验A:低温(GB/T 2423.1—2008,IEC 60068-2-1:2007,IDT)

GB/T 2423.3 电工电子产品环境试验 第2部分:试验方法 试验Cab:恒定湿热试验(GB/T 2423.3—2006,IEC 60068-2-78:2007,IDT)

GB/T 2423.17 电工电子产品环境试验 第2部分:试验方法 试验Ka:盐雾(GB/T 2423.17—2008,IEC 60068-2-11:1981,IDT)

GB/T 2828.1 计数抽样检验程序 第1部分:按接收质量限(AQL)检索的逐批检验抽样计划(GB/T 2828.1—2003,ISO 2859-1:1999,IDT)

GB/T 2829 周期检验计数抽样程序及表(适用于对过程稳定性的检验)

3 术语和定义

下列术语和定义适用于本标准。

3.1

全介质透明导电薄膜 all dielectric transparent conductive coating

采用介质材料作膜料镀制的具有一定可见光波段透过率和一定电导率的光学薄膜。

3.2

普通透明导电薄膜 general transparent conductive coating

在零件表面仅镀制单一膜料的透明导电薄膜。

3.3

增透透明导电薄膜 antireflective transparent conductive coating

为提高零件的透过率，在零件表面镀制两种及以上膜料的透明导电薄膜。

4 技术要求

4.1 总则

膜层的个性化要求应符合本标准和相关图样的要求。若本标准的要求与相关图样要求不一致，应以相关图样要求为准。

4.2 镀膜面积

应在整个零件表面或在图样规定的区域镀膜。

4.3 镀膜后零件的光学与电学性能

4.3.1 光学性能指标

光学仪器用透明导电薄膜的光学性能应与零件导电性能相匹配。透明导电薄膜所适用的波长范围见表1,单面镀制透明导电薄膜的光学与电学性能的匹配见表2。

表1

膜系	波长范围 nm	λ_1最小值 nm	λ_2最大值 nm	λ_2/λ_1
普通透明导电薄膜	$\lambda_1 \sim \lambda_2$	425	675	≤1.50
增透透明导电薄膜		400	760	≤1.80

注1:样品厚度不大于1 mm。

注2:中心波长λ_0由式(1)给出:

$$\lambda_0 = \frac{2\lambda_1\lambda_2}{\lambda_1 + \lambda_2} \quad \cdots\cdots (1)$$

表2

方电阻$R_\square$/(Ω/□)		$R_\square \leqslant 8$	$8 < R_\square \leqslant 10$	$10 < R_\square \leqslant 20$	$20 < R_\square \leqslant 50$	$50 < R_\square \leqslant 100$	$R_\square > 100$
平均透过率/%	普通透明导电薄膜膜系	≥78	≥82	≥84	≥84	≥85	≥85
	增透透明导电薄膜膜系	≥85	≥86	≥89	≥90	≥91	≥92

4.3.2 导电性能指标

镀膜后零件的方块电阻$R_\square$的范围为:3 Ω/□≤$R_\square$≤3 000 Ω/□。

4.4 镀膜后零件表面质量

4.4.1 外观

膜层表面不允许有起皮、脱膜、裂纹、起泡和灰雾等缺陷。

4.4.2 膜层表面疵病

膜层表面麻点、擦痕等疵病应符合GB/T 1185的要求。

4.5 膜层牢固性

4.5.1 附着力

用专用透明胶带纸粘在膜层表面上,垂直迅速拉起后,应无脱膜现象。

4.5.2 摩擦

膜层能经受压力为4.9 N外裹脱脂布的橡皮摩擦头摩擦50次(25个来回),应无擦痕等损伤迹象。

4.6 环境适应性

4.6.1 低温

无包装情况下,在−40 ℃±2 ℃的环境中保持2 h,样品透过率损失应小于1%,膜层表面质量应符合4.4.1和4.4.2的要求。

4.6.2 湿热

无包装情况下,在温度为40 ℃±2 ℃,相对湿度为90%~95%的条件下保持时间24 h,样品透过率损失应小于1%,膜层表面质量应符合4.4.1和4.4.2的要求。

4.6.3 盐雾

无包装情况下,在温度为35 ℃±2 ℃的盐雾箱内,经浓度为4.9%~5.1%,pH为6.5~7.2的氯化钠溶液连续喷雾 8 h，样品透过率损失应小于 1%，膜层表面质量应符合 4.4.1 和 4.4.2 的要求。

5 试验方法

5.1 镀膜面积

5.1.1 试验工具

脱脂布、丙酮、乙醇、异丙醇等或其混合液。

5.1.2 试验程序

在对样品进行各项试验前后，被检验膜层应用脱脂布加清洁液仔细清洁，清除所有灰尘、指印、污点等。清洁液可选用丙酮、乙醇、异丙醇等或其混合液，清洁液温度小于 27 ℃。

5.2 光学性能指标

5.2.1 试验工具

分光光度计，准确度优于 1%。

5.2.2 试验程序

根据使用的光谱范围，在零件有效区域内任意位置测量光学性能指标，测量时入射角取零度。当被检零件不宜测量时，用光学性能相同的平面试验片代替。检验结果应满足表 2 的要求。

5.3 导电性能指标

5.3.1 试验工具

四探针测试仪或其他相应的测试装置。

5.3.2 试验程序

在膜层通光区的任意部位测量其电阻值，必要时须对仪器用标准电阻块校正后再进行测量。

5.4 镀膜后零件表面质量

5.4.1 外观

5.4.1.1 试验工具

60 W～100 W 的磨砂白炽灯或两根 15 W 的冷白荧光灯。

5.4.1.2 试验程序

用 60 W～100 W 的磨砂白炽灯或两根 15 W 的冷白荧光灯照射光学零件镀膜表面，眼睛到镀膜件的观察距离不超过 450 mm，在黑色背景下借助反射光进行目视检查。

5.4.2 膜层表面疵病

5.4.2.1 试验工具

同 5.4.1.1。

5.4.2.2 试验程序

膜层表面麻点、擦痕等疵病用 60 W～100 W 的磨砂白炽灯或两根 15 W 的冷白荧光灯照射光学零件镀膜表面，眼睛到镀膜件的观察距离不超过 450 mm，在黑色背景下借助反射光进行目视检查。如有规定时，可使用 4 倍～10 倍放大镜进行检验。

5.5 膜层牢固性

5.5.1 附着力

5.5.1.1 试验工具

2 cm 宽剥离强度不小于 2.74 N/cm 的透明胶带纸。

5.5.1.2 试验程序

用2 cm宽、剥离强度不小于2.74 N/cm的透明胶带纸粘在膜层表面上，然后以垂直于膜层表面方向的力迅速拉起，清洁其表面后检验。

注：胶带纸不应粘到膜层边缘。

5.5.2 摩擦

5.5.2.1 试验工具

浮石-橡皮摩擦头(摩擦头是由优质橡皮加浮石填料组成，硬度为70～80，橡胶重量是填料重量的45%～55%)、脱脂布。

5.5.2.2 试验程序

摩擦试验机应采用浮石-橡皮摩擦头。摩擦头直径6 mm，外裹至少6层清洁干燥脱脂布，保持与膜层垂直的压力4.9 N，对膜层进行摩擦，行程约为摩擦头的2倍，沿同一轨迹摩擦50次(往返25次)，清洁其表面后检验。

注：低温、恒定湿热、盐雾、摩擦等破坏试验不对同只零件进行。

5.6 环境适应性

5.6.1 低温

按GB/T 2423.1的规定。

5.6.2 湿热

按GB/T 2423.3的规定。

5.6.3 盐雾

按GB/T 2423.17的规定。

6 检验规则

6.1 检验分类

产品的检验分为出厂检验和型式检验。

6.2 出厂检验

6.2.1 检验方法

出厂检验抽样检查应按GB/T 2828.1的一次抽样检查。

6.2.2 检验内容及判定

出厂检验的项目为4.3和4.4，规定检查水平为Ⅱ，合格质量水平为4.0。

6.3 型式检验

6.3.1 型式检验时机

型式检验一般定为每年进行一次，产品在下列情况之一时亦进行型式检验：

a) 新产品或老产品转厂生产的试制定型鉴定；

b) 正式生产后，如结构、材料、工艺有较大改变，可能影响产品性能时；

c) 正常生产时，定期或积累到一定产量后，应周期性进行一次检验；

d) 产品长期停产后，恢复生产时；

e) 出厂检验结果与上次型式检验有较大差异时；

f) 国家质量监督机构提出进行型式检验的要求时。

6.3.2　**型式检验内容**

型式检验应包括本标准中所规定的全部试验项目，型式检验的样品应从出厂检验合格的产品中随机抽取。

6.3.3　**型式检验方法**

型式检验的抽样采用GB/T 2829中一次抽样检查，规定判别水平为Ⅰ，不合格质量水平3.0(Ac=2,Re=3)。

ICS 31.260
L 51

中华人民共和国国家标准

GB/T 26599.1—2011/ISO 11146-1:2005

激光和激光相关设备 激光光束宽度、发散角和光束传输比的试验方法 第1部分:无像散和简单像散光束

Lasers and laser-related equipment—Test methods for laser beam widths, divergence angles and beam propagation ratios—Part 1:Stigmatic and simple astigmatic beam

(ISO 11146-1:2005,IDT)

2011-06-16 发布　　2011-11-01 实施

中华人民共和国国家质量监督检验检疫总局
中国国家标准化管理委员会　发布

前　言

《激光和激光相关设备　激光光束宽度、发散角和光束传输比的试验方法》分为3个部分：

——第1部分：无像散和简单像散光束；

——第2部分：广义像散光束；

——第3部分：激光光束的本征和几何分类、传输和详细的试验方法。

本部分为GB/T 26599的第1部分。

本部分使用翻译法等同采用国际标准ISO 11146-1:2005《激光和激光相关设备　激光光束宽度、发散角和光束传输比的试验方法　第1部分：无像散和简单像散光束》(英文版)。本部分做了下列编辑性修改：在规范性引用文件中，用采用国际标准的我国标准代替对应的国际标准。

本部分由中国机械工业联合会提出。

本部分由全国光学和光子学标准化技术委员会(SAC/TC 103)归口。

本部分起草单位：国家食品药品监督管理局杭州医疗器械质量监督检验中心。

本部分主要起草人：黄丹、孙瑜、韩坚城、杜堃、叶岳顺、叶中琛。

激光和激光相关设备　激光光束宽度、发散角和光束传输比的试验方法　第1部分:无像散和简单像散光束

1　范围

GB/T 26599 的本部分规定了激光光束的光束宽度(直径)、发散角与光束传输比的测量方法。GB/T 26599 的本部分仅适用于无像散和简单像散光束。如果光束的类型未知,或者光束是广义像散光束,则本部分不适用。

2　规范性引用文件

下列文件中的条款通过 GB/T 26599 的本部分的引用而成为本部分的条款。凡是注日期的引用文件,其随后所有的修改单(不包括勘误的内容)或修订版均不适用于本部分。然而鼓励根据本部分达成协议的各方研究是否可使用这些文件的最新版本。凡是不注日期的引用文件,其最新版本适用于本部分。

GB/T 15313—2008　激光术语(ISO 11145:2006,MOD)

JB/T 6860—1993　测量激光辐射功率能量的探测器、仪器与设备(IEC 61040:1990,IDT)

ISO 11146-2:2005　激光和激光相关设备　激光光束宽度、发散角和光束传输比的试验方法　第2部分:广义像散光束

ISO 13694　光学和光学仪器　激光和激光相关设备　激光光束功率(能量)密度分布的试验方法

3　术语和定义

GB/T 15313—2008、ISO 13694、JB/T 6860—1993 以及下列的术语和定义适用于本部分。

注:在这些定义中,x 轴、y 轴和 z 轴是针对第 4 章中描述的实验室系统。在此处和本标准中,术语"功率密度分布 $E(x,y,z)$"是指连续波光源。对于脉冲光源,可以将其替换为"能量密度分布 $H(x,y,z)$"。

3.1

功率密度分布的一阶矩　first order moments of a power density distribution

$\bar{x},\bar{y}$

光束横截面功率密度分布的质心坐标,用式(1)和式(2)表示:

$$\bar{x}(z)=\frac{\int_{-\infty}^{+\infty}\int_{-\infty}^{+\infty}E(x,y,z)x\,\mathrm{d}x\,\mathrm{d}y}{\int_{-\infty}^{+\infty}\int_{-\infty}^{+\infty}E(x,y,z)\,\mathrm{d}x\,\mathrm{d}y}\qquad\cdots\cdots(1)$$

$$\bar{y}(z)=\frac{\int_{-\infty}^{+\infty}\int_{-\infty}^{+\infty}E(x,y,z)y\,\mathrm{d}x\,\mathrm{d}y}{\int_{-\infty}^{+\infty}\int_{-\infty}^{+\infty}E(x,y,z)\,\mathrm{d}x\,\mathrm{d}y}\qquad\cdots\cdots(2)$$

注:在实际应用中,如第 7 章所给出的具体情况下,无穷积分简化为有限积分。

3.2

功率密度分布的二阶矩　second order moments of a power density distribution

$\sigma_x^2, \sigma_y^2, \sigma_{xy}^2$

功率密度分布的归一加权积分，用式(3)～式(5)表示：

$$\sigma_x^2(z) = \langle x^2 \rangle = \frac{\int_{-\infty}^{+\infty}\int_{-\infty}^{+\infty} E(x,y,z)(x-\bar{x})^2 \mathrm{d}x\mathrm{d}y}{\int_{-\infty}^{+\infty}\int_{-\infty}^{+\infty} E(x,y,z)\mathrm{d}x\mathrm{d}y} \quad \cdots\cdots(3)$$

$$\sigma_y^2(z) = \langle y^2 \rangle = \frac{\int_{-\infty}^{+\infty}\int_{-\infty}^{+\infty} E(x,y,z)(y-\bar{y})^2 \mathrm{d}x\mathrm{d}y}{\int_{-\infty}^{+\infty}\int_{-\infty}^{+\infty} E(x,y,z)\mathrm{d}x\mathrm{d}y} \quad \cdots\cdots(4)$$

$$\sigma_{xy}^2(z) = \langle xy \rangle = \frac{\int_{-\infty}^{+\infty}\int_{-\infty}^{+\infty} E(x,y,z)(x-\bar{x})(y-\bar{y}) \mathrm{d}x\mathrm{d}y}{\int_{-\infty}^{+\infty}\int_{-\infty}^{+\infty} E(x,y,z)\mathrm{d}x\mathrm{d}y} \quad \cdots\cdots(5)$$

注1：如第7章所给出的具体情况下，无限积分简化为有限积分。

注2：$\sigma_{xy}^2(z)$是一个符号表示，而不是真实的平方。该数值可为正数、负数或零值。

注3：角括号是运算符号，ISO 11146-2:2005和ISO/TR 11146-3中均有使用。

3.3

功率密度分布的主轴　principal axes of a power density distribution

基于光束横截面上功率密度分布中心二阶矩的最大和最小光束范围的轴。

注：最大和最小光束范围的轴线总是相互垂直的。

3.4

功率密度分布的取向　orientation of a power density distribution

φ

实验室系统的 x 轴和更靠近 x 轴的功率密度分布的主轴之间的夹角。

注：从本定义可知，若$|\varphi| \neq \pi/4$，$-\pi/4 < \varphi < \pi/4$；若 $\varphi = \pm\pi/4$，则 φ 就定义为 x 轴和功率密度分布主要主轴(最大光束范围对应的主轴)之间的夹角。

3.5

光束宽度　beam widths

$d_{\sigma x}, d_{\sigma y}$

以功率密度分布的中心二阶矩为基础，在分别沿着与实验室坐标系的 x 轴或 y 轴更近的主轴轴线 z 处，光束横截面上功率密度分布的范围。

注1：如果主轴与实验室坐标系的 x 轴和 y 轴之间成 $\pi/4$ 夹角，那么按惯例 $d_{\sigma x}$ 为较大的光束宽度。

注2：本定义与GB/T 15313—2008的3.5.2中给出的定义不同，在那个标准中光束宽度仅被定义为在实验室系统中，而在GB/T 26599的本部分光束宽度被定义为在主轴系统中。

3.6

功率密度分布的椭圆率　ellipticity of a power density distribution

ε

最小和最大光束宽度之间的比率。

3.7

圆形功率密度分布　circular power density distribution

椭圆率大于0.87的功率密度分布。

3.8

光束直径 beam diameter

d_σ

以二阶矩为基础的圆形功率密度分布的范围。

3.9

无像散 stigmatism

光束在自由传输中的任一平面上具有圆形功率密度分布并且通过柱面透镜传输后功率密度分布保持不变或具有和透镜相同的方位取向的特性。

3.10

简单像散 simple astigmatism

像散光束在自由传输中方位角保持恒定取向的并且通过对称轴与一个光束主轴平行的圆柱光学元件后仍保持其原有取向的特性。

注：简单像散光束的功率密度分布的主轴被称为该光束的主轴。

3.11

广义像散 general astigmatism

既不是无像散光束也不是简单像散光束的光束特性。

注：GB/T 26599 的本部分仅涉及无像散和简单像散光束。关于广义像散光束，见 ISO 11146-2:2005。

3.12

束腰位置 beam waist locations

z_{0x}，z_{0y}，z_0

光束宽度或光束直径沿传输轴达到最小值的位置距 $z=0$ 参考平面的距离。

见图 1。

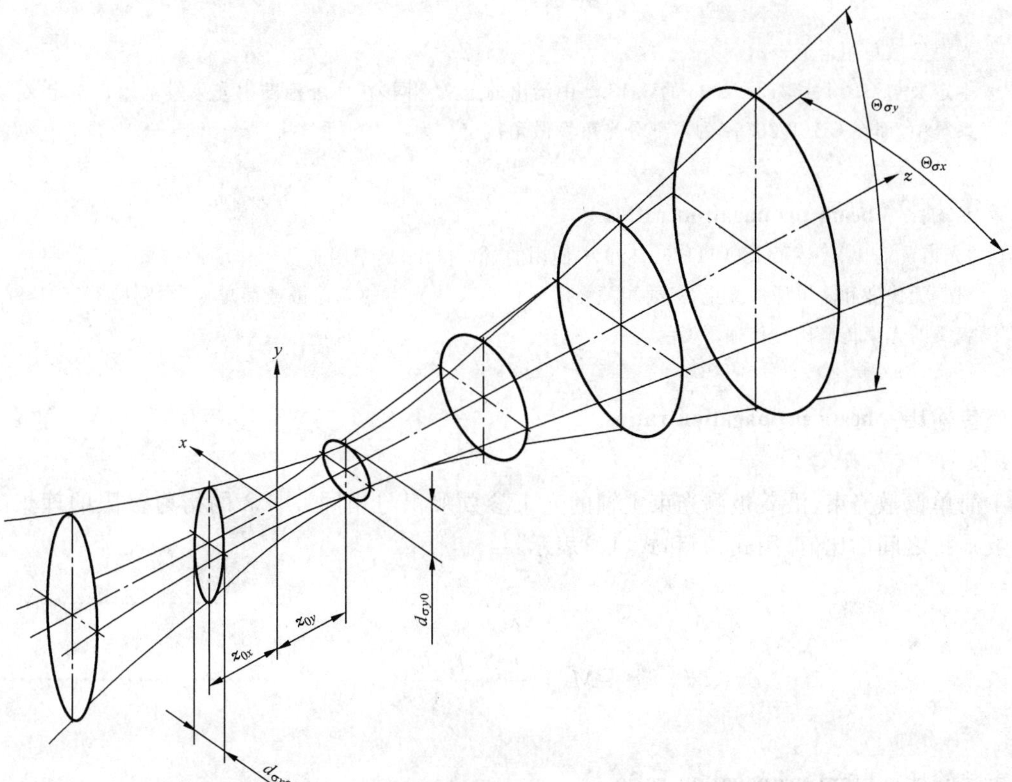

图 1 简单像散光束的光束传输参数

注 1：对于超出了本部分的范围的广义像散光束，本定义不适用。

注 2：对于简单像散光束，对应于主轴的束腰位置 z_{0x} 和 z_{0y} 可能重合，也可能不重合。

3.13

束腰宽度　beam waist widths

$d_{\sigma x0}$，$d_{\sigma y0}$

简单像散光束在束腰位置处的光束宽度。

注：$d_{\sigma x0}$是位置z_{0x}处的光束宽度$d_{\sigma x}$，$d_{\sigma y0}$是位置z_{0y}处的光束宽度$d_{\sigma y}$。

3.14

束腰直径　beam waist diameter

$d_{\sigma 0}$

无像散光束在束腰位置处的光束直径。

3.15

光束发散角　beam divergence angles

$\Theta_{\sigma x}$，$\Theta_{\sigma y}$，Θ_{σ}

光束宽度或光束直径随着离束腰位置距离的增加而增大的程度，用式(6)～式(8)表示：

对于简单像散光束

$$\Theta_{\sigma x}=\lim_{(z-z_{0x})\to\infty}\frac{d_{\sigma x}(z)}{z-z_{0x}} \qquad \cdots\cdots(6)$$

和

$$\Theta_{\sigma y}=\lim_{(z-z_{0y})\to\infty}\frac{d_{\sigma y}(z)}{z-z_{0y}} \qquad \cdots\cdots(7)$$

对于无像散光束

$$\Theta_{\sigma}=\lim_{(z-z_{0})\to\infty}\frac{d_{\sigma}(z)}{z-z_{0}} \qquad \cdots\cdots(8)$$

注1：光束发散角用全角表示。

注2：本定义与GB/T 15313—2008的3.18.2中给出的定义不同，在那个标准中光束发散角仅被定义为在实验室系统中，而在GB/T 26599的本部分光束发散角被定义为在主轴系统中。

3.16

光束传输比　beam propagation ratios

注1："光束传输比"代替了ISO 11146:1999中使用的"衍射极限倍率因子"。

注2：对于无像散和简单像散光束，只要相关光学元件不改变光束的无像散或简单像散特性，3.16.1和3.16.2中定义的光束传输比是传输不变量。

3.16.1

光束传输比　beam propagation ratios

M_x^2和M_y^2

对于简单像散光束，沿着被测光束主轴的光束参数乘积与相同波长λ的衍射极限的理想高斯光束光束参数乘积之间的比值，用式(9)和式(10)表示：

$$M_x^2=\frac{\pi}{\lambda}\cdot\frac{d_{\sigma x0}\,\theta_{\sigma x}}{4} \qquad \cdots\cdots(9)$$

$$M_y^2=\frac{\pi}{\lambda}\cdot\frac{d_{\sigma y0}\,\theta_{\sigma y}}{4} \qquad \cdots\cdots(10)$$

3.16.2

光束传输比　beam propagation ratio

M^2

对于无像散光束，被测光束的光束参数乘积与相同波长λ的衍射极限的理想高斯光束(TEM_{00})光束参数乘积之间的比值，用式(11)表示：

$$M^2 = \frac{\pi}{\lambda} \cdot \frac{d_{\sigma0}\theta_\sigma}{4} \qquad \cdots\cdots (11)$$

4 坐标系

x,y,z 轴规定了实验室坐标轴系统的正交空间方向，并应由用户指定。z 轴应与光束方向大体重合。x 轴和 y 轴是横截轴，通常分别对应于水平方向和垂直方向。z 轴的原点位于制造商定义的 x-y 参考面，例如激光器外壳的前端面。

5 试验原理

5.1 适用性

以下试验原理仅适用于无像散和简单像散光束。ISO 11146-2:2005 中的试验原理适用于广义像散光束。

5.2 光束宽度和光束直径

为了确定位置 z 处的光束宽度或直径，应测量在这个位置 z 处 x-y 平面上的激光光束功率密度分布。如有必要，应对测得的数据进行适当的本底校正(见 ISO/TR 11146-3)。根据测得的功率密度分布，计算一阶矩和中心二阶矩。根据中心二阶矩，可以确定光束宽度 $d_{\sigma x}(z)$，$d_{\sigma y}(z)$，椭圆率 ε，以及在适当的情况下也可以确定光束直径 $d_\sigma(z)$。

5.3 光束发散角

通过测量聚焦元件焦平面上的光束宽度或光束直径确定其发散角。

首先，应使用无像差聚焦元件变换激光光束。对于简单像散光束，在距离聚焦元件后主平面一倍焦距 f 位置处测量光束宽度 $d_{\sigma xf}$ 和 $d_{\sigma yf}$。相应的发散角 $\Theta_{\sigma x}$ 和 $\Theta_{\sigma y}$ 由式(12)和式(13)确定：

$$\Theta_{\sigma x} = \frac{d_{\sigma xf}}{f} \qquad \cdots\cdots (12)$$

和

$$\Theta_{\sigma y} = \frac{d_{\sigma yf}}{f} \qquad \cdots\cdots (13)$$

对于无像散光束，测量光束直径 $d_{\sigma f}$ 发散角由式(14)确定：

$$\Theta_\sigma = \frac{d_{\sigma f}}{f} \qquad \cdots\cdots (14)$$

5.4 光束传输比

为了确定光束传输比 M_x^2，M_y^2 或 M^2，应先确定束腰宽度 $d_{\sigma x0}$，$d_{\sigma y0}$ 或束腰直径 $d_{\sigma 0}$ 以及相关光束发散角 $\Theta_{\sigma x}$，$\Theta_{\sigma y}$ 或 Θ_σ。

5.5 束腰位置、光束宽度、光束发散角与光束传输比的综合测量

如第 9 章所述，沿着传输轴的光束宽度数据应拟合为双曲线。从拟合数据中推导出束腰位置、束腰宽度、光束发散角与光束传输比。

6 测量布置与测试设备

6.1 概述

试验是以沿着光束传输轴上一组轴向位置的横截面功率密度分布测量为基础。

6.2 准备

测量系统的光轴应与待测激光光束同轴。为此可以配备适当的光学准直装置(例如：准直激光器或调整反射镜)。

光学系统的孔径应与激光光束的整个截面相适应。剪切引起的损失应小于总光束功率或能量的 1%。为了测试该损失，可以在每个光学元件前的光路中放置不同宽度的孔径。使得输出信号降低 5%

的孔径直径应小于光学元件孔径的0.8倍。

衰减器或光束整形光学元件应安装得使光轴通过其几何中心。应注意避免系统误差。反射、干涉效应、外界的背景光、热辐射或空气流动都是引起不确定度增加的潜在来源。

6.3 环境控制

应采取适当的措施，例如对试验装置的机械和声学隔离，屏蔽外来的辐射，控制实验室温度的稳定，选择低噪声放大器，以确保对待测参数总体不确定度的影响降到最低。

应注意确保在高功率激光光路中的大气环境不能含有能吸收激光辐射和导致待测光束的热畸变的气体或蒸汽。

6.4 探测器系统

横截面功率密度分布的测量需要使用高空间分辨率和高信噪比的探测系统。

测量精度与探测器系统的空间分辨率和信噪比直接相关。对于直径较大的低功率密度的激光光束，后者尤为重要(例如激光光束的衍射部分)。

注：对于以像素为基础的探测器系统，空间分辨率至少应为光束宽度或光束直径的1/20。

实际上，功率密度分布 $E(x,y,z)$ 两翼的噪声易严重影响到二阶矩积分。因此，通常需要采用适当的本底校正程序。更多详细信息，请见ISO/TR 11146-3。

辐射探测器系统应符合JB/T 6860—1993，特别是其中的第3章和第4章，此外还应注意以下几点：

a) 应注意确定探测器表面的损伤阈值，以免激光光束超过该阈值。

b) 应通过制造商的数据或通过测量来确认，探测器系统的输出量(例如：电压)与输入量(激光功率)之间呈线性关系。应使探测器或电子仪器对波长的依赖性、非线性或非均匀性应减少到最小，或者通过一个校准程序进行校正。

c) 当使用扫描设备确定功率密度分布时，应注意确保在整个扫描期间内激光器输出的空间和时间的稳定性。

d) 当测量脉冲激光光束时，采样的触发时间延迟以及测量时间间隔是非常重要的，因为光束参数可能会在脉冲过程中发生变化。因此，应在检测报告中对这些参数予以说明。

6.5 光束整形光学元件与光学衰减器

如果光束横截面面积大于探测器面积，应使用合适的光学系统以减小到达探测器表面上的光束横截面面积。在评估过程中，应考虑到放大率的变化。

应根据波长选择合适的光学元件。

可能需要使用衰减器来降低探测器表面的激光功率密度。

激光输出功率或功率密度超出了探测器的工作(线性)范围或损伤阈值时，应使用光学衰减器。应使光学衰减器对波长、偏振和角度的依赖性、非线性或非均匀性，包括光学衰减器的热效应应减少到最小，或者通过一个校准程序来进行校正。

所使用的光学元件不得对相对功率密度分布造成显著的影响。

6.6 聚焦系统

聚焦系统应符合6.5中光束整形光学元件的相关要求。聚焦系统对不确定度的影响应小于光束宽度的1%。

7 光束宽度和光束直径的测量

7.1 试验程序

在开始进行测量前，激光器应预热至少1 h(除非制造商另有说明)以达到热平衡。应在激光器制造商规定的操作条件下对被评估的激光器类型进行测量。

在每一个需要测定光束宽度的位置 z 处，横截面的功率密度分布至少进行五次重复测量。

7.2 评估

在对光束宽度或光束直径进行评估前,应对测得的分布应用本底校正程序(见 ISO/TR 11146-3)。

利用测量得到的并经过校正的分布计算出一阶矩和二阶矩,在测量数据的某子区域内计算相应的积分,此子区域称之为积分区域(见图 2),否则噪声可能会对积分造成严重影响。在很多情况下,选择合适的积分区域对获得可靠的结果是至关重要的。以下步骤将积分区域的大小和位置与被测的功率密度分布的大小和位置关联起来。随后进行迭代过程。

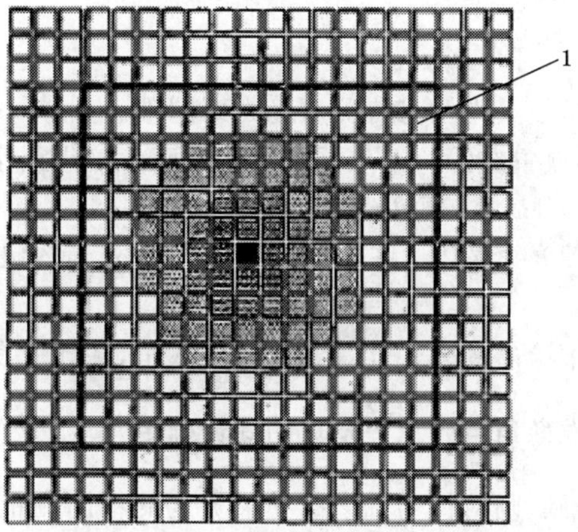

1——积分区域。

图 2　探测阵列与激光光束和积分区域的示意图

在积分区域内式(1)~式(5)中的所有积分,积分区域以被定义为一阶矩的光束质心为中心,其大小是 x 轴和 y 轴方向上光束宽度的三倍。由于光束质心坐标和光束宽度未知,迭代以假设的初始积分区域开始。初始积分区域应接近光束大小和位置。应用该积分区域,可求得光束位置和大小的初始值,再以这些初始值重新计算积分区域,由新的积分区域,计算出新的光束位置和大小。该步骤重复进行,直至获得收敛的结果。

对于简单像散光束,由功率密度分布的二阶矩可得到主轴的取向或方位角 φ,其公式为:

当 $\sigma_x^2 \neq \sigma_y^2$,方位角 φ 由式(15)计算得到:

$$\varphi(z) = \frac{1}{2}\arctan\left(\frac{2\sigma_{xy}^2}{\sigma_x^2 - \sigma_y^2}\right) \quad \cdots\cdots(15)$$

否则,方位角 φ 由式(16)计算得到:

$$\varphi = \mathrm{sgn}(\sigma_{xy}^2)\ \frac{\pi}{4} \quad \cdots\cdots(16)$$

其中

$$\mathrm{sgn}(\sigma_{xy}^2) = \frac{\sigma_{xy}^2}{|\sigma_{xy}^2|} \quad \cdots\cdots(17)$$

主轴方向上的光束宽度的计算公式为:

当 $\sigma_x^2 \neq \sigma_y^2$,光束宽度由式(18)和式(19)计算得到:

$$d_{\sigma x}(z) = 2\sqrt{2}\{(\sigma_x^2 + \sigma_y^2) + \gamma[(\sigma_x^2 - \sigma_y^2)^2 + 4(\sigma_{xy}^2)^2]^{\frac{1}{2}}\}^{\frac{1}{2}} \quad \cdots\cdots(18)$$

$$d_{\sigma y}(z) = 2\sqrt{2}\{(\sigma_x^2 + \sigma_y^2) - \gamma[(\sigma_x^2 - \sigma_y^2)^2 + 4(\sigma_{xy}^2)^2]^{\frac{1}{2}}\}^{\frac{1}{2}} \quad \cdots\cdots(19)$$

其中

$$\gamma = \mathrm{sgn}(\sigma_x^2 - \sigma_y^2) = \frac{\sigma_x^2 - \sigma_y^2}{|\sigma_x^2 - \sigma_y^2|} \quad \cdots\cdots(20)$$

否则,光束宽度由式(21)和式(22)计算得到:

$$d_{\sigma x}(z) = 2\sqrt{2}(\sigma_x^2 + \sigma_y^2 + 2|\sigma_{xy}^2|)^{\frac{1}{2}} \quad \cdots\cdots(21)$$

$$d_{\sigma y}(z)=2\sqrt{2}(\sigma_x^2+\sigma_y^2-2\mid\sigma_{xy}^2\mid)^{\frac{1}{2}} \quad \cdots\cdots(22)$$

对每次测量都进行上述计算，并计算光束宽度和方位角的平均值和标准差。

如果椭圆率 ε 大于 0.87，则可以认为在测量位置处的光束剖面是圆形对称，并且可以用式(23)计算得到光束直径 $d_\sigma(z)$：

$$d_\sigma(z)=2\sqrt{2}(\sigma_x^2+\sigma_y^2)^{\frac{1}{2}} \quad \cdots\cdots(23)$$

8 发散角的测量

8.1 试验程序

将聚焦元件放置在光路中，使其光轴与待测激光光束同轴。

将探测器系统的测量平面放置在距离聚焦元件后主平面一倍焦距 f 的位置上。

注：一般来说，该位置与聚焦元件后的束腰位置不完全相同。

根据第 7 章，对该位置处的光束宽度 $d_{\sigma xf}$、$d_{\sigma yf}$ 或光束直径 $d_{\sigma f}$ 至少进行五次测量。

8.2 评估

对于每次测量，根据 5.3 中给出的公式计算光束的发散角，并计算发散角的平均值和标准差。

9 束腰位置、光束宽度、光束发散角与光束传输比的综合确定

如果束腰可以直接测量得到，则沿传输轴 z 的光束宽度的不同测量值拟合成双曲线以确定束腰位置、光束宽度、发散角与光束传输比。因此，应至少在 10 个不同的 z 位置处进行测量。大约有一半的测量应分布在光束束腰两侧任意一侧的一倍瑞利长度范围内，大约另一半的测量应分布在光束束腰两倍瑞利长度范围以外。对于简单像散光束，应对两个主轴方向分别应用上述过程进行测量。

对于广义像散光束，应对测得的数据进行初步分析。对于每一测量的剖面，应计算实验室系统下的光束宽度 $d_{\sigma x}$ 和 $d_{\sigma y}$ 以及方位角 φ。如果任意两个非圆剖面的方位角之差大于 10°，则该光束属于广义像散光束并且应使用 ISO 11146-2。

注 1：该试验失败并不能证明光束是无像散的或是简单像散的。光束可能会受到隐性的广义像散的影响，这可以通过 ISO 11146-2:2005 中的试验程序检测出来。

沿传输方向 z 测得的直径 d_σ 拟合成双曲线，用式(24)表示为：

$$d_\sigma(z)=\sqrt{a+bz+cz^2} \quad \cdots\cdots(24)$$

应使用合适的数值或统计曲线拟合技术来确定双曲线的系数 a,b,c(或 a_x,a_y,b_x,b_y,c_x,c_y)(见本章中注 2 和注 3)。光束传输参数值由式(25)～式(29)计算得到：

$$z_0=\frac{-b}{2c} \quad \cdots\cdots(25)$$

$$d_{\sigma 0}=\frac{1}{2\sqrt{c}}\sqrt{4ac-b^2} \quad \cdots\cdots(26)$$

$$\Theta_\sigma=\sqrt{c} \quad \cdots\cdots(27)$$

$$z_R=\frac{1}{2c}\sqrt{4ac-b^2} \quad \cdots\cdots(28)$$

$$M^2=\frac{\pi}{8\lambda}\sqrt{4ac-b^2} \quad \cdots\cdots(29)$$

注 2：如果在每个位置 z 进行了一次以上的直径测量，建议数据点的权重与数据点的方差成反比。

注 3：应使直径残差的平方和达到最小来进行拟合。

注 4：像散束腰差值 Δz_a，也被称为像散光束差分，表示如下

$$\Delta z_a=\mid z_{0x}-z_{0y}\mid$$

(见 ISO 15367-1:2003 的 3.3.4)

如果无法通过直接测量获得束腰，则应对 6.6 中定义的无像差聚焦元件产生的人工束腰应用相同

的步骤。由图3,人工束腰距聚焦元件的后主平面 H_2 的距离 $z_{0,2}$ 或 $z_{0,2x}$ 和 $z_{0,2y}$,以及光束宽度 $d_{\sigma 2}$ 或 $d_{\sigma 2x}$ 和 $d_{\sigma 2y}$ 应在人工束腰位置处确定。根据这些数据,原始光束相对聚焦元件前主平面 H_1 的束腰位置 $z_{0,1}$ 或 $z_{0,1x}$ 和 $z_{0,1y}$ 可以由式(30)计算得到:

$$z_{0,1} = V^2 x_2 + f \quad \cdots\cdots(30)$$

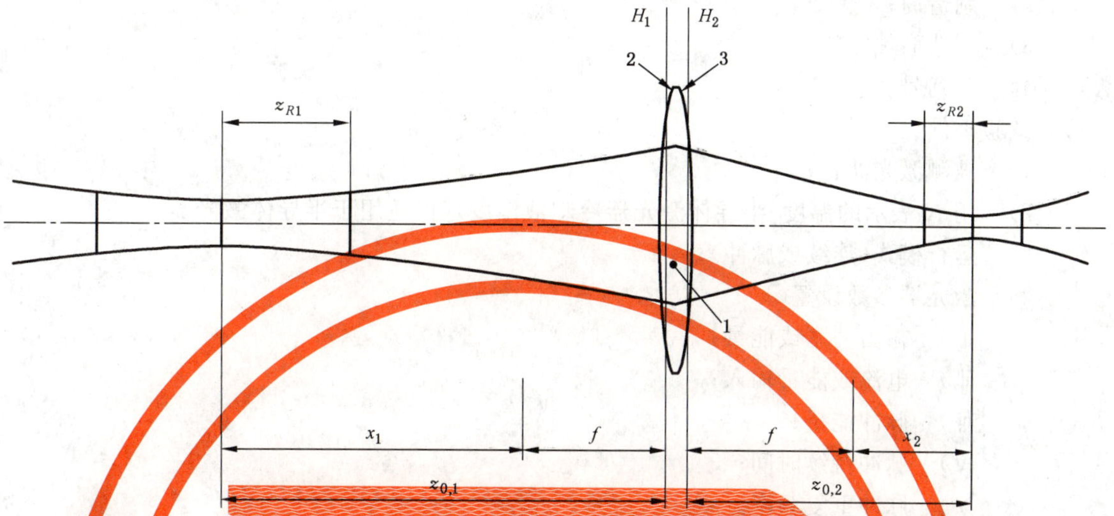

1——聚焦元件;
2——前主平面 H_1;
3——后主平面 H_2。

图3 束腰位置计算的示意图

其中 x_2(或 y_2)由式(31)确定:

$$x_2 = z_{0,2} - f \quad \cdots\cdots(31)$$

V 由式(32)确定:

$$V = \frac{f}{\sqrt{z_{R2}^2 + x_2^2}} \quad \cdots\cdots(32)$$

式中:

f——聚焦元件的焦距,单位为毫米(mm);

z_{R2}——人工束腰的瑞利长度,单位为毫米(mm)。

根据双曲线拟合程序,人工束腰的瑞利长度 z_{R2} 可以由式(24)和式(28)计算确定。

束腰直径或宽度由式(33)计算得到:

$$d_{\sigma 1} = V \cdot d_{\sigma 2} \quad \cdots\cdots(33)$$

瑞利长度可以由式(34)计算得到:

$$z_{R1} = V^2 \cdot z_{R2} \quad \cdots\cdots(34)$$

光束发散角可以由式(35)计算得到:

$$\Theta_1 = \frac{\Theta_2}{V} \quad \cdots\cdots(35)$$

10 试验报告

试验报告中应包括以下信息:

a) 一般信息

1) 按照 GB/T 26599.1 进行试验;

2) 试验日期;

3） 试验机构的名称与地址；

4） 测试人员的姓名。

b） 被测激光器的信息

1） 激光器的类型；

2） 制造商；

3） 制造商规定的型号；

4） 序列号。

c） 试验条件

1） 被测激光波长；

2） 用 K 表示的温度(半导体激光器冷却液温度)(仅适用于半导体激光器)；

3） 运行模式(连续或脉冲)；

4） 激光器参数设置

i） 输出功率或能量；

ii） 电流或能量输入；

iii） 脉冲能量；

iv） 脉冲持续时间；

v） 脉冲重复频率。

5） 偏振；

6） 环境条件。

d） 试验与评估的信息

1） 使用的评估方法

i） 二阶矩法；

ii） 替代方法:可变孔径法(根据 ISO/TR 11146-3)；

iii） 替代方法:移动刀口法(根据 ISO/TR 11146-3)；

iv） 替代方法:移动狭缝法(根据 ISO/TR 11146-3)。

2） 试验设备

i） 照相机；

ii） 移动针孔；

iii） 移动刀口；

iv） 移动狭缝；

v） 可变孔径光阑；

vi） 滤波器。

3） 探测器和采样系统

i） 探测器系统的响应时间；

ii） 采样触发延迟时间(仅适用于脉冲激光)；

iii） 测量时间间隔(仅适用于脉冲激光)。

4） 光束整形光学元件和衰减方法

i） 衰减器的类型；

ii） 分束器的类型；

iii） 聚焦元件的类型。

5） 试验中使用的其他光学元件和仪器(偏光器，单色仪等)。

6） 应选定的其他与试验有关的参数或特性(孔径设置、参考平面、参考轴、实验室系统)。

e） 试验结果

1） 光束宽度或光束直径和方位角（根据第7章）

位置 z ______________________________

	平 均 值	标 准 差
光束直径 d_{σ}		
光束宽度 $d_{\sigma x}$		
光束宽度 $d_{\sigma y}$		
方位角 φ		

2） 光束发散角 θ（根据第8章）

使用的聚焦元件______________________________

焦距______________________________

	平 均 值	标 准 差
光束发散角 Θ_{σ}		
光束发散角 $\Theta_{\sigma x}$		
光束发散角 $\Theta_{\sigma y}$		

3） 根据双曲线拟合得到的光束传输参数（根据第9章）

	数 值	估计不确定度
束腰位置 z_0		
束腰位置 z_{0x}		
束腰位置 z_{0y}		
束腰直径 d_0		
束腰宽度 d_{0x}		
束腰宽度 d_{0y}		
方位角 φ		
瑞利长度 z_R		
瑞利长度 z_{Rx}		
瑞利长度 z_{Ry}		
光束发散角 Θ_{σ}		
光束发散角 $\Theta_{\sigma x}$		
光束发散角 $\Theta_{\sigma y}$		
光束传输比 M^2		
光束传输比 M_x^2		
光束传输比 M_y^2		

参 考 文 献

[1] ISO/TR 11146-3 激光和激光相关设备 激光光束宽度、发散角和光束传输比的试验方法 第3部分:激光光束的本征和几何分类、传输和详细的试验方法

[2] ISO 15367-1:2003 激光和激光相关设备 确定激光光束波阵面形状的试验方法 第1部分:术语和基本特征

ICS 37.020
N 32

中华人民共和国国家标准

GB/T 26600—2011

显微镜　光学显微术用浸液

Microscopes—Immersion liquids for light microscopy

(ISO 8036:2006,MOD)

2011-06-16 发布　　2011-11-01 实施

中华人民共和国国家质量监督检验检疫总局
中国国家标准化管理委员会　发布

前　言

本标准修改采用 ISO 8036:2006《显微镜　光学显微术用浸液》。

本标准与 ISO 8036:2006 的主要技术差异为：

——第 2 章中的部分规范性引用文件用现行行业标准替代；

——第 4 章中增加两条款，即化学性质和外观。

为便于使用，本标准还做了下列编辑性修改：

——“本国际标准”一词改为“本标准”；

—— 删除国际标准的前言。

本标准由中国机械工业联合会提出。

本标准由全国光学和光子学标准化技术委员会(SAC/TC 103)归口。

本标准起草单位：上海理工大学、宁波永新光学股份有限公司、宁波市教学仪器有限公司、宁波华光精密仪器有限公司、梧州奥卡光学仪器公司、宁波舜宇仪器有限公司、江南永新光学有限公司、南京东利来光电实业有限公司、麦克奥迪实业集团有限公司、重庆光电仪器有限公司、贵阳新天光电科技有限公司。

本标准主要起草人：章慧贤、黄卫佳、冯琼辉、胡钰、曾丽珠、王国瑞、徐利明、张景华、胡森虎、李晞、杨广烈、肖倩、夏硕、胡清。

显微镜 光学显微术用浸液

1 范围

本标准描述了用于显微术的浸液的特性，按其应用范围对浸液分类，并规定了每种型式的要求和试验方法。

本标准规定了浸液的标识方法以及容器标签上的信息和技术数据单应提供的信息。

2 规范性引用文件

下列文件中的条款通过本标准的引用而成为本标准的条款。凡是注日期的引用文件，其随后所有的修改单(不包括勘误的内容)或修订版均不适用于本标准，然而，鼓励根据本标准达成协议的各方研究是否可使用这些文件的最新版本。凡是不注日期的引用文件，其最新版本适用于本标准。

JB/T 8230.4 显微镜用盖玻片

ISO 2592 发光点和燃点的测定—克里夫兰开口杯法

3 分类

根据应用场合的不同，浸液分为下列三类：

N型：用于普通可见光显微术的浸油；

F型：满足荧光显微术的浸油；

G型：用于甘油浸没的光谱纯甘油(通常称甘油)。

4 浸液的特性

4.1 光学特性

浸液的光学特性规定为波长 λ 等于 546.07 nm 在规定温度(23 ℃)和大气压(1 013.25 hPa)时的折射率 n_e 和阿贝数(与色散能力相关)ν_e。

阿贝数 ν_e 按式(1)计算：

$$\nu_e = \frac{n_e - 1}{n_{F'} - n_{C'}} \qquad \cdots\cdots(1)$$

式中：

$n_{F'}$——λ=479.99 nm 的折射率；

$n_{C'}$——λ=643.85 nm 的折射率。

折射率通常用阿贝折射仪在 23 ℃±0.1 ℃的恒温条件下测量，以汞-镉光谱灯作为光源。

4.2 透射比

在可见光显微术中，现代检测方法要求扩展浸液所适用的光谱范围。

透射比使用适当的分光光度计，以一个透过浸液的光路长 d 等于 10 mm 的透明石英容器与一个空的参考透明容器对照测量。

4.3 自发荧光

浸液的自发荧光用荧光光度计进行测量，以 0.05 mol/L 硫酸中的奎宁硫酸盐为荧光标准液。下列激发和发射波长用于荧光测量：

——F(365 nm/450 nm)表示激发荧光为 365 nm，测量的发射荧光为 450 nm；

——F(405 nm/485 nm)表示激发荧光为 405 nm，测量的发射荧光为 485 nm。

由于发射荧光在整个测量期间会衰减，浸液自发荧光的平均测量时间为 60 s 。

浸液试样和标准液体放在用石英或特殊光学玻璃制成的透明容器中进行测量。该容器通过浸液的光路长度 d 等于 10 mm。所用的试剂应满足荧光分光计的质量要求。

以 0.05 mol/L 的硫酸配制含量为 500 mg/L 的奎宁硫酸盐原液。在使用前，以 1∶5 000 和 1∶200 的比例稀释原液，分别得到 0.05 mol/L 硫酸中奎宁硫酸盐含量为 0.1 mg/L 和 0.5 mg/L 的两份标准溶液。备用的原液在 6 ℃～12 ℃的条件下保存在密闭的棕色玻璃瓶中，时间不超过两个月。通常使用当天配制的标准溶液。

奎宁硫酸盐溶液与 10 mm 透明容器相同形状的固态荧光标准两者可选用其一。每年应以奎宁硫酸盐标准溶液标定一次。

注 1：固态荧光标准可利用分光镜附件。根据单位为 mg/L 的奎宁硫酸盐数量给出涉及浸液自发荧光的信息。

注 2：作为荧光标准，使用奎宁硫酸盐较罗丹明 B 更适合些，因为浸油如同奎宁硫酸盐那样往往在 UVA 激发的情况下，在蓝色光谱区域发射，而罗丹明 B 则在绿色光谱区域发射。

4.4 黏度

浸液的黏度应在温度 23 ℃条件下用毛细管黏度计即用布洛德黏度计测量。

4.5 密度

浸液的密度应在温度为 23 ℃条件用比重计或比色计测量。

4.6 化学性质

4.6.1 化学稳定性

使用时对可能接触的物质均呈惰性。

4.6.2 可溶性

应能溶于酒精、乙醚等常用有机溶剂。

4.6.3 毒性

生产商对浸液提供对人类无害安全性资料。

4.7 外观

浸液应为无气泡、无杂质、基本无色的透明液体，可有轻微的不带刺激性的气味。

5 最低要求

浸液的最低要求见表 1。

6 混合物

符合本标准的浸液不应含有任何对安全和健康有害的混合物。

制造商应向使用者提供符合欧盟技术法规 91/155/EEC 及其修正案 93/112/EEC 和 01/58/EC 要求的安全数据表。

7 浸液的标识

符合本标准的浸液应按如下示例标识：

示例：浸液 GB/T 26600 F 型。

8 容器的标签

浸液一般装在棕色玻璃瓶或由聚乙烯或聚丙烯材料制成的油壶中销售。在这些容器上应包含下列信息：

a) 产品名称；

b) 符合本标准的标识；

c) 按危险品规则要求标识；

d) 23 ℃时的折射率 n_e；

e) 阿贝数 ν_e；

f) 批号；

g) 与制造商的使用说明相一致的在未开封的原包装内的产品有效期；

h) 技术和安全数据方面的信息；

i) 制造商和供应商的名称、地址以及原产国。

表 1 浸液的最低要求[a]

参数	N 型（标准）	F 型（用于荧光）	G 型（甘油）[b]
参考温度/℃	23±0.1	23±0.1	23±0.1
光谱范围/nm	400～900	320～1 100	230～1 100
折射率，n_e	1.518 0±0.000 5	1.518 0±0.000 5	1.450±0.005
阿贝数，ν_e	43±4	43±4	58±4
透射比（d=10 mm）			
1 100 nm	—	80%	70%
1 000 nm	—	80%	70%
900 nm	90%	90%	90%
800 nm	95%	95%	98%
760 nm	95%	95%	98%
600 nm	95%	95%	98%
500 nm	95%	95%	98%
450 nm	85%	95%	98%
420 nm	75%	95%	98%
400 nm	60%	95%	98%
380 nm	—	90%	95%
365 nm	—	80%	95%
350 nm	—	70%	90%
330 nm	—	40%	80%
320 nm	—	20%	70%
310 nm	—	—	50%
230 nm	—	—	30%
自发荧光（mg/L 奎宁硫酸盐）			
F(365 nm/450 nm)	c	0.06	0.02
F(405 nm/485 nm)	c	1.20	0.50
F(313 nm/450 nm)	—	—	0.05
黏度（mm^2/s）			
23 ℃±0.1 ℃	50～1 500	50～1 500	b

[a] 除甘油外，浸液不能含有易挥发的或吸湿的混合物，这些液体的说明书设定使用按 JB/T 8230.4 规定的盖玻片。

[b] 甘油是吸湿的，其物理性能取决于它的含水量。

[c] N 型油的自发荧光没有规定数值，但预计可能有高值。

9 技术数据表

浸液的制造商或供应商一经要求应提供有效的技术数据表。这数据表有下列信息：

a） 产品名称；

b） 制造商；

c） 符合本标准的标识；

d） 应用领域；

e） 主要化学成分；

f） 测量折射率的参考温度；

g） 光谱范围；

h） 折射率 n_e，n_D（钠 D 线）、n_g（汞 g 线）、$n_{F'}$ 和 $n_{C'}$；

i） 阿贝数 ν_e；

j） 在 15 ℃～40 ℃之间折射率的温度系数；

k） 在光谱范围的光路长 d 等于 10 mm 时的透射比；

l） 自发荧光；

m） 显微染色的性能；

n） 23 ℃时的密度；

o） 23 ℃时的黏度；

p） 按 ISO 2592（克里夫兰开口杯法）测定的燃点；

q） 贮存条件；

r） 推荐的清洁剂；

s） 处理报告。

ICS 37.020
N 32

中华人民共和国国家标准

GB/T 26601—2011

显微镜　光谱滤光片

Microscopes—Spectral filters

(ISO 8577:1997,MOD)

2011-06-16 发布　　　　2011-11-01 实施

中华人民共和国国家质量监督检验检疫总局
中国国家标准化管理委员会　发布

前　言

本标准修改采用ISO 8577:1997《显微镜　光谱滤光片》。

本标准与ISO 8577:1997的主要技术差异为：

——第2章中的部分规范性引用文件和表1中的国际标准用现行国家标准替代；

——考虑我国国情，在表1"直径推荐值 d"一栏中增加A型及B型滤光片直径为14 mm；

——将国际标准中直径 d 的公差采用d11表示，方便使用；

——增加一个章节，将第1章中后半段的内容纳入。

为便于使用，本标准还做了下列编辑性修改：

——"本国际标准"一词改为"本标准"；

—— 删除国际标准的前言。

本标准由中国机械工业联合会提出。

本标准由全国光学和光子学标准化技术委员会(SAC/TC103)归口。

本标准起草单位：上海理工大学、江南永新光学有限公司、宁波舜宇仪器有限公司、宁波永新光学股份有限公司、宁波市教学仪器有限公司、宁波华光精密仪器有限公司、梧州奥卡光学仪器公司、南京东利来光电实业有限公司、麦克奥迪实业集团有限公司、重庆光电仪器有限公司、贵阳新天光电科技有限公司。

本标准主要起草人：章慧贤、胡钰、冯琼辉、黄卫佳、李晞、胡森虎、曾丽珠、王国瑞、徐利明、张景华、杨广烈、肖倩、夏硕、胡清。

显微镜 光谱滤光片

1 范围

本标准规定了用于显微镜的可互换光谱滤光片直径的推荐尺寸以及滤光片的材料缺陷和工序疵病。

2 规范性引用文件

下列文件中的条款通过本标准的引用而成为本标准的条款。凡是注日期的引用文件，其随后所有的修改单(不包括勘误的内容)或修订版均不适用于本标准，然而，鼓励根据本标准达成协议的各方研究是否可使用这些文件的最新版本。凡是不注日期的引用文件，其最新版本适用于本标准。

GB/T 1185 光学零件表面疵病

GB/T 2831 光学零件的面形偏差

GB/T 7661 光学零件气泡度

GB/T 13323—2009 光学制图

3 类型

显微镜用光谱滤光片的类型分为A型、B型，具体要求如下：

A型：用于成像和照明光路的滤光片。

B型：用于照明光路的滤光片。

4 要求

显微镜用光谱滤光片要求按表1规定。

表1 光谱滤光片的直径、允许的材料缺陷和工序疵病

参数	参数值							
	A型			B型				
直径推荐值 d/mm	14	20	25	14	20	25	32	45
直径 d 的公差级别	d11							
允许疵病试验范围的直径/mm	1							
表面疵病[a] 按 GB/T 1185	5/2×0.10		5/4×0.16	5/2×0.25		5/4×0.25	5/3×0.40	5/5×0.40
条纹[b] 按 GB/T 13323—2009 表B.2、表B.3	2/—；4			2/—；1				
面形偏差的公差[c] 按 GB/T 2831	3/3(0.5)			3/20(10)				
表面结构的公差[d] 按 GB/T 13323—2009 表C.1、表C.2	P3 √			P2 √				
气泡度[e] 按 GB/T 7661	1/2×0.10			1/2×0.25			1/3×0.40	
平行度	≤5′			≤20′				

表 1(续)

参数	参数值	
	A 型	B 型
允许的挠度[f]	≤2.5′	≤10′
注：除特殊用途外，新设计中建议不要沿用直径 18 mm、30 mm、40 mm 和 50 mm 的滤光片。		

[a] 5——表面疵病代号；其后是允许的表面疵病数乘以允许的最大疵病面积的平方根，以毫米表示；
例：2×0.10 表示 2 个具有最大面积为 0.01 mm^2 的疵病(滤光片两面总数)。

[b] 2——非均匀性和条纹度公差代号；(—)表示材料无非均匀性技术要求，其后为允许的条纹类别，其要求规定以条纹的有效投影面积与检验面积之比值，以%表示；
例：1 类：要求不大于 10%；4 类：要求不大于 1%。
对于直径为 20 mm、25 mm、32 mm 和 45mm 的滤光片 4 级条纹的有效面积分别是≤3.0 mm^2、≤4.5 mm^2、≤7.5 mm^2 和≤15 mm^2；对于 1 级条纹的有效面积分别是≤30 mm^2、≤45 mm^2、≤75 mm^2 和≤150 mm^2。

[c] 3——面形偏差代号；其后是允许的弧矢偏差，括号中数字表示不规则性值。

[d] P——表示抛光表面结构的轮廓面；右侧数字表示可允许的轮廓微观缺陷密度等级，分 P1～P4 四级。例：P3：表示每 10 mm 取样长度内轮廓微观缺陷 N，$3<N<16$；P2：表示每 10 mm 取样长度内轮廓微观缺陷 N，$16<N<80$。

[e] 1——气泡度代号；其后是允许的气泡数乘以允许的最大气泡投影面积的平方根，以毫米表示。

[f] 在某些情况下，例如组合滤光片，可以规定以允许的挠度替代平行度公差。

5 标识

A 型滤光片应在滤光片上或者包装盒上标示“GB/T 26601A”。

B 型滤光片不要求标示。

ICS 71.080.40
G 17

中华人民共和国国家标准

GB/T 26602—2011

工业用 2-吡咯烷酮

2-Pyrrolidone for industrial use

2011-06-16 发布

2011-12-01 实施

中华人民共和国国家质量监督检验检疫总局
中国国家标准化管理委员会 发布

前言

本标准按照GB/T 1.1—2009给出的规则起草。

本标准由中国石油和化学工业联合会提出。

本标准由全国化学标准化技术委员会有机化工分会(SAC/TC 63/SC 2)归口。

本标准负责起草单位:中盐安徽红四方股份有限公司、南京金龙化工有限公司。

本标准参加起草单位:濮阳迈奇科技有限公司、泰州延龄精细化工有限公司。

本标准主要起草人:徐苏皖、朱阳光、谢中平、施康、罗斌、闫广学、曹宗元。

工业用 2-吡咯烷酮

1 范围

本标准规定了工业用 2-吡咯烷酮的要求、试验方法、检验规则以及标志、包装、运输和贮存等。

本标准适用于 γ-丁内酯和氨合成制得的 2-吡咯烷酮。

分子式：C_4H_7ON

结构式：

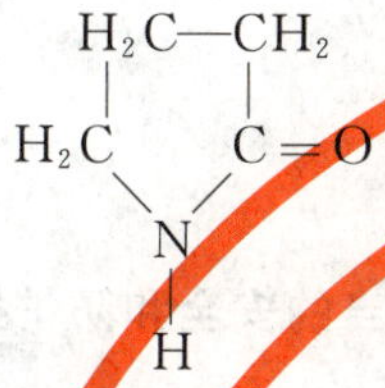

相对分子质量：85.11(按 2007 年国际相对原子质量)

2 规范性引用文件

下列文件对于本文件的应用是必不可少的。凡是注日期的引用文件，仅注日期的版本适用于本文件。凡是不注日期的引用文件，其最新版本(包括所有的修改单)适用于本文件。

GB/T 325.1 包装容器 钢桶 第一部分：通用技术要求

GB/T 3143 液体化学产品颜色测定法(Hazen 单位——铂-钴色号)

GB/T 6283—2008 化工产品中水分含量的测定 卡尔·费休法(通用方法)(ISO 760:1978，NEQ)

GB/T 6488 液体化工产品 折光率的测定(20 ℃)

GB/T 6678 化工产品采样总则

GB/T 6680 液体化工产品采样通则

GB/T 6682 分析实验室用水规格和试验方法(GB/T 6682—2008，ISO 3696:1987，MOD)

GB/T 8170 数值修约规则与极限数值的表示和判定

GB/T 9722 化学试剂 气相色谱法通则

3 要求

3.1 外观

温度不低于 25 ℃时，为无色或微黄色透明液体，无可见杂质。

3.2 要求

工业用 2-吡咯烷酮应符合表 1 所示的技术要求。

表 1 技术指标

项 目		优等品	一等品	合格品
2-吡咯烷酮，w/%	≥	99.50	99.00	98.50
水，w/%	≤	0.10	0.20	
色度/Hazen 单位(铂-钴色号)	≤	20	30	
折光率 n_D^{25}		1.482 0～1.486 0		

4 试验方法

4.1 警示

试验方法规定的一些试验过程可能导致危险情况。操作者应采取适当的安全和防护措施。

4.2 一般规定

除非另有说明，在分析中仅使用确认为分析纯的试剂和符合 GB/T 6682 中规定的三级水。

4.3 外观

取适量实验室样品于比色管中，在自然光下目视观察。

4.4 2-吡咯烷酮含量的测定

4.4.1 方法提要

采用毛细管柱气相色谱法。在选定的色谱操作条件下，使样品汽化后经色谱柱分离，用火焰离子化检测器(FID)检测，采用校正面积归一化法定量，减去水分，计算得到 2-吡咯烷酮的含量。

4.4.2 试剂

4.4.2.1 氮气：体积分数≥99.995%。
4.4.2.2 氢气：体积分数≥99.99%。
4.4.2.3 空气：经活性炭、蓝色硅胶净化、干燥。
4.4.2.4 2-吡咯烷酮：色谱纯。
4.4.2.5 γ-丁内酯：色谱纯。
4.4.2.6 1,4-丁二醇：色谱纯。

4.4.3 仪器

4.4.3.1 气相色谱仪：配有火焰离子化检测器(FID)，整机灵敏度、稳定性符合 GB/T 9722 的规定，线性范围满足分析要求。
4.4.3.2 数据处理系统：色谱数据处理机或色谱工作站。
4.4.3.3 进样器：1.0 μL 微量注射器或自动进样器。

4.4.4 色谱分析条件

本标准推荐的色谱柱和色谱操作条件见表 2。典型色谱图及各组分相对保留值见附录 A 中图 A.1

和表 A.1。其他能达到同等分离程度的色谱柱及色谱操作条件也可使用。

表 2　推荐的色谱柱和色谱操作条件

毛细管色谱柱	30 m×0.32 mm×0.5 μm(柱长×柱内径×液膜厚度)
固定相	5%二苯基 95%二甲基聚硅氧烷
柱温	初始温度 100 ℃,保持 1 min;升温速度 10 ℃/min,升温到 160 ℃,保持 10 min
气化室温度/℃	250
检测器温度/℃	250
载气(N_2 或 He)流量/(mL/min)	1.0
氢气流量/(mL/min)	30
空气流量/(mL/min)	300
分流比	25∶1
进样量/μL	0.2

4.4.5　分析步骤

4.4.5.1　校正因子的测定

4.4.5.1.1　校准用标准溶液的配制

用称量法配制 2-吡咯烷酮加欲测杂质的标准溶液,各组分的称量精确至 0.000 1 g,组分含量的质量分数计算精确至 0.001%。所配制的标准溶液中杂质含量应与待测试样相近。

4.4.5.1.2　相对校正因子的测定

根据仪器说明书,调节仪器至表 2 所示的操作条件。将 2-吡咯烷酮(色谱纯)和配制的标准溶液依次注入气相色谱仪,各平行测定 4 次,取 4 次测定的峰面积的算术平均值为测定结果。依据所得的峰面积及标准溶液中杂质组分含量,计算各组分的相对校正因子。

4.4.5.1.3　相对校正因子的计算

组分 i 相对 2-吡咯烷酮的校正因子 f_i,按式(1)计算:

$$f_i = \frac{A_B c_i}{(A'_i - A_i) c_B} \quad \cdots\cdots(1)$$

式中:

A_B——标准溶液中 2-吡咯烷酮的峰面积;

A_i——2-吡咯烷酮(色谱纯)中杂质组分 i 的峰面积;

A'_i——标准溶液中组分 i 的峰面积;

c_B——标准溶液中 2-吡咯烷酮的质量分数的数值;

c_i——标准溶液中组分 i 的质量分数的数值。

试样中未知组分或得不到标准物质的组分的相对校正因子取值为 1。

4.4.5.2　试样的测定

按表 2 所示的色谱操作条件调节仪器,待仪器稳定后,注入实验室样品进行测定。采用校正面积归一化法定量。

4.4.5.3 结果计算

2-吡咯烷酮的质量分数 w_1，数值以%表示，按式(2)计算：

$$w_1=\frac{A_B}{\sum f_i A_i}\times(100-w_{水}) \quad \cdots\cdots\cdots\cdots(2)$$

式中：

A_B——试样中 2-吡咯烷酮的色谱峰面积；

f_i——组分 i 的相对校正因子；

A_i——组分 i 的色谱峰面积；

$w_{水}$——按 4.5 测得的以质量分数表示的水分的数值。

取两次平行测定结果的算术平均值为报告结果。两次平行测定结果的绝对差值不大于 0.03%。

4.5 水分的测定

按 GB/T 6283—2008 中第 8 章的规定进行测定。

取两次平行测定结果的算术平均值为报告结果。两次平行测定结果的绝对差值不大于 0.002%。

4.6 色度的测定

按 GB/T 3143 的规定进行测定。

4.7 折光率的测定

按照 GB/T 6488 规定的方法进行测定。试验温度为 25 ℃。

5 检验规则

5.1 第 3 章要求中 3.1 外观和 3.2 表 1 规定的所有项目均为出厂检验项目。出厂检验应逐批进行。

5.2 工业用 2-吡咯烷酮以一贮罐或一槽车的量为一批，或以同等质量的产品为一批。

5.3 工业用 2-吡咯烷酮的采样单元数和采样方法按 GB/T 6678、GB/T 6680 中的规定进行。采取具有代表性的样品，采样量不少于 400 mL，分装在两个清洁、干燥的玻璃瓶中，密封。贴上标签，注明产品名称、生产企业名称、批号或生产日期、取样日期、取样地点、取样人姓名等，一瓶供检验用，一瓶备查。

5.4 工业用 2-吡咯烷酮应由生产企业的质量监督检验部门进行检验。生产厂应保证每批出厂产品都符合本标准的要求。每批出厂的产品都应附有一定格式的质量证明书，内容包括：生产厂名称、产品名称、产品等级、生产日期或批号和本标准编号等。

5.5 检验结果的判定按 GB/T 8170 中规定的修约值比较法进行。检验结果中如有一项指标不符合本标准要求时，应重新自两倍量的包装单元中采样进行检验。重新检验的结果即使只有一项指标不符合本标准要求，则整批产品作不合格处理。

6 标志、包装、运输和贮存

6.1 工业用 2-吡咯烷酮的包装容器上应有明显牢固的标志，内容包括：产品名称、生产厂名称、厂址、生产日期或批号、产品等级、净含量和本标准编号等。

6.2 工业用 2-吡咯烷酮应采用符合 GB/T 325.1 要求的钢桶或专用槽车包装，钢桶包装的每桶净含量 200 kg。或在符合安全要求的条件下，根据用户要求包装。工业用 2-吡咯烷酮遇空气易吸潮，包装时应充入干燥氮气密封。

6.3 工业用2-吡咯烷酮运输过程中应确保容器不泄漏、不倒塌、不坠落、不损坏。槽车装产品应保持温度不低于25 ℃,利于装卸。搬运时应轻装轻卸,防止包装容器损坏。禁止与有毒、腐蚀性物品混运。运输过程中应防止日晒雨淋,远离火种、热源、高温区域。

6.4 工业用2-吡咯烷酮贮存地点应干燥、通风、远离火源及其他危险品,避免阳光直射,应具备消防器材和救护设施。

附　录　A
（规范性附录）
2-吡咯烷酮含量测定的典型色谱图、相对保留值和相对校正因子

A.1　2-吡咯烷酮含量测定的典型色谱图

典型色谱图见图 A.1。

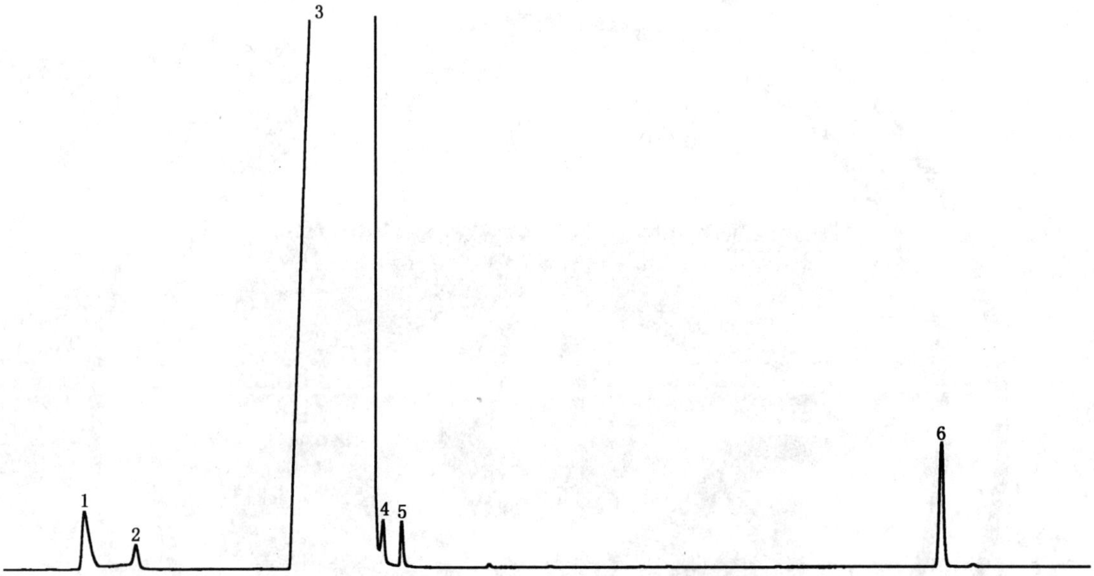

1——γ-丁内酯；
2——1,4-丁二醇；
3——2-吡咯烷酮；
4——3-甲基吡咯烷酮；
5——4-甲基吡咯烷酮；
6——低聚物。

图 A.1　2-吡咯烷酮毛细管柱典型色谱图

A.2 各组分相对保留值和相对校正因子

各组分相对保留值和相对校正因子见表 A.1。

表 A.1 各组分相对保留值和相对校正因子

序号	组分名称	相对保留值	相对校正因子
1	γ-丁内酯	0.76	1.01
2	1,4-丁二醇	0.88	0.89
3	2-吡咯烷酮	1.00	1.00
4	3-甲基吡咯烷酮	1.04	—
5	4-甲基吡咯烷酮	1.09	—
6	低聚物	1.92	1.20

ICS 71.100.01;87.060.10
G 56

中华人民共和国国家标准

GB/T 26603—2011

N,*N*-二甲基苯胺

N,*N*-Dimethy aniline

2011-06-16 发布 2011-12-01 实施

中华人民共和国国家质量监督检验检疫总局
中国国家标准化管理委员会 发布

前　言

本标准按照 GB/T 1.1—2009 给出的规则起草。

本标准由中国石油和化学工业联合会提出。

本标准由全国染料标准化技术委员会(SAC/TC 134)归口。

本标准起草单位:沈阳化工研究院有限公司。

本标准主要起草人:蒲爱军。

N,*N*-二甲基苯胺

警告——使用本标准的人员应有正规实验室工作的实践经验。本标准并未指出所有可能的安全问题。使用者有责任采取适当的安全和健康措施,并保证符合国家有关法规规定的条件。

1 范围

本标准规定了*N*,*N*-二甲基苯胺的要求、安全信息、采样、试验方法、检验规则以及标志、标签、包装、运输和贮存。

本标准适用于*N*,*N*-二甲基苯胺的产品质量控制。

结构式:

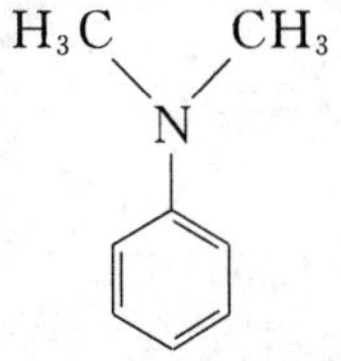

分子式:$C_8H_{11}N$

相对分子质量:121.18(按2007年国际相对原子质量)

CAS RN:100-61-8

2 规范性引用文件

下列文件对于本文件的应用是必不可少的。凡是注日期的引用文件,仅注日期的版本适用于本文件。凡是不注日期的引用文件,其最新版本(包括所有的修改单)适用于本文件。

GB 190 危险货物包装标志

GB/T 191 包装储运图示标志(GB/T 191—2008,ISO 780:1997,MOD)

GB/T 2385—2007 染料中间体 结晶点的测定 通用方法

GB/T 2386—2006 染料及染料中间体 水分的测定

GB/T 6678—2003 化工产品采样总则

GB/T 6680—2003 液体化工产品采样通则

GB/T 8170—2008 数值修约规则与极限数值的表示和判定

GB/T 9722—2006 化学试剂 气相色谱法通则

GB 12268 危险货物品名表

GB 12463 危险货物运输包装通用技术条件

GB 15258 化学品安全标签编写规定

GB 15603 通用化学危险品贮存通则

GB 16483 化学品安全技术说明书 内容和项目顺序

3 要求

N,*N*-二甲基苯胺质量要求应符合表1的规定。

表 1　*N*,*N*-二甲基苯胺的质量要求

项　　目		指标	
		优等品	合格品
(1) 外观		浅黄色至黄色液体	
(2) 干品结晶点/℃	≥	2.0	1.8
(3) *N*,*N*-二甲基苯胺纯度/%	≥	99.50	98.50
(4) *N*-甲基苯胺含量/%	≤	0.40	0.70
(5) 苯胺含量/%	≤	0.03	0.05
(6) 低沸物含量/%	≤	0.02	0.05
(7) 高沸物含量/%	≤	0.05	0.30
(8) 水分的质量分数/%	≤	0.10	0.30

4　安全信息

4.1　安全

根据 GB 12268,*N*,*N*-二甲基苯胺危险品编号(UN:2253,CN:61756),属有毒物质。能通过皮肤吸收而中毒。使用及搬运时,应穿戴劳动保护用品,严格注意安全。

4.2　安全技术说明书

按 GB 16483,该产品出厂应提供详细的安全技术说明书。安全技术说明书应包括如下内容:

a)　提供该产品的危险性信息;

b)　安全使用方法;

c)　运输、贮存要求;

d)　防护措施;

e)　应急处理措施等。

5　采样

以批为单位采样,生产厂以均匀的产品为一批。每批采样数量应符合 GB/T 6678—2003 中 7.6 的规定。采样管应符合 GB/T 6680—2003 中 6.2 的规定。所采样产品的包装必须完好,采样时勿使外界杂质落入产品中。所采样品总量不得少于 500 mL。将采取的样品充分混匀后,分装于两个清洁、干燥、避光及密封良好的容器中,其上粘贴标签。注明:产品名称、批号、生产厂名称、取样日期、地点。一个供检验,一个保存备查。

6　试验方法

6.1　一般规定

除非另有规定,检验结果的判定按 GB/T 8170—2008 中 4.3.3 的修约值比较法进行。

6.2 外观的评定

在自然光线下采用目视评定。

6.3 干品结晶点的测定

按 GB/T 2385—2007 规定的方法进行测定。干燥剂选用氢氧化钠，干燥时间为 1 h，每隔 15 min 震荡一次。

6.4 *N*,*N*-二甲基苯胺纯度及有机杂质含量的测定

6.4.1 方法提要

采用毛细管柱气相色谱法，分离 *N*,*N*-二甲基苯胺及其有机杂质，用氢火焰离子化检测器进行检测，采用峰面积归一化法定量。

6.4.2 仪器设备

a) 气相色谱仪：仪器灵敏度和稳定性应符合 GB/T 9722—2006 中的 6.3 和 6.4 的规定；
b) 检测器：氢火焰离子化检测器(FID)；
c) 毛细管色谱柱：内径 0.32 mm，长 30 m，膜厚 0.25 μm；
d) 进样器：10 μL 微量注射器或自动进样器；
e) 固定相：(5%苯基)甲基聚硅氧烷，如 HP-5；
f) 色谱工作站或积分仪。

6.4.3 色谱操作条件

色谱操作条件如表 2 所示。
可根据仪器设备不同，选择最佳分析条件。

表 2 色谱操作条件

载气		氮气
载气压力/kPa		60
检测器温度/℃		300
汽化室温度/℃		260
燃烧气(氢气)流量/(mL/min)		30
助燃气(空气)流量/(mL/min)		300
补偿气(氮气)流量/(mL/min)		20
分流比		100∶1
程序升温	初始柱温/℃	80
	保持时间/min	10
	升温速度/(℃/min)	20
	终止温度/℃	260
	终温保持/min	10

6.4.4　测定步骤

开启色谱仪。待仪器各项操作条件稳定后，进试样 0.4 μL，待出峰完毕后，用色谱工作站或积分仪进行结果处理。

6.4.5　结果计算

N，N-二甲基苯胺纯度及有机杂质含量以 w_i 计，数值用％表示，按式(1)计算：

$$w_i = \frac{A_i}{\sum A_i} \times 100 \quad \cdots\cdots(1)$$

式中：

A_i ——N，N-二甲基苯胺及各有机杂质的峰面积数值；

$\sum A_i$——N，N-二甲基苯胺及各有机杂质的峰面积数值的总和。

计算结果表示到小数点后两位。

注：低沸物为 N，N-二甲基苯胺峰前除苯胺、N-甲基苯胺以外所有流出组分，高沸物为 N，N-二甲基苯胺峰之后所有流出组分。

6.4.6　允许差

N，N-二甲基苯胺纯度两次平行测定结果之差应不大于 0.10％，各有机杂质两次平行测定结果之差应不大于 0.02％，取其算术平均值作为测定结果。

6.4.7　色谱图

色谱图见图 1。

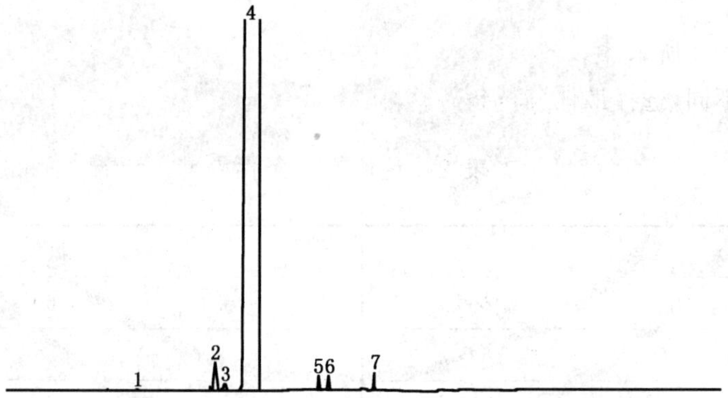

1——苯胺；

2——N-甲基苯胺；

3——低沸物；

4——N，N-二甲基苯胺；

5——高沸物；

6——高沸物；

7——高沸物。

图 1　N，N-二甲基苯胺色谱示意图

6.5　水分的质量分数测定

按 GB/T 2386—2006 中 3.4 的“卡尔·费休法及卡尔·费休改良法”的规定进行，N，N-二甲基苯胺的进样量为 1 mL,密度按 0.956 3 g/mL 计算。

两次平行测定结果之差应不大于 0.02%(质量分数),取其算术平均值作为测定结果。

7 检验规则

7.1 检验分类

本标准第 3 章的表 1 中规定的全部项目为出厂检验项目。

7.2 出厂检验

N,*N*-二甲基苯胺应经生产厂质检部门检验合格,附合格证明后方可出厂。生产厂应保证所有出厂的 *N*,*N*-二甲基苯胺都符合本标准的要求。

7.3 复验

如果检验结果中有一项指标不符合本标准的规定时,应重新自两倍量的包装中取样进行检验,重新检验的结果即使只有一项指标不符合本标准的要求,则整批产品不能验收。

8 标志、标签、包装、运输和贮存

8.1 标志、标签

8.1.1 标志

N,*N*-二甲基苯胺的每个包装容器上都应按 GB 190 和 GB/T 191 中的有关规定涂印耐久、清晰的标志,标志内容至少应有:

a) 产品名称;
b) 生产厂名称、地址;
c) 生产日期;
d) 生产许可证编号;
e) 净含量;
f) 产品质量检验合格证明;
g) 警示标志(有毒品)。

8.1.2 标签

产品应有标签,标签上应注明产品生产日期、合格证明、执行标准编号、批号和等级。

标签的编写应符合 GB 15258 的规定。

8.2 包装

N,*N*-二甲基苯胺用塑料桶或铁桶包装,每桶净含量为 180 kg±1 kg 或 200 kg±1 kg。其他包装可与用户协商确定。产品包装应符合 GB 12463 及危险化学品包装的相关规定。

8.3 运输

运输时应符合 GB/T 191 的有关规定。轻取轻放,防止曝晒、挤压、碰撞和雨淋。搬运时应穿戴劳动保护用具,以免中毒。

8.4 贮存

应按 GB 15603 的相关规定进行贮存，贮存在阴凉、干燥、通风的库房内，防止受热受潮，远离火源。

ICS 67.040
X 04

中华人民共和国国家标准

GB/T 26604—2011

肉制品分类

Classify for meat products

2011-06-16 发布　　　　2011-12-01 实施

中华人民共和国国家质量监督检验检疫总局
中国国家标准化管理委员会　发布

前　言

本标准按照 GB/T 1.1—2009 给出的规则起草。

本标准由中国商业联合会提出。

本标准由全国肉禽蛋制品标准化技术委员会(SAC/TC 399)归口。

本标准起草单位：中国商业联合会商业标准中心、南京雨润食品有限公司、河南省漯河市双汇实业集团有限责任公司、靖江双鱼食品有限公司、广东真美食品集团有限公司、杭州唯新食品有限公司、福建省厨师食品集团有限公司、临沂新程金锣肉制品集团有限公司、中国肉类协会。

本标准主要起草人：曹德胜、王玉芬、徐宝才、褚洁明、庄沛锐、吴红、李燕秋、张立峰、邓富江、靳晓蕾。

肉制品分类

1 范围

本标准规定了肉制品分类的原则及其分类。

本标准适用于肉制品的生产、销售和检验。

2 规范性引用文件

下列文件对于本文件的应用是必不可少的。凡是注日期的引用文件，仅注日期的版本适用于本文件。凡是不注日期的引用文件，其最新版本(包括所有的修改单)适用于本文件。

GB/T 19480 肉与肉制品术语

3 术语和定义

GB/T 19480 中界定的以及下列术语和定义适用于本文件。

3.1

肉制品 meat products

以畜禽肉或其可食副产品等为主要原料，添加或不添加辅料，经腌、腊、卤、酱、蒸、煮、熏、烤、烘焙、干燥、油炸、成型、发酵、调制等有关工艺加工而成的生或熟的肉类制品。

3.2

生火腿 raw ham

用带骨、带皮(或去骨、去皮)的猪腿肉，经整形、腌制和发酵等工艺制成的生肉制品。

3.3

肉冻 meat jelly

以畜禽肉或其可食副产品(包含皮类)为主要原料，经调味煮熟后切(绞)成丁、丝，添加或不添加辅料，混和均匀后充填入肠衣或模具中，待冷却后呈透明或半透明的凝冻状熟肉制品。

3.4

干肉 dry meat

以畜禽肉或其可食副产品为原料，经蒸煮、调味、炒制、干燥等工艺制成的肉制品。

3.5

腌腊肉制品 cured meat products

以畜禽肉或其可食副产品等为原料，添加或不添加辅料，经腌制、晾晒(或不晾晒)、烘焙(或不烘焙)等工艺制成的肉制品。

3.6

熏烧焙烤肉制品 roasting meat burning smoke

以畜禽肉或其可食副产品为原料，添加相关辅料，经腌、煮等工序进行前处理，再以烟气、热空气、火苗或热固体等介质进行熏烧、焙烤等工艺制成的肉制品。

3.7

油炸肉制品　fried meat products

以畜禽肉或其可食副产品为原料，经调味、裹浆、裹粉（或不裹浆、不裹粉）后，用食用油高温烹炸（或浇淋）制成的肉制品。

3.8

肠类肉制品　sausage meat products

以畜禽鱼肉或其可食副产品为主要原料，经腌制（或不腌制）、绞切、斩拌、乳化，添加相关辅料后，充填入肠衣（或模具中）成型，再经烘烤、蒸煮、烟熏、发酵、干晾等工艺制成的肉制品。

3.9

火腿肠　ham sausage

以鲜或冻畜肉、禽肉、鱼肉为主要原料，经腌制、搅拌、斩拌（或乳化），灌入肠衣，再经高温杀菌制成的灌肠肉制品。

4　分类

4.1　分类原则

按肉制品的主要加工工艺分类。

4.2　肉制品分类

4.2.1　腌腊肉制品

4.2.1.1　咸肉类

包括咸猪肉等肉类制品。

4.2.1.2　腊肉类

包括四川腊肉、广式腊肉、湖南腊肉等肉类制品。

4.2.1.3　腌制肉类

包括风干禽肉、腌制鸭、腌制肉排、腌制猪肘、腌制猪肠和生培根等肉类制品。

4.2.2　酱卤肉制品

4.2.2.1　酱卤肉类

包括酱肉、卤肉及肉类副产品、酱鸭、盐水鸭、扒鸡等肉类制品。

4.2.2.2　糟肉类

包括糟肉、糟鹅、糟爪、糟翅、糟鸡等肉类制品。

4.2.2.3　白煮肉类

包括白切羊肉、白切鸡等肉类制品。

4.2.2.4　肉冻类

包括肉皮冻、水晶肉等肉类制品。

4.2.3 熏烧焙烤肉制品

4.2.3.1 熏烤肉类

包括熏肉、烤肉、熏肚、熏肠、烤鸡腿、熟培根等肉类制品。

4.2.3.2 烧烤肉类

包括盐焗鸡、烤乳猪、叉烧肉、烤鸭等肉类制品。

4.2.3.3 焙烤肉类

包括肉脯等肉类制品。

4.2.4 干肉制品

包括肉干、肉松等肉类制品。

4.2.5 油炸肉制品

包括炸肉排、炸鸡翅、炸肉串、炸肉丸、炸乳鸽等肉类制品。

4.2.6 肠类肉制品

4.2.6.1 火腿肠类

包括猪肉肠、鸡肉肠、鱼肉肠肉类制品。

4.2.6.2 熏煮香肠类

包括热狗肠、法兰克福香肠、维也纳香肠、啤酒香肠、红肠、香肚、无皮肠、香肠、血肠等肉类制品。

4.2.6.3 中式香肠类

包括风干肠、腊肠、腊香肚等肉类制品。

4.2.6.4 发酵香肠类

包括萨拉米香肠等肉类制品。

4.2.6.5 调制香肠类

包括松花蛋肉肠、肝肠、血肠等肉类制品。

4.2.6.6 其他肠类

包括台湾烤肠等肉类制品。

4.2.7 火腿肉制品

4.2.7.1 中式火腿类

包括金华火腿、宣威火腿、如皋火腿、意大利火腿等生火腿的肉类制品。

4.2.7.2 熏煮火腿类

包括盐水火腿、熏制火腿等肉类制品。

4.2.8 调制肉制品

包括咖喱肉、各类肉丸、肉卷、肉糕、肉排、肉串等肉类制品。

4.2.9 其他类肉制品

包括4.2.1至4.2.8未涵括的肉类制品。

ICS 71.080.60
G 17

中华人民共和国国家标准

GB/T 26605—2011

车用燃料用二甲醚

Dimethyl ether for motor vehicle fuel

2011-06-16 发布　　　　2011-11-01 实施

中华人民共和国国家质量监督检验检疫总局
中国国家标准化管理委员会　发布

前　言

本标准按照 GB/T 1.1—2009 给出的规则起草。

本标准由中国石油和化学工业联合会提出。

本标准由全国化学标准化技术委员会有机化工分技术委员会(SAC/TC 63/SC 2)归口。

本标准起草单位:山东久泰化工科技有限责任公司、上海交通大学、四川泸天化绿源醇业公司、新奥集团股份有限公司、云南解化清洁能源开发有限公司、河北凯跃化工集团有限公司。

本标准参加起草单位:河南金鼎化工有限公司、四川天一科技股份有限公司、山西省燃料甲醇与甲醇汽车办公室、河南贞元(集团)有限责任公司。

本标准主要起草人:李奇、张晓龙、胡延风、张武高、李全发、郭朝光、王铁红、黄安鑫、景玉国、马永祥。

车用燃料用二甲醚

1 范围

本标准规定了车用燃料用二甲醚的要求、试验方法、检验规则及标志、包装、运输、贮存和安全。

本标准适用于甲醇气相法或液相法脱水生成的车用燃料用二甲醚，或由合成气直接合成的车用燃料用二甲醚。该产品用于车用燃料的原料。

化学式：CH_3OCH_3

相对分子质量：46.07（按2007年国际相对原子质量）

2 规范性引用文件

下列文件对于本文件的应用是必不可少的。凡是注日期的引用文件，仅注日期的版本适用于本文件。凡是不注日期的引用文件，其最新版本（包括所有的修改单）适用于本文件。

GB 190 危险货物包装标志

GB 5842 液化石油气钢瓶

GB/T 6678 化工产品采样总则

GB/T 6680 液体化工产品采样通则

GB/T 6682 分析实验室用水规格和试验方法

GB/T 7373—2006 工业用二氟一氯甲烷（HCFC-22）

GB/T 7376—2008 工业氟代烷烃中微量水分的测定

GB/T 8170 数值修约规则与极限数值的表示和判定

GB/T 9722 化学试剂 气相色谱法通则

GB 14193 液化气体气瓶充装规定

SH/T 0222 液化石油气总硫含量测定法（电量法）

SH/T 0232 液化石油气铜片腐蚀试验法

SH 0233 液化石油气采样法

SY/T 7509—1996 液化石油气残留物测定法

3 性状

无色、有醚味的气体或压缩液化气体。二甲醚饱和蒸气压表参见附录A。

4 要求

车用燃料用二甲醚指标应符合表1的规定。

表 1 技术指标

项目	指标
二甲醚，w/%	≥99.5
甲醇，w/%	≤0.30
水，w/%	≤0.03
铜片腐蚀试验	≤1a 级
酸度(以乙酸计)，w/%	≤0.000 2
总硫，w/%	≤0.000 5
蒸发残渣，w/%	≤0.003

5 试验方法

5.1 警示

试验方法规定的一些试验过程可能导致危险情况，操作者应采取适当的安全和防护措施。

5.2 一般规定

除非另有说明，在分析中仅使用确认为分析纯的试剂和 GB/T 6682 中规定的三级水。

5.3 二甲醚含量、甲醇含量的测定

5.3.1 方法提要

采用气相色谱法。在选定的色谱操作条件下，试样经气化通过色谱柱，使其中的各组分得到分离，用热导检测器检测。以校正面积归一化法计算二甲醚含量、甲醇的含量。

5.3.2 试剂

5.3.2.1 氢气，体积分数≥99.8%。

5.3.2.2 氮气，体积分数≥99.8%。

5.3.2.3 空气，经活性炭和分子筛净化。

5.3.2.4 校准用标准样品：市售，本底样品为二甲醚，内含相应杂质组分(一氧化碳、二氧化碳、甲烷、乙烯、丙烯、丙烷、甲醇等)，各组分含量应与实际样品情况接近。

5.3.3 仪器

5.3.3.1 气相色谱仪：配有热导检测器(TCD)，整机灵敏度和稳定性符合 GB/T 9722 的规定，线性范围满足分析要求。

5.3.3.2 记录仪：色谱工作站或色谱数据处理机。

5.3.3.3 进样器：1 mL 玻璃注射器(如卡介苗注射器，有良好的密封性)，或具有加热装置的自动六通阀，配有 1 mL 定量环。

5.3.3.4 采样器：不锈钢材质，双阀型液化石油气采样器，符合 SH 0233 规定，工作压力大于 3.1 MPa。

5.3.3.5 恒温水浴。

5.3.4 色谱分析条件

推荐的色谱柱和色谱操作条件见表2。典型色谱图及相对保留值见附录B。其他能达到同等分离程度的色谱柱及色谱操作条件也可采用。

表2 推荐的色谱柱和色谱操作条件

项　　目	参　　数
固定相	聚苯乙烯-二乙烯基苯(PLOT-Q柱)
毛细管色谱柱	30 m×0.53 mm×40.0 μm(柱长×柱内径×液膜厚度)
柱管材质	熔融石英
柱箱温度	初始温度50 ℃,保持2 min,以10 ℃/min的速度升温到150 ℃。
气化室温度/℃	250
检测器温度/℃	250
六通阀阀箱温度/℃	100
载气平均线速/(cm/s)	64(H_2或He)
分流比	5∶1
进样量(气体)/mL	0.1

5.3.5 分析步骤

5.3.5.1 校正因子的测定

5.3.5.1.1 按表2色谱操作条件调试仪器。打开校准用标准样品钢瓶阀门,调节合适的流量,用校准用标准样品数次或连续吹扫自动六通阀并排空,取校准用标准样品进样分析;或用玻璃注射器从校准用标准样品钢瓶中抽取标准试样进样分析。重复测定三次,取三次峰面积平均值为测定结果。

5.3.5.1.2 结果计算

以校准用标准样品的本底样品二甲醚为参照物R,杂质组分i的相对质量校正因子f_i按式(1)计算:

$$f_i=\frac{w_i A_R}{A_i w_R} \qquad \cdots\cdots(1)$$

式中:

w_i——校准用标准样中杂质组分i的质量分数,以%表示;

A_i——杂质组分i的峰面积;

w_R——参照物R的质量分数,以%表示;

A_R——参照物R的峰面积。

5.3.5.1.3 未知物组分的相对质量校正因子以1.00计算。

5.3.5.2 试样的测定

5.3.5.2.1 取样

将干燥、洁净的采样器用金属接头与样品钢瓶密封连接,采样器的放空阀向上,打开样品钢瓶截止阀,再依次打开采样器的进样阀和放空阀,用样品充分置换采样器,然后关闭采样器的放空阀,使液相样品进入采样器,当样品体积占采样器容积80%左右时,依次关闭采样器进样阀和样品钢瓶截止阀,取下采样器。

5.3.5.2.2 测定

启动气相色谱仪，按表2所列色谱操作条件调试仪器，稳定后准备进样分析。

将采样器倒置，按照图1所示连接，控制恒温水浴温度(40～60)℃。打开阀门A、C，缓慢打开流量调节阀B，使液体样品流出并控制气化速度，置换管路中的空气。排出的冲洗管路的气体应引出室外。冲洗、置换完全后，关闭阀门C，立即转动六通阀至进样位置，将采集的试样引入色谱柱进行分析。以校正面积归一法进行定量。

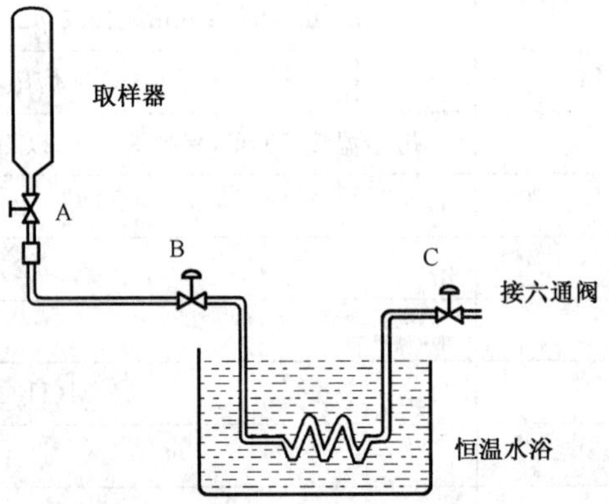

图1 气化试样系统连接图

5.3.6 结果计算

二甲醚或甲醇的质量分数 w_1，数值以%表示，按式(2)计算：

$$w_1 = \frac{f_i A_i}{\sum f_i A_i} \times (100 - w_2) \quad \cdots\cdots(2)$$

式中：

f_i——组分 i 的相对质量校正因子；

A_i——组分 i 的峰面积；

w_2——按5.4测得的以质量分数表示的水分的数值。

取两次平行测定结果的算术平均值为测定结果。两次平行测定结果的绝对差值二甲醚不大于0.1%，甲醇不大于0.015%。

5.4 水分的测定

5.4.1 卡尔·费休库仑电量法(仲裁法)

5.4.1.1 仪器

5.4.1.1.1 双阀型液化石油气采样器：要求同5.3.3.4。

5.4.1.1.2 玻璃液化石油气采样器，耐压1.0 MPa以上，容积10 mL，并配有附件不锈钢细管，长150 mm～300 mm，内径0.5 mm。

5.4.1.1.3 进样器：液态烃闪蒸气化取样进样器(LG-5)；或采用玻璃液化石油气采样器的附件不锈钢细管。

5.4.1.1.4 取样管：长150 mm～300 mm，内径0.5 mm的不锈钢细管。

5.4.1.2 **分析步骤**

5.4.1.2.1 **直接进样**

用取样管连接玻璃液化石油气采样器和已装有试样的双阀型液化石油气采样器，将各自阀门打开，用试样冲洗玻璃液化石油气采样器，同时慢慢关小其阀门，待有液体进入玻璃液化石油气采样器后即可完全关闭阀门，试样进入适量后，关闭双阀型液化石油气采样器的阀门，拨出插入玻璃液化石油气采样器的取样管，称量其质量，精确至 0.01 g。

将干燥的进样器不锈钢细管插到库仑电量水分测定仪电解池底部，另一端与玻璃液化石油气采样器连接，进样速率以进样器外壁不结露水为宜，进样量根据试样含水量调整。进样完毕后，再次称量进样后的玻璃液化石油气采样器质量，精确至 0.01 g。以下按 GB/T 7376—2008 中 5.3 的规定进行。

5.4.1.2.2 **闪蒸进样**

将已装有试样的双阀型液化石油气采样器与液态烃闪蒸气化取样进样器相连接，进样量设为 2 L，充分置换后按下"自动进样"键，进样量达到 2 L 后，仪器自动停止进样，进行分析，读取库仑电量水分测定仪显示屏上水的质量数或水的质量分数。

5.4.1.3 **结果计算**

取两次平行测定结果的算术平均值为测定结果。两次平行测定结果的绝对差值不大于这两个测定值的算术平均值的 10%。

5.4.2 **卡尔·费休容量法**

按 GB/T 7376—2008 中 5.2 规定的方法进行。

取两次平行测定结果的算术平均值为报告结果。两次平行测定结果的绝对差值不大于这两个测定值的算术平均值的 10%。

5.5 **酸度的测定**

5.5.1 **分析步骤**

按 GB/T 7373—2006 中 4.6 的规定进行。

5.5.2 **结果计算**

酸度以乙酸(CH_3COOH)计的质量分数 w_3，数值以%表示，按式(3)计算：

$$w_3 = \frac{[(V - V_0)/1\,000]cM}{m} \times 100 \qquad \cdots\cdots(3)$$

式中：

V ——试料消耗氢氧化钠标准滴定溶液体积的数值，单位为毫升(mL)；

V_0——空白试验消耗氢氧化钠标准滴定溶液体积的数值，单位为毫升(mL)；

c ——氢氧化钠标准滴定溶液浓度的准确数值，单位为摩尔每升(mol/L)；

m ——试料的质量的数值，单位为克(g)；

M——乙酸的摩尔质量的数值，单位为克每摩尔(g/mol)(M=60.05)。

取两次平行测定结果的算术平均值为测定结果。两次平行测定结果的绝对差值不大于这两个测定值的算术平均值的 40%。

5.6 铜片腐蚀试验

按 SH/T 0232 的规定进行。

5.7 硫含量的测定

按 SH/T 0222 的规定进行。

5.8 蒸发残渣的测定

5.8.1 方法提要

将 100 mL 液体试样置于离心管中，在空气中蒸发完毕，将离心管置于 75 ℃水浴中继续蒸发，取出于干燥器中冷却至室温，称量残渣质量，计算得到蒸发残渣的含量。

5.8.2 试剂

丙酮。

5.8.3 仪器

5.8.3.1 离心管：符合 SY/T 7509—1996 中 4.1 的规定。

5.8.3.2 冷却器：由冷却槽和冷却盘管组成，符合 SY/T 7509—1996 中 4.2 的规定。

5.8.3.3 采样器：同 5.3.3.4。

5.8.3.4 连接管：不锈钢或铝合金管，内径约 5 mm，可抗压力大于 8 MPa。

5.8.3.5 恒温水浴：可浸没到离心管的 25 mL 刻度线，并可控温在(75±1)℃。

5.8.4 分析步骤

试验中所用仪器应预先用丙酮冲洗、擦净，去除水及其他杂质。

将洗净的离心管放入干燥器中 30 min，取出称量，精确到 0.1 mg。

用连接管将冷却盘管与采样器出口阀连接，冷却器温度降至－55 ℃以下，用试样冲洗冷却盘管及连接管。以下步骤按 SY/T 7509—1996 中 7.1.1 和 7.1.2 的规定进行。试样在空气中蒸发完毕后，待离心管温度回到室温，将其浸入 75 ℃水浴 20 min(精确计时)，从水浴中取出离心管，拭去管外壁上的水滴，放入干燥器中冷却 30 min，称量离心管质量，精确到 0.1 mg。

5.8.5 结果计算

蒸发残渣的质量分数 w_4，数值以%表示，按式(4)计算：

$$w_4 = \frac{m_2 - m_1}{m} \times 100 \qquad (4)$$

式中：

m_2——蒸发残渣和离心管的质量，单位为克(g)；

m_1——离心管的质量，单位为克(g)；

m ——试料的质量的数值，单位为克(g)。

取两次平行测定结果的算术平均值为报告结果。两次平行测定结果的绝对差值不大于这两个测定值的算术平均值的 10%。

6 检验规则

6.1 本标准采用型式检验和出厂检验。

6.1.1 表1技术指标中的全部项目均为型式检验项目。在正常情况下，每两周至少进行一次型式检验。有下列情况之一时，也应进行型式检验。

a) 更新关键生产工艺；
b) 主要原料有变化；
c) 停产又恢复生产；
d) 出厂检验结果与上次型式检验有较大差异；
e) 合同规定。

6.1.2 表1技术指标中的二甲醚含量、甲醇含量、水分、酸度为出厂检验项目。出厂检验每批进行一次。

6.2 车用燃料用二甲醚应由生产厂的质量检验部门按照本标准的规定对产品质量进行检验。生产厂应保证每批出厂的产品符合本标准的要求。每批出厂的产品都应附有质量证明，内容包括：

a) 生产厂名称；
b) 产品名称；
c) 生产日期或者批号；
d) 检验结论；
e) 本标准编号。

6.3 车用燃料用二甲醚以同等质量的均匀产品为一批，一般以一贮罐、一槽车的产品量为一批。

6.4 车用燃料用二甲醚钢瓶包装的采样单元数按 GB/T 6678 的规定确定。

6.5 车用燃料用二甲醚采样方法按 GB/T 6680 和 SH 0233 的规定进行。采样总量应保证检验的需要。

6.6 检验结果的判定按 GB/T 8170 中的修约值比较法进行。检验结果如果有一项指标不符合本标准要求时，钢瓶装产品应重新自两倍数量的包装单元中进行采样检验，贮罐装产品及槽车装产品应重新采样进行检验。重新检验的结果即使只有一项指标不符合本标准要求，则整批产品为不合格。

7 标志、包装、运输和贮存

7.1 车用燃料用二甲醚包装容器上应有牢固清晰的标志，内容包括：

a) 产品名称；
b) 生产厂名称、厂址；
c) 商标；
d) 批号或生产日期；
e) 净含量；
f) 本标准编号；
g) 按 GB 190 规定的"易燃气体"标志。

7.2 车用燃料用二甲醚小批量产品用钢瓶包装运输，钢瓶质量应符合 GB 5842 的规定，充装应符合 GB 14193 的规定。大批量产品采用液化罐车运输。

7.3 车用燃料用二甲醚应贮存于符合压力容器相关规定的二甲醚液化气贮罐中，贮罐应设置在阴凉干燥的地方，不得靠近火源及热源，严禁烈日暴晒，夏季贮罐应装有降温装置。

7.4 装有车用燃料用二甲醚的钢瓶和液化罐车为压力容器，在运输及装卸过程中严禁烟火、撞击、摔落和暴晒。包装和贮存容器内应保持正压，防止空气进入。

8 安全

8.1 二甲醚属易燃气体，与空气混合能形成爆炸性混合物，遇明火、高热能引起燃烧爆炸，爆炸极限为3.45%～26.7%(体积分数)。

8.2 二甲醚属无毒、无腐蚀性类化学品。对呼吸道有轻微的刺激性。

8.3 当环境中二甲醚的浓度较高时，现场人员应采取防护措施，佩带防护工具。

8.4 二甲醚对常规橡胶具有一定的溶胀性。

附 录 A
（资料性附录）
二甲醚饱和蒸气压表

A.1　二甲醚饱和蒸气压表见表 A.1。

表 A.1　二甲醚饱和蒸气压表

t/℃	p_{sat}/MPa	t/℃	p_{sat}/MPa	t/℃	p_{sat}/MPa	t/℃	p_{sat}/MPa	t/℃	p_{sat}/MPa
−20	0.124 72	10	0.382 85	40	0.927 3	70	1.896 68	100	3.424 24
−19	0.130 1	11	0.395 63	41	0.951 99	71	1.937 91	101	3.486 16
−18	0.135 65	12	0.408 74	42	0.977 16	72	1.979 77	102	3.548 84
−17	0.141 4	13	0.422 17	43	1.002 81	73	2.022 26	103	3.612 28
−16	0.147 33	14	0.435 93	44	1.028 95	74	2.065 38	104	3.676 47
−15	0.153 46	15	0.450 03	45	1.055 59	75	2.109 15	105	3.741 43
−14	0.159 78	16	0.464 47	46	1.082 72	76	2.153 56	106	3.807 15
−13	0.166 31	17	0.479 26	47	1.110 36	77	2.198 62	107	3.873 64
−12	0.173 04	18	0.494 41	48	1.138 51	78	2.244 33	108	3.940 91
−11	0.179 98	19	0.509 91	49	1.167 17	79	2.290 7	109	4.008 95
−10	0.187 15	20	0.525 77	50	1.196 35	80	2.337 74	110	4.077 78
−9	0.194 53	21	0.542	51	1.226 05	81	2.385 44	111	4.147 39
−8	0.202 13	22	0.558 61	52	1.256 28	82	2.433 82	112	4.217 78
−7	0.209 97	23	0.575 59	53	1.287 05	83	2.482 87	113	4.288 97
−6	0.218 04	24	0.592 96	54	1.318 36	84	2.532 6	114	4.360 95
−5	0.226 34	25	0.610 71	55	1.350 21	85	2.583 02	115	4.433 73
−4	0.234 9	26	0.628 86	56	1.382 61	86	2.634 12	116	4.507 30
−3	0.243 69	27	0.647 41	57	1.415 57	87	2.685 92	117	4.581 68
−2	0.252 75	28	0.666 37	58	1.449 08	88	2.738 42	118	4.656 87
−1	0.262 06	29	0.685 73	59	1.483 16	89	2.791 62	119	4.732 86
0	0.271 63	30	0.705 51	60	1.517 81	90	2.845 52	120	4.809 67
1	0.281 47	31	0.725 71	61	1.553 03	91	2.900 13	121	4.887 29
2	0.291 58	32	0.746 34	62	1.588 83	92	2.955 46	122	4.965 74
3	0.301 97	33	0.767 39	63	1.625 22	93	3.011 5	123	5.045 00
4	0.312 64	34	0.788 89	64	1.662 19	94	3.068 27	124	5.125 09
5	0.323 59	35	0.810 82	65	1.699 76	95	3.125 76	125	5.206 00
6	0.334 84	36	0.833 2	66	1.737 93	96	3.183 98	126	5.287 74
7	0.346 39	37	0.856 03	67	1.776 7	97	3.242 94	127	5.370 32
8	0.358 23	38	0.879 32	68	1.816 08	98	3.302 63		
9	0.370 39	39	0.903 08	69	1.856 07	99	3.363 06		

注：引自 TENG H, MCCANDLESS J C, SCHNEYER J B. Thermo chemical characteristics of dimethylether-an alternative fuel for compression ignition engines [J]. SAE, 2001(01): 01-54。

附　录　B
（规范性附录）
二甲醚含量测定的典型色谱图及相对保留值、相对校正因子

B.1　毛细管柱气相色谱法典型色谱图见图B.1。

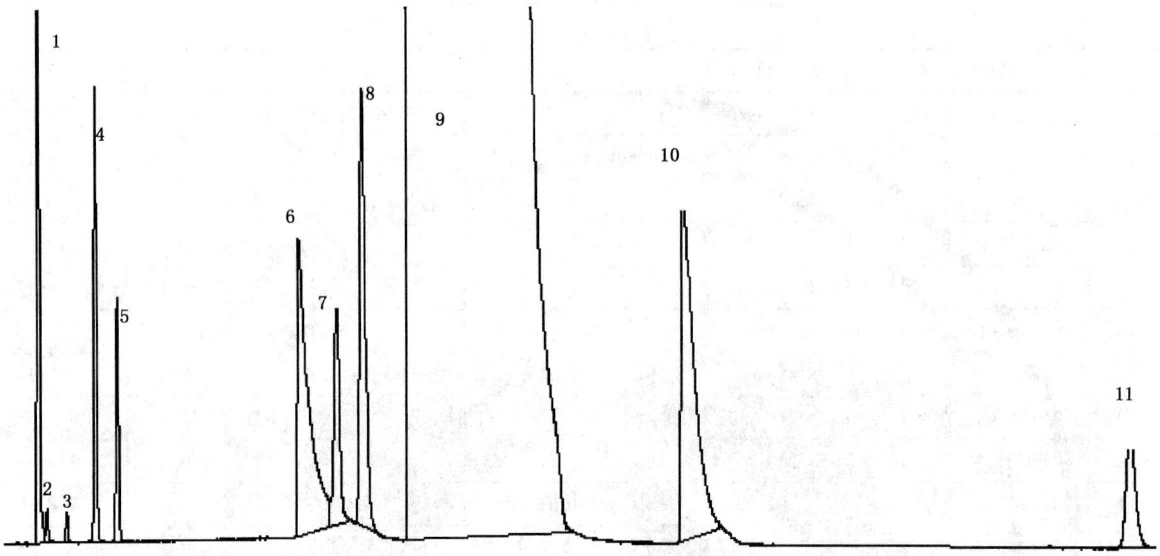

1——一氧化碳；
2——甲烷；
3——二氧化碳；
4——乙烯；
5——乙烷；
6——水；
7——丙烯；
8——丙烷；
9——二甲醚；
10——甲醇；
11——未知物。

图B.1　二甲醚含量测定毛细管柱(PLOT-Q)气相色谱法典型色谱图

B.2　毛细管柱气相色谱法相对保留值见表B.1。

表B.1　毛细管柱(PLOT-Q)气相色谱法相对保留值及相对校正因子(二甲醚做参照物)

序号	组分名称	相对保留值	相对校正因子
1	一氧化碳	0	0.50
2	甲烷	0.022	0.30
3	二氧化碳	0.077	0.32
4	乙烯	0.154	0.73
5	乙烷	0.212	0.74
6	水	0.672	0.58
7	丙烯	0.802	0.87

表 B.1（续）

序号	组分名称	相对保留值	相对校正因子
8	丙烷	0.842	0.90
9	二甲醚	1	1.00
10	甲醇	1.739	0.84
11	未知物	2.936	1.00

ICS 71.080.70
G 17

中华人民共和国国家标准

GB/T 26606—2011

工业用氰乙酸甲酯

Methyl cyanoacetate for industrial use

2011-06-16 发布　　2011-11-01 实施

中华人民共和国国家质量监督检验检疫总局
中国国家标准化管理委员会　发布

前　言

本标准按照 GB/T 1.1—2009 给出的规则起草。

本标准由中国石油和化学工业联合会提出。

本标准由全国化学标准化技术委员会有机化工分技术委员会(SAC/TC 63/SC 2)归口。

本标准起草单位:常州市康瑞化工有限公司。

本标准参加起草单位:常州市新北区质量协会。

本标准主要起草人:李大忠、朱卫明、张瑞宽、张红梅、刘炎英。

工业用氰乙酸甲酯

1 范围

本标准规定了工业用氰乙酸甲酯的要求、试验方法、检验规则、标志、包装、运输、贮存和安全。

本标准适用于以氯乙酸、氰化钠、甲醇等为原料制得的工业用氰乙酸甲酯。

化学式:$NCCH_2COOCH_3$

相对分子质量:99.09(按2007年国际相对原子质量)

2 规范性引用文件

下列文件对于本文件的应用是必不可少的。凡是注日期的引用文件,仅注日期的版本适用于本文件。凡是不注日期的引用文件,其最新版本(包括所有的修改单)适用于本文件。

GB/T 601 化学试剂 标准滴定溶液的制备

GB/T 603 化学试剂 试验方法中所用制剂及制品的制备

GB/T 6283 化工产品中水分含量的测定 卡尔·费休法(通用方法)

GB/T 6678 化工产品采样总则

GB/T 6680 液体化工产品采样通则

GB/T 6682 分析实验室用水规格和试验方法

GB/T 8170 数值修约规则与极限数值的表示和判定

GB/T 9722 化学试剂 气相色谱法通则

3 要求

3.1 外观:无色至微黄色透明液体。

3.2 工业用氰乙酸甲酯指标应符合表1的规定。

表1 技术指标

项 目	指 标	
	一 等 品	合 格 品
氰乙酸甲酯,w/%	≥99.0	≥96.0
丙二酸二甲酯,w/%	≤0.05	≤0.20
酸度(以乙酸计),w/%	≤0.10	≤0.20
水分,w/%	≤0.10	≤0.20
氰基丁二酸二甲酯,w/%	供需双方协商	—
三甘氨酸三甲酯,w/%	供需双方协商	—

4 试验方法

除非另有说明,在分析中仅使用确认为分析纯的试剂和符合GB/T 6682中规定的三级水。

分析中所用标准滴定溶液、制剂和制品，在没有注明其他要求时，均按 GB/T 601、GB/T 603 的规定制备。

4.1 外观的测定

取适量实验室样品于试管中，目视观察。

4.2 氰乙酸甲酯、丙二酸二甲酯、氰基丁二酸二甲酯、三甘氨酸三甲酯含量的测定

4.2.1 方法提要

采用气相色谱法。在规定的色谱条件下，试样经汽化通过毛细管色谱柱，使其中各组分分离，用火焰离子化检测器检测，用乙二醇为参照物测定各组分的相对校正因子，用校正面积归一化法定量，减去水分，计算各组分的含量。

4.2.2 试剂

4.2.2.1 氢气，体积分数≥99.8%。

4.2.2.2 氮气，体积分数≥99.8%。

4.2.2.3 空气，经活性炭和分子筛净化。

4.2.3 仪器

4.2.3.1 气相色谱仪：配有火焰离子化检测器(FID)，整机灵敏度、稳定性符合 GB/T 9722 的规定，线性范围满足分析要求。

4.2.3.2 记录仪：色谱工作站或色谱数据处理机。

4.2.3.3 微量注射器：1.0 μL。

4.2.4 色谱柱及典型操作条件

本标准推荐的色谱柱和色谱操作条件见表 2。典型色谱图及各组分的相对保留值见附录 A 中图 A.1 和表 A.2。其他能达到同等分离程度的色谱柱及色谱操作条件也可使用。

表 2 推荐的色谱柱和色谱操作条件

项　目	参　数
色谱柱固定相	聚乙二醇-20 M
毛细管色谱柱	30 m×0.32 mm×0.5 μm(柱长×柱内径×液膜厚度)
柱箱温度	初始温度 140 ℃保持 10 min，以 20 ℃/min 的速度升温到 240 ℃，保持 20 min
汽化室温度/℃	260
检测器温度/℃	260
载气流量/(mL/min)	37
氢气流量/(mL/min)	37
空气流量/(mL/min)	300
进样量/μL	0.2
分流比	100∶1

4.2.5 分析步骤

按仪器说明书开启仪器，按表2所示的操作条件调节仪器，待仪器稳定后，注入实验室样品进行测定。采用校正面积归一化法定量。

相对质量校正因子的测定见附录A的A.3。未知物的相对质量校正因子以1.00计。

4.2.6 结果计算

氰乙酸甲酯及杂质的质量分数 w_i，数值以%表示，按式(1)计算：

$$w_i = \frac{f_i A_i}{\sum(f_i A_i)} \times (100 - w_3) \quad \cdots\cdots(1)$$

式中：

f_i——组分 i 的相对校正因子；

A_i——组分 i 的色谱峰面积；

w_3——4.4测得的水的质量分数的数值。

4.2.7 允许差

取两次平行测定结果的算术平均值为报告结果。两次平行测定结果的绝对差值见表3。

表3 色谱测定结果允许差

项目		氰乙酸甲酯	丙二酸二甲酯	氰基丁二酸二甲酯	三甘氨酸三甲酯
绝对差值/%	≤	0.05	0.02	0.03	0.03

4.3 酸度的测定

4.3.1 试剂

4.3.1.1 甲醇。

4.3.1.2 氢氧化钠标准滴定溶液：$c(NaOH) = 0.02$ mol/L。

4.3.1.3 甲基红-亚甲基兰混合指示液。

4.3.2 仪器

碱式滴定管：10 mL，分度值0.05 mL。

4.3.3 分析步骤

在250 mL三角瓶中，加入50 mL甲醇，用移液管量取实验室样品5 mL，加3滴甲基红-亚甲基兰混合指示液，用氢氧化钠标准滴定溶液滴至翠绿色，稳定15 s不褪色为终点。

在测定的同时，按与测定相同的步骤，对不加试料而使用相同数量的试剂溶液做空白试验。

4.3.4 结果计算

酸度以乙酸(CH_3COOH)计的质量分数 w_2，数值以%表示，按式(2)计算：

$$w_2 = \frac{[(V_1 - V_2)/1\,000]cM}{V \times \rho_t} \quad \cdots\cdots(2)$$

式中：

V_1——试料消耗氢氧化钠标准滴定溶液(4.3.1.2)的体积的数值，单位为毫升(mL)；

V_2——空白试验时消耗氢氧化钠标准滴定溶液(4.3.1.2)的体积的数值，单位为毫升(mL)；

c ——氢氧化钠标准滴定溶液浓度的准确数值，单位为摩尔每升(mol/L)；

V ——试料的体积的数值，单位为毫升(mL)(V=5.0)；

ρ_t ——试验温度下试样的密度的数值，单位为克每毫升(g/mL)；

M ——乙酸(CH_3COOH)的摩尔质量的数值，单位为克每摩尔(g/mol)(M=60.05)。

取两次平行测定结果的算术平均值为报告结果。两次平行测定结果的绝对差值不大于0.01%。

4.4 水分的测定

称取实验室样品10 g，精确至0.01 g，按GB/T 6283的规定进行。水的质量分数 w_3，数值以%表示。

取两次平行测定结果的算术平均值为报告结果。两次平行测定结果的绝对差值不大于0.005%。

5 检验规则

5.1 第3章要求中3.1外观和3.2表1规定的所有项目均为出厂检验项目。出厂检验每批进行一次。

5.2 工业用氰乙酸甲酯应由生产厂的质量监督检验部门进行检验。生产厂应保证每批出厂的产品符合本标准要求。每批出厂的产品都应附有一定格式的质量证明书，内容包括：

a) 生产厂名称；

b) 产品名称；

c) 生产日期或者批号；

d) 产品等级；

e) 本标准编号。

5.3 在原材料、工艺不变的条件下，产品连续生产的实际批为一个组批，但若干个生产批构成一个检验批的时间通常不超过一天。

5.4 工业用氰乙酸甲酯的采样单元数按GB/T 6678的规定确定。

5.5 工业用氰乙酸甲酯采样方法按GB/T 6680的规定进行。所取实验室样品总量不得少于200 mL，实验室样品混合均匀后分成两份，分装于清洁、干燥的试样瓶中，贴上标签，注明产品名称、批号、取样日期、取样地点、取样者姓名。一瓶供检验用，一瓶留样备查。

5.6 检验结果的判定按GB/T 8170中规定的修约值比较法进行。检验结果如果有一项指标不符合本标准要求时，则应重新自两倍数量的包装单元中采样进行检验，重新检验的结果即使只有一项指标不符合本标准要求，则整批产品应为不合格。

5.7 当用户要求对工业用氰乙酸甲酯作鉴别试验时，鉴别试验方法参见附录B。

6 标志、包装、运输和贮存

6.1 工业用氰乙酸甲酯包装容器上应有牢固的标志，其内容包括：

a) 产品名称；

b) 生产厂名称、厂址；

c) 批号或生产日期；

d) 产品等级；

e) 净含量；

f) 保质期；

g) 本标准编号。

6.2 工业用氰乙酸甲酯应用经清洁、干燥、涂有耐腐涂层的钢桶或耐腐防静电塑料桶包装，或用专用不锈钢制槽罐(车)包装。桶盖及密封件应符合密封和清洁要求。

6.3 工业用氰乙酸甲酯装卸及运输时，应防止猛烈撞击，避免日晒雨淋。应保证包装件的完整。

6.4 工业用氰乙酸甲酯应贮存在干燥、通风、避免阳光直晒的防火仓库内。工业用氰乙酸甲酯在符合本标准规定的包装、贮存、运输要求下，自生产之日起，一等品保质期至少为6个月，合格品保质期至少为3个月。

7 安全

氰乙酸甲酯可燃，直接接触对人体有害。生产厂应提供该产品完整的《化学品安全技术说明书》，用户使用时要注意远离火源，进行必要的防护。

附 录 A
(规范性附录)
氰乙酸甲酯及杂质含量测定的典型色谱图、各组分相对保留值、相对质量校正因子的测定方法

A.1 氰乙酸甲酯及杂质含量测定的典型色谱图

典型色谱图见图 A.1。

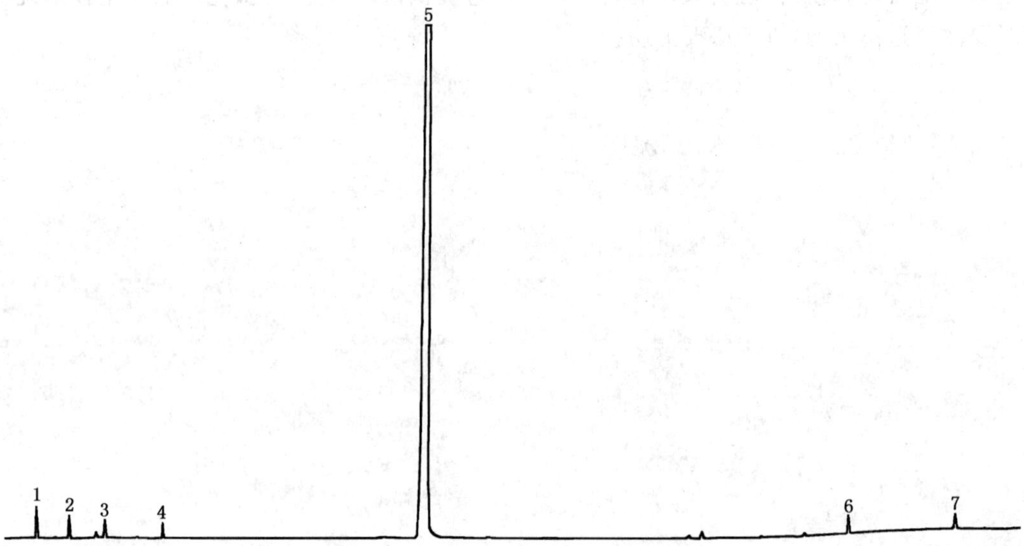

1——甲醇；
2——氯乙酸甲酯；
3——羟基乙酸甲酯；
4——丙二酸二甲酯；
5——氰乙酸甲酯；
6——氰基丁二酸二甲酯；
7——三甘氨酸三甲酯。

图 A.1 氰乙酸甲酯及杂质典型色谱图

A.2 各组分的相对保留值

各组分相对保留值见表 A.1。

表 A.1 各组分的相对保留值

物质名称	甲醇	氯乙酸甲酯	羟基乙酸甲酯	丙二酸二甲酯	氰乙酸甲酯	氰基丁二酸二甲酯	三甘氨酸三甲酯
相对保留值	0.189	0.268	0.340	0.453	1.00	2.05	2.29

A.3 相对质量校正因子的测定

A.3.1 试剂

A.3.1.1 氰乙酸甲酯:质量分数大于 99.8%。

A.3.1.2 甲醇:色谱纯。

A.3.1.3 氯乙酸甲酯:质量分数大于 99%。

A.3.1.4 羟基乙酸甲酯:质量分数大于 98%。

A.3.1.5 丙二酸二甲酯:质量分数大于 99%。

A.3.1.6 氰基丁二酸二甲酯:质量分数大于 95%。

A.3.1.7 三甘氨酸三甲酯:质量分数大于 95%。

A.3.1.8 乙二醇:色谱纯。

A.3.2 分析步骤

用小口配胶塞的安培瓶,依次称入羟基乙酸甲酯、氯乙酸甲酯、丙二酸二甲酯、氰基丁二酸二甲酯、三甘氨酸三甲酯和甲醇等标准物质,摇匀,该混合溶液总量约(5~6) g。称取该溶液约 0.2 g,加入已称入 20 g 氰乙酸甲酯的安培瓶中,再加入 0.2 g 乙二醇作参照物,摇匀至澄清透明,得校准用标准溶液。校准用标准溶液中杂质的含量应与待测试样中杂质含量相近,参照物乙二醇含量的质量分数约为 1%。

以上各组分称量精确至 0.000 1 g,各组分的质量分数计算精确至 0.001%。当配制校准用标准溶液的标准物质中含其他被测组分大于 0.01%时,标准溶液的组分含量应予以修正。

在与测定样品相同的色谱操作条件下,将配制的校准用标准溶液注入色谱仪。平行测定 3 次以上,峰面积相对误差应小于 2%,取 3 次测定的峰面积的算术平均值为测定结果。根据所得的峰面积及杂质组分含量,计算各组分的相对质量校正因子 f_i。

A.3.3 相对质量校正因子的计算

组分 i 相对乙二醇的相对质量校正因子 f_i,按式(A.1)计算:

$$f_i = \frac{A_{EG} \times w_i}{A_i \times w_{EG}} \quad \cdots\cdots (A.1)$$

式中:

A_{EG}——参照物乙二醇的峰面积;

A_i ——组分 i 的峰面积;

w_{EG}——校准用标准溶液中参照物乙二醇的质量分数的数值;

w_i ——校准用标准溶液中组分 i 的质量分数的数值。

附　录　B
（资料性附录）
氰乙酸甲酯的鉴别试验方法

B.1　化学分析法——显色法

B.1.1　试剂

B.1.1.1　对苯二酚。

B.1.1.2　甲醇。

B.1.1.3　氨水溶液：10%。

B.1.2　分析步骤

取 10 mg 实验室样品，加 5 mL 甲醇和 20 mg 对苯二酚，溶解后，加入 1 mL 氨水溶液，应立即显深蓝色。

B.2　仪器分析法——红外光谱法

实验室样品的红外吸收谱图应与氰乙酸甲酯标样的红外吸收谱图无明显差异。氰乙酸甲酯标样的红外吸收谱图见图 B.1。

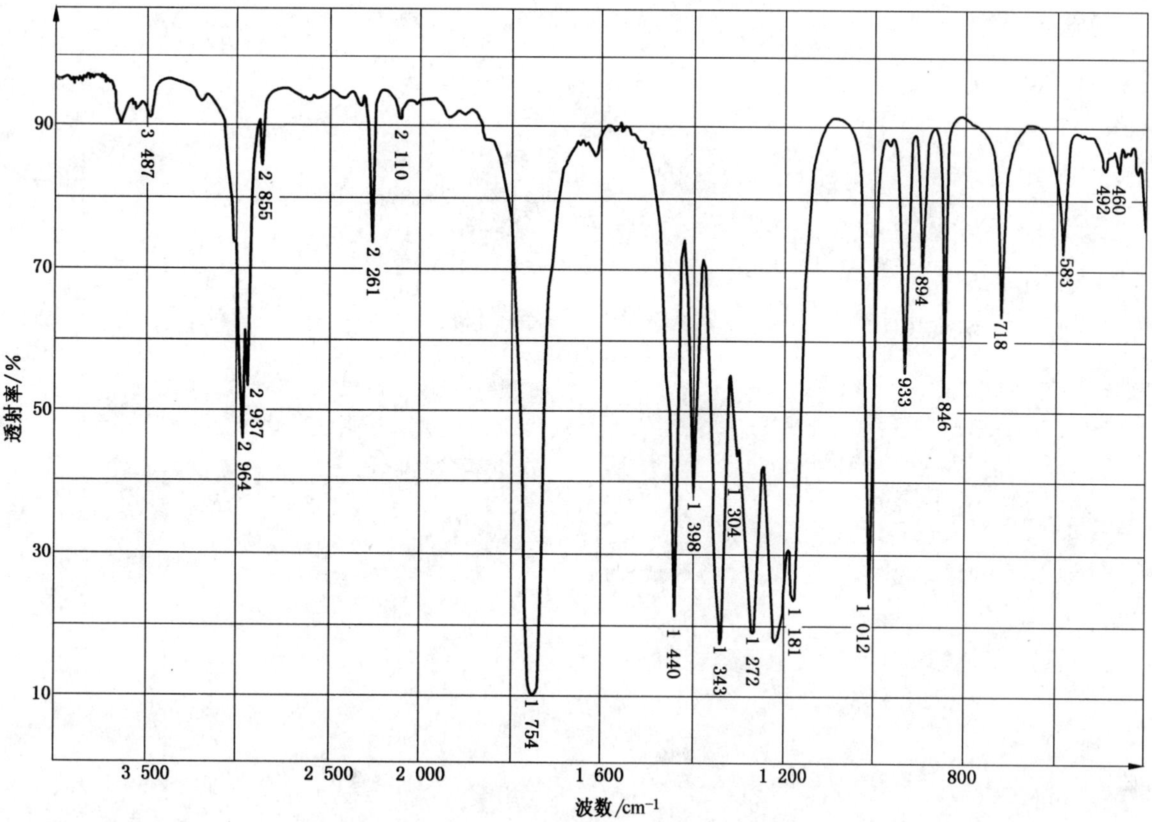

图 B.1 氰乙酸甲酯红外吸收谱图

ICS 71.080.90
G 17

中华人民共和国国家标准

GB/T 26607—2011

工业用邻苯基苯酚

o-phenyphenol for industrial use

2011-06-16 发布　　　　2011-11-01 实施

中华人民共和国国家质量监督检验检疫总局
中国国家标准化管理委员会　发布

前　言

本标准按照 GB/T 1.1—2009 给出的规则起草。

本标准由中国石油和化学工业联合会提出。

本标准由全国化学标准化技术委员会有机化工分技术委员会(SAC/TC 63/SC 2)归口。

本标准起草单位:盐城市华业医药化工有限公司、东营远大化工有限公司。

本标准主要起草人:张银华、游本刚、肖启华、姚勇、王东平。

工业用邻苯基苯酚

1 范围

本标准规定了工业用邻苯基苯酚的要求、试验方法、检验规则、标志、包装、运输和贮存。

本标准适用于以环己酮为主要原料，经聚合、脱氢制得的工业用邻苯基苯酚。

分子式：$C_{12}H_{10}O$

结构式：

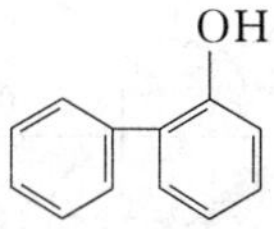

相对分子质量：170.21（按 2007 年国际相对原子质量）

2 规范性引用文件

下列文件对于本文件的应用是必不可少的。凡是注日期的引用文件，仅注日期的版本适用于本文件。凡是不注日期的引用文件，其最新版本（包括所有的修改单）适用于本文件。

GB/T 601 化学试剂 滴定分析（容量分析）用标准溶液的制备

GB/T 602 化学试剂 杂质测定用标准溶液的制备

GB/T 603 化学试剂 试验方法中所用制剂及制品的制备

GB/T 617 化学试剂 熔点范围测定通用方法

GB/T 6283 化工产品中水分含量的测定 卡尔·费休法（通用方法）

GB/T 6678 化工产品采样总则

GB/T 6679 固体化工产品采样通则

GB/T 6682 分析实验室用水规格和试验方法

GB/T 7532 有机化工产品中重金属的测定 目视比色法

GB/T 8170 数值修约规则与极限数值的表示和判定

GB/T 9722 化学试剂 气相色谱法通则

GB/T 9728 化学试剂 硫酸盐测定通用方法

GB/T 9729 化学试剂 氯化物测定通用方法

3 要求

3.1 外观

白色薄片或白色晶体。

3.2 要求

工业用邻苯基苯酚指标应符合表 1 的规定。

表1 技术指标

项目	指标		
	优等品	一等品	合格品
邻苯基苯酚,w/%	≥99.7	≥99.5	≥99.0
熔点范围/℃	56.0～58.0		
水分,w/%	≤0.10	≤0.20	≤0.30
氯化物(以Cl计),w/(mg/kg)	≤30		—
硫酸盐(以SO_4计),w/(mg/kg)	≤50		—
重金属(以Pb计),w/(mg/kg)	≤10		—
氢氧化钠溶解试验	澄清透明	—	
色谱杂质,w/%	由供需双方协商确定		

4 试验方法

4.1 警示

试验方法规定的一些试验过程可能导致危险情况,操作者应采取适当的安全和防护措施。

4.2 一般规定

除非另有说明,在分析中仅使用确认为分析纯的试剂和GB/T 6682中规定的三级水。

分析中所用标准滴定溶液、杂质测定用标准溶液,在没有注明其他要求时,均按GB/T 601、GB/T 602、GB/T 603的规定制备。

4.3 外观的测定

取适量实验室样品,平摊在培养皿上,目测观察。

4.4 邻苯基苯酚含量和色谱杂质的测定

4.4.1 方法提要

实验室样品用乙酸乙酯溶解。在选定的色谱条件下,进样分析,用火焰离子化检测器(FID)检测,面积归一化法定量,计算出样品中邻苯基苯酚和色谱杂质的含量。

4.4.2 试剂

4.4.2.1 氮气:体积分数≥99.95%。

4.4.2.2 氢气:体积分数≥99.9%。

4.4.2.3 空气:经硅胶或5 A分子筛干燥和净化。

4.4.2.4 乙酸乙酯。

4.4.3 仪器

4.4.3.1 气相色谱仪:带有火焰离子化检测器(FID),整机灵敏度和稳定性符合GB/T 9722的规定,线性范围满足分析要求。

4.4.3.2 记录仪:色谱数据处理机或积分仪。

4.4.3.3 进样器:10 μL 微量注射器或自动进样器。

4.4.4 色谱分析条件

本标准推荐的色谱柱和色谱操作条件见表 2。典型色谱图和相对保留值见附录 A 中图 A.1 和表 A.1。其他能达到同等分离程度的色谱柱和色谱操作条件均可以使用。

表 2 推荐的色谱柱和色谱操作条件

项　目	参　数
固定相	25%氰乙基-75%二甲基聚硅氧烷毛细管色谱柱(XE-60)
毛细管色谱柱	30 m×0.32 mm×0.30 μm(柱长×柱内径×液膜厚度)
柱箱温度/℃	175
汽化室温度/℃	270
检测器温度/℃	270
载气(N_2)流量/(mL/min)	2.4
氢气流量/(mL/min)	30
空气流量/(mL/min)	300
分流比	80∶1
进样量/μL	1

4.4.5 分析步骤

称取实验室样品(1～2)g,加约 3 mL 乙酸乙酯溶解,使溶液均匀,作为试样溶液。

根据仪器说明书,调节气相色谱仪至表 2 所示的操作条件,待仪器稳定后,注入试样溶液测定。以面积归一化法定量。

4.4.6 结果计算

邻苯基苯酚及色谱杂质的质量分数 w_i,数值以%表示,按式(1)计算:

$$w_i = \frac{A_i}{\sum A_i} \times (100 - w_2) \quad \cdots\cdots(1)$$

式中:

A_i——组分 i 的色谱峰面积;

w_2——按 4.6 测得的试样中水的质量分数的数值。

4.4.7 允许差

取两次平行测定结果的算术平均值为报告结果。两次平行测定结果的允许差值见表 3。

表 3 色谱测定结果允许差

项　目		邻苯基苯酚	色谱杂质
绝对差值,w/%	≤	0.1	—
相对偏差,w/%	≤	—	30

4.5 熔点范围的测定

按 GB/T 617 的规定进行。

4.6 水分的测定

按 GB/T 6283 的规定进行。

称取实验室样品 0.5 g,精确至 0.000 1 g。实验室样品如是片状,应先研碎再称量。

取两次平行测定结果的算术平均值为报告结果。两次平行测定结果的绝对差值不大于 0.003%。

4.7 氯化物含量的测定

4.7.1 试剂

4.7.1.1 苯。

4.7.1.2 硝酸溶液:25%。

4.7.1.3 氯化物标准溶液:0.1 mg/mL。

4.7.2 分析步骤

称取实验室样品 10 g,精确至 0.01 g,置于分液漏斗中,加 15 mL 苯振摇溶解,再加 27 mL 水和 3 mL 硝酸溶液,振摇 1 min,静置分层,取水相 3 mL 作为试样溶液。取 0.30 mL 氯化物标准溶液配制标准比浊溶液。以下步骤按 GB/T 9729 规定进行。试样溶液所呈浊度不得大于标准比浊溶液。

4.8 硫酸盐含量的测定

4.8.1 试剂

4.8.1.1 苯。

4.8.1.2 盐酸溶液:20%。

4.8.1.3 硫酸盐标准溶液:0.1 mg/mL。

4.8.2 分析步骤

称取实验室样品 10 g,精确至 0.01 g,置于分液漏斗中,加 15 mL 苯振摇溶解,再加 19 mL 水和 1 mL 盐酸溶液,振摇 1 min,静置分层,取水相 2 mL 作为试样溶液。取 0.50 mL 硫酸盐标准溶液配制标准比浊溶液。以下步骤按 GB/T 9728 规定进行。试样溶液所呈浊度不得大于标准比浊溶液。

4.9 重金属含量的测定

4.9.1 试剂

4.9.1.1 硫酸。

4.9.1.2 硝酸。

4.9.1.3 盐酸溶液:质量分数为 20%。

4.9.1.4 氨水溶液:质量分数为 10%。

4.9.1.5 铅标准溶液:0.01 mg/mL;准确吸取铅杂质测定用标准溶液(0.1 mg/mL)10 mL 于 100 mL 容量瓶中,用水稀释至刻度,摇匀。使用前新鲜配制。

4.9.1.6 酚酞指示液:10 g/L。

4.9.2 分析步骤

称取实验室样品1 g,精确至0.001 g,研成粉末,放入石英或瓷坩埚中,加1 mL硫酸润湿,尽量以低温缓慢灼热至样品接近炭化后,冷却,加1 mL硫酸,缓慢加热至不产生硫酸蒸汽后,在(450~550)℃下灼烧至残渣灰化,冷却后加1 mL盐酸溶液和0.2 mL硝酸,在水浴上蒸干,加1 mL盐酸溶液和15 mL水,加热溶解,冷却后加酚酞指示液1滴,滴加氨水溶液至溶液呈微红色,摇匀转入50 mL比色管中,加水稀释至20 mL,作为试样溶液。取1.00 mL铅标准溶液配制标准比色溶液。以下步骤按GB/T 7532的规定进行,试样溶液所呈颜色不得大于标准比色溶液。

4.10 氢氧化钠溶解试验

4.10.1 试剂

氢氧化钠标准滴定溶液:$c(\mathrm{NaOH})=1.0$ mol/L。

4.10.2 分析步骤

称取实验室样品5 g,精确至0.001 g,置于锥形瓶中,准确加入一定体积的氢氧化钠标准滴定溶液,振摇至样品完全溶解,溶液应澄清。

加入的氢氧化钠标准滴定溶液的体积数V,数值以mL表示,按式(2)计算:

$$V=\frac{m\times 1\,000}{cM} \qquad \cdots\cdots(2)$$

式中:

m——试料的质量的数值,单位为克(g);

c——氢氧化钠标准滴定溶液浓度的准确数值,单位为摩尔每升(mol/L);

M——邻苯基苯酚的摩尔质量的数值,单位为克每摩尔(g/mol)(M=170.2)。

5 检验规则

5.1 第3章要求中3.1外观和3.2表1规定的所有项目均为出厂检验项目。出厂检验应逐批进行。

5.2 工业用邻苯基苯酚应由生产企业的质量监督检验部门进行检验。生产厂应保证每批出厂产品都符合本标准的要求。每批出厂的产品都应附有一定格式的质量证明书,内容包括:

a) 生产厂名称;

b) 产品名称;

c) 生产日期或批号;

d) 产品等级;

e) 本标准编号。

5.3 工业用邻苯基苯酚以同等质量的均匀产品为一批,但若干个生产批构成一个检验批的时间不应超过三天。

5.4 工业用邻苯基苯酚的采样单元数和采样方法按GB/T 6678、GB/T 6679中的规定进行。采取具有代表性的样品,采样量不少于100 g,分装在两个清洁、干燥的玻璃瓶中,密封。贴上标签,注明产品名称、批号、取样生产日期、取样地点、取样人姓名等。一瓶供检验用,一瓶备查。

5.5 检验结果的判定按GB/T 8170中规定的修约值比较法进行。检验结果中如有一项指标不符合本标准要求时,应重新自两倍量的包装单元中采样进行检验。重新检验的结果即使只有一项指标不符合本标准要求,则整批产品作不合格处理。

6 标志、包装、运输和贮存

6.1 工业用邻苯基苯酚的包装容器上应有牢固明显的标志，内容包括：

a) 产品名称；

b) 生产厂名称、厂址；

c) 批号或生产日期；

d) 产品等级；

e) 净含量；

f) 本标准编号。

6.2 工业用邻苯基苯酚应采用清洁、干燥的树脂材料的复合袋或用聚乙烯袋包装。或在符合安全要求的条件下，根据用户要求包装。

6.3 工业用邻苯基苯酚运输过程中应确保包装袋不损坏，注意防潮，避免雨淋。

6.4 工业用邻苯基苯酚应贮存于阴凉、干燥的库房内。

附 录 A
（规范性附录）
邻苯基苯酚含量测定的典型色谱图和各组分相对保留值

A.1 邻苯基苯酚含量测定的典型色谱图

邻苯基苯酚典型色谱图见图 A.1。

1——溶剂(乙酸乙酯)；
2——联苯；
3——苯并呋喃；
4——邻苯基苯酚；
5——环己基苯酚。

图 A.1 邻苯基苯酚的典型色谱图

A.2 邻苯基苯酚各组分相对保留值

邻苯基苯酚各组分相对保留值见表 A.1。

表 A.1 各组分相对保留值

序 号	组 分	相对保留值
1	溶剂(乙酸乙酯)	0.27
2	联苯	0.46
3	苯并呋喃	0.75
4	邻苯基苯酚	1.00
5	环己基苯酚	1.25

ICS 71.080.20
G 17

中华人民共和国国家标准

GB/T 26608—2011

工业用回收一氯甲烷

Recovered methyl chloride for industrial use

2011-06-16 发布 2011-11-01 实施

中华人民共和国国家质量监督检验检疫总局
中国国家标准化管理委员会 发布

前　言

本标准按照 GB/T 1.1—2009 给出的规则起草。

本标准由中国石油和化学工业联合会提出。

本标准由全国化学标准化技术委员会有机化工分技术委员会(SAC/TC 63/SC 2)归口。

本标准起草单位:浙江新安化工集团股份有限公司。

本标准参加起草单位:南通江山农药化工股份有限公司、福建三农集团股份有限公司、浙江菱化实业股份有限公司、江苏省双阳化工有限公司。

本标准主要起草人:叶世胜、陈浩、徐欣娟、黄瑛。

工业用回收一氯甲烷

1 范围

本标准规定了工业用回收一氯甲烷的要求、试验方法、检验规则及标志、包装、运输、贮存及安全。

本标准适用于副产回收生产的工业用一氯甲烷。

分子式：CH_3Cl

相对分子质量:50.49(按 2007 年国际相对原子质量)

2 规范性引用文件

下列文件对于本文件的应用是必不可少的。凡是注日期的引用文件,仅注日期的版本适用于本文件。凡是不注日期的引用文件,其最新版本(包括所有的修改单)适用于本文件。

GB 190 危险货物包装标志

GB/T 191 包装储运图示标志

GB/T 601 化学试剂 滴定分析(容量分析)用标准溶液的制备

GB/T 603 化学试剂 试验方法中所用制剂及制品的制备

GB 5100 钢质焊接气瓶

GB/T 6678 化工产品采样总则

GB/T 6680 液体化工产品采样通则

GB/T 6682 分析实验室用水规格和试验方法

GB/T 7373—2006 工业用二氟一氯甲烷(HCFC-22)

GB/T 7376—2008 工业氟代甲烷类中微量水分的测定

GB/T 8170 数值修约规则与极限数值的表示和判定

GB/T 9722 化学试剂 气相色谱法通则

GB 14193 液化气体气瓶充装规定

3 要求

3.1 感官

无色透明和无悬浮物、有挥发性醚味的气体或压缩液体。

3.2 要求

工业用回收一氯甲烷指标应符合表 1 的规定。

表 1 技术指标

项目		指标		
		优等品	一等品	合格品
一氯甲烷，w/%	≥	99.9		99.5
水分，w/%	≤	0.005	0.020	0.050
酸度(以 HCl 计)，w/%	≤	0.000 5	0.001 0	0.005 0
蒸发残渣，w/%	≤	0.003		0.005

4 试验方法

4.1 警示

试验方法规定的一些试验过程可能导致危险情况。操作者应采取适当的安全和防护措施。

4.2 一般规定

除非另有说明，在分析中仅使用确认为分析纯的试剂和 GB/T 6682 中规定的三级水。

试验中所需标准滴定溶液、制剂及制品，在没有注明其他要求时，均按 GB/T 601、GB/T 603 的规定制备。

4.3 感官的判断

取液化后的样品约 30 mL，置于 50 mL 烧杯中。附在烧杯外壁的冰或潮湿用干燥的布揩去，由侧面观察应无色透明和无悬浮物。嗅其气味，应有挥发性醚味。

4.4 一氯甲烷含量的测定

4.4.1 方法提要

采用气相色谱法。在选定的工作条件下，使试样汽化后，通过毛细管色谱柱，使各组分得到分离，用火焰离子化检测器(FID)检测，采用面积归一化法定量。

4.4.2 试剂

4.4.2.1 氢气，体积分数≥99.95%。

4.4.2.2 氮气，体积分数≥99.99%。

4.4.2.3 空气，经活性炭和分子筛净化。

4.4.3 仪器

4.4.3.1 气相色谱仪：配有分流装置及氢火焰离子化检测器(FID)的任何型号的气相色谱仪。整机灵敏度和稳定性符合 GB/T 9722 的规定，线性范围满足分析要求。

4.4.3.2 记录仪：色谱工作站或数据处理机。

4.4.3.3 采样器：(250～1 000)mL 不锈钢钢瓶，内壁抛光。采样器结构尺寸示意图见图 1。

单位为毫米

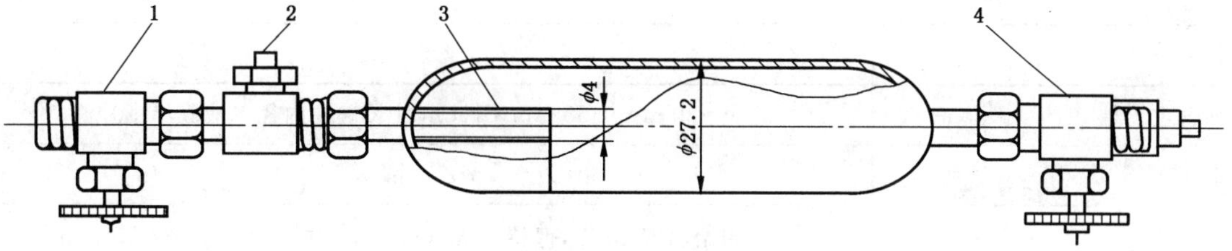

1——入口阀；
2——安全阀；
3——调节管；
4——出口阀。

图 1　采样器结构尺寸示意图

4.4.3.4　液体进样阀，或合适的其他液体进样装置。进样装置流程示意图见图 2。

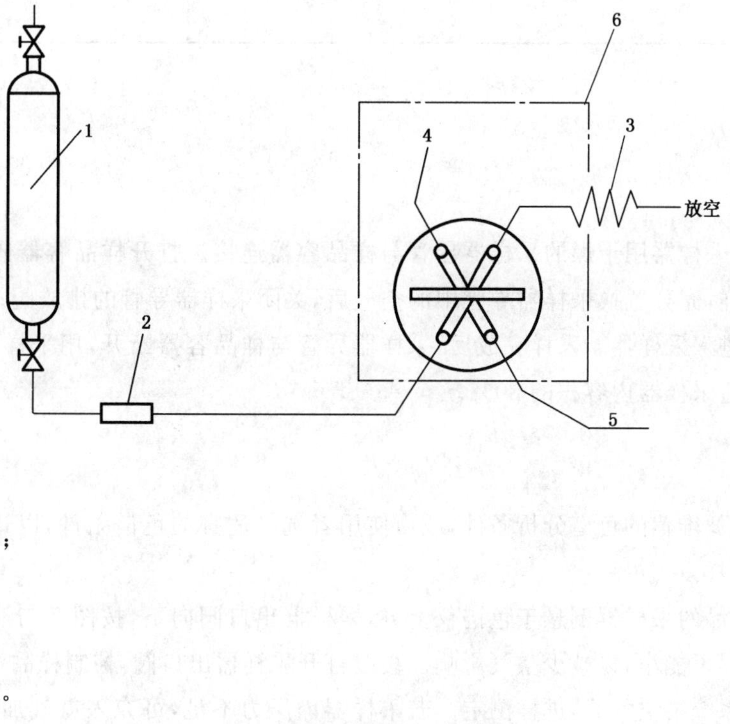

1——采样器；
2——金属过滤器；
3——毛细管；
4——接载气；
5——接色谱柱；
6——液体进样阀。

图 2　进样装置流程示意图

金属过滤器中的不锈钢烧结砂芯的孔径为(2～4)μm，以滤除样品中可能存在的机械杂质，保护进样阀。进样器出口安装适当长度的不锈钢毛细管或减压阀，以避免样品气化，造成失真，影响试验重复性。

4.4.4　色谱分析条件

本标准推荐的色谱柱及色谱操作条件见表 2。典型色谱图及各组分相对保留值见附录 A 中图 A.1 和表 A.1。其他能达到同等分离效果的色谱柱及色谱操作条件均可使用。

表 2　色谱柱及典型操作条件

项　　目	参　　数
毛细管色谱柱	30 m×0.53 mm×1 μm(柱长×柱内径×液膜厚度)
固定相	聚乙二醇-20M
柱温	初始温度 40 ℃,保持 4 min(待氯甲烷峰出完);以 32 ℃/min 速率升温到 220 ℃,保持 2 min
汽化室温度/℃	260
检测器温度/℃	260
载气(N_2)流量/(mL/min)	3
氢气流量/(mL/min)	40
空气流量/(mL/min)	400
液体进样量/μL	3

4.4.5　分析步骤

4.4.5.1　采样

将经真空干燥的采样器用干燥的采样器导管与样品容器连接。打开样品容器阀,再打开采样器导管的排放阀,排出试样,充分置换采样器导管中的空气后,关闭采样器导管的排放阀;再打开采样器的入口阀,使试样以液相进入采样器。采样完成后,采样器导管与样品容器断开,用采样器导管的排放阀调节试样量,使之不超过采样器内容积的 80%。

4.4.5.2　测定

调节仪器达到表 2 推荐的色谱分析条件,或由使用者选择适宜的色谱条件,以达到合适的分离度。待仪器稳定后准备进样。

将已充满液体样品的采样器倒悬于色谱仪上方,采样器出口阀向下,按图 2 与液体进样阀连接,密封接口,连接管体积尽可能小,以减少空气影响。缓缓打开采样器出口阀,控制样品流量,用液态样品冲洗定量管数秒,排除系统中空气后,进样测定。若采样器内压力不足,可充入氮气加压。用面积归一化法计算。

4.4.6　结果计算

一氯甲烷的质量分数 w_1,数值以%表示,按式(1)计算:

$$w_1 = \frac{A}{\sum A_i} \times 100 \qquad \cdots\cdots (1)$$

式中:

A　——一氯甲烷的峰面积;

$\sum A_i$——各组分峰面积的总和。

取两次平行测定结果的算术平均值为报告结果。两次平行测定结果的绝对差值不大于 0.10%。

4.5 酸度的测定

4.5.1 方法提要

使试样气化，鼓泡进入吸收液中，以吸收试样中所含的酸性物质。以酚酞为指示剂，用氢氧化钠标准滴定溶液滴定，计算酸度（以 HCl 计）。

4.5.2 试剂

4.5.2.1 氢氧化钠标准滴定溶液：$c(NaOH)=0.01$ mol/L。

4.5.2.2 酚酞指示液：10 g/L。

4.5.2.3 吸收液：取 400 mL 水于锥形瓶中，加入酚酞指示液 2～3 滴，用氢氧化钠标准滴定溶液（4.5.2.1）滴定至溶液呈微红色。

4.5.3 仪器

4.5.3.1 采样器：同 4.4.3.3。

4.5.3.2 锥形瓶。

4.5.3.3 吸收瓶：结构示意图见图 3，或其他可达到同等要求的装置。

4.5.3.4 电子天平：最大称量不小于 5 000 g，分度值 1 g。

单位为毫米

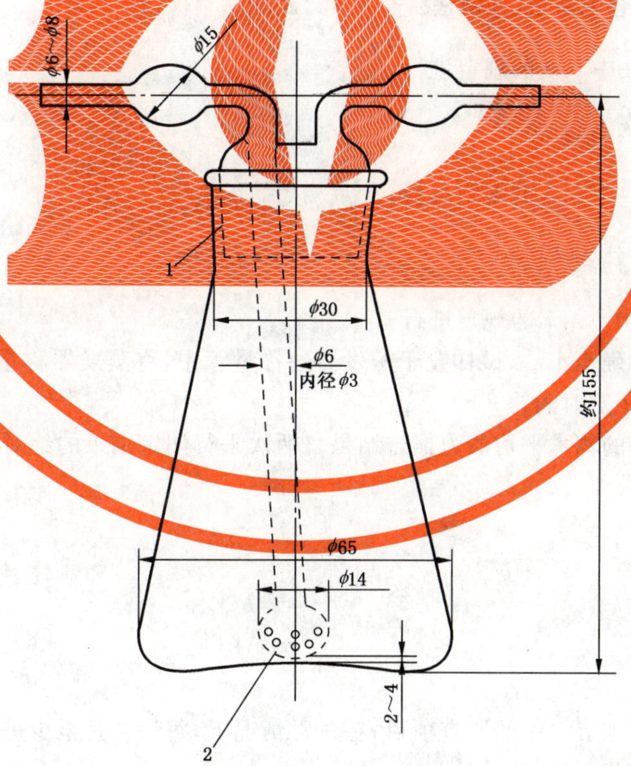

1——可互换磨口接头；

2——玻璃烧结砂芯 1# 或 2#。

图 3 吸收瓶结构示意图

4.5.4 分析步骤

在三只吸收瓶中分别加入100 mL吸收液，用导管串联连接各吸收瓶。将采样器出口阀与第一只吸收瓶连接，开启出口阀，使试样逐个通过吸收瓶。约通入100 g试样后，关闭采样器出口阀，取下钢瓶，擦干称量，精确至1 g。合并吸收瓶的溶液，移入锥形瓶中。用氢氧化钠标准滴定溶液滴定至溶液呈微红色，30 s不退色为终点。记录消耗氢氧化钠标准滴定溶液的体积。

4.5.5 结果计算

酸度以盐酸(HCl)计的质量分数 w_2，数值以%表示，按式(2)计算：

$$w_2 = \frac{VcM}{m \times 1\,000} \times 100 \qquad \cdots\cdots(2)$$

式中：

V ——试料消耗氢氧化钠标准滴定溶液(4.5.2.1)的体积的准确数值，单位为毫升(mL)；

c ——氢氧化钠标准滴定溶液的实际浓度的数值，单位为摩尔每升(mol/L)；

m ——试料的质量的数值，单位为克(g)；

M ——氯化氢的摩尔质量的数值，单位为克每摩尔(g/mol)(M=36.5)。

取两次平行测定结果的算术平均值为报告结果。两次平行测定结果的绝对差值不大于0.000 2%。

4.6 水分的测定

4.6.1 卡尔·费休法-库仑电量法(仲裁法)

按GB/T 7376—2008中5.3的规定进行。

4.6.2 电解法

按GB/T 7376—2008中5.4的规定进行。

4.7 蒸发残渣的测定

按GB/T 7373—2006中4.7的规定进行。

其中称样量500 g，精确至1 g。试样置于蒸发器的称量管中，将蒸发器称量管部分浸入水浴，调水浴温度至试样蒸发完全，所需时间约2 h。

取两次平行测定结果的算术平均值为报告结果。两次平行测定结果的绝对差值不大于0.001%。

5 检验规则

5.1 检验分类

5.1.1 型式检验

型式检验项目为感官和表1中的所有项目，在正常情况下，每三个月至少进行一次型式检验。当遇到下列情况之一时，应进行型式检验：

a) 主要原料有变化；

b) 工艺等有较大改变，可能影响产品性能时；

c) 产品长期停产后，恢复生产时；

d) 出厂检验结果与上次型式检验有较大差异时；

e) 合同规定。

5.1.2 出厂检验

出厂检验项目为外观及表1中的一氯甲烷含量、水分，应逐批进行检验。

5.2 检验

工业用回收一氯甲烷应由生产厂的质量监督检验部门进行检验。生产厂应保证每批出厂的产品符合本标准要求。每批出厂的产品都应附有一定格式的质量证明书，内容包括：

a) 生产厂名称；

b) 产品名称；

c) 生产日期或者批号；

d) 产品等级；

e) 本标准编号。

5.3 组批

以同等质量的产品为一批，可按产品贮罐组批，或按生产周期进行组批。

5.4 采样

生产厂可从贮罐中或生产线上采取有代表性的样品。采样单元数按GB/T 6678的规定确定，采样方法按GB/T 6680的规定进行。采样量应保证足够分析检验用。采样容器上应粘贴标签，注明产品名称、批号、取样日期、取样地点、取样者姓名。

5.5 判定规则与复验

检验结果的判定按GB/T 8170规定的修约值比较法进行。分析结果的最终表示应和技术要求的量值的位数一致。

检验结果如果有一项指标不符合本标准要求时，钢瓶装产品应重新自两倍量的包装单元中采样进行检验，罐装产品应重新采样进行检验。重新检验的结果即使只有一项指标不符合本标准要求，则该批产品应作不合格处理。

6 标志、包装、运输和贮存

6.1 标志

工业用回收一氯甲烷包装容器上应涂印牢固清晰的标志，其内容包括：

a) 产品名称；

b) 生产厂名称、厂址；

c) 批号或生产日期；

d) 产品等级；

e) 净含量；

f) 本标准编号；

g) 按GB 190规定的“易燃气体”标志、按GB/T 191规定的“怕晒”标志。

6.2 包装

6.2.1 工业用回收一氯甲烷应用干燥、清洁的液化气体气瓶密封包装。

6.2.2 工业用回收一氯甲烷小批量产品用钢瓶包装运输，钢瓶质量应符合GB 5100的规定，钢瓶充装应符合 GB 14193 的规定，充装系数不得大于 0.81 kg/L。

6.2.3 工业用回收一氯甲烷大批量产品可采用铁路罐车、汽车罐车、轮船船舱包装运输。

6.3 运输

工业用回收一氯甲烷在运输和装卸时不得撞击，应小心轻放，以免损伤包装容器致使产品泄漏。

6.4 贮存

6.4.1 工业用回收一氯甲烷应贮放在干燥通风的库房内，应与氧气、压缩空气、氧化剂等分开存放；不应靠近热源，严禁日晒雨淋。

6.4.2 工业用回收一氯甲烷贮存的库房照明、通风等设施应采用防爆型，开关设在库房外；库房必须有严禁烟、火的警示牌；有防火防爆技术措施，禁止使用易产生火花的机械设备和工具，配备相应品种和数量的消防器材。

7 安全

7.1 危险警告

一氯甲烷是易燃、有害气体，吸入会引起眩晕、恶心。与空气混合或遇高热容器内压力增大，有燃烧、爆炸的危险。禁止与铝及铝合金材料接触。

7.2 安全措施

7.2.1 工作场所中一氯甲烷的时间加权平均容许浓度为 60 mg/m³。

7.2.2 操作人员应佩戴好防护用具，避免人体接触。如皮肤接触，立即用大量水冲洗；如吸入，立即脱离现场至空气清新处并及时就医。

附 录 A
（规范性附录）
一氯甲烷含量测定的典型色谱图及各组分相对保留值

A.1 一氯甲烷含量测定的典型色谱图

典型色谱图见图 A.1。

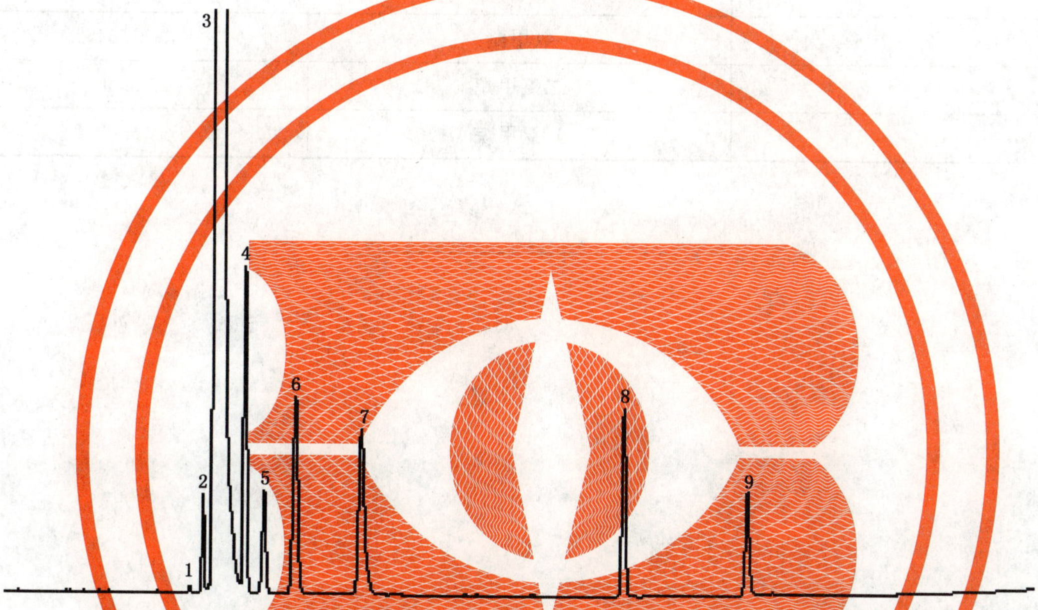

1——空气；
2——二甲醚；
3——一氯甲烷；
4——一氯乙烷；
5——溴甲烷；
6——甲缩醛；
7——氯甲醚；
8——二氯甲烷；
9——三氯甲烷。

图 A.1 一氯甲烷(回收)典型色谱图

A.2 各组分相对保留值

各组分相对保留值见表 A.1。

表 A.1 各组分相对保留值

序　　号	组 分 名 称	相对保留值
1	空气	0.80
2	二甲醚	0.92
3	一氯甲烷	1
4	一氯乙烷	1.11
5	溴甲烷	1.19
6	甲缩醛	1.34
7	氯甲醚	1.64
8	二氯甲烷	2.50
9	三氯甲烷	3.02

ICS 71.080.70
G 17

中华人民共和国国家标准

GB/T 26609—2011

工业用乙酸异丁酯

Isobutyl acetate for industrial use

2011-06-16 发布

2011-11-01 实施

中华人民共和国国家质量监督检验检疫总局
中国国家标准化管理委员会 发布

前　言

本标准按 GB/T 1.1—2009 给出的规则起草。

本标准使用重新起草法修改采用美国试验与材料协会标准 ASTM D 1718:2003《(95%等级)乙酸异丁酯》。本标准与 ASTM D 1718:2003 相比在结构上有较多调整,附录 A 中列出了本标准与 ASTM D 1718:2003 章条编号的对照一览表。本标准与 ASTM D 1718:2003 的技术性差异及其原因如下:

——关于规范性引用文件,本标准做了具有技术性差异的调整,以适应我国的技术条件,调整的情况集中反映在第 2 章"规范性引用文件"中,具体调整如下:

- 增加引用了 GB 190(见 6.1);
- 增加引用了 GB/T 3723(见 5.4);
- 用 GB/T 6678 和 GB/T 6680 代替 ASTM D 1718:2003 引用的 ASTM D 268 和 ASTM E 300(见 5.4);
- 用 GB/T 8170 代替 ASTM D 1718:2003 引用的 ASTM E 29(见 5.5);
- 用 GB/T 12717—2007 代替 ASTM D 1718:2003 引用的 ASTM D 1209、ASTM D 1353、ASTM D 1364、ASTM D 1613、ASTM D 3545 和 ASTM D 4052(见 4.2、4.3、4.4、4.5、4.6、4.7 和 4.8);
- 删除了 ASTM D 1718:2003 引用的 ASTM D 1078 和 ASTM E 1;

——增加了外观的要求和试验方法(见 3.1 和 4.1);

——设置了优等品和一等品两个等级(见 3.2),以适应我国对工业产品分等的惯例;

——乙酸异丁酯含量的指标由≥95%修改为优等品≥99.5%,一等品≥99.0%(见 3.2),这是根据国内实际的生产水平和国内外贸易的要求确定的;

——优等品增加了异丁醇含量的项目(见 3.2),以满足高要求用户的要求;

——未设置沸程项目,以避免沸程与乙酸异丁酯含量的设项重复;

——用"密度"代替"表观比重"(见 3.2),以采用国内统一术语;

——对于酸度的试验方法,增加了玫红酸法作为仲裁方法(见 4.5.2)。

本标准由中国石油和化学工业联合会提出。

本标准由全国化学标准化技术委员会有机化工分技术委员会(SAC/TC 63/SC 2)归口。

本标准负责起草单位:无锡百川化工股份有限公司。

本标准参加起草单位:浙江建德建业有机化工有限公司、江门谦信化工发展有限公司。

本标准主要起草人:薛建军、郑渊博、吕坚、郑丰平、李向红。

工业用乙酸异丁酯

1 范围

本标准规定了工业用乙酸异丁酯的要求、试验方法、检验规则及包装、标志、运输、贮存和安全。

本标准适用于由乙酸和异丁醇在催化剂存在下酯化而制得的工业用乙酸异丁酯。

分子式：$C_6H_{12}O_2$

相对分子质量：116.16（按2007年国际相对原子质量）

2 规范性引用文件

下列文件对于本文件的应用是必不可少的。凡是注日期的引用文件，仅注日期的版本适用于本文件。凡是不注日期的引用文件，其最新版本（包括所有的修改单）适用于本标准。

GB 190 危险货物包装标志

GB/T 3723 工业用化学产品采样安全通则

GB/T 6678 化工产品采样总则

GB/T 6680 液体化工产品采样通则

GB/T 8170 数值修约规则与极限数值的表示和判定

GB/T 12717—2007 工业用乙酸酯类试验方法

3 要求

3.1 外观：透明液体，无悬浮杂质。

3.2 工业用乙酸异丁酯的指标应符合表1的规定。

表1 技术指标

项目	指标	
	优等品	一等品
乙酸异丁酯，w/%	≥99.5	≥99.0
异丁醇，w/%	≤0.5	—
水分，w/%	≤0.05	≤0.10
酸度（以 CH_3COOH 计），w/%	≤0.005	≤0.010
色度/Hazen单位（铂-钴色号）	≤10	
密度（ρ_{20}）/(g/cm^3)	0.870～0.875	
蒸发残渣，w/%	≤0.005	

4 试验方法

4.1 外观的测定

按GB/T 12717—2007中3.3规定的方法进行。

4.2 乙酸异丁酯含量的测定

按 GB/T 12717—2007 中 3.10 规定的方法进行。以毛细管柱气相色谱法为仲裁方法。

在异丁酯含量为 99.75%～98.79%的范围内,重复性试验的标准差的估计值 s_r 为 0.007 0%,重复性限 r 为 0.020%。

4.3 异丁醇含量的测定

按 GB/T 12717—2007 中 3.10 规定的方法进行。以毛细管柱气相色谱法为仲裁方法。

在异丁醇含量为 0.13%～1.11%的范围内,重复性试验的标准差的估计值 s_r 为 0.006 4%,重复性限 r 为 0.018%。

4.4 水分的测定

按 GB/T 12717—2007 中 3.11 规定的方法进行。以卡尔·费休库仑法为仲裁方法。

水分在 0.030%～0.15%之间时,重复性试验的标准差的估计值 s_r 为 0.001 5%,重复性限 r 为 0.004 2%。

4.5 酸度的测定

4.5.1 酚酞法

按 GB/T 12717—2007 中 3.9 规定的方法进行。

酸度在 0.002 8%～0.014%之间时,重复性试验的标准差的估计值 s_r 为 0.001 3%,重复性限 r 为 0.003 6%。

4.5.2 玫红酸法(仲裁法)

4.5.2.1 方法提要

以乙醇作为促进指示液溶解于试料的溶液,以玫红酸为指示液,用氢氧化钠标准滴定溶液滴定,根据试料消耗氢氧化钠标准滴定溶液的体积计算出实验室样品的酸度。

4.5.2.2 试剂

4.5.2.2.1 乙醇:ρ=95%。

4.5.2.2.2 氢氧化钠标准滴定溶液:c(NaOH)=0.02 mol/L。

4.5.2.2.3 玫红酸指示液:1 g/L。

4.5.2.3 仪器

滴定管:10 mL,分刻度为 0.05 mL。

4.5.2.4 试验步骤

量取 20 mL 乙醇于锥形瓶中,加 2 滴玫红酸指示液,摇匀,用氢氧化钠标准滴定溶液滴定至溶液恰变为粉红色。用移液管移取 20 mL 实验室样品,摇匀,再用氢氧化钠标准滴定溶液滴定至溶液恰变为粉红色。记录试料消耗的氢氧化钠标准滴定溶液的体积。

4.5.2.5 结果计算

酸度以乙酸(CH_3COOH)的质量分数 w_1 计,数值以%表示,按式(1)计算:

$$w_1=\frac{(V/1\ 000)cM}{V_1\rho_t}\times 100 \qquad \cdots\cdots(1)$$

式中：

V ——试料消耗氢氧化钠标准滴定溶液(4.5.2.2.2)的体积的数值，单位为毫升(mL)；

c ——氢氧化钠标准滴定溶液浓度的准确数值，单位为摩尔每升(mol/L)；

M——乙酸的摩尔质量的数值，单位为克每摩尔(g/mol)(M=60.1)；

V_1——试料的体积的数值，单位为毫升(mL)；

ρ_t ——测定温度 t 时实验室样品的密度的数值，单位为克每毫升(g/mL)。

酸度在 0.002 7%～0.013%之间时，重复性试验的标准差的估计值 s_r 为 0.001 2%，重复性限 r 为 0.003 3%。

4.6 色度的测定

按 GB/T 12717—2007 中 3.4 规定的方法进行。

4.7 密度的测定

按 GB/T 12717—2007 中 3.6 规定的方法进行。在 0 ℃～40 ℃的范围内，试样密度的温度校正系数为 0.001 0 g/(cm^3·℃)。

重复性试验的标准差的估计值 s_r 为 0.000 72 g/cm^3，重复性限 r 为 0.002 0 g/cm^3。

4.8 蒸发残渣的测定

按 GB/T 12717—2007 中 3.7 规定的方法进行。

重复性试验的标准差的估计值 s_r 为 0.000 59%，重复性限 r 为 0.001 7%。

5 检验规则

5.1 检验分为出厂检验和型式检验。

出厂检验项目为外观和表 1 中的乙酸异丁酯含量、异丁醇含量、水分、酸度和色度，应逐批进行检验。

型式检验项目为外观和表 1 中的所有项目，在正常生产的情况下，每月应至少进行一次型式检验。有下列情况之一时，也应进行型式检验：

a) 更新关键生产工艺；

b) 主要原料有变化；

c) 停产又恢复生产；

d) 出厂检验结果与上次型式检验结果有较大差异；

e) 合同规定。

5.2 工业用乙酸异丁酯由生产厂的质量检验部门进行检验。生产厂应保证每批出厂产品都符合本标准的要求，并附有一定格式的质量证明书，内容包括：

a) 生产厂名称和联系方式；

b) 产品名称；

c) 生产日期或批号；

d) 质量等级；

e) 净含量；

f) 本标准编号。

5.3 在原材料、工艺不变的条件下，产品连续生产的实际批为一个组批，但若干个生产批构成一个检验批的时间通常不超过1 d。

5.4 采样按GB/T 3723、GB/T 6678和GB/T 6680的规定进行。所采样品总量不得少于1 L。将样品充分混匀后，分装于两个清洁、干燥、带磨口塞的玻璃瓶中，贴上标签，注明生产厂名称、产品名称、批号、规格、采样日期和采样者，一瓶供分析检验用，另一瓶保存备查。

5.5 检验结果的判定按GB/T 8170中规定的修约值比较法进行。检验结果中如有一项指标不符合本标准的要求时，桶装产品应重新自两倍量的包装单元中采样进行检验，罐装产品应重新多点采样进行检验。重新检验的结果即使只有一项指标不符合本标准要求，整批产品应作降等或不合格处理。

6 标志、包装、运输和贮存

6.1 标志

工业用乙酸异丁酯产品包装容器应有牢固的标志，其内容包括：

a) 生产厂名称和厂址；
b) 产品名称和商标；
c) 批号或生产日期；
d) 质量等级；
e) 净含量；
f) 本标准编号；
g) 符合GB 190中规定的"易燃液体"标志。

6.2 包装

6.2.1 工业用乙酸异丁酯应用清洁的、罐体材料为不锈钢或碳钢的槽罐车或清洁、干燥、牢固的钢桶包装，桶口应加密封圈。

6.2.2 工业用乙酸异丁酯也可用经国家有关部门认可的，能确保安全的其他容器包装、灌装，并按该容器的有关安全监察、管理规定执行。

6.3 运输

运输、装卸工作中，应按照危险货物运输规定进行。

6.4 贮存

6.4.1 工业用乙酸异丁酯应贮存在耐火设备中，存放于阴凉、通风、干燥的场所，也可存放在贮罐中。

6.4.2 贮存过程中应注意防潮，与强氧化剂、强碱、强酸分开存放。

7 安全

7.1 危险警告

乙酸异丁酯属于中闪点的易燃液体，其闪点(闭杯)为18 ℃，熔点为－98.9 ℃，沸点为118.0 ℃，20 ℃时在水中的溶解度为0.67 g/100 mL，微溶于水，可混溶于乙醇、乙醚。其蒸气相对于空气的密度为4.0，可能沿地面流动造成远处着火，可形成爆炸性蒸气/空气混合物，在空气中的爆炸极限为1.3%～10.5%(体积分数)。与强氧化剂、强酸和强碱发生反应，有着火和爆炸危险。

该物质可通过吸入其蒸气吸收到体内，该物质刺激眼睛和呼吸道。吸入乙酸异丁酯可引起咳嗽、咽喉痛、头晕、头痛等，皮肤接触乙酸异丁酯可引起皮肤脱脂、干燥，眼睛接触会引起发红，食入会引起恶心。该物质可能对中枢神经系统有影响。

7.2 安全措施

a) 乙酸异丁酯的贮罐周围应设置围堤，防止其泄漏。一旦泄漏，应通风、转移全部引燃源，尽可能将泄漏液收集在可密闭的容器中。用砂土或惰性吸收剂吸收残液，并转移至安全场所。不要冲入下水道。

b) 乙酸异丁酯着火时，应用泡沫、抗溶性泡沫、二氧化碳、干粉灭火。个人防护用具：适用于有机气体和蒸气的过滤呼吸器。

c) 应避免乙酸异丁酯与皮肤接触，如果接触，应脱去污染的衣服，用大量水冲洗皮肤或淋浴。

d) 如果溅到眼睛里，应先用大量清水冲洗几分钟(如可能易行，摘除隐形眼镜)，然后就医。

e) 如误吸入，应到新鲜空气处休息，必要时就医。

f) 如误食入，应漱口，但不要催吐，必要时就医。

附 录 A
（资料性附录）
本标准与 ASTM D 1718:2003 章条编号对照

表 A.1 给出了本标准与 ASTM D 1718:2003 章条编号对照的一览表。

表 A.1 本标准与 ASTM D 1718:2003 章条编号对照

本标准章条编号	对应 ASTM D 1718:2003 的章条编号
1	1.1
2	2
3	3
4.1	—
4.2	5.1.7
4.3	—
4.4	5.1.5
4.5.1	5.1.6
4.6	5.1.2
4.7	5.1.1
4.8	5.1.4
5	4
6	6
7	1.3

ICS 23.020.30
J 74

中华人民共和国国家标准

GB/T 26610.1—2011

承压设备系统基于风险的检验实施导则 第1部分:基本要求和实施程序

Guideline for implementation of risk-based inspection of pressure equipment system—Part 1:Basic requirements and implementation procedure

2011-06-16 发布　　2011-12-01 实施

中华人民共和国国家质量监督检验检疫总局
中国国家标准化管理委员会　发布

前　言

GB/T 26610.1—2011《承压设备系统基于风险的检验实施导则》分为5个部分：

——第1部分：基本要求和实施程序；

——第2部分：基于风险的检验策略；

——第3部分：风险的定性分析方法；

——第4部分：失效可能性定量计算；

——第5部分：失效后果定量分析方法。

本部分为GB/T 26610的第1部分。

本部分按照GB/T 1.1—2009给出的规则起草。

本部分参考了API RP 580—2002《基于风险的检验》并结合我国的实际情况制定。

本部分由全国锅炉压力容器标准化技术委员会(SAC/TC 262)提出并归口。

本部分起草单位：合肥通用机械研究院、中国特种设备检测研究院。

本部分主要起草人：陈学东、陈钢、寿比南、艾志斌、贾国栋、杨铁成、王辉、胡久韶、谢国山、顾望平、史进、陶雪荣。

承压设备系统基于风险的检验实施导则
第1部分:基本要求和实施程序

1 范围

1.1 本部分规定了承压设备系统实施基于风险的检验(以下简称RBI)项目的基本要求与实施程序。

1.2 本部分规定的基本要求与主要程序适用于石油化工装置承压设备系统实施的RBI项目,其他工业承压设备系统实施的RBI项目也可参照使用。

1.3 本部分给出的基本要求与主要程序适用于承压设备系统中如下设备及相关零部件实施的RBI项目:

a) 压力容器及其全部承压零部件;
b) 过程装置界区内的压力管道及其全部承压管件;
c) 常压储罐;
d) 动设备中承受内压的壳体;
e) 锅炉与加热炉中的承压零部件;
f) 安全阀等安全泄放装置。

1.4 本部分给出的基本要求与主要程序不适用于承压设备系统中如下设备实施的RBI项目:

a) 仪表与控制设备;
b) 电气设备;
c) 建、构筑物;
d) 泵与压缩机中除泵壳与压缩机外壳以外的机械部件。

2 规范性引用文件

下列文件对于本文件的应用是必不可少的,凡是注日期的引用文件,仅注日期的版本适用于本文件,凡是不注日期的引用文件,其最新版本(包括所有的修改单)适用于本文件。

GB/T 19624 在用含缺陷压力容器安全评定

3 术语和定义

下列术语和定义适用于本部分。

3.1

绝对风险 absolute risk

对风险完整、准确的描述与量化。

3.2

后果 consequence

事件的结果,可以用定性或定量的方式表达。

3.3

损坏容许度 damage tolerance

设备在不失效的前提下可承受的损伤程度。

3.4

损伤 deterioration

部件承载能力的降低。

3.5

事件 event

在一定条件下发生的事情，在给定的时间内可以对事件发生的概率进行估算。

3.6

事件树 event tree

采用逻辑和图表的方式，用以组织和描述潜在事故的分析工具，以归纳法分析初始事件对事件后果的影响。事件树从识别潜在的初始事件开始，然后在事件树的下一层次上描述由初始事件引发的一系列可能事件，依次类推，形成从初始事件到其潜在结果的发展演变。

3.7

故障树 fault tree

将导致系统中已发生或可能发生事故的原因事件以因果逻辑关系逐层排列并以树形图表示的一种逻辑模型。

3.8

外部事件 external event

超出操作者和设备控制范围而由自然力或界区外因素引发的事件。

3.9

失效 failure

是指系统、结构或部件丧失规定的功能。可以是可能发生或已经发生的失效。

3.10

失效模式 failure mode

指失效的外在宏观表现形式、过程规律和失效机理。

3.11

危害 hazard

危害是指潜在的因失效引起的某种物理状态或危险物质的释放，并由此导致人员伤亡、财产损失或环境破坏。

3.12

危害与可操作性研究 HAZOP（hazard and operability study）

失效模式及其影响分析的一种研究方式，它运用系统技术识别整个装置发生的危险和可操作性问题，它的基本过程是找出过程工艺状态的变化(即偏差)，然后分析偏差产生的原因、后果及可采取的对策。HAZOP对于识别由于缺乏知识造成装置设计缺陷而带来的危害，或由于工艺过程条件或操作程序发生变更产生的危害特别有限。危害和可操作性研究的基本目的是：

a） 对设备或工艺进行详细的描述；

b） 对设备或工艺的每一部分进行系统评价，用以确定偏离设计意图的偏差产生的原因；

c） 确定偏差是否引起危害或运行问题；

d） 评价安全措施的有效性。

3.13

可能性 likelihood

概率

3.14

减缓 mitigation

降低不利事件的后果或减少特定事件的概率。

3.15

概率 probability

在设备使用寿命内事件可能发生的程度。概率的数学定义是“给随机事件赋予一个0～1之间的值”。概率与事件长期发生的相对频率或事件发生的可信度相关。

3.16

定性风险分析(评估) qualitative risk analysis (assessment)

以工程推断和经验为基础分析失效可能性与后果的方法。在本部分中故障模式、影响与危害性分析FMECA (fault modes,effect and criticality analysis)及HAZOP均属定性风险分析技术。对它们的后果和概率值应予以评估并记录。

3.17

定量风险分析(评估) quantitative risk analysis (assessment)

定量风险分析是将设备设计、制造、操作条件、运行历史、部件可靠性、人的行为、事故物理进程以及潜在的环境和健康影响等相关信息整合统一的方法。定量风险分析包括识别和描述事件的组合,评价每一种组合事件发生的频率和估计后果。

3.18

相对风险 relative risk

设备、工艺单元、系统、设备部件相对其他设备、工艺单元、系统、设备部件的风险。

3.19

残余风险 residual risk

实施风险减缓措施后的剩余风险。

3.20

风险 risk

失效可能性与失效后果的组合变量,风险即是概率和后果量化后二者的乘积。在有些情况下,风险是指对期望(事件)的偏离。

3.21

可接受风险 risk acceptance

在法律法规框架下业主接受风险的程度。风险接受度取决于风险标准。

3.22

风险分析 risk analysis

应用系统的信息识别风险源并进行风险评价。

3.23

风险评估 risk assessment

风险分析和风险评价的全过程。

3.24

风险规避 risk avoidance

不卷入风险的决策或从危险状态退出的行为。

3.25

基于风险的检验 risk-based inspection

一种重点针对材料损伤所引起的设备失效的风险评估和管理过程,对这种风险主要通过对设备的检测来管理。

3.26

风险交流 risk communication

在决策者和其他受风险影响者之间进行风险信息交换和共享。这些信息包括风险的存在性、自然属性、概率、严重度、接受度、处理措施和风险的其他各个方面。

3.27

风险控制 risk control

实施风险管理决策的行为。风险控制包括检测、再评估和决策执行。

3.28

风险准则 risk criteria

风险重要性评定的依据。风险准则可以涉及到成本与效益、法律与法规要求、社会效益与环境保护、受风险影响者的利益以及上述各项的优先顺序和评估的其他方面进行综合考虑。

3.29

风险估算 risk estimation

风险的概率和后果的确定过程。估算应包括成本、效益、受风险影响者的关注及其他适合于风险评估的因素。

3.30

风险评价 risk evaluation

按照给定的风险标准用来比较估计风险的过程。

3.31

风险识别 risk identification

找到、列出和描述风险特点的过程。风险识别要素包括危险源、事件、后果与概率。

3.32

风险管理 risk management

指导和控制风险的行为。风险管理通常包括风险评估、风险减缓、可接受风险和风险交流。

3.33

风险减缓 risk mitigation

选择和实施调整风险措施的过程,有时风险减缓是指对人进行有效防护的措施。

3.34

风险降低 risk reduction

降低特定风险的概率,减轻不利的后果。

3.35

危险源 hazard source

具有潜在后果的事件和行为,在安全领域危险源即指危险。

3.36

危险源识别 source identification

找到、列出和描述危险源的过程。

3.37

风险承受者 stakeholder

可能受到风险影响的任何单位和个人。

3.38

有毒化学品 toxic chemicals

对人身健康或环境有一定危害的化学物质。

3.39

未减缓的风险　unmitigated risk

采取减缓措施之前的初始风险。

4　缩略语

下列缩略语适用于本部分。

COF	失效后果(Consequence of Failure)
FMECA	故障模式、影响与危害性分析(Fault Modes,Effect and Criticality Analysis)
HAZOP	危害与可操作性研究(Hazard and Operability Study)
ISO	国际标准化组织(International Standards Organization)
NDE/T	无损检测(Non Destructive Examination/Test)
PHA	工艺过程危害性分析(Process Hazards Analysis)
P&ID	工艺和仪表流程图(Process & Instrument Diagram)
PFD	工艺流程图(Process Flow Diagram)
PMI	材质识别(Positive Material Identification)
POF	失效可能性(Probability of Failure)
PSM	工艺安全管理(Process Safety Management)
QA/QC	质量保证/质量控制(Quality Assurance/Quality Control)
QRA	定量风险评价(Quantitative Risk Assessment)
RBI	基于风险的检验(Risk Based Inspection)
RCM	以可靠性为中心的维护(Reliability Centered Maintenance)

5　总则

5.1　风险

5.1.1　RBI 对装置、单元、系统、设备或组件以相对风险确定等级。

5.1.2　风险可以用如下数学形式表达：

$$风险 = 概率 \times 后果$$

5.2　风险分析的类型

5.2.1　RBI 中的风险分析分为定性和定量两种类型，类型的选择取决于以下条件：

a)　评估的目标；

b)　评估的装置和设备的数量；

c)　可以利用的资源；

d)　评估的时间；

e)　设备和工艺的复杂性；

f)　现有数据的种类和质量。

5.2.2　定性分析要求输入描述性信息(通常为一定的数据范围而非某个确切数值)，并给出定性的结果。定性分析一般能够在缺乏具体定量数据条件下完成风险评估。

5.2.3　定量分析使用逻辑模型和物理模型导出风险数值，逻辑模型描述导致严重事故的事件组合，物理模型描述事故的进展和危险物质在环境中的扩散。

5.2.4　在 RBI 分析中，可以将定性和定量两种方法结合使用。

5.2.5 RBI 分析可以与 QRA 共享相关的技术与数据，QRA 中相关分析结果可用于 RBI 的后果分析。

5.3 RBI 与其他风险和安全管理方法的关系

5.3.1 设备风险管理体系由 RBI 和其他风险和安全管理方法共同构成。

5.3.2 其他风险与安全管理方法(如 PHA、PSM、RCM)的结果可以为 RBI 分析提供输入信息。

5.3.3 RBI 分析的结果可用来完善工厂已经实施的各种安全风险管理。

5.4 RBI 与我国特种设备安全技术规范的关系

RBI 项目除应符合本部分的要求外，还应遵守我国相关特种设备安全技术规范的规定。

5.5 RBI 分析的关键要素

5.5.1 一个完整的 RBI 分析过程由下述关键要素组成：

a) 分析计划的制定；

b) 数据收集；

c) 识别损伤机理和失效模式；

d) 失效可能性分析；

e) 失效后果计算；

f) 风险的识别、评价和管理；

g) 通过检验进行风险管理；

h) 其他减缓风险的措施；

i) 再评估和 RBI 分析结果的更新。

5.5.2 RBI 分析工作流程如图 1 所示。

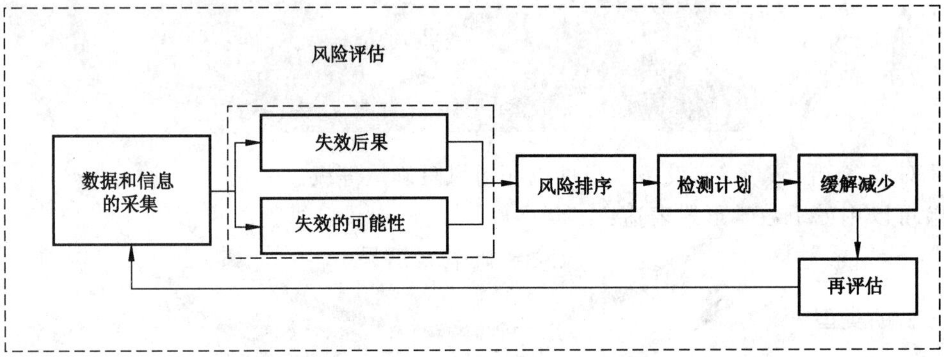

图 1 RBI 分析工作流程

6 RBI 分析计划

6.1 分析的前期准备

6.1.1 在评估开始前需制定评估方案，方案中应明确以下内容：

a) 评估的目的；

b) 分析流程；

c) 评估需要的知识与技能；

d) 评估小组的组成；

e) 小组成员的分工与职责；

f) 评估的对象(设备、资产及部件)；

g) 评估使用的数据以及采用的规范、标准；

h) 评估的工作进度；

i) 评估的有效期及更新时间；

j) 评估结果的应用。

6.1.2 评估组成员与单位管理者应就 RBI 评估建立的目的与目标达成共识，一般应包括如下内容：

a) 设备运行风险以及所采取的检测、维护等风险减缓措施的效果；

b) 确定风险可接受准则；

c) 风险管理；

d) 通过风险优化和风险管理，在安全生产条件下延长设备运行周期，降低运行成本；

e) 为符合安全与环境管理要求，建立并实施的有效检测程序；

f) 选择除检验以外的其他降低风险的措施；

g) 评估设备或装置闲置和在使用时的失效风险并考虑减缓措施；

h) 在设计阶段对新设备或新项目进行 RBI 评估，以实现风险最小化；

i) 建立设备设计寿命晚期的 RBI 评估策略；

j) 建立设备完整性管理的风险基础数据库并实施持续风险管理；

k) 评估小组认为需要建立的其他 RBI 评估的目的和目标。

6.2 初始范围的筛选

6.2.1 建立 RBI 评估的范围

RBI 评估的范围可按 6.2.2～6.2.5 进行不同层面的筛选，将最重要的装置、工艺单元、系统或设备筛选出来优先进行评估。

6.2.2 装置筛选

装置筛选因素(定性分析)：

a) 总资产或产值；

b) 历史状况；

c) 有效的 PSM；

d) 运行年限；

e) 周边人口密度；

f) 至环境污染敏感区域的距离。

6.2.3 工艺单元筛选

6.2.3.1 工艺单元筛选因素(定性分析)：

a) 相对风险水平；

b) 对装置经济性的影响；

c) 相对失效后果；

d) 相对可靠性；

e) 检修计划；

f) 类似工艺单元的经验。

6.2.4 工艺单元中的回路筛选

6.2.4.1 根据拟进行 RBI 评估的工艺单元中各设备工艺介质的化学性质、操作压力、操作温度、材质和设备运行历史等条件将工艺单元划分为若干回路。

6.2.4.2 回路筛选因素(定性分析):

a) 相对风险水平;

b) 相对失效后果;

c) 相对可靠性;

d) 实施 RBI 的预期效益。

6.2.5 设备筛选

6.2.5.1 筛选出不同设备中较高风险的设备项,以对其进行更详细的风险评估。

6.2.5.2 设备筛选因素(定性分析):

a) 损伤机理对设备安全完整性的危害程度;

b) 同类设备发生失效的历史和频次;

c) 失效后果的严重程度;

d) 材质适应性;

e) 强度方面的安全裕度。

6.3 公用设施、应急系统和界区外系统

6.3.1 应依据 RBI 的评估计划及工厂的检测要求决定是否将公用设施、应急系统和界区外系统纳入 RBI 评估范围中。

6.3.2 按如下原则考虑是否应包括界区外系统和公用设施:

a) RBI 评估是为了实现全厂检测资源的优化;

b) 公用设施的可靠性;

c) 对工艺单元可靠性的影响程度。

6.3.3 如果 RBI 评估包括了应急系统,则应考虑这些系统在正常与非正常运行时的使用情况。

6.4 确立评估工况

6.4.1 确立评估工况的通用要求

6.4.1.1 评估工况的范围应当与 RBI 目标、基础数据的质量及其他资源条件相适应。

6.4.1.2 RBI 评估中使用的运行条件指运行中的限制条件,在运行中应对关键工艺参数进行监控以确保其在限制条件内运行。

6.4.2 开停车

6.4.2.1 开停车过程中采取有效的风险减缓措施可以降低装置的 POF。

6.4.2.2 应考虑开工用管道在装置启动和随后运行期间的工作条件对评估的影响。

6.4.3 正常、非正常与周期性运行

6.4.3.1 RBI 评估时应确定装置正常操作时的以下工艺数据:

a) 压力、温度及其波动范围;

b) 操作介质的组成及波动范围;

c) 物料的流速及其波动范围；

d) 是否存在潮湿环境及其他污染物。

6.4.3.2 如果操作偏离正常运行条件，应考虑其对评估结果的影响。

6.4.3.3 对于周期性操作工况，应考虑其对评估结果的影响。

6.4.4 运行周期

6.4.4.1 工艺单元设备运行周期的长短是一个应考虑的重要因素，它将影响 RBI 检验计划及检验策略（检验方案）的制定。

6.4.4.2 RBI 评估可以包括工艺单元或设备的整个运行寿命，也可只针对某个特定的时间段；可以只评估到本运行周期结束，也可评估到下一个运行周期。

6.5 RBI 评估类型的选择

6.5.1 评估类型的选择应与评估目标相适应。

6.5.2 评估类型选择的主要参考因素：

a) 评估对象（装置、工艺单元、回路、设备或部件）；

b) 评估目标；

c) 数据质量及可用性；

d) 其他资源条件；

e) 对风险评估的认识或风险评估经验；

f) 评估的时间要求。

6.6 评估所需资源条件与时间

6.6.1 RBI 评估的资源条件与时间决定因素：

a) 实施的策略和计划；

b) 实施人员的知识和技能；

c) 基础数据和信息的可利用性及质量；

d) 需要的资源的可利用性和费用；

e) 需评估的设备数量；

f) 评估的定量化程度；

g) 对评估准确度的要求。

6.6.2 RBI 评估的时间及费用决定因素：

a) 评估的工厂、工艺单元、系统、设备及部件的数量；

b) 收集被评估项目的数据所需的时间及费用；

c) 培训需要的时间及费用；

d) RBI 评估的数据和信息所要求的时间和资源；

e) RBI 评估和建立检测、维护及减缓措施所需的时间和资源。

7 RBI 评估的数据收集

7.1 RBI 评估需要的数据

7.1.1 RBI 评估中定性或定量分析方法的最基本区别是输入、计算、输出的数据类型和详细程度不同。

7.1.2 RBI 评估应采用一致的原则对所有基础数据进行采集和记录。

7.1.3 定量 RBI 至少需要以下典型数据：

a) 设备类型;
b) 材料;
c) 检测、维修及更换记录;
d) 操作介质总量及成分;
e) 运行条件;
f) 安全与监测系统;
g) 损伤模式、速率和严重程度;
h) 人员密度;
i) 涂层、复合层和绝热层的设置情况;
j) 停产损失;
k) 设备修复和更新的费用;
l) 环境清理费用。

7.1.4 定性 RBI 通常不需要 7.1.3 所列的全部数据。定性分析只是将风险进行一个粗略分类,重要的是建立一个统一的规则,确保风险分类的一致性。因此,定性分析比定量分析方法需要分析人员具有更全面的知识和丰富的经验。

7.2 数据质量

7.2.1 不同的 RBI 方法对输入数据的质量要求一致。
7.2.2 应考虑下列影响数据有效性的主要因素:
a) 过期图纸及文件;
b) 检测错误;
c) 笔误;
d) 测量设备和工具的准确性不足。

7.3 国内、外的规范、标准

在数据采集阶段,应确认设备设计时采用的规范标准是否仍然是有效版本,并考虑版本变化对 RBI 结果的影响。

7.4 现场数据、信息的来源

7.4.1 RBI 数据采集的主要信息来源由以下几部分组成:
7.4.1.1 设计、工程记录与竣工图,其中包括:
a) P&ID 图、PFD 图等;
b) 管道单线图;
c) 操作规程
d) 材料记录;
e) 工程质量评价或质量控制记录;
f) 采用的法规、标准;
g) 保护设施;
h) 泄漏检测与监控系统;
i) 隔离系统;
j) 资产清单;
k) 紧急泄压与泄放系统;
l) 安全系统;

m） 消防系统；

n） 工厂布置图。

7.4.1.2 检测记录，其中包括：

a） 检测时间表与周期；

b） 检测类型和数量；

c） 维修与更新；

d） PMI 记录；

e） 检测结果。

7.4.1.3 工艺数据，其中包括：

a） 流体成分分析(包括腐蚀成分)；

b） DCS 数据；

c） 运行程序；

d） 开停工程序；

e） 应急程序；

f） 运行日志与工艺记录；

g） PHA、RCM 和 QRA 的数据和报告；

h） 管理变更记录；

i） 场外信息和数据(如果后果对场外造成影响时)。

7.4.1.4 失效数据，其中包括：

a） 通用失效频率；

b） 行业失效数据；

c） 装置和设备失效数据；

d） 可靠性和状态监测数据；

e） 泄漏数据。

7.4.1.5 地理条件，其中包括：

a） 气象记录；

b） 地震活动记录。

7.4.1.6 设备更新费用，其中包括：

a） 项目费用报告；

b） 行业数据库。

7.4.1.7 危害性数据，其中包括：

a） PSM；

b） PHA；

c） QRA；

d） 其他。

7.4.1.8 事故调查

8 损伤机理和失效模式的识别

8.1 概述

在 RBI 评估中应考虑工艺条件(正常和非正常的)及可预见的工艺变化。评估中使用的数据应经过验证。

8.2 RBI 的失效和失效模式

8.2.1 RBI 主要关注的失效是由损伤引起的承载能力降低。

8.2.2 失效模式包括从小孔泄漏到完全破裂。

8.3 损伤模式

8.3.1 损伤模式的识别与类型

8.3.1.1 RBI 的损伤模式是指导致承载能力降低的损伤类型。

8.3.1.2 识别损伤模式应了解设备运行及其与化学、机械环境的相互作用。

8.3.1.3 在石油化工等过程装置中,主要有如下四种损伤模式:

a) 减薄(包括内部和外部);
b) 环境开裂;
c) 材质劣化;
d) 机械损伤。

炼油厂固定设备四种损伤模式下的主要腐蚀机理参见附录 A。

8.3.2 减薄

8.3.2.1 减薄包括均匀腐蚀、局部腐蚀、点蚀以及其他导致内、外表面材料损失的机理。

8.3.2.2 减薄的影响可以由以下信息给出:

a) 厚度(初始和当前的实测厚度);
b) 设备总的使用年限;
c) 当前工作条件下的设计腐蚀裕量;
d) 腐蚀速率;
e) 工作温度与工作压力;
f) 设计压力;
g) 检验有效性和数量。

8.3.3 环境开裂

8.3.3.1 环境开裂包括碱腐蚀开裂、胺应力腐蚀开裂、硫化物应力腐蚀(SSC)开裂、氢致开裂(HIC)、应力导向氢致开裂(SOHIC)、碳酸盐开裂、连多硫酸开裂(PTA)、氯化物开裂等。

8.3.3.2 环境开裂敏感性须分析设备或管道的开裂敏感性或开裂的初始概率,并应考虑开裂导致泄漏的概率。应力腐蚀敏感性的等级划分因素:

a) 材料类型;
b) 机械性能和敏感性;
c) 运行温度与压力;
d) 关键工艺腐蚀物(如氯化物、硫化物、碱等)的浓度;
e) 制造信息(如焊后热处理等)。

8.3.4 材质劣化

8.3.4.1 高温氢腐蚀(HTHA)可采用 API RP 941 中的 Nelson 曲线来判断不同材料在高温临氢环境中发生高温氢腐蚀的温度和氢分压界限。

8.3.4.2 材质劣化的关键因素一般包括材料种类、工艺运行条件、开停工条件(尤其是温度)等。

8.3.4.3 高温氢腐蚀敏感性的决定因素：

a) 材料；

b) 运行温度；

c) 氢分压；

d) 临氢服役时间。

8.3.5 机械损伤

机械损伤包括疲劳(机械疲劳、热疲劳和腐蚀疲劳)、应力或蠕变破裂、过载等。

8.4 其他失效

RBI 考虑的失效除承载能力的降低外，还可扩展到其他失效，主要有：

a) 压力容器内部组件(如塔盘、除雾器部件、凝聚器部件、分布器配件等)的功能或机械失效；

b) 转动设备失效(如密封泄漏、叶轮失效等)；

c) 压力泄放装置的失效(阻塞、污垢、无法启动)；

d) 换热管束的失效(泄漏、堵塞)；

e) 衬里的失效(穿孔、剥离)。

9 失效可能性评估

9.1 失效可能性分析

9.1.1 RBI 评估中的失效可能性分析指分析损伤机理导致介质损失，并发生危害事件的可能性。

9.1.2 失效可能性分析应研究设备已知的全部损伤机理，并主要关注易发生多种损伤机理的设备。

9.1.3 除机械性能退化外，失效可能性分析中还可包括下述因素：

a) 地震及极端气候条件；

b) 泄放装置失效引起的超压；

c) 误操作；

d) 材料代用不当；

e) 设计缺陷；

f) 蓄意破坏。

9.2 失效可能性分析的度量单位

失效可能性通常用频次度量。

9.3 失效可能性分析的类型

9.3.1 分类

9.3.1.1 失效可能性分析方法分为定性和定量两种。

9.3.1.2 失效可能性分析可以同时使用定性和定量分析方法。

9.3.2 失效可能性的定性分析

9.3.2.1 定性分析方法应对工艺单元、系统或设备、材料结构和腐蚀性介质等进行识别，并依据运行历史、未来的检测维护计划和可能的材料劣化等因素，可对任一装置、单元、系统、设备部件进行失效可能性分析。

9.3.2.2　失效可能性的等级可以用文字描述（如高、中、低），也可用数字描述（如 0.1 次/年～0.01 次/年）。

9.3.3　失效可能性的定量分析

9.3.3.1　失效可能性计算一般是以设计寿命（设计使用年限）为基准的。当设备无设计寿命或超设计寿命使用时，可采用剩余寿命代替设计寿命作为计算失效可能性的基准。

9.3.3.1.1　剩余寿命是按照在役承压设备实际情况，依据今后服役的工艺条件，分析可能的损伤模式，以及已有缺陷与损伤的安全容限与扩展趋势，按相应的标准或工程经验确定。

9.3.3.1.2　对含有超标缺陷的设备，应根据由缺陷尺寸确定的缺陷状态、服役条件、剩余寿命及继续服役的年限等情况对失效可能性进行适当修正。

9.3.3.2　当定量分析所需的数据不准确或不充分时，可采用根据相应标准或工程经验进行修正后的通用失效数据（行业的、工厂的）。

9.4　失效可能性的确定

9.4.1　失效可能性分析步骤

按如下步骤分析失效可能性：

a）识别已知的和潜在的损伤机理（考虑正常和非正常工况）；

b）确定损伤敏感性和速率；

c）评价检测与维护历史和将来检测与维护程序的有效性。在评价失效可能性时可给定几类检验策略，可能包括将来不检测的情况，并按这些策略分别确定失效可能性；

d）根据设备当前状况和预测的损伤速率计算设备的失效可能性；

e）失效模式应根据损伤机理确定，必要时要考虑多种失效模式，并将这些失效模式产生的风险进行累计。

9.4.2　损伤敏感性与速率的确定

9.4.2.1　损伤机理分析时应对所有设备工艺条件与材料组合进行评价，确定所有已知的和潜在的损伤机理。

9.4.2.2　确定损伤机理和敏感性时，应按相同的内外部环境和材料组合进行分组，同组中设备的检测结果可为其他设备提供参考。

9.4.2.3　损伤速率用腐蚀速率或敏感性表示。对于未知或不可量化的损伤速率应用敏感性表示。

9.4.2.4　确定损伤速率的依据：

a）公开发表的数据；

b）实验室数据；

c）现场试验和在线监测结果；

d）相似设备的经验；

e）检测历史的数据。

9.4.3　失效模式的确定

9.4.3.1　失效可能性分析和后果分析相互关联。

9.4.3.2　失效可能性分析可用来评价失效模式和每种失效模式发生的概率。

9.4.4　量化检测历史的有效性

9.4.4.1　评价检测历史（检测方法、频次、范围或位置）发现已知损伤机理的有效性。

9.4.4.2 影响检测历史有效性的主要因素：

a) 检验比例不足，未有效覆盖损伤区域；

b) 检测方法的局限性；

c) 检测方法和工具选择不适当；

d) 检测人员技能欠缺；

e) 极端工况条件下损伤速率显著升高，短时间内发生失效。

9.4.4.3 确定检测历史有效性的一些影响因素：

a) 设备类型；

b) 已知的和潜在的损伤模式；

c) 损伤速度或敏感性；

d) 无损检测方法、范围和频次；

e) 预测的损伤部位的可检测性。

10 失效后果的计算

10.1 后果分析的一般要求

10.1.1 后果分析应可重复、简化并具可信度。

10.1.2 承载能力降低的后果通常用流体泄漏到外部环境的量和影响来估算，一般应考虑以下几方面因素：

a) 安全健康影响；

b) 环境污染影响；

c) 生产损失影响；

d) 维修和重建费用。

10.2 后果分析的分类

10.2.1 后果的定性分析

10.2.1.1 定性分析方法包括确定工艺单元、回路或设备、操作条件和操作介质带来的危险。

10.2.1.2 失效后果可以对每一装置、工艺单元、回路、设备部件单独进行估算。

10.2.1.3 定性分析方法评估的失效后果等级可以用字母或文字描述（如 A～E 或高、中、低）并应与面积或费用等数值相联系。

10.2.2 后果的定量分析

10.2.2.1 根据如下诸因素进行失效后果的计算：

a) 介质类型；

b) 介质主要特性（分子量、沸点、自燃温度、燃烧能、密度等）；

c) 工艺操作参数，如温度和压力；

d) 泄漏事故的泄漏总量；

e) 失效模式及相应的泄漏孔尺寸；

f) 泄漏介质在周围环境中的相态（固、液、气或混合相）。

10.3 失效后果的表征方式

10.3.1 概述

不同种类的后果使用不同表征方式，后果的描述应尽可能具有可比性，以方便风险排序。10.3.2～

10.3.5 给出了 RBI 评估中使用的各种后果的度量单位。

10.3.2 安全

10.3.2.1 安全后果可用数值或后果类型表示。

10.3.2.2 安全后果应将事故与可能造成的伤亡程度联系起来,它可表示为伤亡程度(致死、急救、严重伤害、治疗)或与伤亡程度相对应的等级。

10.3.3 损失

10.3.3.1 损失一般指潜在的后果。

10.3.3.2 损失主要包括:

a) 负荷降低或故障造成的产品损失;

b) 应急设备和人员的配置;

c) 泄漏造成的产品损失;

d) 产品质量降低;

e) 损坏设备的更换和修理;

f) 场外破坏状况;

g) 场内及场外溢出物料的清理;

h) 生产中断损失(利润损失);

i) 市场份额的缩减;

j) 人员伤亡;

k) 土地复垦;

l) 法律诉讼;

m) 罚款;

n) 信誉损失。

10.3.4 影响区域

10.3.4.1 影响区域指区域内受到的影响比预定值高,预定值是指区域内受危险后果影响的任何方面设定域值。

10.3.4.2 根据影响区域划分后果等级时,可假设受到威胁的人员、设备在工艺单元内均匀分布,或考虑人员随时间的变化和设备在不同地点的密度值以给出更精确的评估结果。

10.3.4.3 影响区域后果的单位是 m^2。

10.3.5 环境破坏

10.3.5.1 环境破坏程度的无统一度量单位。

10.3.5.2 环境破坏程度可使用的度量单位有:

a) 每年受影响的土地面积:m^2;

b) 每年受影响的海岸长度:km;

c) 生物或人力资源消耗的数量。

10.4 流体泄放量

10.4.1 流体泄放量是多数后果评价中决定性要素之一。

10.4.2 流体泄放量取决于以下方面:

a) 泄漏流体的有效体积(即设备和与之相连设备中的流体体积,理论上是快速切断阀之间流体的量)；

b) 失效模式；

c) 泄漏率；

d) 检测和隔离反应时间。

10.4.3 存量可能全部泄漏，若采用保护、防范措施隔离破损部位时，泄漏体积小于存量。

10.5 失效后果的分类

10.5.1 燃烧(火灾和爆炸)

10.5.1.1 泄漏物料若自燃或被点燃可引起燃烧。

10.5.1.2 燃烧的影响分为热辐射和爆炸冲击波。热辐射影响范围较小，爆炸冲击波影响范围较大。

10.5.1.3 典型类型有：

a) 蒸气云爆炸；

b) 池火；

c) 喷射火焰；

d) 闪燃；

e) 沸腾液体气化爆炸。

10.5.1.4 燃烧事故的后果由以下诸因素综合决定：

a) 易燃性；

b) 流体泄漏量；

c) 气化能力；

d) 自燃性；

e) 高压或高温操作的影响；

f) 隔离措施；

g) 人员伤亡和设备破坏。

10.5.2 中毒后果

10.5.2.1 当介质泄漏可能造成人员中毒时，应评估中毒后果。评估主要考虑立即造成危险的急性中毒风险。

10.5.2.2 有毒后果的判断应考虑的因素有：

a) 流体的泄漏量和毒性；

b) 在特定工艺和环境条件下扩散的能力；

c) 有毒气体检测和减缓系统；

d) 影响区域内的人口数量。

10.5.3 其他危险流体的泄漏

10.5.3.1 其他危险流体是指人接触后会引起热灼伤或化学灼伤的流体，包括蒸汽、热水、酸性或腐蚀性物质。

10.5.3.2 估算其他危险流体泄漏造成的危害时，需考虑如下主要因素：

a) 流体泄漏的体积；

b) 区域内的人员密度；

c) 流体的类型和造成伤害的性质；

d) 安全系统(如：人员防护服、喷淋等)。

10.5.3.3 分析其他危险流体泄漏造成的危害时，还应考虑的其他因素有：

a) 泄漏物无法处置造成的环境破坏；

b) 泄漏物对设备的损害。

10.5.4 环境后果

10.5.4.1 RBI评估主要考虑扩散快且后果严重的环境破坏。

10.5.4.2 环境后果影响因素：

a) 流体泄漏量；

b) 气化能力；

c) 泄漏物的防护；

d) 环境资源的影响；

e) 法规要求。

10.5.4.3 环境后果可用费用表示。

10.5.4.3.1 费用按如下公式计算：

$$\text{环境后果费用} = \text{清理费用} + \text{罚款} + \text{赔偿} + \text{其他费用}$$

10.5.4.3.2 清理费用的影响因素：

a) 泄漏物的排放形式（地表、地下、水面等）；

b) 液体的类型；

c) 清理的方法；

d) 泄漏量；

e) 泄漏地点地形地貌特征。

10.5.5 停产损失

10.5.5.1 停产损失包括物料损失和生产中断造成的损失。

10.5.5.2 生产中断损失的估算方法分为简化方法和精确方法。

10.5.5.2.1 简化方法的计算公式：

$$\text{生产中断损失} = \text{工艺单元日均效益} \times \text{停工天数}$$

其中：

工艺单元日均效益——以税收或利润为基础估算；

停工天数——恢复生产需要的时间。

10.5.5.2.2 精确方法的计算内容：

a) 应对设备损坏的能力(如:备用设备、复线等)；

b) 对附近设备可能的损伤(撞击损伤)；

c) 其他工艺单元潜在的产品损失。

10.5.5.2.3 生产中断后果估算应考虑如下因素并进行修正：

a) 使用很少利用或闲置的设备来减少产品损失；

b) 设备出料是用作其他设备原料或工艺介质时，利润损失应复合计算；

c) 设备小损伤修理的时间可能和大损伤修理的时间一样长；

d) 停工时间过长可能丢掉客户和市场份额，重新生产后利润损失会延续；

e) 设备或设备零件采购困难，重新购置时间较长造成的损失；

f) 是否在保险范围。

10.5.6 维护和改造的影响

维护和改造的影响主要考虑维修和更换设备所产生的费用。

11 风险的确定、评价和管理

11.1 风险的确定

11.1.1 计算风险

特定失效事件的风险＝特定失效事件发生的概率×失效后果。

总的风险是所有特定失效事件风险的总和。

11.1.2 风险可以用数值或风险矩阵图(图 2)表述。

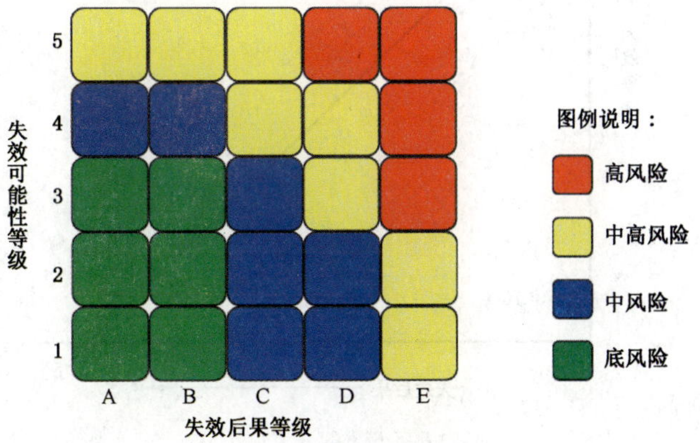

图 2 风险矩阵

11.2 风险管理决策和风险可接受准则

11.2.1 风险可接受准则

11.2.1.1 安全、环境和经济风险的可接受准则可为制定基于风险的检验计划提供依据。

11.2.1.2 无确定可接受风险准则时，可采用等风险原则。等风险原则指对风险等级为低或中的设备及管线采取的风险控制方法，要求设备和管线在下一次检验之前风险等级不得上升。

11.2.1.3 风险可接受准则可采用成本-效益分析方法。

11.2.2 按风险评估结果制定检测和维护计划

11.2.2.1 根据各种工艺设备或装置的风险，以风险值为基础排定检测顺序，确定检测的设备、检测技术和检测范围。

11.2.2.2 根据风险随时间的变化确定检测时机。

11.3 敏感性分析

11.3.1 敏感性分析包括检测风险分析中的部分或全部输入变量，以确定其对相应风险后果值的影响，并确定哪些是关键输入变量。

11.3.2 敏感性分析后的资料收集，应优先关注关键输入变量。

11.4 假设

11.4.1 当无法得到失效后果和(或)概率数据时，可按工程经验确定。

11.4.2 当已知失效后果和(或)概率数据时，在首次评估时也允许进行偏保守处理，并注意避免因过于保守而使风险过度放大的情况出现。

11.5 风险描述

11.5.1 当需要使用较多的定量后果和概率数据时，可以采用风险坐标图来表征风险。风险坐标图通常采用双对数坐标绘制（见图 3），图中直线是可接受风险的域值。

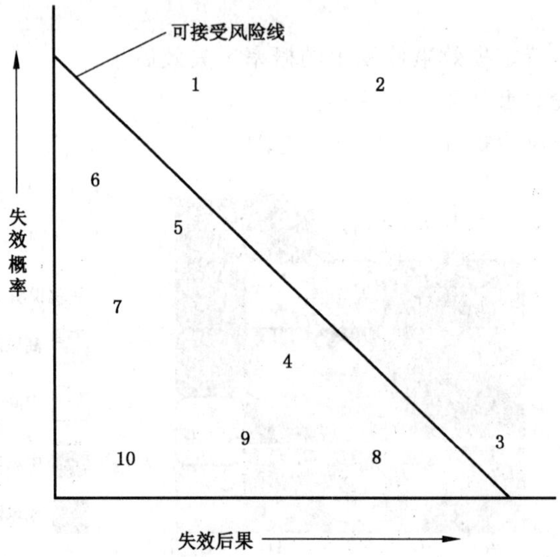

图 3 风险坐标图

11.5.2 风险坐标图与风险矩阵可以作为风险排序的图示工具。

11.6 可接受风险域值的确定

11.6.1 域值将风险坐标图、风险矩阵、表格分为可接受和不可接受区域，如图 3 所示。

11.6.2 域值可根据有关法规、风险标准及企业的经济安全策略确定。

11.6.3 对于位于不可接受区域的设备，应按下述办法处理：

a) 采取风险缓减措施，降低位于不可接受区域设备的风险值，使其降至可接受区域；

b) 无法采取风险缓减措施时，应采用最低合理可行（ALARP）的风险管理方法或其他风险管理方法进行管理。

11.7 风险管理

11.7.1 基于设备风险等级和风险极限进行风险管理。

11.7.2 对于可接受的风险，不必采取减缓措施或其他措施。

11.7.3 对不可接受的风险，应采取如下减缓措施降低风险等级：

a) 退役，应考虑该设备对装置运行是否是必需的；

b) 检测或状态监控，应考虑是否具有有效的检测方法以及由检测结果给出的维修手段；

c) 降低失效后果；

d) 降低失效可能性。

12 通过检测进行风险管理

12.1 通过检测降低风险管理的不确定度

12.1.1 检测本身并不能改变或降低损伤机理。

12.1.2 检测可以提高预测损伤机理、损伤速率的能力,并预测破坏何时达到极限,降低失效发生的不确定度。

12.1.3 在预测的失效发生前就计划和实施减缓措施,可直接降低失效的概率。

12.1.4 检测数据与数据分析的质量对风险水平的降低有显著影响。

12.2 按 RBI 和失效可能性结果进行风险管理

12.2.1 RBI 按控制失效后果或失效可能性或综合运用二者来管理风险,如本部分第 11 章所示。

12.2.2 可采用检测对高风险或不可接受风险的设备进行风险管理,检测的有效性取决如下因素:

a) 设备类型;

b) 已知的和潜在的损伤机理;

c) 损伤速率或敏感程度;

d) 检测方法、范围和频率;

e) 对预计的破坏区域实施检测的难易程度;

f) 是否可从流程中切出检测;

g) POF 的降低量。

12.2.3 下述情况不推荐通过检测降低风险:

a) 设备腐蚀速率很准确并接近寿命的终点;

b) 与操作工艺相关的突然失效,如脆断;

c) 损伤状况难以检测和量化;

d) 从开始发生损伤到最终失效时间很短,在预定的检测时间前就发生失效;

e) 受其他事件影响发生的失效。

12.3 建立基于风险的检测策略

12.3.1 RBI 评估和风险管理评价的结果,可以作为制定设备整体检测策略的基础。检测策略和其他缓减计划是使所有设备的最后风险都在可以接受的范围内。

12.3.2 制定检测计划时,应考虑风险等级、风险驱动、设备历史、检测的数量与结果、检测的类型与有效性、设备的相似工况与剩余寿命等诸多因素。

12.3.3 检测对风险降低的程度取决于以下因素:

a) 失效模式;

b) 损伤起始至失效发生的时间间隔(如破坏速度);

c) 检测能力;

d) 检测范围;

e) 检测频次。

12.4 通过检测管理风险

设备内部的检测可能引起风险上升,如以下情况:

a) 潮湿空气进入设备内部造成应力腐蚀开裂或连多硫酸开裂;

b) 玻璃衬里容器的内部检测;

c) 保护层破坏;

12.5 检测费用的 RBI 管理

12.5.1 减少低风险区域内的检测活动,将检测资源集中于高风险区域。

12.5.2 如能实现足够的风险管理,采用外部检测,总体而言可减少停工时间,延长正常运行周期,节约检测费用。

12.6 通过评价检测结果确定处理措施

12.6.1 检测结果(如损伤机理、损伤率、设备对破坏类型的耐受性等),可以作为评定剩余寿命和将来检测计划的依据,以及对失效概率的已用计算模型进行对比和验证。

12.6.2 对所有需要维修和更换的设备部件,应制定完整的工作计划,给出维修(或更换)的范围、建议、推荐方法、相应 QA 或 QC、完成日期。

12.7 用 RBI 获得最低运行成本

RBI 可以通过以下作用来降低整个运行周期的成本:

a) 识别损伤机理并加强失效的预测和预防,实现长周期安全运行;

b) 提高材质对装置长周期运行的适应性;

c) 通过减少维护、优化检测计划、延长正常运行时间,降低装置停车和维护费用。

13 其他减缓风险的措施

13.1 概述

除检测外,可通过以下方法来减缓风险:

a) 降低失效后果;

b) 降低失效可能性;

c) 增强设施和人员对后果的承受能力;

d) 对后果中的主要危险因素进行控制。

13.2 设备更换与维修

当设备损伤导致的失效风险无法控制在可接受水平时,应对设备进行更换与维修。

13.3 缺陷的合于使用评价

可采用 GB/T 19624 等规定的方法对缺陷进行合于使用评价,判断设备是否可以安全运行以及运行的条件和时间,决定检测中发现的缺陷是否需要维修和更换设备。

13.4 设备改造、重新设计和重新划分等级

13.4.1 改造或重新设计措施可以降低设备失效可能性。

13.4.2 当设备不满足原设计要求时,降低操作参数可降低设备失效可能性。

13.5 紧急隔离

紧急隔离可以降低泄漏事件的毒性、爆炸和燃烧的后果,关键因素是正确选择隔离阀的安装位置。远程操作可以显著降低风险,操作时应能及时发现泄漏并迅速启动控制阀。

13.6 紧急降压和放空

这种方法可以降低泄漏的数量与速率,减少燃烧、爆炸事故的风险。

13.7 改变工艺

改变工艺可以减少主要后果源:

a） 将温度降低到沸点以下，减小蒸气云规模；
b） 使用危险性较低的物料；
c） 采用连续工艺代替间断工艺；
d） 稀释危险物质。

13.8 减少存量

通过下述方法可减少存量：
a） 减少有危险性的原料和中间产品的存量；
b） 修改工艺。减少缓冲罐，回流罐或其他工艺设备中的介质存量；
c） 用气相技术代替液相。

13.9 喷水或冲水

这种方法可以减少燃烧损失、阻止扩散。正确设计喷淋操作系统可以大大降低容器暴露在火中的概率。

13.10 水帘

13.10.1 喷水使大量的空气进入云雾中，水帘可吸收和稀释可溶性气体，空气可稀释不溶气体，降低风险。
13.10.2 水帘的设计十分关键，应考虑水帘对不同可燃性物质的作用。水帘应位于泄漏点与火源之间或位于人可能出现的地点。

13.11 防爆结构

防爆结构可以降低爆炸引起的损失，防爆结构应包括保护人员的建筑物、应急设备、关键仪表、控制电路等。

13.12 其他措施

下述各种措施也可起到缓减风险的效果：
a） 溢出探测器；
b） 蒸汽或空气幕；
c） 防火设计；
d） 仪器联锁（联动装置、停车系统、警报等）；
e） 惰性气体覆盖；
f） 大楼和封闭结构的空气流通；
g） 管道重新设计；
h） 机械限流设施；
i） 火源控制；
j） 提高设计标准；
k） 加强安全管理；
l） 紧急撤离；
m） 安全掩体；
n） 构筑物通风口毒物清洗；
o） 溢出物盛放；
p） 设备场地的选择；

q) 状态监控。

14 再评估和 RBI 评估结果的更新

14.1 概述

RBI 是个动态的工具,可以对目前和未来的风险进行评估。评估是基于当时的数据和认识,随着时间的推移会发生改变。RBI 评估应该用最新的检测、工艺与维护信息来进行持续的更新。

14.2 执行 RBI 再评估的关键因素

14.2.1 损伤机理与检测活动

14.2.1.1 很多损伤机理均与时间有关,损伤速率随时间而变化,通过新的检测结果可以即时修正损伤速率。

14.2.1.2 有些损伤机理与时间无关,只会在特定条件下发生。最初的 RBI 评估无法预测这些特定条件,当损伤发生后需对 RBI 进行再评估。

14.2.1.3 新的检测活动可能提供新的信息。当新的检测活动完成后,应根据检测结果判定是否需要进行 RBI 再评估。

14.2.2 工艺条件与设备改变

14.2.2.1 工艺条件的改变可以导致设备发生快速失效和无法预测的腐蚀与裂纹,一旦操作条件的变化对损伤机理有明显影响,则需要进行再评估。

14.2.2.2 设备的改变(维修、更换)对风险有显著影响,需要进行再评估。

14.2.3 RBI 评估前提条件的变化

RBI 评估前提条件的变化对风险评估结果有显著影响,可能的变化包括:

a) 人口密度的增加或减少;

b) 设备和管道材料改变;

c) 产品价格的波动;

d) 安全与环境法律法规改变;

e) 用户风险管理计划修改(如风险标准变化)。

14.2.4 降险策略的影响

实施了降险策略(如安装安全系统、维修等)并达到预期目的后,需更新 RBI 程序,对风险进行再评估。

14.3 实施 RBI 再评估的时机

14.3.1 重大变化发生之后。应估计每一重大变化对风险改变的影响。工艺条件、损伤机理、损伤速率、损伤严重程度以及 RBI 前提条件的改变都可能需要 RBI 再评估。

14.3.2 评估周期满了之后。细小变化的长时间积累也会引起 RBI 评估的重大变化。应设定实施 RBI 再评估的最长时间间隔。

14.3.3 实施降低风险策略之后。实施降低风险策略后,应采用 RBI 再评估的结果验证采取风险缓减措施后是否已将风险降低到可接受的水平。

14.3.4 相关法规修改之后。应考虑相关法规修改后对检测要求的影响。

15 任务、职责、培训与资质

15.1 RBI小组的组成

15.1.1 RBI评估需要通过多方面收集数据、专门分析并做出风险管理的决定，通常需要组成一个具备所需技术与经验的评估小组来有效实施RBI评估。
15.1.2 15.2给出了典型RBI评估小组的组成，应根据实际情况决定小组成员。

15.2 小组成员、任务和职责

15.2.1 小组领导

15.2.1.1 小组领导应是全职的小组成员，并是项目执行单位的领导者或主要技术负责人。
15.2.1.2 小组领导的职责包括下述几方面：
15.2.1.2.1 组建评估小组，核实小组成员是否具备需要的技术与知识。
15.2.1.2.2 做好以下工作，确保评估的正确进行：

a) 准确收集数据；
b) 做出合乎逻辑的假设并进行记录；
c) 确定收集数据、做出假设的适当人选；
d) 对数据收集与分析的质量进行适当的监督和检查。

15.2.1.2.3 准备RBI评估报告，并将其分发给做出风险管理决定或实施缓减风险措施的责任人。
15.2.1.2.4 保证实施正确的风险降低措施。

15.2.2 设备工程师或检测技术人员的职责

15.2.2.1 收集设备状态和历史数据。
15.2.2.2 当无法获得状态数据时，应会同材料和腐蚀专家共同对设备现有状态进行预测。
15.2.2.3 会同材料和腐蚀专家评价设备历史检测的有效性。
15.2.2.4 实施RBI推荐的检测计划。

15.2.3 材料和腐蚀专家的职责

15.2.3.1 考虑设备的工艺条件、环境、材质和寿命等因素，评估损伤机理的类型以及对设备的适用性和破坏程度。
15.2.3.2 比较RBI预期条件与设备实际条件的差异及差异产生的原因，为RBI使用的损伤机理、损伤速率提供指导，并确定检测对相关损伤机理的有效性。
15.2.3.3 推荐降低失效可能性的方法(如改变材质、增加抑制剂、增加涂层和衬里等)及监控损伤速率变化的控制方法(如pH值监控、腐蚀速率监控、介质监控等)。

15.2.4 工艺专家的职责

15.2.4.1 提供工艺条件信息，这些信息用工艺流程数据表的形式给出，记录由正常事件(如开停车)和非正常事件引起的工艺条件的变化。
15.2.4.2 给出工艺流体或气体的组分、组分变化以及它们的毒性和可燃性。
15.2.4.3 推荐通过改变工艺条件降低风险的方法。

15.2.5 操作和维护人员的职责

15.2.5.1 核实设备是否在设定的工艺操作条件的范围内工作。

15.2.5.2 按照检测人员提供的数据进行设备的维修和更新。

15.2.5.3 推荐执行工艺、设备更新及监控的建议。

15.2.6 管理者的职责

15.2.6.1 为RBI提供资源保证并进行监督。

15.2.6.2 做出风险管理的决策并为组内其他人员提供风险管理的框架和机理，使他们按照RBI评估的结果开展工作。

15.2.6.3 为降险措施的执行提供资源与后续系统。

15.2.7 风险评估人员的职责

15.2.7.1 集中全部数据进行RBI分析、其具体任务是：

a) 确定其他小组成员应提供的数据；

b) 确定数据的准确水平；

c) 检查核实数据和假设的正确性；

d) 将数据输入计算机程序、运行程序；

e) 数据输入和输出的质量控制；

f) 人工计算风险(如果不使用计算机程序)；

g) 将结果用可理解的方式显示出来，编制RBI评估报告。

15.2.7.2 必要时应进行风险-利润分析。

15.2.8 环境安全人员的职责

15.2.8.1 提供环境安全系统和有关法规的数据。

15.2.8.2 推荐降低失效后果的方法。

15.2.9 财务和营销人员的职责

15.2.9.1 提供开展RBI所需的费用及停工造成经济损失的数据。

15.2.9.2 推荐降低失效经济后果的方法。

15.3 RBI的培训和资格

15.3.1 风险评估人员

15.3.1.1 风险评估人员应接受过RBI方法与实施程序的严格训练，掌握如何操作程序及影响最终评估结果的有关因素。

15.3.1.2 提供RBI风险评估服务的单位的技术负责人应接受过评估程序方面的培训，以保证所组织的RBI项目成员具备相应的资质和经验。

15.3.1.3 利用内部的风险评估人员实施RBI的设备所有者，应有相应的程序和方法保证其人员具备应有的资质。

15.3.1.4 应有风险评估人员的资质和培训记录。

15.3.2 小组其他成员

15.3.2.1 应接受RBI方法和评估程序的基本培训，以使小组其他成员正确理解和有效运用RBI。

15.3.2.2 上述培训应由 RBI 小组内风险评估人员提供，也可由其他掌握 RBI 方法和程序的人员提供。

16 RBI 文件和记录的保存

16.1 概述

应记录 RBI 评估的全部数据。RBI 文件中应包含以下内容：

a） 评估的类型；

b） 实施评估的小组成员；

c） 评估的进度安排；

d） 基础数据的来源；

e） 评估过程中做出的假设；

f） 风险评估的结果（包括可能性和后果）；

g） 检验策略（如果运用这些策略，可以管理风险）；

h） 减缓后的风险水平（例如，实施风险减缓后的残余风险）；

i） 检验策略所参考的规范或标准。

16.2 RBI 方法

16.2.1 应记录实施 RBI 评估所采用的方法，以明确评估的类型。

16.2.2 应记录失效的概率和后果。

16.2.3 如果使用特定的软件执行评估，也应作记录和维护。

16.2.4 文件应完整，以方便对所作决定的基础和逻辑进行检查及复制。

16.3 RBI 执行人员

应记录 RBI 评估小组的全部成员。

16.4 时间安排

应记录 RBI 实施的时间安排。

16.5 风险评估的任务

各种输入都将用于评价失效的概率和后果，输入的信息至少包括以下几方面：

a） 基本设备数据和检测历史，例如：操作条件、材料结构、工况、腐蚀速率、检测历史等；

b） 明确的损伤机理；

c） 判断损伤机理严重程度的标准；

d） 预测的失效模式；

e） 判断失效模式严重程度的主要参数；

f） 判定各种后果类型的标准，包括安全、健康、环境和经济；

g） 评定风险可接受准则的标准。

16.6 风险评估所作的假设

应清晰的记录 RBI 评估中所做出的各种假设，提高重新进行 RBI 评估和更新的能力。

16.7 风险评估的结果

文件中应记录可能性、后果风险的结果。

16.8 降险措施与结果

文件中应记录实施的降险措施、方法、过程、人员以及实施降险措施的结果。

16.9 法律、规范和标准

当法律、规范允许时，RBI 可以作为替代常规固定周期检验的一种选择，按本标准的要求实施。RBI 的实施过程，应当满足相关法律、规范的要求和规定。

附 录 A
（资料性附录）
炼油厂固定设备腐蚀机理

表 A.1～A.4 分别给出了炼油厂固定设备(包括管线)四种失效模式下可能存在的主要腐蚀机理。

表 A.1 减薄

损伤机理	描 述	性质	关 键 变 量	例 子
盐酸腐蚀	引起碳钢和低合金钢的局部腐蚀,尤其是"露点"部位(<204 ℃)。奥氏体不锈钢受到点蚀和缝隙腐蚀。在有氧化剂的条件下,可加速镍合金腐蚀	局部	盐酸百分含量、pH值、材料结构,温度	常压塔塔顶、加氢处理排出液、催化重整排出液及再生系统
电化学腐蚀	两种金属连接处浸入电解质液中时发生。	局部	连接的金属材料,间距	海水和一些冷却水系统
硫酸腐蚀	强酸引起各种金属材料的腐蚀,取决于很多因素	局部	酸百分含量、pH值、材料、温度、速度、氧化剂等	硫酸烷基化单元、除盐水
氢氟酸腐蚀	强酸引起各种金属材料的腐蚀	局部	酸百分含量、pH值、材料、温度、速度、氧化剂等	氯氟酸烷基化单元,除盐水
磷酸腐蚀	弱酸引起金属腐蚀。通常是在水处理中为抑制生物腐蚀而加入的	局部	酸百分含量、pH值、材料、材料、温度	水处理单元
苯酚(石碳酸)腐蚀	弱酸引起的各种金属腐蚀和损失	局部	酸百分含量、pH值、材料、材料、温度	重油和脱蜡装置
大气腐蚀	腐蚀工艺通常发生在大气中,碳钢转换为 Fe_2O_3	均匀腐蚀	氧气的分压、温度范围和湿度	高温工艺下,使用无保护层的碳钢很容易发生(如蒸汽管)
保温层下腐蚀(CUI)	CUI是大气腐蚀的一种典型情况。温度、湿度较高和保温材料中残余的腐蚀性物质很容易形成腐蚀性环境	通常高度集中	氧气的分压、温度范围和湿度、保温材料内的腐蚀性成分	保温的管道和容器
土壤腐蚀	与土壤接触的金属会发生腐蚀	局部腐蚀	材料、土壤特性、涂层类型	罐的底部,埋地管线
高温硫化物腐蚀(不含 H_2)	腐蚀工艺类似于大气腐蚀。在这种情况下,碳钢转化为硫化亚铁。转化速度取决于操作温度和硫的浓度	通常均匀腐蚀	硫的浓度和温度	温度超过232 ℃;硫的含量超过0.2%的部位。在蒸馏、焦化设备,FCC和加氢单元
高温硫化物腐蚀(含 H_2)	含有 H_2,更容易产生硫化腐蚀	通常均匀腐蚀	硫和氢的浓度、温度	温度超过232 ℃;硫的含量超过0.2%的部位。加氢处理单元在 H_2 混合点后、反应器、反应器流出物系统(换热器、加热器分离器和管道)等

表 A.1（续）

损伤机理	描述	性质	关键变量	例子
环烷酸腐蚀	环烷酸腐蚀是有机酸对合金钢进行的腐蚀。温度 177 ℃到 399 ℃范围。原料中环烷酸可用 KOH 中和数值表示	局部腐蚀	环烷/有机酸的浓度和温度	蒸馏单元减压塔的中间部分，在常压蒸馏单元、炉子和转油管线也会发生
氧化	一定温度下发生高温腐蚀，反应将金属转化为金属氧化物	均匀腐蚀	温度、存在的空气、材料	炉管的外侧，炉管架，其他暴露在烟气中的管架
冷却水腐蚀	由溶解盐、气体、有机化合物或微生物活动引起的碳钢和其他金属的腐蚀	全面或局部腐蚀	温度、水质、氧含量和流速	所有用冷却水的设备
锅炉冷凝水腐蚀	锅炉系统和冷凝水回水管道上的	全面腐蚀和点蚀	溶解的气体、氧气、二氧化碳	蒸汽发生系统和冷凝水回水系统，透平冷凝水系统
烟气露点腐蚀	燃料中硫和氯类物质在燃烧中形成二氧化硫、三氧化硫和氯化氢在低温下遇水蒸气形成亚硫酸和盐酸	局部腐蚀	三氧化硫或氯化氢的浓度，金属表面温度	燃烧含硫或氯的燃料的炼油厂加热炉和锅炉，燃气透平
碱性腐蚀	苛性盐或碱性盐的浓缩引起的局部腐蚀通常在蒸发或高传热条件下发生	局部	碱性溶液浓度和温度	碱洗脱硫单元，工艺防腐的碱注入口，局部碱浓缩部位
石墨腐蚀	铁基体被腐蚀、留下腐蚀产物和多孔石墨的脱合金腐蚀形式	不明显	合金的组成和温度、通气程度、pH 值和暴露时间等	地下管道以及锅炉给水设备，消防水系统
二硫化铵腐蚀（碱性酸性水）	加氢反应流出物系统和处理碱性酸水装置中的侵蚀性腐蚀	局部	NH_4HS浓度、速度和/或局部紊流、pH 值、温度、合金组成	加氢装置，FCC、胺处理、焦化装置、酸性水处理装置
氯化铵腐蚀	氯和氨在一定温度下结晶，形成垢下腐蚀和吸潮后的低 pH 值腐蚀	全面或局部腐蚀	浓度、温度和水	加氢和催化重整装置反应流出物系统，FCC 和焦化分馏塔，蒸馏塔顶系统
酸性水腐蚀（酸性）	由 pH 值介于 4.5 和 7.0 之间含有硫化氢的酸性酸水引起的钢腐蚀。也可能含有二氧化碳（CO_2）	全面或局部腐蚀	硫化氢含量、pH 值、温度、速度和氧浓度	高硫化氢含量和低氨含量的 FCC 和焦化气体分馏装置的塔顶系统，丙烷脱沥青装置溶剂罐
冲蚀/冲蚀腐蚀	固体、液体、蒸汽或其任何组合之间的相对运动的结果而产生的材料表面的机械损耗	局部	冲击材料、速度、浓度、被冲击材料的性能，耐腐蚀保护膜性质	管道、各种阀、泵、搅拌器、加氢反应器流出物系统，蒸馏装置减压塔环烷酸腐蚀

表 A.1（续）

损伤机理	描述	性质	关键变量	例子
燃灰腐蚀	燃灰在金属表面沉积和熔化使材料加速高温腐蚀	局部	污染物的熔盐浓度、金属温度和合金组成	燃油的加热炉、锅炉、燃气透平
二氧化碳腐蚀	二氧化碳溶于水中变成碳酸后具有腐蚀性。碳酸对碳钢和低合金钢的腐蚀是个电化学的工艺，包括正极铁的溶解和负极氢的产生。反应伴随 FeC 化和(或) Fe_3O_4 膜的形成，它能否起到保护作用由条件决定	局部	二氧化碳的浓度和工艺条件	炼油厂蒸汽凝结系统，催化裂化装置中的临氢设备和气体回收单元
胺腐蚀	溶解的酸性气体(二氧化碳和硫化氢)、胺降解产物、耐热胺盐(HSAS)和其他污染物引起	均匀和局部腐蚀	设计和运行规程、胺种类和浓度、污染物、温度和速度	胺处理装置再生塔再沸器，管线
微生物引起的腐蚀	活性有机体如细菌、藻类或真菌导致的腐蚀形式	局部	有细菌，水，缺氧，营养物和工艺污染物	换热器、储罐的底层水，消防水系统

表 A.2　应力腐蚀开裂

损伤机理	描述	性质	关键变量	例子
氯化物开裂	开裂会从奥氏体不锈钢设备的内部或外部开始，主要是由于制造应力和残余应力。一些应用应力也会引起开裂	晶内开裂	酸的浓度、pH 值、材料、温度、制造、接近屈服应力	外部开裂出现在保温和湿气氛，暴露在火和水中的设备等。内部开裂出现在氯和水同时存在的地方
腐蚀开裂	开裂主要从碳钢设备的内部开始，由制造和残余应力造成	晶间开裂或晶内开裂	腐蚀性物质的浓度、pH 值、材料、温度、应力	腐蚀性物质处理单元、脱硫醇处理、蒸馏装置进料预热和脱盐、污水处理、蒸汽系统
连多硫酸腐蚀	敏化的奥氏体不锈钢在湿的连多硫酸环境下开裂。连多硫酸是由 FeS 遇到水和氧气转化而来	晶间开裂	材料敏感微观结构、水、连多硫酸	通常发生在催化裂化反应器、燃气系统、脱硫炉和氢处理单元
胺开裂	胺用于气体处理，清除溶解酸性气体中的 CO_2 和 H_2S。开裂通常是由吸收的酸性气体和胺的破坏性产物造成的	晶间开裂	胺的类型和浓度、材料、温度、应力	胺处理单元
氨开裂	碳钢和耐酸黄铜的开裂	碳钢晶间开裂，铸铜合金晶内开裂	材料结构，温度和应力	通常出现在氨生产和处理单元，例如以氨作中和剂的浓缩

表 A.2（续）

损伤机理	描　述	性质	关键变量	例　子
氢应力开裂——HF(氢氟酸)	暴露于氢氟酸水溶液环境中腐蚀产生的氢原子加入钢中在高残余应力部位开裂	晶间开裂	钢硬度、强度和应力	与氢氟酸接触的管道、设备，螺栓和压缩机部件
氢致开裂与应力导致开裂	碳钢和低合金钢遇到水和 H_2S 时发生。因腐蚀产生的氢原子扩散到材料中形成氢分子。材料退化的形式是起泡或材料分层应力开裂	平面开裂，近焊缝时晶内开裂	H_2S 的浓度、水温度、pH 值、材料的结构	在水和 H_2S 同时出现的地方，如蒸馏、催化裂化与气体回收、加氢处理、污水和焦化单元
碳酸盐应力腐蚀开裂	在含有碳酸盐的系统中在拉伸应力和腐蚀的共同作用下发生于碳钢焊缝邻近	晶间开裂	水相中硫化氢浓度为 50 wppm 或更大且 pH 值为 7.6 以上和含碳酸	FCC 分馏塔顶系统，制氢装置二氧化碳去除设施，酸性水处理系统
硝酸盐应力腐蚀开裂	在含有碳酸盐、硫化氢及 NO_X 的系统中在拉伸应力和腐蚀的共同作用下发生于碳钢焊缝邻近	晶间开裂	水相中硫化氢浓度为 50 wppm 或更大且 pH 值为 7.6 以上和含碳酸、NO_X	FCC 再生系统，特别是再生器壁温低于烟气露点温度的部位
腐蚀疲劳	裂纹在周期载荷和腐蚀的共同作用下扩展	晶内开裂	材料、腐蚀性环境、周期应力和应力集中点	旋转设备、脱气塔，腐蚀性环境中受到周期应力作用的任何设备
碱应力腐蚀开裂	暴露于苛性碱的管道和设备上的应力腐蚀开裂	碳钢是晶间，不锈钢是晶内	碱浓度、金属温度和应力水平	碱洗脱硫单元，工艺防腐的碱注入口，局部碱浓缩部位
氢脆	原子氢渗入而引起的高强度钢的延展性损失可导致脆性开裂	晶间、晶内	氢溶予钢中、材料与金相组织和残余应力	未消除应力的湿硫化氢环境，高强度钢的球罐，螺栓，加氢反应器

表 A.3　材质劣化

损伤机理	描　述	性质	关键变量	例　子
高温氢侵蚀	碳钢和低合金钢遇到高温氢在高温(>260 ℃)下，氢扩散进材料，与钢中的碳反应，产生甲烷气体沿晶格边界形成裂纹。	晶间裂纹开裂，脱碳	材料、氢的分压、温度、工作的时间	发生在加氢脱硫、加氢裂化、加氢重整和制氢单元的反应部分
晶粒增长	在钢受热到一定温度以上时发生晶粒增长。碳钢从 593 ℃开始，大部分从 732 ℃开始，奥氏体不锈钢和镍铬合金在 899 ℃开始	局部	最高温度、最高温度的时间、材料	炉管失效，火灾损坏的设备

表 A.3(续)

损伤机理	描　　述	性质	关键变量	例　　子
石墨化	由于长期暴露在 440 ℃～760 ℃范围内，珠光体颗粒分解成铁素体颗粒和石墨	局部	材料、暴露的时间和温度	FCC 反应器
б 相脆化	奥氏体不锈钢和其他铬含量超过 17%的不锈钢在较长时间暴露在 538 ℃～816 ℃范围内	无显著特点	材料、暴露的时间和温度	铸造炉管和部件，FCC 中的再生器旋风
475 ℃脆断	发生在铁素体不锈钢中。在 343 ℃～538 ℃时老化，降低这一温度延展性	无显著特点	材料、暴露的时间和温度	复合钢板设备，停工检修期的塔盘
回火脆化	低合金钢长期维持在 371 ℃～566 ℃范围内。操作温度下强度没有明显变化。当回到环境温度时，能引起脆性断裂	无显著特点	材料、暴露的时间和温度	在停工和启动阶段，老的炼油厂可能会出现这样的问题，因为它有足够长的操作时间。加氢处理和加氢裂化可能发生此类问题
液态金属脆化	普通延展性的金属与液态金属接触并受到拉伸应力时形成灾难性脆断。例子包括不锈钢与锌的结合和铜合金与汞的结合	局部	金属结构，拉伸应力，遇到的液态金属	原油中汞，在蒸馏工艺中在某些设备(如冷凝器的管道)低点位浓缩和聚集。由于汞进入炼油系统导致的工艺设备的失效
渗碳	高温下碳向金属内扩散。碳含量的增加，会导致铁素体钢和一些不锈钢的硬化。冷却渗碳钢，结构会变脆	局部	材料结构，温度和暴露的时间	有焦碳沉积的炉管是渗碳的一个很好代表
脱碳	受热介质与金属中的碳发生反应，使铁合金表面失去碳	局部	材料结构，环境温度	碳钢炉管。过度加热
金属粉化	渗碳钢在 482 ℃～816 ℃：温度下处于氢、甲烷、CO、CO_2 以及轻质轻的混合物中的金属损失	局部	温度，工艺流的成分	脱氢单元，燃烧加热炉，焦化加热炉，裂化单元和气体涡轮机
渗氮	暴露于含有高含量的氮化合物的高温工艺流体，材料形成硬而脆的表面层	不明显	温度、时间、氮气和金属成分	甲烷重整装置、过热蒸汽裂解和合成氨装置
脱金属腐蚀	多相合金的一个相优先损失	局部	工艺流的特点，材料	水冷系统中的耐酸管道
钛氢化	氢扩散到钛中并发生化学反应形成脆性氢化物相。这可导致延展性完全丧失	不明显	金属温度、溶液化学和合金组成。电偶腐蚀环境	钛材料的冷凝器、换热器，换热器和空冷的钛衬管，钛材料表面的铁污染
软化(球化)	440 ℃～760 ℃的温度范围内钢的微观组织的一种变化	不明显	金属化学、微观组织、曝露时间和温度	FCC、焦化和重整装置的管道和设备

表 A.3（续）

损伤机理	描　述	性质	关 键 变 量	例　子
应变老化	中间温度下变形和碳钢材料老化的共同作用，强度增加，韧性降低	不明显	钢的组成及制造工艺	未经过消除应力的敏感材料制成的厚壁容器
异金属焊缝开裂	奥氏体钢不锈钢和铁素体材料的连接焊缝	焊脚裂纹	填充金属类型、加热与冷却速率、金属温度、带温时间、焊缝几何形状	炉管、加氢换热器接管的焊缝
再热裂纹	焊后热处理期间因拉应力引起的金属的开裂，常见于厚壁断面	晶间开裂	材料类型、晶粒大小、残余应力、断面厚度、应力集中点	高约束区，包括接管焊缝和厚壁管的厚壁容器

表 A.4　机械损伤

损伤机理	描　述	性质	关 键 变 量	例　子
机械疲劳	承受的循环应力超过材料的承受极限，导致部件的开裂	局部	循环应力的等级，材料结构	泵和压缩机的往复部件，旋转设备的轴和相连的管，回转减震器等旋转设备
机械损伤	典型的例子是设备和工具的误用，风的破坏，设备运输和安装时的疏忽大意	N/A	设备的设计、操作规程	边缘面和机械座的表面没受到表面保护和处理不当时受到损坏
超压	压力超过设备允许的最大的工作压力	N/A	设备的设计、操作规程	工艺条件紊乱造成过热导致超压；设备偏离设计的工艺压力
过载	载荷超过设备允许的最大载荷时发生	N/A	设备的设计、操作规程	水压试验时会因施加的重量过大时支撑结构超载；热膨胀和收缩会产生超载问题
脆断	低韧性和低冲击强度的钢的延展性降低	局部	材料结构、温度	缺乏预防措施时给设备增压。低温下
蠕变	高温设备的承受应力低于其屈服应力时，发生连续的塑性变形	局部	材料结构、温度和施加的应力	炉管
应力断裂	在高温下，施加的应力低于屈服时金属失效的时间	局部	材料结构。温度和施加的应力，暴露的时间	炉管
热震动	设备在短时间内受到大而不一致的热应力的作用，造成微小的膨胀和收缩，由此引起热震动。如果设备的运动对热震动作了限制，应力会在超过屈服强度	局部	设备的设计，操作规程	伴随流体偶尔中断，或出现在燃烧中

表 A.4（续）

损伤机理	描　述	性质	关键变量	例　子
热疲劳	热疲劳是温度的循环变化引起材料应力的循环变化	局部	设备设计，操作规程	焦碳塔受到循环热产生热疲劳裂纹。设备上的旁通阀和带有很强的加强圈的管道，在循环温度下工作，也容易产生热疲劳
耐火材料退化	耐火材料对各种形式的机械损伤、氧化、硫化	局部	耐火材料选择、设计及安装，锚固材料	FCC 再反系统、冷壁反应器、锅炉、加热炉
振动引起的疲劳	因振动、水锤或不稳定流体流动而引起的动态载荷作用	局部	振动的幅度和频率及部件抗疲劳能力	旋转和往复式设备、安全阀、降压阀附近管线，换热器管
腐蚀疲劳	腐蚀工艺，特别是点蚀加速了机械疲劳的进展	局部	循环应力。材料的结构，介质引起的点蚀可能性	蒸汽炉的顶盖，锅炉的炉管
汽蚀	液体中蒸汽泡的快速形成和破裂，引起金属表面压力的波动，从而引起汽蚀	局部	介质的压力	泵的叶轮背部，泵的弯曲部位
短时过热	局部过热，在相对低应力水平下发生永久性变形	鱼嘴型开裂	温度、时间及应力	锅炉和加热炉的火焰冲击，FCC 和硫回收装置耐火材料损坏
热冲击	短时间高的热应力，由于膨胀或收缩受阻，材料产生变形	发丝裂纹	温差大小和材料的热膨胀系数	FCC 和焦化装置，其他装置的设备和管道
蒸汽阻滞	蒸汽发生设备在运行时热通量和流体流量的平衡破坏，形成的蒸汽毯造成金属温度升高	开式破裂	热通量和流体流量的平衡	所有蒸汽发生装置

参 考 文 献

[1] SY/T 6230—1997 石油天然气加工工艺危害管理
[2] SY/T 6507—2000 压力容器检验规范维护检验、定级、修理和改造
[3] SY/T 6552—2003 石油工业在用压力容器检验的推荐作法
[4] SY/T 6553—2003 管道检验规范在用管道系统检验、修理、改造和再定级
[5] SY/T 6620—2005 油罐检验、修理、改建和翻建
[6] SY/T 6653—2006 基于风险的检查(RBI)推荐作法
[7] API 510 Pressure Vessel Inspection Code—Inspection, Repair, Alteration, and Aerating
[8] API 570 Piping Inspection Code—Inspection, Repair, Aleration, and Aerating of In—Service Piping Systems
[9] API RP 571 Damage Mechanisms Affecting Fixed Equipment in the Refining Industry
[10] API RP 579 Fitness-For-Servic
[11] API RP 580 Risk-based Inspection
[12] API Std. 653 Tank Inspection, Repair, Alteration, and Reconstruction
[13] API RP 750 Management of Process Hazards
[14] API RP 752 Management of Hazards Associated With Location of Process Plant Buildings
[15] API RP 939C Guidelines for Avoiding Sulfidation (Sulfidic) Corrosion Failures in OilRefineries
[16] API RP 941 Steels for Hydrogen Service at Elevated Temperatures and Pressures in Petroleum Refineries and Petrochemical Plants

ICS 65.020.30
B 43

中华人民共和国国家标准

GB/T 26611—2011

阿拉善双峰驼

Alashan camel

2011-06-16 发布 2011-11-01 实施

中华人民共和国国家质量监督检验检疫总局
中国国家标准化管理委员会 发布

前　言

本标准的附录 A、附录 B 均为规范性附录。

本标准由中华人民共和国农业部提出。

本标准由全国畜牧业标准化技术委员会(SAC/TC 274)归口。

本标准起草单位:内蒙古自治区家畜改良工作站、内蒙古阿拉善盟畜牧兽医工作站、内蒙古阿拉善盟骆驼研究所。

本标准主要起草人:高雪峰、王爱民、张文彬、左海涛、李忠书、陈巴特尔、宝迪、托娅、任其格玛。

阿 拉 善 双 峰 驼

1 范围

本标准规定了阿拉善双峰驼的品种特征、生产性能、等级标准及评定方法。

本标准适用于阿拉善双峰驼品种鉴别和等级评定。

2 规范性引用文件

下列文件中的条款通过本标准的引用而成为本标准的条款。凡是注日期的引用文件，其随后所有的修改单(不包括勘误的内容)或修订版均不适用于本标准，然而，鼓励根据本标准达成协议的各方研究是否可使用这些文件的最新版本。凡是不注日期的引用文件，其最新版本适用于本标准。

NY 1 细毛羊鉴定项目、符号、术语

3 术语和定义

下列术语和定义适用于本标准。

3.1

驼毛 camel fleece

由皮肤毛囊发生的纤维性衍生物。

注：驼毛由毛干、毛根、毛球构成。根据毛纤维形态，可分为绒、粗毛、长毛。

3.2

绒层厚度 fleece down

骆驼活体被毛内层绒的长度，在肩关节水平线上分颈、肩、体侧、股四部位，从皮肤到绒毛顶端的自然长度。

3.3

绒毛密度 fleece density

每平方厘米皮肤上着生的绒根数。

3.4

净毛率 yield

除去杂质的绒毛重量占样本总量的百分比。

3.5

绒毛比率 rate of fine wool in numbers

被毛中绒所占的重量比。

3.6

驼峰 hump

骆驼背腰上的峰状器官。

注：驼峰由结缔组织与脂肪构成。

3.7

驼羔 camel calf

2 岁以下的骆驼。

3.8

育成驼 rearing camel

2 岁～5 岁的骆驼。

3.9

成年驼 mature camel

5岁以上的骆驼。

3.10

骟驼 gelded bull camel

去势后的公驼。

4 原产地、品种特征

4.1 原产地

内蒙古自治区阿拉善盟全境、巴彦淖尔市、鄂尔多斯市,甘肃、宁夏的部分地区也有少量分布。

4.2 品种特征

4.2.1 品种特性

性情温和,善游走和远距离采食。抗逆性强,耐饥渴、严寒、酷暑,抗干旱风沙等。厌湿热。对荒漠和半荒漠自然环境有极强的适应能力,能有效利用荒漠植物,恋膘和储脂能力强。

4.2.2 体质外貌

阿拉善双峰驼体质结实,结构匀称,骨骼坚实,肌肉发达,毛色以杏黄、棕红、白色为主,绒层厚,绒毛比率高,绒纤维强度大、光泽好。颈长呈"乙"字形弯曲,体高大于体长,胸宽而深,背短腰长,驼峰大而丰满。四肢关节强健,筋腱明显,后肢呈刀状肢势,蹄大而圆,蹄掌厚而弹性好。公驼鬃嗉毛发达,母驼头清秀。阿拉善双峰驼公母照片见附录A。

5 生产性能

5.1 产绒性能与品质

5.1.1 产绒性能与品质

指标见表1。

表1 成年驼产绒性能与绒品质

驼别	绒层厚度/cm	净毛率/%	细度/μm	伸直长度/cm	强度/g	伸度/%
成年公驼	5.5	78	22	8	14	49
成年母驼	5.5	72	18	8	9	52
成年骟驼	5.9	79	19	9	10	43

5.1.2 绒毛产量

产量见表2。

表2 双峰驼产绒量 单位为千克

类别	育成驼				成年驼					
年龄	3岁		4岁		5岁		6岁		7岁及以上	
性别	公	母	公	母	公	母	公	母	公	母
绒产量	3.8	3.8	4.5	4.3	4.8	4.6	5.0	4.8	5.5	5.0
长毛产量	—	—	—	—	—	—	—	—	1.8	1.5

5.2 体尺体重

体尺、体重见表3。

表 3　体尺体重

类别	育成驼				成年驼					
年龄	3 岁		4 岁		5 岁		6 岁		7 岁及以上	
性别	公	母	公	母	公	母	公	母	公	母
体高/cm	163	162	166	163	168	164	170	166	172	168
体长/cm	131	130	138	134	141	140	144	142	148	144
胸围/cm	182	180	194	188	204	198	214	208	224	214
管围/cm	17	16.5	18	17	19	18	19.5	18	20	19
体重/kg	360	320	400	350	440	390	460	420	500	450

5.3　产肉性能

成年骟驼屠宰率 50%以上，净肉率 38%。

5.4　繁殖性能

性成熟：母驼 3 岁，公驼 4 岁。适配年龄：母驼 4 岁，公驼 5 岁。母驼繁殖年限 17 年～20 年。公驼利用年限 10 年～15 年。季节性发情（当年 12 月到次年 3 月），母驼诱发排卵。母驼妊娠期 395 d～405 d，单胎。

5.5　产乳性能

日产乳量 1.5 kg，泌乳期 500 d 左右。

5.6　役用性能

5.6.1　驼运

每峰骆驼驮运重量 150 kg～250 kg，可日行 30 km～40 km。

5.6.2　骑乘

单人骑乘日行走 8 h～9 h，65 km～75 km。

6　等级标准及评定

6.1　鉴定评定指标及计分制

体形外貌、绒毛品质、体尺、体重、绒毛产量五项指标综合评定，以百分制计。

6.2　等级标准

等级标准见表 4。

鉴定项目及评分标准见附录 B。

表 4　等级标准

等　级	特　等	一　等	二　等	三　等
分数	95 以上	80～94	70～79	6～69

6.3　等级标识及耳号

3 岁鉴定结束后，在右耳做等级标识，标识方法、耳号编制及佩带方法按照 NY 1 的规定执行。

附　录　A
（规范性附录）
阿拉善双峰驼外貌图片

图 A.1　阿拉善双峰驼公驼正面图

图 A.4　阿拉善双峰驼母驼正面图

图 A.2　阿拉善双峰驼公驼侧面图

图 A.5　阿拉善双峰驼母驼侧面图

图 A.3　阿拉善双峰驼公驼后面图

图 A.6　阿拉善双峰驼母驼后面图

附 录 B
（规范性附录）
鉴定项目及评分标准

B.1 鉴定项目及评分标准

B.1.1 体形外貌

体形外貌鉴定标准见表B.1。

表B.1 体形外貌鉴定评分标准表

鉴定评分项目	标准分	鉴定评分	备注
头颈	5		符合本品种标准体型外貌、体质特征得满分，不足者扣分。
体躯	5		
四肢	5		
整体结构	5		
合计	20		

B.1.2 绒毛品质

绒毛品质鉴定标准见表B.2。

表B.2 绒毛鉴定评分标准表

鉴定评分项目	标准分	鉴定评分	备注
绒毛比率	15		公驼75%以上，母驼85%以上，每增减2%加减1分。
绒层厚度	10		公驼5.0 cm，母驼5.5 cm，每增减0.5 cm加减1分。
合计	25		

B.1.3 体尺体重

体尺鉴定标准见表B.3。

表B.3 体尺鉴定评分标准表

鉴定评分项目	标准分	鉴定评分	备注
体长	5		超过或低于标准2%加减1分。
胸围	5		超过或低于标准2%加减1分。
体高	5		超过或低于标准3%加减2分。
管围	5		减少1 cm减1分，超过不加分。
体重	15		超过或低于标准10%加减1分。
合计	35		

B.1.4 绒、毛产量

绒毛产量鉴定标准见表B.4。

表 B.4 绒毛产量鉴定评分标准表

鉴定评分项目	标 准 分	鉴 定 评 分	备 注
绒毛	15		超过或低于标准 5%加减 1 分。
长毛	5		超过或低于标准 10%加减 1 分。
合计	20		

B.2 鉴定时间

11 月中旬至 12 月底。

B.3 鉴定技术

B.3.1 鉴定年龄及对象

终生鉴定三次,3 岁、5 岁、7 岁时鉴定,种用驼可根据后裔测定调整等级。

B.3.2 毛样采集

在肩关节水平线上分颈、肩、体侧、股部四个部位在测量绒层厚度的地方,用 2 cm×2 cm 毛样钳插入紧贴皮肤剪取毛样。

ICS 65.020.30
B 43

中华人民共和国国家标准

GB/T 26612—2011

纯血马 DNA 亲子鉴定技术规程

Procedures of Thoroughbred parentage verification with DNA testing techniques

2011-06-16 发布　　　　2011-11-01 实施

中华人民共和国国家质量监督检验检疫总局
中国国家标准化管理委员会　发布

前　言

本标准的附录A、附录B、附录C、附录D、附录E为资料性附录。

本标准由中华人民共和国农业部提出。

本标准由全国畜牧业标准化技术委员会归口。

本标准起草单位：中国农业大学马研究中心、中国马业协会。

本标准主要起草人：赵春江、吴常信、韩国才、张浩、吴克亮、杜丹、韩文朋。

纯血马 DNA 亲子鉴定技术规程

1 范围

本标准规定了纯血马 DNA 亲子鉴定所用的方法、过程、结果的记录和解读等。

本标准适用于纯血马的亲子鉴定。

2 规范性引用文件

下列文件中的条款通过本标准的引用而成为本标准的条款。凡是注日期的引用文件，其随后所有的修改单(不包括勘误的内容)或修订版均不适用于本标准，然而，鼓励根据本标准达成协议的各方研究是否可使用这些文件的最新版本。凡是不注日期的引用文件，其最新版本适用于本标准。

GA/T 383 法庭科学 DNA 实验室检验规范

SN/T 1119 进口动物源性饲料中牛羊源性成分检测方法 PCR 方法

SN/T 1193 基因检验实验室技术要求

3 术语和定义

下列术语和定义适用于本标准。

3.1

纯血马 Thoroughbred

符合国际纯血马登记委员会(International Stud Book Committee，ISBC)规定、在 ISBC 批准的成员国登记委员会登记了的马匹。

3.2

微卫星 DNA 亲子鉴定方法 parentage testing with DNA technique

以微卫星 DNA 多态性及孟德尔遗传规律为基础的亲子鉴定方法。

4 原理

根据微卫星 DNA 的侧翼序列设计引物，对微卫星 DNA 位点进行扩增，其中包括国际动物遗传协会(International Society of Animal Genetics，ISAG)和 ISBC 要求的九个微卫星位点。通过凝胶电泳判定个体的基因型。根据孟德尔遗传规律，比对亲代个体和子代个体各微卫星 DNA 位点的基因型是否相符，从而达到亲子鉴定的目的。

5 试剂与器材

5.1 试剂

5.1.1 乙醇(ethanol)，分析纯。

5.1.2 异丙醇(isopropanol)，分析纯。

5.1.3 氢氧化钠(NaOH)，分析纯。

5.1.4 乙二胺四乙酸二钠(EDTA)，分析纯。

5.1.5 氯化钠(NaCl)，分析纯。

5.1.6 十二烷基硫酸钠(SDS)，分析纯。

5.1.7 乙酸钾(CH_3COOK)，分析纯。

5.1.8 氯化锂(LiCl)，分析纯。

5.1.9 氯化钾(KCl),分析纯。

5.1.10 氯化镁($MgCl_2$),分析纯。

5.1.11 30%(质量分数)丙烯酰胺溶液:将29%丙烯酰胺和1%N,N'-亚甲双丙烯酰胺溶于去离子水,充分搅拌溶解并过滤去杂质,避光保存。

5.1.12 过硫酸铵,分析纯。

5.1.13 硼酸(boric acid),分析纯。

5.1.14 乙酸,分析纯。

5.1.15 甘油,分析纯。

5.1.16 四硼酸钠,分析纯。

5.1.17 硝酸银($AgNO_3$),分析纯。

5.1.18 甲醛,分析纯。

5.1.19 溴化乙锭,分析纯。

5.1.20 *Taq* DNA 聚合酶。

5.1.21 溴酚蓝,分析纯。

5.1.22 盐酸(HCl),分析纯。

5.1.23 三(羟基甲基)氨基甲烷(Tris Base),分析纯。

5.1.24 Tris-HCl:由 Tris Base 和 HCl 组成的缓冲溶液。

5.1.25 三磷酸脱氧核苷酸混合物(dNTPs):等量的三磷酸鸟嘌呤脱氧核苷酸(dGTP)、三磷酸腺嘌呤脱氧核苷酸(dATP)、三磷酸胸腺嘧啶脱氧核苷酸(dTTP)、三磷酸胞嘧啶脱氧核苷酸(dCTP)的混合物。

5.1.26 毛囊裂解液:200 mmol/L NaOH。

5.1.27 中和液:200 mmol/L HCl,100 mmol/L Tris-HCl,pH 8.5。

5.1.28 缓冲液:

a) 血液裂解缓冲液(Buffer A):100 mmol/L Tris-HCl(pH 7.5),100 mmol/L EDTA,100 mmol/L NaCl,0.5%(质量分数)SDS;

b) 蛋白沉淀缓冲液(Buffer B):200 mL 5 mol/L CH_3COOK,500 mL 6 mol/L LiCl 混匀后使用;

c) DNA 溶解缓冲液(TE):10 mmol/L Tris-HCl,1 mmol/L EDTA,pH=8.0;

d) 电泳解缓冲液 5×TBE:446 mmol/L Tris Base,445 mmol/L Boric Acid,10 mmol/L EDTA (pH 8.0);

e) 电泳解缓冲液 50×TAE:2 mol/L Tris 碱,1 mol/L 冰乙酸,0.1 mol/L EDTA(pH 8.0);

f) 上样缓冲液:30 mmol/L EDTA,36%(体积分数)丙三醇,0.05%(质量/体积分数)溴酚蓝,pH=7.0;

g) 10×PCR 缓冲液:100 mmol/L Tris-HCl(pH 8.0),0.5 mol/L KCl,15 mmol/L $MgCl_2$。

5.1.29 琼脂糖(分析纯)。

5.1.30 N,N,N',N'-四甲基乙二胺(TEMED)。

5.1.31 琼酯糖胶:琼脂糖加入电泳解缓冲液,加热熔解冷却后制成的胶状物,可用于 DNA 电泳。

5.2 器材

5.2.1 全自动 DNA 分析仪。

5.2.2 离心机,离心力 10 000*g*。

5.2.3 紫外可见分光光度计。

5.2.4 移液器,量程 0.1 μL~1 000 μL。

5.2.5 PCR 仪,96 孔热循环。

5.2.6 水平电泳槽,长度 31 cm。

5.2.7 垂直电泳槽,长度 24 cm。

5.2.8 凝胶成像系统。

5.2.9 漩涡振荡仪。

5.2.10 剪刀。

6 DNA 亲子鉴定规程

6.1 DNA 的提取

采取血液或带有毛囊的马毛发,从中提取 DNA。具体方法参见附录 A。DNA 样品操作注意事项见 SN/T 1119。

6.2 亲子鉴定所用 DNA 微卫星位点

亲子鉴定所用 DNA 微卫星位点应包括 ISAG 和 ISBC 要求的如下九个微卫星位点:AHT4, AHT5,ASB2,HMS3, HMS6, HMS7, HTG4, HTG10, VHL20。在所扩增的位点中还可包括 HTG6,HTG7,HMS2 等三个微卫星位点或其他若干个已被证实在纯血马群体中多态性丰富的微卫星位点,以进一步提高亲子鉴定的准确性。引物序列参见附录 B。

6.3 DNA 微卫星位点的扩增

可用荧光物质标记用于扩增上述 12 个位点的引物,采用 PCR 方法扩增这些微卫星位点。PCR 条件参见附录 C。PCR 操作中防止污染等注意事项见 GA/T 383。

6.4 基因型的检测

使用根据荧光信号探测 PCR 产物大小的全自动 DNA 分析仪或聚丙烯酰胺凝胶电泳后银染(参见附录 D)等可检测两个碱基长度差异的方法检测上述 12 个位点的基因型。在分析中设置对照样本。上述操作技术要求见 SN/T 1193。

6.5 基因型的表示方法

基因型用国际通用的字母表示。在所检测的微卫星位点中,等位基因数为奇数的,片段长度居中的基因型记为"M";如等位基因数为偶数,居中的两个基因型中片段较小的定义为"M"。其他等位基因对照"M"按升序排列。微卫星位点基因型的记录参见附录 E。

6.6 亲子关系的判断

根据两亲本及子代个体的基因型判断其是否存在亲子关系。基因型的读取和亲子关系的判断由两人分别独立完成,其结果互相印证。

6.7 否定个案的重复检测

对于亲本和子代个体的基因型不符的个案,重新采取 DNA 样品进行鉴定,两次鉴定结果一致方能确定为不存在亲子关系。

7 亲子鉴定结果的记录

7.1 亲、子代基因型相符的个案鉴定结果的记录

对于亲本和子代个体的基因型相符的个案,记录亲本及子代个体的上述已测定的微卫星位点的基因型,并记录"根据上述微卫星位点的基因型检测,不能排除子代个体与两亲本存在亲子关系",并由亲子鉴定负责人签字。

7.2 亲、子代基因型不相符的个案鉴定结果的记录

对于亲本和子代个体的基因型不符的个案,记录亲本及子代个体的上述已测定的微卫星位点的基因型,并记录"根据上述微卫星位点的基因型检测,可排除子代个体与两亲本存在亲子关系",并由亲子鉴定负责人签字。

附 录 A
（资料性附录）
从血液或毛囊中提取 DNA

A.1 马血液样品 DNA 的提取

A.1.1 从马颈静脉采取血样 5 mL，用移液器量取 100 μL 10%（质量分数）EDTA 抗凝。

A.1.2 取 50 μL 血液样品放入 1.5 mL 离心管中。

A.1.3 加入 400 μL Buffer A，充分混合至凝块消失。

A.1.4 65 ℃温浴 2 h～4 h。

A.1.5 加入 800 μL Buffer B，颠倒混合，然后冰浴 10 min（或放入－20 ℃冰箱内 5 min～10 min）。

A.1.6 用离心机在室温下以 12 000 r/min 离心 15 min。

A.1.7 吸取 1 mL 上清液于另一新的 1.5 mL 离心管中。注意不要吸到下层沉淀物或表层漂浮物，必要时可重复离心去除沉淀物。

A.1.8 加入 600 μL 异丙醇（isopropanol），颠倒混合几次。

A.1.9 室温 12 000 r/min 离心 15 min。

A.1.10 弃上清液，然后用 70%（体积分数）乙醇（ethanol）清洗两次，室温干燥，加入 150 μL TE 室温溶解 30 min。

A.1.11 在水平电泳槽内用 1.0%（质量分数）琼脂糖胶电泳检测 DNA 的质量；采用紫外可见分光光度计，以 260/280 吸光度检测 DNA 浓度。

A.1.12 －20 ℃保存。

A.2 马毛囊样 DNA 的提取

A.2.1 采取马的鬃毛，应该带有毛囊，10 支以上。

A.2.2 取 0.2 mL 离心管，标记样品号。

A.2.3 取 6 根～10 根带有毛囊的毛样，在根部用剪刀剪切约 0.5 cm（避免粘在剪刀上），放入离心管中。

A.2.4 加入 80 μL 毛囊裂解液（此浓度为黑毛样品的用量，栗毛加 2/3 浓度的毛囊裂解液）于毛囊处，漩涡振荡仪上迅速漩涡混合 3 min。

A.2.5 在 PCR 仪上用如下程序进行一个热循环：75 ℃ 1 min，80 ℃ 2 min，90 ℃ 1 min，97 ℃ 10 min。

A.2.6 从热循环仪上取下样品，加入 80 μL 中和液（此浓度为黑毛样品的用量，栗毛加 2/3 浓度的中和液），漩涡混合 3 min。

A.2.7 －20 ℃保存。

附　录　B
（资料性附录）
用于扩增纯血马亲子鉴定的 12 个微卫星位点的引物

用于扩增纯血马亲子鉴定的 12 个微卫星位点的引物如表 B.1 所示。

表 B.1　用于扩增纯血马亲子鉴定的 12 个微卫星位点的引物

位点名称	序列(5′—3′)
AHT4	正向:AACCGCCTGAGCAAGGAAGT 反向:GCTCCCAGAGAGTTTACCCT
AHT5	正向:ACGGACACATCCCTGCCTGC 反向:ATCTAGCAGGCTAAGGAGGCTCAGC
ASB2	正向:CCTTCCTGTAGTTTAAGCTTCTG 反向:GATCATATGCCCTTATCTCTTTGCGC
HTG7	正向:CCTGAAGCAGAACATCCCTCCTTG 反向:ATAAAGTGTCTGGGCAGAGCTGCT
HMS3	正向:CCAACTCTTTGTCACATAACAAGA 反向:CCATCCTCACTTTTTCACTTTGTT
HMS6	正向:GAAGCTGCCAGTATTCAACCATTG 反向:CTCCATCTTGTGAAGTGTAACTCA
HMS7	正向:CAGGAAACTCATGTTGATACCATC 反向:TGTTGTTGAAACATACCTTGACTGT
HTG4	正向:CTATCTCAGTCTTGATTGCAGGAC 反向:CTCCCTCCCTCCCTCTGTTCTC
HMS2	正向:ACGGTGGCAACTGCCAAGGAAG 反向:CTTGCAGTCGAATGTGTATTAAATG
HTG6	正向:CCTGCTTGGAGGCTGTGATAAGAT 反向:GTTCACTGAATGTCAAATTCTGCT
HTG10	正向:CAATTCCCGCCCCACCCCCGGCA 反向:TTTTTATTCTGATCTGTCACATTT
VHL20	正向:CAAGTCCTCTTACTTGAAGACTAG 反向:AACTCAGGGAGAATCTTCCTCAG

附 录 C
（资料性附录）
扩增纯血马亲子鉴定的12个微卫星位点的PCR条件

C.1 PCR条件

扩增纯血马亲子鉴定的12个微卫星位点的PCR条件如表C.1所示。

表C.1 用于纯血马亲子鉴定的荧光标记引物扩增条件和扩增产物片段大小

位点名称	标记颜色	片段大小/bp	退火湿度/℃	Mg^{++}浓度/mmol/L
AHT4	蓝色	151～167	60	1.5
AHT5	黄色	133～147	60	1.5
ASB2	绿色	212～248	60	2.5
HTG7	绿色	118～128	55	2.5
HMS3	绿色	150～172	60	2.5
HMS6	黄色	159～173	60	2.5
HMS7	蓝色	170～186	60	2.5
HTG4	蓝色	129～141	55	1.5
HMS2	黄色	216～238	60	2.5
HTG6	绿色	84～106	55	2.5
HTG10	黄色	94～114	60	1.5
VHL20	蓝色	87～105	55	2.5

C.2 PCR反应体系

PCR反应体系如下：50 μL反应体系：10×PCR缓冲液5 μL，dNTPs（5 mmol/L）1 μL，引物（50 μmol/L）各2 μL，*Taq* DNA聚合酶（5 U/μL）0.5 μL、模板DNA 10 μL（50 ng～500 ng）、ddH_2O 31.5 μL，扩增每个位点所需的最佳镁离子浓度参见表C.1。

反应条件：PCR反应条件随仪器不同略有改变。94 ℃预变性1 min～3 min。94 ℃变性30 s，退火30 s（扩增每个位点所需的最佳退火温度参见表C.1），72 ℃延伸45 s，30个循环。72 ℃延伸30 min。4 ℃保存。

检测过程中分别设阳性对照、阴性对照和空白对照。用已知可成功扩增的马DNA样品作阳性对照；用等体积的重蒸馏水代替模板DNA作空白对照。

C.3 PCR扩增产物的电泳检测

PCR扩增产物电泳检测：取2.5 g琼脂糖，放入100 mL电泳缓冲液（将电泳缓冲液50×TAE用去离子水稀释50倍）加热充分熔解后制胶。在电泳槽中加入电泳缓冲液，使液面没过凝胶。将4 μL PCR扩增产物和适量上样缓冲液混合后上样。9 V/cm恒压电泳，溴酚蓝迁移至凝胶中部停止。将胶放入溴化乙锭溶液（浓度为0.5 μg/mL）中染色15 min，采用凝胶成像系统观察电泳结果并记录。

附 录 D
（资料性附录）
采用银染进行微卫星 DNA 基因型的分析方法

D.1 12%（质量分数）聚丙烯胺凝胶（25 mL 体积，0.1 cm 胶条）制作及电泳

D.1.1 清洗制胶用的玻璃板并用蒸馏水冲洗干净，晾干后上垫条，用夹子夹好。

D.1.2 在 100 mL 烧杯内加入 30%（质量分数）聚丙烯酰胺 10 mL，2.5 mL 50%（体积分数）的甘油，电泳解缓冲液 5×TBE 5 mL，10%（质量分数）过硫酸铵 0.175 mL，TEMED 8 μL，加入蒸馏水 7.325 mL，混合均匀后迅速灌胶。上述为一块胶的量，多块胶时按比例加倍。

D.1.3 当灌胶至玻璃板上沿 0.1 cm 时停止，插入梳子，室温放置至其聚合。

D.1.4 凝胶聚合好后，向垂直电泳槽加入 1×TBE，用注射器冲洗加样孔。

D.1.5 预电泳 10 min，然后上样、电泳。

D.2 硝酸银染色方法

D.2.1 用去离子水冲洗胶。

D.2.2 用 25%（体积分数）的乙醇浸泡胶 2 min～3 min。

D.2.3 去离子水冲洗 2 遍。

D.2.4 用 0.1%（质量分数）$AgNO_3$ 染色液染色 30 min～40 min。

D.2.5 去离子水冲洗 2 遍。

D.2.6 用显色液（取 15 g NaOH，加去离子水至 500 mL 溶解，加 0.076 g 四硼酸钠和 800 μL 甲醛）显色 10 min～20 min。

D.2.7 用去离子水冲洗多余的显色液。

D.2.8 显色后的胶用保鲜膜封好，观察和照相。

附 录 E
（资料性附录）
纯血马亲子鉴定微卫星 DNA 基因型登记

纯血马亲子鉴定微卫星 DNA 基因型登记如表 E.1 所示。

表 E.1 纯血马亲子鉴定微卫星 DNA 基因型登记表

位点名称	VHL20	HTG4	AHT4	HMS7	AHT5	HMS6	ASB2	HTG10	HMS3	HMS2	HTG6	HTG7
子代基因型												
母马基因型												
公马基因型												
子代基因型												
母马基因型												
公马基因型												

ICS 65.020.30
B 43

中华人民共和国国家标准

GB/T 26613—2011

呼伦贝尔羊

Hulunbeier sheep

2011-06-16 发布 2011-11-01 实施

中华人民共和国国家质量监督检验检疫总局
中国国家标准化管理委员会 发布

前　言

本标准的附录 A 为规范性附录。

本标准由中华人民共和国农业部提出。

本标准由全国畜牧业标准化技术委员会(SAC/TC 274)归口。

本标准起草单位:内蒙古自治区家畜改良工作站、内蒙古自治区呼伦贝尔市畜牧工作站。

本标准主要起草人员:高雪峰、李疆、李忠书、康凤祥、王玉、包利锋、陈巴特尔、苏义勒图。

呼 伦 贝 尔 羊

1 范围

本标准规定了呼伦贝尔羊的品种特征、生产性能和等级评定方法。

本标准适用于呼伦贝尔羊品种鉴别和等级评定。

2 规范性引用文件

下列文件中的条款通过本标准的引用而成为本标准的条款。凡是注日期的引用文件，其随后所有的修改单(不包括勘误的内容)或修订版均不适用于本标准，然而，鼓励根据本标准达成协议的各方研究是否可使用这些文件的最新版本。凡是不注日期的引用文件，其最新版本适用于本标准。

NY 1 细毛羊鉴定项目、符号、术语

NY/T 1236 绵、山羊生产性能测定技术规范

3 品种特征

3.1 原产地

呼伦贝尔羊主要分布于内蒙古自治区呼伦贝尔市新巴尔虎左旗、新巴尔虎右旗、陈巴尔虎旗和鄂温克族自治旗。经过长期的自然选择和人工选育，呼伦贝尔羊具有体大、早熟、耐寒易牧、抗逆性强等特点。

3.2 外貌特征

呼伦贝尔羊体格强壮、结构匀称，头大小适中，鼻梁微隆，耳大下垂，颈粗短。四肢结实，大腿肌肉丰满，后躯发达。背腰平直，体躯宽深，略呈长方型。被毛白色，为异质毛，头部、耳后、腕关节及飞节以下允许有有色毛。公羊部分有角，母羊无角。尾巴呈半椭圆状或小桃状。外貌特征见附录 A。

4 生产性能

4.1 体尺体重

在自然放牧条件下一级羊体尺体重最低指标见表 1。

表 1 一级羊体尺体重最低指标

羊 别	体高/cm	体长/cm	胸围/cm	体重/kg
成年公羊	72	75	100	82
成年母羊	67	72	92	62
育成公羊(18 月龄)	68	72	90	62
育成母羊(18 月龄)	65	70	88	52

4.2 产肉性能

呼伦贝尔羊羯羊产肉性能见表 2。

表 2 呼伦贝尔羊羯羊产肉性能最低指标

羊别	胴体重/kg	屠宰率/%	净肉率/%
18 月龄羯羊	27	50	41
6 月龄羯羊	16	47	38

4.3 繁殖性能

性成熟：公羊 8 月龄，母羊 7 月龄；适配年龄：公羊、母羊均为 18 月龄。季节性发情，母羊发情周期平均 17 d，发情持续期 24 h～48 h，妊娠期平均 150 d，经产母羊产羔率平均 110%。

4.4 生产性能测定

按 NY/T 1236 的规定执行。

5 等级评定

5.1 特级

体尺三项指标中两项或者体重超过表 1 指标 10%的优秀个体。

5.2 一级

符合外貌特征，体尺和体重达到表 1 指标的个体。

5.3 二级

符合外貌特征，体尺和体重达到表 3 指标的个体。

表 3 二级羊体尺体重最低指标

羊 别	体高/cm	体长/cm	胸围/cm	体重/kg
成年公羊	64	70	90	65
成年母羊	60	66	86	55
育成公羊	60	66	82	52
育成母羊	58	64	80	42

5.4 等级标识及耳号

18 月龄鉴定结束后，在右耳做等级标识。标识方法、耳号规定及佩带方法按照 NY 1 的规定执行。

附 录 A
（规范性附录）
呼伦贝尔羊外貌照

图 A.1 公羊正面照

图 A.4 母羊正面照

图 A.2 公羊侧面照

图 A.5 母羊侧面照

图 A.3 公羊后面照

图 A.6 母羊后面照

ICS 65.020.20
B 21

中华人民共和国国家标准

GB/T 26614—2011

麻黄属种子质量分级

Quality grading of the Chinese ephedra (*Ephedra* L.) seeds

2011-06-16 发布　　2011-11-01 实施

中华人民共和国国家质量监督检验检疫总局
中国国家标准化管理委员会　发布

前　言

本标准由中华人民共和国农业部提出。

本标准由全国畜牧业标准化技术委员会归口。

本标准的起草单位：农业部牧草与草坪草种子质量监督检验测试中心（乌鲁木齐）。

本标准主要起草人：巴图尔·贾帕、艾尼·库尔班、阿地力哈孜·阿地汗、朱秀梅、沙吾烈、阿娜尔、阿依努尔、巴哈西。

麻黄属种子质量分级

1 范围

本标准规定了麻黄属(*Ephedra* L.)种子质量分级指标及评定方法。

本标准适用于生产、销售和使用的麻黄属种子的质量分级。

2 规范性引用文件

下列文件中的条款通过本标准的引用而成为本标准的条款。凡是注日期的引用文件,其随后所有的修改单(不包括勘误的内容)或修订版均不适用于本标准,然而,鼓励根据本标准达成协议的各方研究是否可使用这些文件的最新版本。凡是不注日期的引用文件,其最新版本适用于本标准。

GB/T 2930.1 牧草种子检验规程 扦样

GB/T 2930.2 牧草种子检验规程 净度分析

GB/T 2930.3 牧草种子检验规程 其他植物种子数测定

GB/T 2930.4 牧草种子检验规程 发芽试验

GB/T 2930.8 牧草种子检验规程 水分测定

3 术语和定义

下列术语和定义适用于本标准。

3.1

种子用价 seed utilization value

种子样品中真正有利用价值的种子所占的百分率。

计算公式:

$$A = B \times C \times 100\% \qquad \cdots\cdots (1)$$

式中:

A——种子用价;

B——种子净度;

C——种子发芽率。

4 质量分级

4.1 质量分级原则

依据种子净度、发芽率、其他植物种子数、水分进行质量分级。

种子中不应含有检疫性植物种子。

4.2 质量分级标准

麻黄属种子质量分为一级、二级、三级。麻黄属种子的质量分级见表1。

表1 麻黄属种子质量分级

中文名	学名	级别	净度/%	发芽率/%	其他植物种子数/(粒/kg)	水分/%	种子用价/%
麻黄属	*Ephedra* L.	一	≥97	≥70	≤100	≤12.0	≥67.9
		二	≥95	≥60	≤200		≥57
		三	≥90	≥50	≤300		≥45

4.3 检验方法

4.3.1 扦样

种子批的最大批量为 1 000 kg，允许差距 5%，送验样品的最低限量为 200 g，扦样的具体方法按 GB/T 2930.1 的规定执行。

4.3.2 净度分析

净度分析试验样品最低限量为 20 g，重复两次，种子净度的检验方法按 GB/T 2930.2 的规定执行。

4.3.3 其他植物种子数测定

计数其他植物种子的试验样品为 200 g，重复两次，其他植物种子数的检验方法按 GB/T 2930.3 的规定执行。

4.3.4 发芽试验

发芽温度选择在 20 ℃～25 ℃，采取冷冻措施(7 ℃)，初次计数为第 7 天，末次统计为第 21 天。发芽试验的方法按 GB/T 2930.4 的规定执行。

4.3.5 水分测定

水分测定送验样品最低重量为 50 g，采用高恒温烘箱法(130 ℃)，烘前不需磨碎种子。水分测定的检验方法按 GB/T 2930.8 的规定执行。

5 评定方法

5.1 单项指标定级

根据表 1 净度、发芽率、其他植物种子数、水分进行单项指标的定级，三级以下定为等外。

5.2 综合定级

5.2.1 根据表 1 用净度、发芽率、其他植物种子数、水分四项指标进行综合定级。

5.2.2 四项指标均在表 1 同一质量级别时，直接定级。

5.2.3 四项指标有一项在三级以下，定为等外。

5.2.4 四项指标均在三级以上(含三级)，其中净度与发芽率不在同一级别时，用种子用价取代净度与发芽率。种子用价与其他植物种子数在同一级别，则按该级别定级；若不在同一级别，按低的级别定级。

ICS 65.020.20
B 21

中华人民共和国国家标准

GB/T 26615—2011

籽粒苋种子质量分级

Quality grading of the princes-feather（*Amaranthus hypochondriacus* L.）seeds

2011-06-16 发布 2011-11-01 实施

中华人民共和国国家质量监督检验检疫总局
中国国家标准化管理委员会 发布

前　言

本标准由中华人民共和国农业部提出。

本标准由全国畜牧业标准化技术委员会归口。

本标准的起草单位:农业部牧草与草坪草种子质量监督检验测试中心(乌鲁木齐)。

本标准主要起草人:巴图尔·贾帕、阿地力哈孜·阿地汗、艾尼·库尔班、朱秀梅、沙吾烈、阿娜尔、阿依努尔、巴哈西。

籽粒苋种子质量分级

1 范围

本标准规定了籽粒苋种子(*Amaranthus hypochondriacus* L.)质量分级指标及评定方法。

本标准适用于生产、销售和使用的籽粒苋种子的质量分级。

2 规范性引用文件

下列文件中的条款通过本标准的引用而成为本标准的条款。凡是注日期的引用文件,其随后所有的修改单(不包括勘误的内容)或修订版均不适用于本标准,然而,鼓励根据本标准达成协议的各方研究是否可使用这些文件的最新版本。凡是不注日期的引用文件,其最新版本适用于本标准。

GB/T 2930.1 牧草种子检验规程 扦样

GB/T 2930.2 牧草种子检验规程 净度分析

GB/T 2930.3 牧草种子检验规程 其他植物种子数测定

GB/T 2930.4 牧草种子检验规程 发芽试验

GB/T 2930.8 牧草种子检验规程 水分测定

3 术语和定义

下列术语和定义适用于本标准。

3.1

种子用价 seed utilization value

种子样品中真正有利用价值的种子所占的百分率。

计算公式:

$$A = B \times C \times 100\% \qquad \cdots\cdots(1)$$

式中:

A——种子用价;

B——种子净度;

C——种子发芽率。

4 质量分级

4.1 质量分级原则

依据种子净度、发芽率、其他植物种子数、水分进行质量分级。

种子中不应含有检疫性植物种子。

4.2 质量分级标准

籽粒苋种子质量分为一级、二级、三级。籽粒苋种子的质量分级见表1。

表1 籽粒苋种子质量分级

中文名	学名	级别	净度/%	发芽率/%	其他植物种子数/(粒/kg)	水分/%	种子用价/%
籽粒苋	*Amaranthus hypochondriacus* L.	一	≥98	≥90	≤500	≤12	≥88.2
		二	≥95	≥85	≤2 000		≥80.8
		三	≥90	≥80	≤4 000		≥72.0

4.3 检验方法

4.3.1 扦样的具体方法按 GB/T 2930.1 的规定执行。

4.3.2 种子净度的检验方法按 GB/T 2930.2 的规定执行。

4.3.3 其他植物种子数的检验方法按 GB/T 2930.3 的规定执行。

4.3.4 发芽率的检验方法按 GB/T 2930.4 的规定执行。

4.3.5 水分的检验方法按 GB/T 2930.8 的规定执行。

5 评定方法

5.1 单项指标定级

根据表 1 净度、发芽率、其他植物种子数、水分进行单项指标的定级，三级以下定为等外。

5.2 综合定级

5.2.1 根据表 1 用净度、发芽率、其他植物种子数、水分四项指标进行综合定级。

5.2.2 四项指标均在表 1 同一质量级别时，直接定级。

5.2.3 四项指标有一项在三级以下，定为等外。

5.2.4 四项指标均在三级以上(含三级)，其中净度与发芽率不在同一级别时，用种子用价取代净度与发芽率。种子用价与其他植物种子数在同一级别，则按该级别定级；若不在同一级别，按低的级别定级。

ICS 59.140.30
Y 46

GB

中华人民共和国国家标准

GB/T 26616—2011

裘皮　獭兔皮

Furs—Rex skin

2011-06-16 发布　　2011-11-01 实施

中华人民共和国国家质量监督检验检疫总局
中国国家标准化管理委员会　发布

前　言

本标准由中华人民共和国农业部提出。

本标准由全国畜牧业标准化技术委员会(SAC/TC 274)归口。

本标准起草单位:农业部动物毛皮及制品质量监督检验测试中心(兰州)、中国农业科学院兰州畜牧与兽药研究所。

本标准主要起草人:高雅琴、常玉兰、杜天庆、郭天芬、李维红、席斌、王宏博、梁丽娜、牛春娥。

裘皮 獭兔皮

1 范围

本标准规定了獭兔皮的初加工技术要求、质量等级评定、检验方法、检验规则以及仓库保管和包装、运输。

本标准适用于獭兔皮的生产、初加工及市场交易各环节的质量检验。

2 术语和定义

下列术语和定义适用于本标准。

2.1

毛绒 hair

皮板上针毛和绒毛的总称。

2.2

毛质 hair quality

毛绒的长度、密度、细度、颜色、平顺、光泽和枪毛比例等综合品质。

2.3

密度 density

獭兔皮单位面积内生长的毛纤维根数。

2.4

板质 hide quality

皮板的厚度、完整度、韧性、弹性等综合品质。

2.5

毛色纯正 clear color

毛色符合本品种色型特征。

2.6

枪毛 kemp

露出绒面的针毛。

2.7

旋毛 whirlpool hair

毛绒竖立不直,呈有旋涡形毛绒。

2.8

拉伸皮 stretched skin

皮张的过度拉伸,致使皮毛空疏。

2.9

焦板皮 singe skin

皮板干燥时因温度过高或阳光曝晒,脂肪熔化,致使蛋白纤维变性或焦化,发生不可逆皱缩变形。

2.10

黄板皮　yellow skin

鲜皮加工时连日阴雨、闷热,皮板纤维腐蚀而发黄,有霉斑、异味。

2.11

陈皮　shopworn skin

隔年皮,储存时间过长,皮质枯燥,皮张枯黄。

2.12

伤残　disability

影响毛质、板质的各种伤残。

2.13

缠结皮　matted skin

毛绒缠结在一起,成团状、毡状。

3　初加工技术要求

3.1　取皮时间

獭兔出生后5月龄～6月龄或体重达2.5 kg以上时屠宰取皮,要求在非换毛期,毛被丰满、整齐。最佳取皮季节为冬季。

3.2　剥皮

活兔击毙后,两后腿倒挂于两挂钩上放血,在两后肢跗关节处作环形切开兔皮,再沿两腿内侧阴部上方平行划开皮肤,将四周毛皮向外剥开翻转,用退套法拉下皮套至前肢腕关节处割断前肢,最后割除头尾,即成毛面向内、板面向外的完整筒皮。

3.3　开片皮

沿腹中线割开成片皮。

3.4　清理

刚剥下的鲜皮,及时刮除残留在皮板上的肌肉、脂肪、乳腺和结缔组织。

3.5　搓盐

在潮湿地区对皮板进行搓盐处理,盐用量为鲜皮重的35%～50%,将盐粒撒在皮的肉面上搓匀,搓揉要全面到位。然后板对板、毛对毛,叠放48 h～72 h后晾晒。

3.6　晾晒

按自然皮形毛面向下、板面向上,置于阴凉通风处晾干,避免暴晒。

4　质量等级评定

獭兔皮品质等级,见表1。

表 1　獭兔皮品质等级

等级	品　质　要　求	面积/cm^2	绒长/cm
特级	绒面平齐，密度大，毛色纯正、光亮，背腹毛一致；绒面毛长适中，有弹性；枪毛少，无缠结毛、旋毛；板质良好，无伤残	>1 500	1.6～2.0
一级	绒面平齐，密度大，毛色纯正、光亮，背腹毛基本一致；绒面毛长适中，有弹性；板质良好，无伤残	>1 200	1.6～2.0
二级	绒面平齐，密度较好，毛色纯正、光亮平滑，腹部绒面略有稀疏；板质好，无伤残	>1 000	1.4～2.2
三级	毛绒略有不平，密度较好，腹部毛绒较稀疏；板质较好，次要部位 1 cm^2 以下的伤残不超过 2 个	>800	1.4～2.2
等外品	不符合特级、一级、二级、三级以外的皮张		

5　检验方法

5.1　检验工具、设备与条件

5.1.1　工具：直尺、电子显微游标卡尺。

5.1.2　设备：操作台。

5.1.3　条件：在阳光不直射、自然光线充足的地方进行检验。

5.2　感官检验

5.2.1　毛被检验

左手捏住颈部，右手捏住尾部，右手上下轻轻抖动后将毛面朝上平铺于操作台上，观察绒面毛被密度、毛绒长度、平度、光泽、毛色，以及有无枪毛、旋毛、脱毛，背腹部是否一致，有无伤残。用右手自颈部向尾部捋过，体察毛绒弹性。

5.2.2　皮板检验

板面朝上，检查板质、去脂程度、有无霉变、有无虫蛀以及伤残情况。

5.2.3　密度检验

用嘴吹被毛，被毛呈旋涡状，不露出皮肤的为密，露出皮肤越多毛越稀。

5.2.4　面积检验

板面朝上，用直尺自颈部中间至尾根测量长度，从腰中部两边缘之间量出宽度，长、宽相乘求出面积，面积单位为平方厘米（cm^2）。

5.2.5　绒长检验

毛面朝上，用电子显微游标卡尺在皮心部位量取绒长，单位为厘米(cm)。

5.2.6　伤残面积检验

用直尺量出伤残的长度、宽度，长、宽相乘求出面积，单位为平方厘米（cm^2）。

6 检验规则

6.1 抽样数量：每50张为1小捆，每4小捆（200张1袋）为1件。200件内随机抽检10%，200件以上，增加部分随机抽验5%，以件为单位抽取。
6.2 检验规则：逐张检验。
6.3 检验误差：定等误差为±5%。

7 仓储保管和包装运输

7.1 仓储保管

7.1.1 仓储条件：盐干皮、盐湿皮等存入恒温专用库，控制温度5℃～10℃，相对湿度小于65%。
7.1.2 保管要求：晾晒风干后入库，底层离地面不小于15 cm，货架距墙不小于30 cm，最高叠放不超过60 cm。上下留有空隙，以便通风。

库房要保持整洁，有防虫、防鼠措施。

7.2 包装、运输

7.2.1 包装

7.2.1.1 干燥好的生皮，毛面对毛面、板面对板面交叉叠放，每50张为1小捆，每4小捆为1件，纸箱或袋子包装。
7.2.1.2 封箱要填写装箱单一式三份，一份放入箱内，一份贴在箱外，第三份留底备查。装箱单的内容包括产地、生产商、箱号、级别、颜色和张数。

7.2.2 运输

运输途中避免雨淋、高温和火种。运输工具应清洁、干燥。

ICS 65.020.30
B 43

中华人民共和国国家标准

GB/T 26617—2011

皖 西 白 鹅

Wanxi white goose

2011-06-16 发布

2011-11-01 实施

中华人民共和国国家质量监督检验检疫总局
中国国家标准化管理委员会
发布

前　言

本标准按照GB/T 1.1—2009给出的规则起草。

本标准由中华人民共和国农业部提出。

本标准由全国畜牧业标准化技术委员会(SAC/TC 274)归口。

本标准起草单位:安徽省标准化研究院、安徽省皖西白鹅原种场、合肥富安生物科技有限公司。

本标准主要起草人:耿天霖、丁昌东、袁绍有、田素润、刘春喜、胡厚如、郝大丽、彭克森、陈泽儒、吴倩、胡恒龙。

皖 西 白 鹅

1 范围

本标准规定了皖西白鹅的术语和定义、外貌特征特性、生长性能、繁殖性能、屠宰性能、羽绒性能、种蛋性状要求。

本标准适用于皖西白鹅品种。

2 规范性引用文件

下列文件对于本文件的应用是必不可少的。凡是注日期的引用文件，仅注日期的版本适用于本文件。凡是不注日期的引用文件，其最新版本(包括所有的修改单)适用于本文件。

GB/T 17685 羽绒羽毛

NY/T 823 家禽生产性能名词术语和度量统计方法

3 术语和定义

GB/T 17685、NY/T 823 中界定的以及下列术语和定义适用于本文件。

3.1

皖西白鹅 Wanxi white goose

原产于安徽省西部丘陵山区和河南省固始一带，主要分布于皖西的霍丘、寿县、六安等县市的鹅品种，是我国特有的优良中型肉羽兼用型鹅品种之一。

4 外貌特征特性

羽毛洁白，体型细致紧凑，颈长成弓形。胸深广，背宽平。虹彩灰蓝色。喙扁阔，呈橘黄色。头顶有橘黄色肉瘤，光滑无皱褶。公鹅肉瘤大而突出，颈粗长有力。母鹅颈较细短。8%～10%的鹅颌下带有咽袋。4%～7%的鹅头顶有凤头。60%～70%鹅头顶部与眼周围有灰毛斑点。20%～30%背部有灰毛斑点。95%～98%有腹褶。跖蹼橘红色。外貌形态特征参见附录 A。

雏鹅绒毛淡黄色，雏鹅喙为淡黄色，胫、蹼均为橘黄色。

5 生长性能

5.1 体重

各阶段日龄的体重见表 1。

表 1 各阶段日龄的体重

日龄	体重 g	
	公	母
0	100～110	95～105
15	305～325	285～315
30	1 250～1 400	1 210～1 350
60	3 470～3 850	3 240～3 580
80	3 700～4 200	3 400～3 900
90	4 500～5 000	4 000～4 600
110	5 200～5 800	4 400～5 000
240	6 000～7 500	5 500～7 000

5.2 成年鹅体重体尺

300 日龄成年公、母鹅体重及体尺见表 2。

表 2 300 日龄成年公、母鹅体重及体尺

性别	体重 g	体斜长 cm	胸宽 cm	胸深 cm	龙骨 cm	髋骨宽 cm	胫长 cm	胫围 cm	半潜水长 cm	颈长 cm
公	6 400～ 7 000	30.5～ 32.0	10.3～ 10.8	10.5～ 11.5	18.5～ 20.0	11.0～ 11.6	7.6～ 8.2	5.6～ 6.2	85.0～ 94.5	38.5～ 40.0
母	6 100～ 6 300	29.0～ 30.0	9.6～ 10.5	10.0～ 10.7	17～ 20.5	10.6～ 11.0	7.0～ 7.5	5.5～ 6.3	78.2～ 86.5	36.5～ 37.5

6 繁殖性能

6.1 生殖性能

生殖性能见表 3。

表 3 生殖性能

项目	指标
开产日龄/日龄	205～215
受精率/%	85～90
受精蛋孵化率/%	76～80
健雏率/%	96～99
年产蛋数/个	20～32
公母配比	1∶4

表 3（续）

项　　目	指　　标
公母性成熟/日龄	150～180
初配年龄/日龄	240～270
种鹅使用年限/年	公:3～4　母:4～5

6.2 就巢性

母鹅就巢性强。每年就巢 2 次～3 次，就巢率占 95%～97%。

7 屠宰性能

90 日龄屠宰性能见表 4。

表 4　90 日龄屠宰性能

项　　目	公	母
屠宰率/%	85～90	85～90
半净膛率/%	74～78	76～80
全净膛率/%	66～70	68～71
胸肌率/%	13～17	12～16
腿肌率/%	10～15	9～14

8 羽绒性能

产羽绒性能见表 5。

表 5　产羽绒性能

项　　目	120 日龄	240 日龄	种鹅
产羽量/g	245～270	320～380	400～450
产绒量/g	30～40	40～50	60～120

9 种蛋性状

蛋重：135 g～150 g。蛋壳白色，蛋壳厚度 0.58 mm～0.60 mm，畸形蛋不能做种蛋用。蛋形指数为 1.44～1.50。

附　录　A
（资料性附录）
皖西白鹅形态特征图片

A.1　皖西白鹅公鹅

图 A.1　皖西白鹅公鹅

A.2　皖西白鹅母鹅

图 A.2　皖西白鹅母鹅

A.3 皖西白鹅公鹅(有咽袋)

图 A.3 皖西白鹅公鹅(有咽袋)

A.4 皖西白鹅母鹅(有咽袋)

图 A.4 皖西白鹅母鹅(有咽袋)

A.5 皖西白鹅公鹅(有凤顶)

图 A.5 皖西白鹅公鹅(有凤顶)

A.6 皖西白鹅母鹅(有咽袋、有凤顶)

图 A.6 皖西白鹅母鹅(有咽袋、有凤顶)

ICS 11.220
B 41

中华人民共和国国家标准

GB/T 26618—2011

派琴虫病诊断操作规程

Protocol of diagnosis for Perkinsosis

2011-06-16 发布

2011-11-01 实施

中华人民共和国国家质量监督检验检疫总局
中国国家标准化管理委员会 发布

前　言

本标准的附录A为规范性附录，附录B和附录C为资料性附录。

本标准由中华人民共和国农业部提出。

本标准由全国动物防疫标准化技术委员会归口。

本标准起草单位：中国检验检疫科学研究院、福建出入境检验检疫局、黄岛出入境检验检疫局、国家海洋环境监测中心、深圳出入境检验检疫局、上海出入境检验检疫局。

本标准主要起草人：吴绍强、林祥梅、刘建、郑腾、李西峰、梁玉波、刘茳、李建、韩雪清、贾广乐、梅琳。

引　言

派琴虫病是影响世界贝类养殖业发展的主要寄生虫病，为国际兽医局(OIE)规定的必报水生动物疫病之一。本病1946年首次报道，当时，引起美国路易斯安那州的墨西哥海湾的大批牡蛎(*Crassostrea virginica*)死亡。迄今为止，已发现派琴虫存在于美洲、欧洲、澳洲、亚洲和非洲五大洲的许多贝类体内，包括牡蛎、鲍鱼、蛤子、扇贝、珍珠牡蛎、鸟蛤和贻贝等体内，并在许多地区造成了严重的危害，死亡率高达95%。

1997年，我国在栉孔扇贝、虾夷扇贝、皱纹盘鲍、菲律宾蛤仔体内检测到派琴虫。美国2005年也从中国广西北海进口牡蛎中检出派琴虫。目前，派琴虫已经成为影响我国贝类养殖业发展的主要病原之一。据对黄海北部三个海域的菲律宾蛤仔的派琴虫感染状况进行调查的结果表明，除3月份和6月份的感染率分别为95%和90%之外，其他月份感染率均为100%。

目前，派琴虫感染的诊断通常依靠OIE推荐的组织切片法、FTM组织培养法以及PCR方法。组织学方法可以通过显微镜下直接观察虫体或观察组织损伤来监测感染的分布情况。FTM培养派琴虫休眠孢子的方法是将派琴虫滋养体进行培养，培养后，虫体体积增大、细胞壁增厚，而且不繁殖，是一种传统有效的定量检测派琴虫的方法。实时荧光PCR检测贝类派琴虫的方法敏感度较高，而且特异性强，检测可在一天之内完成，定量准确、全封闭反应等优点。

派琴虫病诊断操作规程

1 范围

本标准规定了派琴虫病诊断时的样品采集,虫体培养及显微镜检查,PCR 以及荧光 PCR 检测操作规程。

本标准适用于蛤仔、牡蛎等水生动物及其产品中携带海洋派琴虫(*Perkinsus marinus*)、奥尔森派琴虫(*Perkinsus olseni*)等派琴虫的诊断,也可用于派琴虫病的监测和流行病学调查。

2 规范性引用文件

下列文件中的条款通过本标准的引用而成为本标准的条款。凡是注日期的引用文件,其随后所有的修改单(不包括勘误的内容)或修订版均不适用于本标准,然而,鼓励根据本标准达成协议的各方研究是否可使用这些文件的最新版本。凡是不注日期的引用文件,其最新版本适用于本标准。

GB/T 6682 分析实验室用水规格和试验方法

GB/T 18088 出入境动物检疫采样

3 术语和定义

下列术语和定义适用于本标准。

3.1

派琴虫病 Perkinsosis

帕金虫病

由海洋派琴虫(*P. marinus*)、奥尔森派琴虫(*P. olseni*)等在宿主血细胞内寄生或者游离在结缔组织、鳃、内脏或套膜上皮中而引起的水生动物的一种严重的寄生虫病。

注:除 *P. marinus*、*P. olseni* 之外,病原还包括 *P. qugwadi*、*P. chesapeaki*、*P. andrewsi* 和 *P. mediterraneus*。

3.2

Ct 值 cycle threshold

荧光 PCR 反应中,荧光信号到达设定的阈值所经历的循环数。

4 材料

除另有规定外,所用化学试剂均为分析纯。

试验用水要求达到 GB/T 6682 中一级水的要求。

4.1 液体巯基乙酸盐培养基(fluid thioglycollate media,FTM):具体配制方法见附录 A。

4.2 卢戈氏碘液(Lugol's iodine):配制方法见附录 A。

4.3 2.5%氯霉素:配制方法见附录 A。

4.4 1%制霉菌素:配制方法见附录 A。

4.5 酚-三氯甲烷抽提法所需要的相关试剂或其他 DNA 抽提试剂盒,见附录 A。

4.6 10×PCR buffer、25 mmol/L $MgCl_2$、dNTP(2.5 mmol/L 或 10 mmol/L)、5 U/μL r*Taq* DNA 聚合酶等,均为商品化试剂盒中成分。

4.7 琼脂糖。

4.8 电泳缓冲液:配制方法见附录 A。

4.9 引物及探针:包括 PCR 引物及荧光 PCR 引物和探针。

5 设备

5.1 低温培养箱:能够进行22 ℃~24 ℃培养。

5.2 生物显微镜。

5.3 −20 ℃普通冰箱、−70 ℃的超低温冰箱、4 ℃冰箱。

5.4 组织研磨器。

5.5 高速冷冻离心机。

5.6 PCR扩增仪。

5.7 荧光PCR扩增仪。

5.8 电泳仪。

5.9 凝胶成像仪或紫外透射仪。

5.10 水浴锅。

6 派琴虫的检测方法

6.1 采样

6.1.1 采样点的选择

按照GB/T 18088规定方法进行。应根据实际情况,一个区域的一个种群至少选取3个采样点,大范围的几块不连续地区或者养殖易感品种的区域,应增加采样点。

6.1.2 采样技术要求

6.1.2.1 有临床症状的贝类

牡蛎感染派琴虫的症状表现为消化腺发白,贝壳不能闭合,套膜收缩,性腺发育受到抑制、偶尔也会出现脓肿,身体严重衰弱,生长迟缓等。采样时,至少挑选10条濒死的或可疑的个体。采样时贝类应当是活的,贝类应当在活体或杀死后分别包装放在冷藏的容器中送到实验室。所采集的贝类样品应避免冰冻。主要采集贝类的鳃、套膜、消化腺、闭合肌等。

6.1.2.2 无临床症状的贝类

当养殖场的个体有怀卵时,应每年在产卵期采集一次精液或卵液。如怀卵群体由不同年龄的贝类个体组成,应选取两岁龄的贝类采样。样品应包括该地所有的易感品种。每次采样的贝类数量要以感染率等于或大于2%时检出的概率进行抽样。通常情况是至少采集150个贝类。

对无临床症状的贝类,取其鳃、套膜、消化腺、闭合肌等。

6.1.2.3 监测目的的采样

监测时间应选在一年中最能观察到临床症状并能检测到该虫的季节。采样数量参见6.1.2.2。

6.1.2.4 样品保存及运送

采取的样品应在取样后24 h内,冷藏送入实验室,要附有标签,清楚标明采样地点、来源和养殖历史,实验室内冷藏保存备检。

6.2 虫体培养

6.2.1 样品的选择

选取垂死的新鲜贝类样品。

6.2.2 样品前处理

将贝壳弃掉,置于灭菌的研钵,剪刀剪至1 mm~3 mm大小。

6.2.3 样品的培养

将样品分别置于含5 mL FTM培养基的灭菌试管中,加250 μL 2.5%的氯霉素摇匀,用1 mL 1%制霉菌素覆盖在液面,盖好盖子,22 ℃~24 ℃低温培养箱中暗室培养4 d~7 d。

6.2.4 样品的纯化

将培养后的样品 4 000 r/min 离心 10 min,弃上清液,加 6 mL 2 mol/L NaOH,涡旋混匀后置于60 ℃烘箱内消化过夜。4 000 r/min 离心 10 min,弃上清液,加 2 mL ddH_2O 洗涤,4 000 r/min 离心 10 min,弃上清液,重复上述步骤 2 次～4 次。

6.2.5 染色镜检

将纯化的样品置于 2 mL ddH_2O 中摇匀,加入 80 μL 卢戈氏碘液染色后,取 40 μL 于载玻片上,盖上盖玻片后,在显微镜(10×10)下顺序观察。

6.2.6 结果判断

显微镜下,经过 FTM 培养后,派琴虫发育为休眠孢子,呈圆形,蓝黑色,直径大多在 30 μm～80 μm。形态参见附录 B。

6.3 PCR 检测

6.3.1 材料

选取活的或刚死的贝类的鳃组织,也可采用乙醇或者低温保存的贝类鳃组织样品。

6.3.2 操作步骤

6.3.2.1 DNA 的提取

取 25 mg 样品,剪碎后见附录 A 中提取组织 DNA 的方法提取基因组 DNA,也可采用商品化的组织基因组 DNA 提取试剂盒进行。除检测样品外,需要设立如下对照:

——取已知感染派琴虫的贝类组织作为阳性对照;

——取未患病的贝类组织作为阴性对照;

——空白对照。

6.3.2.2 引物

上游引物:5′-CCGCTTTGTTTGGMTCCC-3′

下游引物:5′-ACATCAGGCCTTCTAATGATG-3′

PCR 预期扩增派琴虫属的 ITS 区域片段长度为 666 bp～672 bp(具体序列参见附录 C),引物合成后均采用灭菌 ddH_2O 均稀释为 10 μmol/L,－20 ℃保存备用。

6.3.2.3 反应体系

在 PCR 管内,加入 10×PCR buffer 2.5 μL、5 U/μL *Taq* DNA 聚合酶 0.5 μL、10 μmol/L 上下游引物各 0.5 μL、2.5 mmol/L dNTP 2 μL、模板 DNA 10 μL、补充 ddH_2O 至 25 μL。

PCR 操作时,取等体积的 ddH_2O 代替 DNA 模板作为空白对照。

6.3.2.4 扩增程序

95 ℃预变性 4 min;之后 95 ℃变性 1 min,53 ℃退火 1 min,65 ℃延伸 3 min,共 40 个循环;最后 65 ℃补充延伸 5 min。

6.3.2.5 琼脂糖电泳

取 5μL PCR 扩增产物,在 1×电泳缓冲液内进行 1%～2%的琼脂糖凝胶电泳,电泳结束后,用紫外灯或凝胶成像仪观察是否扩增出预期大小的特异性 DNA 片段。

6.3.3 结果判定

6.3.3.1 试验成立的条件

阳性对照有预期大小的扩增条带,阴性对照及空白对照没有相应片段的 PCR 产物。否则试验无效。

6.3.3.2 样品检测结果

在阳性对照、阴性对照、空白对照都成立的前提下,若检测样品有预期大小的条带,则 PCR 结果阳性,若检测样品无预期大小的条带,则 PCR 结果阴性。

6.4 **实时荧光 PCR 检测**

6.4.1 **实验材料与 DNA 提取**

材料与 DNA 的提取以及阴、阳性对照及空白对照的设置同 PCR 操作部分。

6.4.2 **操作步骤**

6.4.2.1 **引物与探针设计**

上游引物：5′-CAAACTCTCAACGATGGATGCC-3′

下游引物：5′-TGCAAATCGCAGTGCTTATCG-3′

TaqMan 荧光探针：5′-FAM-ACTTCGCTGCGTCCTTCATCGATTCTCG-ECLIPSE-3′

引物和探针合成后均采用灭菌 ddH_2O 稀释为 10 μmol/L。扩增片段长度为 78 bp(具体序列参见附录 C)。

6.4.2.2 **反应体系**

取 10 μL 组织基因组 DNA 作为模板，加入按照表 1 配制的荧光 PCR 反应液中：

表 1 荧光 PCR 反应液配制

试　剂	体积/μL
10×PCR 缓冲液(Mg^{2+} Free)	2.5
25 mmol/L $MgCl_2$	5.0
2.5 mmol dNTP	2
上、下游引物及探针(均为 10 μmol/L)等体积混合液	1.5
5U/μL *Taq* DNA 聚合酶	0.5
灭菌 ddH_2O	3.5

6.4.2.3 **扩增程序**

95 ℃预变性 3 min；然后按照如下程序进行反应：95 ℃变性 15 s，57 ℃退火 1 min，45 个循环，每个循环结束后采集 FAM 通道数据。

6.4.3 **结果判定**

6.4.3.1 **试验成立判定**

反应结束后，仪器将自动给出每个样品的 Ct 值。记录 Ct 值，分析检测结果。

只有阳性对照有扩增曲线，而且 $Ct \leqslant 35$；同时阴性对照无扩增曲线或者扩增曲线 $Ct > 40$ 的，才可判定本次试验成立，否则本次试验无效。

6.4.3.2 **阳性判定**

如果样品的 PCR 扩增曲线 $Ct \leqslant 35$，则荧光 PCR 检测阳性。

6.4.3.3 **阴性判定**

如果样品无扩增曲线或者扩增曲线 $Ct \geqslant 40$，则荧光 PCR 检测阴性。

6.4.3.4 **可疑判定**

如果 $35 < Ct < 40$，判为可疑。此时可对样品重复进行荧光 PCR 检测，如果样品重复检测的 PCR 扩增曲线 $Ct \leqslant 35$，则判为荧光 PCR 检测阳性；如果样品重复检测时无扩增曲线或者扩增曲线 $Ct \geqslant 40$，则判为荧光 PCR 检测阴性。

7 检测结果综合判定

FTM 培养发现虫体，应采用 PCR 或荧光 PCR 进行确诊。在 PCR 结果可疑的情况下，取 PCR 产物进行测序即可确诊。

附 录 A
（规范性附录）
样品 DNA 抽提及溶液配制

A.1 样品 DNA 的抽提

A.1.1 取新鲜贝类的消化腺上皮、腮、触须等组织 25 mg 置于冰冷的生理盐水中反复冲洗，滤纸吸干表面水分后称重，置于匀浆研磨器中并加入冷的生理盐水，进行手工匀浆研磨。注意整个过程在冰上完成。

A.1.2 将匀浆液倒入 1.5 mL 离心管中，加 20 μL 蛋白酶 K(20 mg/mL)，再加 SDS 至终浓度为 1%，上下颠倒混匀。

A.1.3 混合液置于 55 ℃水浴锅内水浴 2.5 h。

A.1.4 向匀浆液中按 1：1 比例加入酚＋三氯甲烷＋异戊醇混合液(25＋24＋1)，上下颠倒混匀，12 000 r/min 离心 5 min。

A.1.5 转移上层水相，加入等体积三氯甲烷＋异戊醇混合液，上下颠倒混匀，12 000 r/min 离心 5 min。

A.1.6 转移上层水相，加入两倍体积的无水乙醇，－20 ℃放置 30 min 至过夜。

A.1.7 12 000 r/min 离心 5 min，沉淀 DNA，倾去上清液。

A.1.8 于沉淀中加入 75%乙醇溶液 500 μL，轻轻混匀后 12 000 r/min 离心 5 min，倾去上清液，室温凉干。

A.1.9 用 20 μL TE 缓冲液溶解 DNA 沉淀，－20 ℃保存备用。

组织 DNA 提取也可采用等效的商品化 DNA 提取试剂盒，按照说明书进行操作。

A.2 电泳缓冲液的配制

50 倍 TAE 电泳浓缩缓冲液配制方法为：取 Tris 碱 242 g、冰醋酸 57.1 mL、0.5 mol/L EDTA 10 mL、用 5 mol/L 的 HCl 调制 pH8.0，定容至 1 000 mL。用前采用蒸馏水 50 倍稀释即可。

A.3 液体巯基乙酸盐培养基(FTM)的配制

称取巯基乙酸盐 29.75 g，放入 1 L 蒸馏水，在微波炉中加热，直到变成金黄色透明液为止，冷却后，分装于 10 mL 的培养试管中，每管 5 mL，高压灭菌，冷却后，用锡箔纸包裹，放入 4 ℃冰箱中保存备用。

A.4 卢戈氏碘液的配制

取 6 g 碘化钾(KI)溶于 20 mL ddH_2O 中，搅拌到溶解后，加入 4 g 碘，等碘充分溶解，再加入 80 mL 蒸馏水，贮存在棕色试剂瓶内待用。

A.5 2.5%氯霉素的配制

2.5 g 氯霉素溶解于 100 mL ddH_2O 中，贮存在试剂瓶内，放入 4 ℃冰箱中保存备用。

A.6 1%制霉菌素的配制

1 g 制霉菌素溶解于 100 mL ddH_2O 中，贮存在试剂瓶内，放入 4 ℃冰箱中保存备用。

附 录 B
（资料性附录）
派琴虫形态

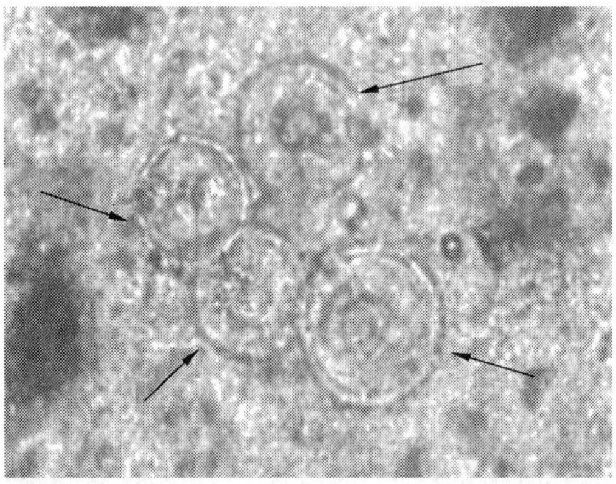

图 B.1 未染色的派琴虫休眠孢子（箭头所指）

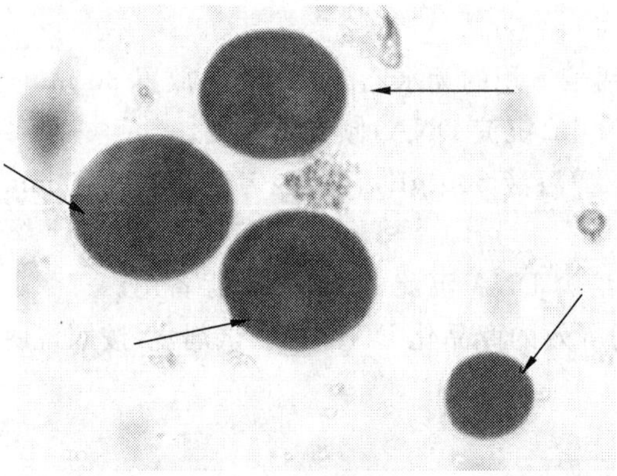

图 B.2 经卢戈氏碘液染色后的派琴虫休眠孢子（箭头所指）

附 录 C
（资料性附录）
派琴虫 PCR 及荧光 PCR 目标扩增序列

C.1 海洋派琴虫 PCR 扩增参考序列

CCGCTTTGTTTGGATCCCCCCACCTTAACTTGTTAAGGTGATTAATTCCTATGAACCATTG
TACTAGTCATAGTATCCAAATCCAATTTTGGATTTTGGTATTTCAAAACGAAATTCCAAA
CTCTCAACGATGGATGCCTCGGCTCGAGAATCGATGAAGGACGCAGCGAAGTGCGATAAGC
ACTGCGATTTGCAGAATTCCGTGAACCAGTAGAAATCTCAACGCATACTGCACAAAGGGG
ATCTTTCCTCTTTGTACATACATATCAGTGTCGCTCTTCTTCCCGATACAAACATTTTGTT
GTTAACGCAACTCAATGCTTTGTATCCCGCTTGAACTAACTCTTCGGAGGTGGTTCGTTAT
GTGCGCTTGTGAAGGCAGGCGTATTAATTTGCAAGGCTATAATCTCGTATTGTAGCCCCTC
CGAAAGGAGGCTTGCGCCTGTGAGTATCTCTCGAGGTACTCGCAAACTCGACTGTGTTGTG
GTGATATCACGTGTTCCTTGATCACGCGATTCTTCTCTTCAACGCATTACGTCAAATCTAT
TGATAAATGCAGAGAAGTGTTTGAATCACGCGTTCAGTCTGGTCGCGAGATTATTATATA
TCATAACACGCTTGTCGGTTTGCACCATGGCAATATGTCATCATTAGAAGGCCTGATGT

C.2 奥尔森派琴虫 PCR 扩增参考序列

CCGCTTTGTT TGGATCCCCC CACCTGACCA CTCTAACGAG TCGTGTCAAG TGATTATCTC
CTATGAACCA TTGTACTAGT CACAGTATCC AAATCCTTTT GGATTTTGGT ATTTCAAAAC
GAAATTCCAA ACTCTCAACG ATGGATGCCT CGGCTCGAGA ATCGATGAAG GACGCAGCGA
AGTGCGATAA GCACTGCGAT TTGCAGAATT CCGTGAACCA GTAGAAATCT CAACGCATAC
TGCACAAAGA GGATCTTTCC TCTTTGTACA TACATATCAG TGTCGCTCTT CTTCCCGATA
CAAACATTTT GTTGTTAACG CGACTCAATG CTTTGTATCC CGCTTGAGCT AGCTCTTCGG
AGATAGTTCG TTATGTGCGC TTGTGACGGC AGGCGTATTA AGTTGCAAGG CTATAATCTT
GTATTGTAGC CCCTCCGAAA GGAGGATCGC GCCTGTGAGT GTCTGTGGAT GCTCGCAAGT
CCGACTGTGT TGTGGTGATA TCACGTGTTC CTTGATCACG CGATTCTTCT CTTCAACGCA
TTATGTCAAT TCTTGATGAA TGCAGAGAAG TGTTTGGGTC ACGCGTTCAG TCTGGTCGCG
AGATAGTTAT ATATCATAGC ACGCTTGTCG GTTTGCACCA TGGCAAATTG TCATCATTAG
AAGGCCTGAT GT

C.3 荧光 PCR 目标扩增序列

CAAACTCTCAACGATGGATGCCTCGGCTCGAGAATCGATGAAGGACGCAGCGAAGTGCGAT
AAGCACTGCGATTTGCA

ICS 65.150
B 51

中华人民共和国国家标准

GB/T 26619—2011

斑节对虾

Giant tiger prawn

2011-06-16 发布 2011-11-01 实施

中华人民共和国国家质量监督检验检疫总局
中国国家标准化管理委员会 发布

前　言

本标准的附录C为规范性附录，附录A、附录B为资料性附录。

本标准由中华人民共和国农业部提出。

本标准由全国水产标准化技术委员会海水养殖分技术委员会归口。

本标准起草单位：中国水产科学研究院黄海水产研究所、中国海洋大学。

本标准主要起草人：张岩、于函、肖永双、张华。

斑 节 对 虾

1 范围

本标准规定了斑节对虾(*Penaeus monodon*)的主要形态特征、生长与繁殖特性、遗传学特性以及检测方法。

本标准适用于斑节对虾种质的检测和鉴定。

2 规范性引用文件

下列文件中的条款通过本标准的引用而成为本标准的条款。凡是注日期的引用文件,其随后所有的修改单(不包括勘误的内容)或修订版均不适用于本标准,然而,鼓励根据本标准达成协议的各方研究是否可使用这些文件的最新版本。凡是不注日期的引用文件,其最新版本适用于本标准。

GB/T 18654.12 养殖鱼类种质检验 第12部分:染色体组型分析

GB/T 19782 中国对虾

3 术语和定义

下列术语和定义适用于本标准。

3.1

体长 body length

眼柄基部或额角基部眼眶缘到尾节末端的长度。

3.2

头胸甲长 carapace length

眼窝后缘连线中央到头胸甲中线后缘的长度。

4 名称与分类

4.1 学名

斑节对虾 *Penaeus mondon* Fabricius,1798。

4.2 分类位置

节肢动物门(Arthropoda),甲壳纲(Crustacea),十足目(Decapoda),对虾科(Penaeidae),对虾属(*Penaeus*)。

5 形态特征

5.1 外形

体表光滑,壳稍厚,体色由暗绿色、深棕色和浅黄色横斑相间排列,构成腹部鲜艳斑纹。腹部游泳足浅蓝色,原肢前面黄色,其缘毛桃红色,第2、3颚足外肢刚毛桃红色。斑节对虾的外部形态见图1。

图1 斑节对虾外部形态

额角较平直，末端较粗，稍向上弯，伸至第 1 触角柄末端，上缘具 7 齿～8 齿，胃上刺与第 1 齿距离较大，约为第 2 齿至第 3 齿距离的 2 倍；额角后脊伸至头胸甲后缘附近。额角侧脊较低而钝，伸至胃上刺下方。头胸甲具眼眶触角沟、颈沟。额角侧沟较深，伸至胃上刺下方。额角后脊中央沟明显，但较浅而窄，断续后伸。无额胃沟。肝脊较宽而钝，前半水平伸，后部稍低。眼胃脊约占头胸甲眼眶缘与肝刺间距离的后部 2/5。头胸甲具触角刺、肝刺、胃上刺。眼眶角圆形。前侧角圆无颊刺；腹部第 4 节中部至第 6 节背中央具纵脊。第 6 节长为高的 1.1 倍。尾节稍长于第 6 节，末端尖，无侧缘刺。对虾头胸甲分区情况参见附录 A。

第 1 触角柄刺伸至第 1 节中部，外缘末端刺较小，内侧附肢伸至柄第 1 节末或稍超出，第 1 触角鞭较短，下鞭约为头胸甲的 2/3，上鞭梢短于下鞭，上鞭基部较粗部分约占鞭长的 1/3。第 2 触角鳞片超出第 1 触角柄末端。第 3 额足伸至第 1 触角柄第 3 节末端(成体雄性)，雌性及幼雄性伸至柄第 1 节末端，雄性指节几乎与掌节等长，接于掌的近末端 1/5 处，掌末有丛毛。雌性者指为掌长的 1/2～1/3。第 1 步足伸至或稍超出第 2 触角柄腕末端。第 3 步足最长，伸至第 1 触角柄末，或以指节超出之。第 5 步足伸至第 2 触角柄第 1 节中部。第 1 步足有基节刺和座节刺，第 2 步足仅有基节刺。第 1 步足至第 4 步足具外肢，第 5 步足无外肢(对虾外形、体节、附肢情况参见附录 A)。

5.2 雄性交接器

背中叶末端突小，半圆形，侧叶较宽，顶端较圆；明显地超出中叶之外，末部有雏形小齿。斑节对虾雄性交接器见图 2。

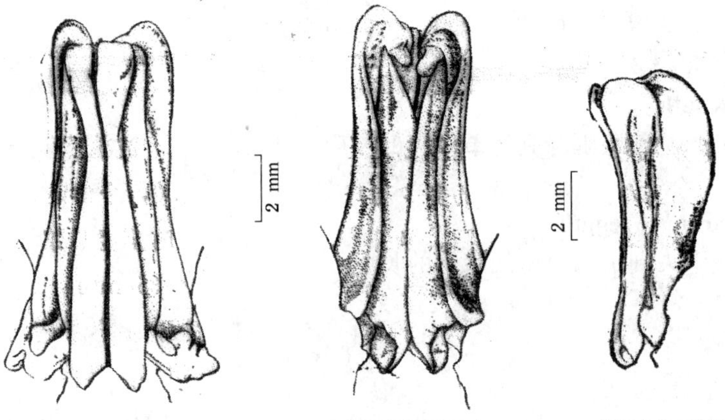

雄性交接器背面　　雄性交接器腹面　　雄性交接器侧面

图 2　斑节对虾雄性交接器

5.3 雄性附肢

略呈梯形，长为最大宽的近 2 倍，末半部较窄，基部较宽，边缘着生硬刺。斑节对虾雄性附肢见图 3。

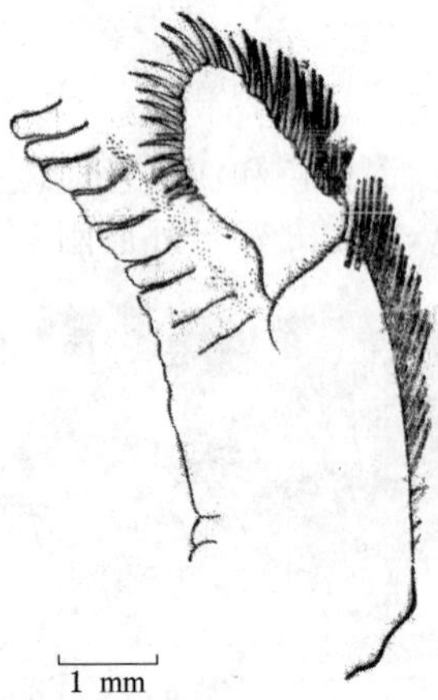

图 3　斑节对虾雄性附肢

5.4 雌性交接器

第 4 步足间有一粗大的钙化隆起，边缘密生较长的刚毛，形似花冠，后有 1 端突与纳精囊前中央纵裂口相接。纳精囊盘状，宽大于长，约为长的 1.2 倍，中央纵行的开口边缘厚大成唇。斑节对虾雌性交接器见图 4。

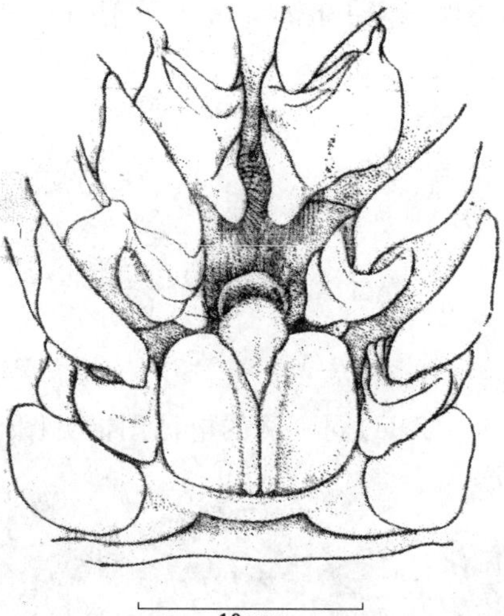

图 4 斑节对虾雌性交接器

5.5 可量性状

5.5.1 第 1 触鞭较长，约为头胸甲长的 2/3。

5.5.2 眼胃脊约占头胸甲眼眶缘与肝刺间距离的后部 2/5。

5.5.3 第 6 节长为高的 1.1 倍。

5.5.4 尾节稍长于第 6 节。

5.5.5 第 1 触角鞭下鞭约为头胸甲的 2/3，上鞭基部较粗部分约占鞭长的 1/3。

5.6 可数性状

额角齿式 7～8/2～3，以 7/3 者较多。

6 生长与繁殖

6.1 寿命

在天然水域中雄虾寿命一般为 1 年～1.5 年，雌虾寿命大约 2 年。

6.2 体长体重关系

斑节对虾南海西北部水域野生群体的体长与体重关系见式(1)、式(2)：

$$雌虾：W=1.127\,4\times10^{-5}L^{3.041\,1} \quad (r=0.995\,3, n=52) \quad \cdots\cdots(1)$$

$$雄虾：W=7.636\,6\times10^{-6}L^{3.115\,1} \quad (r=0.981\,5, n=48) \quad \cdots\cdots(2)$$

式中：

W——体重，单位为克(g)；

L——体长，单位为毫米(mm)。

不同日龄养殖斑节对虾的体长、体重实测值参见附录 B。

6.3 繁殖

6.3.1 生物学最小型

斑节对虾第 1 次性成熟的最小个体体长为 189 mm，最小体重 95 g。

6.3.2 产卵

斑节对虾的繁殖期较长，7 月至第二年 2 月均为繁殖产卵期。卵子分批发育成熟，分次产出。

6.3.3 繁殖力

斑节对虾的怀卵量因个体大小而异，为 109×10^4 粒/尾～211.8×10^4 粒/尾，平均 154×10^4 粒，产卵量 30×10^4 粒～100×10^4 粒。

6.3.4 卵子特征

斑节对虾卵呈球形，黄绿色，稍透明，卵径 0.27 mm～0.31mm，平均 0.29 mm。在静止水中，卵慢慢下沉池底。卵裂的方式为全均等分裂。

7 细胞遗传学特性

斑节对虾的染色体数目为 $2n=88$。

8 生化遗传学特性

8.1 同工酶酶谱

斑节对虾成体肌肉中乳酸脱氢酶(LDH)同工酶的电泳图谱见图 5，表现为一条酶带。

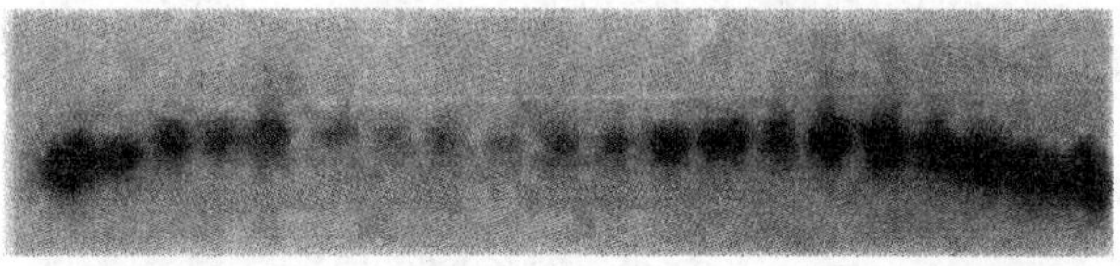

图 5 斑节对虾成体肌肉中 LDH 同工酶电泳图谱

8.2 群体遗传变异范围

斑节对虾三亚种群和纳颉岛种群的平均杂合度分别是 0.359 6 和 0.325 4，厦门养殖群体的多态位点比例 P 为 61.96%，预期杂合度 H_e 为 0.151，观察杂合度 H_o 为 0.120。

9 检测方法

9.1 形态特征

长度测量用直尺，精确到 1 mm。

9.2 生长

长度测量用直尺，精确到 1 mm，重量(湿重)采用吸水纸吸去体表水分后再用托盘扭力天平称重，精确到 0.1 g，所得到的数据用 Excel 进行统计与回归分析，体重与体长的关系应用 $W=aL^b$ 模型进行拟合。

9.3 繁殖力测定

用天平或杆秤称产卵前、后雌性亲虾的重量，前后两次称重之差即为产卵的重量。用电子天平称刚产出的卵 1.0 g 左右，在解剖镜下计数，平行两次，平均值为卵密度(粒/g)。产卵量按式(3)计算：

$$G=(W_1-W_2)(n_1/2w_{样1}+n_2/2w_{样2}) \qquad \cdots\cdots(3)$$

式中：

G——产卵量，单位为粒；

W_1——产卵前亲虾重量，单位为克(g)；

W_2——产卵后亲虾重量，单位为克(g)；

n_1——试样 1 的卵粒数，单位为粒；

$w_{样1}$——试样 1 重量，单位为克(g)；

n_2——试样 2 的卵粒数，单位为粒；

$w_{样2}$——试样 1 重量，单位为克(g)。

9.4 细胞遗传学特性

取雄性斑节对虾，在其腹部 1、2 节间侧注射秋水仙素溶液(浓度按 1.5 μg/g 体重)，注射完毕后在水族箱中暂养 4 h～6 h，取出解剖，获取其精巢，用 0.7%氯化钾(KCl)低渗，卡诺氏(Carony's)液固定，气干法制片，吉姆萨（Gimsa）染色，镜检，选择分散良好的染色体计数。计数方法按 GB/T 18654.12 的规定执行。

9.5 生化遗传学特性

取肌肉组织加入 5 倍体积的 0.05 mol/L 磷酸盐缓冲液（pH7.0）（配制方法见附录 C）冰浴匀浆，14 000 r/min下，4 ℃离心 15 min，取上清液与甘油-溴酚蓝加样缓冲液（配制方法见附录 C）混合，立即电泳或－20 ℃保存，24 h 内 200 V 电泳 12 h，采用 TG 缓冲系统，缓冲液的配制见附录 C。电泳采用垂直板聚丙烯酰胺凝胶电泳，分离胶和浓缩胶的浓度分别为 7.5%和 2.5%，染色液的配制按 GB/T 19782 的规定执行。

群体遗传学特征中，三亚种群和纳颉岛群体的数据是对 30 尾样品的肌肉和肝胰腺两种组织中的苹果酸酶（ME）、苹果酸脱氢酶（MDH）、谷氨酸脱氢酶（GDH）、乳酸脱氢酶（LDH）、磷酸葡萄糖变位酶（PGM）、碱性磷酸酶（ALP）、酸性磷酸酶（ACP）、超氧化物歧化酶（SOD）和酯酶（EST）9 种同工酶的检测结果。厦门养殖群体的数据是对 40 尾样品的肌肉和肝胰腺两种组织中的酯酶（EST）、酸性磷酸酶（ACP）、碱性磷酸酶（ALP）、乳酸脱氢酶（LDH）、苹果酸脱氢酶（MDH）、苹果酸酶（ME）、乙醇脱氢酶（ADH）、超氧化物歧化酶（SOD）和谷氨酸脱氢酶（GDH）9 种同工酶的检测结果。多态位点比例（P）、平均杂合度观察值（H_o）、预期杂合度（H_e）分别按式（4）、式（5）、式（6）计算：

$$P = N_1/n \times 100\% \quad \cdots\cdots(4)$$

式中：

P——多态位点比例；

N_1——多态位点数；

n——检测位点总数。

$$H_o = (\sum H_1)/n \quad \cdots\cdots(5)$$

式中：

H_o——平均杂合度观察值；

H_1——多态位点杂合度观察值；

n——观察位点总和。

$$H_e = [\sum(1-\sum q^2)]/n \quad \cdots\cdots(6)$$

式中：

H_e——预期杂合度；

q——纯合基因型的频率；

n——观察位点总和。

附　录　A
（资料性附录）
对虾头胸甲分区及外形

A.1　对虾头胸甲的分区

对虾头胸甲的分区见图 A.1。

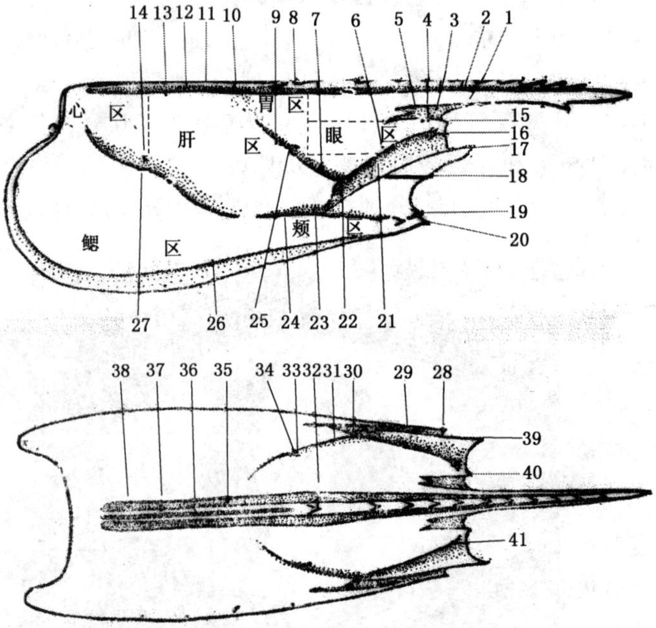

1——额角；
2——额角侧沟；
3——额角沟；
4——额角脊；
5——眼后沟；
6——眼胃脊；
7——颈沟；
8——胃上刺；
9——颈脊；
10——额角侧沟；
11——中央沟；
12——额角后脊；
13——额角侧脊；
14——心鳃沟；
15——眼眶刺；
16——眼后刺；
17——触角刺；
18——触角脊；
19——鳃甲刺；
20——颊刺；
21——眼眶触角沟；
22——肝刺；
23——肝沟；
24——肝脊；
25——肝上刺；
26——亚缘脊；
27——心鳃脊；
28——颊刺；
29——眼眶触角沟；
30——肝刺；
31——颈脊；
32——胃上刺；
33——颈沟；
34——肝上刺；
35——额角侧沟；
36——中央沟；
37——额角后脊；
38——额角侧脊；
39——触角刺；
40——眼眶刺；
41——眼后刺。

图 A.1　对虾头胸甲分区

A.2 对虾外形

对虾外形(侧面)及体节、附肢情况见图 A.2。

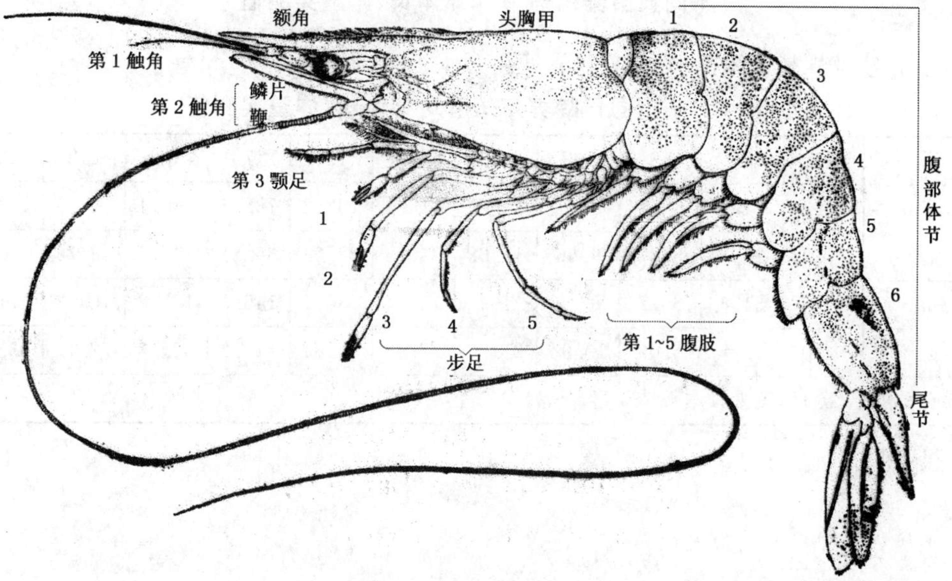

图 A.2 对虾外形(侧面)

附 录 B
（资料性附录）
不同日龄养殖斑节对虾体长、体重实测值

不同日龄养殖斑节对虾体长、体重实测值见表B.1。

表 B.1 不同日龄养殖斑节对虾体长、体重实测值

日龄/d	46	66	82	102	128	142	156	178	202	218	238	255
雄虾体长/mm	25.2	51.8	68.8	85.1	103.6	116.3	122.2	132.3	142.1	146.3	150.5	155.2
雄虾体重/g	0.27	2.28	5.27	9.86	17.62	24.78	28.67	36.24	44.75	48.76	53.01	58.04
雌虾体长/mm	22.4	51.6	66.7	83.9	109	118.1	130.1	145.3	155.2	163.2	171.4	175.5
雌虾体重/g	0.20	2.38	5.09	10.04	21.80	27.65	36.84	51.12	62.13	72.11	83.38	89.43
注：雄虾样本数716尾，雌虾样本数784尾。												

附 录 C
（规范性附录）
溶液的配制

C.1 0.1 mol/L 磷酸缓冲液(pH7.0)的配制

1 mol/L 磷酸氢二钾(K_2HPO_4)61.5 mL,1 mol/L 磷酸二氢钾(KH_2PO_4)38.5 mL,用水稀释至 1 000 mL。

C.2 加样缓冲液的配制

0.25%溴酚蓝,0.25%二甲苯青 FF,30%甘油水溶液,混合均匀后 4 ℃保存。

C.3 TG 电泳缓冲液

C.3.1 储存液的配制

15.1 g 三羟甲基氨基甲烷(Tris),94 g 甘氨酸(电泳级)(pH8.3),50 mL 10%十二烷基磺酸钠(SDS ,电泳级),定容到 1 000 mL。

C.3.2 使用液的配制

稀释储存液,使终浓度达到 25 mol/L Tris,250 mmol/L 甘氨酸,0.1% SDS。

ICS 65.150
B 51

中华人民共和国国家标准

GB/T 26620—2011

钝吻黄盖鲽

Marbled flounder

2011-06-16 发布　　2011-11-01 实施

中华人民共和国国家质量监督检验检疫总局
中国国家标准化管理委员会　发布

前　言

本标准的附录A为规范性附录,附录B为资料性附录。

本标准由中华人民共和国农业部提出。

本标准由全国水产标准化技术委员会海水养殖分技术委员会归口。

本标准起草单位:中国水产科学研究院黄海水产研究所、中国海洋大学。

本标准主要起草人:张岩、陈四清、刘曼红、沙珍霞、于东祥。

钝 吻 黄 盖 鲽

1 范围

本标准给出了钝吻黄盖鲽(*Pseudopleuronectes yokohamae*)的主要形态构造特征、生长与繁殖、细胞遗传学特性、生化遗传学特性及检测方法。

本标准适用于钝吻黄盖鲽的种质检测与鉴定。

2 规范性引用文件

下列文件中的条款通过本标准的引用而成为本标准的条款。凡是注日期的引用文件,其随后所有的修改单(不包括勘误的内容)或修订版均不适用于本标准,然而,鼓励根据本标准达成协议的各方研究是否可使用这些文件的最新版本。凡是不注日期的引用文件,其最新版本适用于本标准。

GB/T 18654.2　养殖鱼类种质检验　第2部分:抽样方法

GB/T 18654.3　养殖鱼类种质检验　第3部分:性状测定

GB/T 18654.12　养殖鱼类种质检验　第12部分:染色体组型分析

3 名称与分类

3.1 学名

钝吻黄盖鲽 *Pseudopleuronectes yokohamae*(Günther)

3.2 分类地位

隶属于鲽形目(Pleuronectiformes)、鲽亚目(Pleuronectoidei)、鲽科(Pleuronectidae)、鲽亚科(Pleuronectinae)、黄盖鲽属(*Pseudopleuronectes*)。

4 主要形态特征

4.1 外部形态特征

钝吻黄盖鲽体呈卵圆形,背腹缘凸度相似。头部颇小,背面在上眼前缘上方有一凹刻。眼小,均在右侧。眼间隔颇窄隆起呈嵴状,被鳞。牙颇小而侧扁,顶端略呈截形,呈门牙状,基部粗壮,排列紧密。下颌较长,突出于前;上颌后端终止于下眼的前缘稍后的下方。有眼侧的前鼻孔接近上颌;无眼侧的前鼻孔后缘有一片状小瓣,后鼻孔仅为一大圆孔。上鳃盖边缘略呈游离。

鳞颇小,通常有眼侧为栉鳞,无眼侧为圆鳞,有时头部亦兼有弱栉鳞。头部仅吻及上下颌无鳞,眼间隔满被小型栉鳞。各鳍的鳍条均多少被鳞。左右侧线同等发达,前部在胸鳍上方有一较低的弓状弯曲部,弯曲部中央至背鳍基底间有鳞22行~26行,直线部起点处至背鳍基底间有鳞32行~37行,侧线前方的颞上枝甚短。

有眼侧为褐色或黄褐色,有时有大小不等的暗色斑纹散布体部,背鳍及臀鳍上有时亦有暗色斑纹,尾鳍后缘暗色或黑色。钝吻黄盖鲽的外部形态见图1。

4.2 可数性状

4.2.1 背鳍鳍式:D. 69~72

4.2.2 臀鳍鳍式:A. 50~53

4.2.3 腹鳍鳍式:V. 6

4.2.4 胸鳍鳍式:P. 11

4.2.5 侧线鳞鳞式:75~83

4.2.6 鳃耙数:3～4+7

4.2.7 牙式:(0+9～13)/(0～2+12～15)

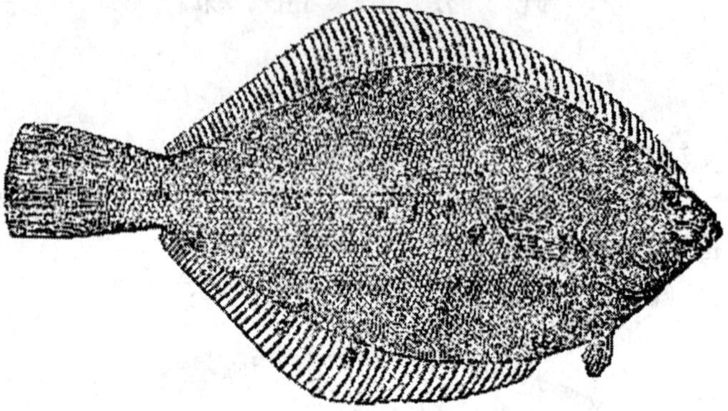

图 1 钝吻黄盖鲽的外部形态

4.3 可量性状

可量性状实测比值见表 1。

表 1 可量性状实测比值

项 目	比 值	项 目	比 值
体长/体高	2.2～2.4	头长/眼间距	11.7～17.6
体长/头长	4.0～4.4	头长/眼径	4～5.7
头长/吻长	6.2～7.3		

5 生长与繁殖

5.1 生长

5.1.1 不同年龄组的体长与体重

渤海钝吻黄盖鲽不同年龄组的体长、体重实测值见表 2。

表 2 渤海黄盖鲽不同年龄组的体长、体重实测值

项 目	1 龄	2 龄	3 龄	4 龄	5 龄
体长/mm	153	212	255	288	318
体重/g	70	183	311	460	600

5.1.2 全长体重实测值

钝吻黄盖鲽全长与体重的实测值见表 3。钝吻黄盖鲽生长方程和体长体重关系参见附录 B。

表 3 钝吻黄盖鲽全长与体重的实测值

全长/cm	4.2	4.5	4.6	4.7	5.1	5.2	5.4	5.7	6.0	6.4	6.6
体重/g	1.6	1.7	2	2.1	2.1	2.2	2.5	3.3	3.6	3.9	4.3
全长/cm	6.7	7.0	7.2	8.1	11.2	12.4	13.0	13.5	15.1	15.2	16.2
体重/g	4.8	5.2	5.5	7.9	18.0	24	26.0	30.0	36.0	38.0	48
全长/cm	16.6	17.2	17.8	18.6	18.7	18.8	19.6	20.5			
体重/g	62	72	78	86	88	98	114	126			

5.2 繁殖

5.2.1 性成熟年龄

雄鱼2龄性腺开始成熟，雌鱼3龄性腺才开始成熟。

5.2.2 产卵期

黄渤海黄盖鲽的繁殖季节在3月至5月，4月上旬为盛期。一年性成熟一次，一次性产卵。

5.2.3 繁殖力

钝吻黄盖鲽产卵个体的繁殖力波动在14.6×10^4粒～204×10^4粒，平均为78.25×10^4粒。

6 细胞遗传学特性

钝吻黄盖鲽染色体数目为$2n=48$，核型为$2n=48t$。

钝吻黄盖鲽的染色体核型图见图2。

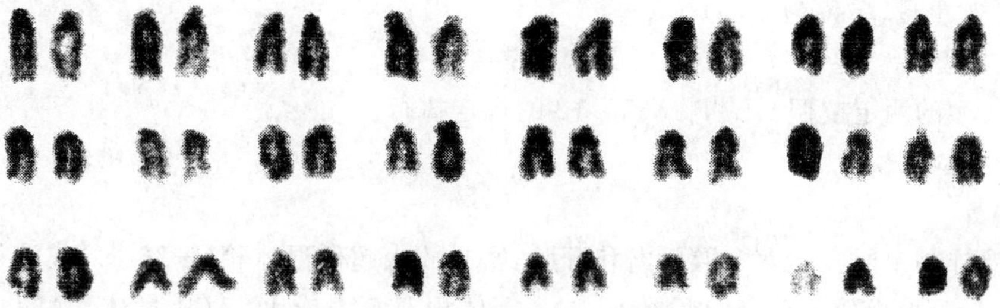

图2 钝吻黄盖鲽染色体核型

7 生化遗传学特性

7.1 同工酶图谱

钝吻黄盖鲽的异柠檬酸脱氢酶(IDHP)电泳图谱见图3。

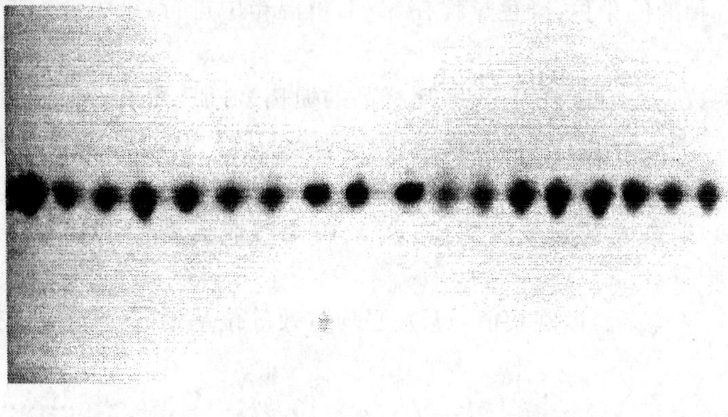

图3 钝吻黄盖鲽异柠檬酸脱氢酶电泳图谱

7.2 群体变异范围

钝吻黄盖鲽群体多态位点比例(P_{99})为0.235 3，杂合度观察值(H_o)为0.019 6，平均有效等位基因数(N_e)为0.018 1。

8 检测方法

8.1 抽样方法

抽样方法按照GB/T 18654.2的规定执行。

8.2 性状测定

性状测定按照GB/T 18654.3的规定执行。

8.3 繁殖力的测定

用天平或杆秤称产卵前、后雌亲鱼的重量，前后两次称重之差即为产卵的重量。用电子天平称刚产出的卵 1.0 g 左右，在解剖镜下计数，平行两次，平均值为卵密度(粒/g)。产卵量按式(1)计算：

$$G=(W_1-W_2)(n_1/2w_{样1}+n_2/2w_{样2}) \qquad (1)$$

式中：

G——产卵量，单位为粒；

W_1——产卵前亲鱼重量，单位为克(g)；

W_2——产卵后亲鱼重量，单位为克(g)；

n_1——试样 1 的卵粒数，单位为粒；

$w_{样1}$——试样 1 重量，单位为克(g)；

n_2——试样 2 的卵粒数，单位为粒；

$w_{样2}$——试样 1 重量，单位为克(g)。

8.4 染色体及核型

染色体及核型的测定按照 GB/T 18654.12 的规定执行。

8.5 同工酶分析

8.5.1 样品制备

活体或低温样品带回实验室。取肌肉和肝脏，密封放入超低温冰箱(−76 ℃)或液氮罐中贮存。将部分组织(约 0.5 g)取出放入玻璃匀浆器中，加入等体积双蒸水或 1∶1(质量体积)的 0.1 mol/L 磷酸缓冲液(pH7.0)(配制方法见附录 A)，冰水浴中匀浆后，倒入 1.5 mL 离心管内，在 0～4 ℃冷冻离心机中 15 000 r/min，离心 15 min，离心后取上清液作为电泳样品。

8.5.2 电泳分析

采用淀粉凝胶电泳方法，凝胶浓度为 12%，电泳缓冲系统为 TC，pH7.0(配制方法见附录 A)，恒流(电压大小为 8 V/cm)电泳 5 h～6 h。电泳过程在 4 ℃冰箱中进行。凝胶厚度为 6 mm，电泳后切成 4 片～5 片，分别进行各种酶的染色，染色过程在 37 ℃恒温箱中进行，染色液配方见附录 A。

8.5.3 结果计算

群体遗传学特征的数据是对蓬莱沿岸 33 尾样品的肌肉、心脏、眼和肝胰腺 4 种组织中的天冬氨酸转氨酶(AAT)、乙醇脱氢酶(ADH)、6-磷酸葡萄糖异构酶(GPI)、甘油醛-3-磷酸脱氢酶(G3PDH)、异柠檬酸脱氢酶(IDHP)、乳酸脱氢酶(LDH)、苹果酸脱氢酶(MDH)、甘露糖-6-磷酸异构酶(MPI)、6-磷酸葡萄糖脱氢酶(PGDH)、磷酸葡萄糖变位酶(PGM)、山梨醇脱氢酶(SDH)和超氧化物歧化酶(SOD)12 种同工酶的检测结果。

多态位点比例(P)、平均杂合度观察值(H_o)、平均有效等位基因数(N_e)分别按式(2)、式(3)、式(4)计算：

$$P=N_1/n\times 100\% \qquad (2)$$

式中：

P——多态位点比例；

N_1——多态位点数；

n——检测位点总数。

$$H_o=(\sum H_1)/n \qquad (3)$$

式中：

H_o——平均杂合度观察值；

H_1——多态位点杂合度观察值；

n——观察位点总和。

$$N_e=[\sum(1-H_o)]/n \qquad (4)$$

式中：

N_e——平均有效等位基因数；

H_o——平均杂合度观察值；

n——观察位点总和。

9 判定规则

被检样品符合本标准的第4章、第6章要求的为合格样品。如果有一章不符合的可以复检，复检不合格的判定为不合格，复检合格的判定为合格。

附　录　A
（规范性附录）
各种缓冲液、染色液配方

A.1　TC 缓冲液

三羟甲基氨基甲烷（Tris）3.028 g，用柠檬酸调整 pH 至 7.0，蒸馏水定容至 1 L。

A.2　0.1 mol/L 磷酸缓冲液（pH7.0）

1 mol/L 磷酸氢二钾（K_2HPO_4）61.5 mL，1 mol/L 磷酸二氢钾（KH_2PO_4）38.5 mL，用水稀释至 1 000 mL。

A.3　辅酶Ⅱ（NADP）基本保存液

NADP（N-0505）：300 mg，噻唑蓝（MTT）（M-2128）：300 mg，纯水：1 000 mL。

A.4　辅酶Ⅰ（NAD）基本保存液

NAD（N-0632）：400 mg，MTT（M-2128）：300 mg，纯水：1 000 mL。

A.5　酚嗪甲硫酸（PMS）基本保存液

PMS（P-9625）：150 mg，纯水：10 mL。

A.6　同工酶的染色液配制方法

同工酶染色液配制方法见表 A.1。

表 A.1　同工酶的染色液配制方法

同工酶	英　文	药　品	浓　度	剂　量
异柠檬酸脱氢酶	Isocitrate dehydrogenase	Tris-HCl，pH8.0	0.2 mol/L	25 mL
		异柠檬酸（Isocitrate）		25 mg
		氯化镁（$MgCl_2$）	1 mol/L	0.25 mL
		NAD 基本保存液		25 mL
		PMS 基本保存液		3 滴～5 滴

附 录 B
（资料性附录）
钝吻黄盖鲽生长方程和体长体重关系

B.1 钝吻黄盖鲽生长方程

钝吻黄盖鲽的生长可用 Von-Bertalanffy 生长方程表示，通过 1978 年～1985 年对山东沿岸拖网调查取得的 1 260 个样品（年龄组成 2 龄～7 龄，体长组成 90 mm～420 mm）的回归分析，钝吻黄盖鲽的生长方程式见式(B.1)、式(B.2)、式(B.3)、式(B.4)：

$$♀ : L_t = 415.36[1 - e^{-0.20(t-1.43)}] \quad \cdots\cdots (B.1)$$

$$♂ : L_t = 325.90[1 - e^{-0.29(t-1.51)}] \quad \cdots\cdots (B.2)$$

$$♀ : W_t = 1\,489.77[1 - e^{-0.20(t-1.43)}]^{3.032\,5} \quad \cdots\cdots (B.3)$$

$$♂ : W_t = 772.81[1 - e^{-0.29(t-1.51)}]^{3.437\,5} \quad \cdots\cdots (B.4)$$

式中：

L_t——体长，单位为毫米(mm)；

t——年龄，单位为龄；

W_t——体重，单位为克(g)。

B.2 钝吻黄盖鲽体长体重关系

通过 1978 年～1985 年对山东沿岸拖网调查取得的 1 260 个样品（年龄组成 2 龄～7 龄，体长组成 90 mm～420 mm）的回归分析，钝吻黄盖鲽的体长、体重关系见式(B.5)、式(B.6)：

$$♂ : W_t = 17.756 \times 10^{-7} L_t^{3.437\,5} \quad \cdots\cdots (B.5)$$

$$♀ : W_t = 18.101 \times 10^{-6} L_t^{3.032\,5} \quad \cdots\cdots (B.6)$$

式中：

W_t——体重，单位为克(g)；

L_t——体长，单位毫米(mm)。

ICS 65.150
B 51

GB

中华人民共和国国家标准

GB/T 26621—2011

日本对虾

Kuruma prawn

2011-06-16 发布　　　　2011-11-01 实施

中华人民共和国国家质量监督检验检疫总局
中国国家标准化管理委员会　发布

前　言

本标准的附录A和附录B为规范性附录。

本标准由中华人民共和国农业部提出。

本标准由全国水产标准化技术委员会海水养殖分技术委员会归口。

本标准起草单位:中国水产科学研究院黄海水产研究所。

本标准主要起草人:刘萍、李健、孔杰、刘志鸿、庄志猛、张岩、王清印。

日 本 对 虾

1 范围

本标准规定了日本对虾(*Marsupenaeus japonicus*)的主要外部形态构造特征、生长与繁殖、遗传学特性以及检测方法。

本标准适用于日本对虾的种质检测和鉴定。

2 学名与分类

2.1 学名

日本对虾 *Marsupenaeus japonicus*(Bate,1988)。

2.2 分类位置

甲壳纲(Crustacea),十足目(Decapoda),对虾科(Penaeidae),囊对虾属(*Marsupenaeus*)。

3 主要形态构造特征

3.1 外部特征

日本对虾甲壳光滑无毛,体上有十几条棕色和兰色相间的横带。附肢呈黄色,尾肢后部色泽鲜艳、呈鲜兰色和黄色,边缘呈红色。额角侧沟很深,延伸至头胸甲的后缘。额角后脊较额角侧沟宽,具中央沟。尾节背面有深的纵沟,末端尖,两侧有3对细小活动刺。肝脊和额胃脊明显。

日本对虾的外部形态见图1。

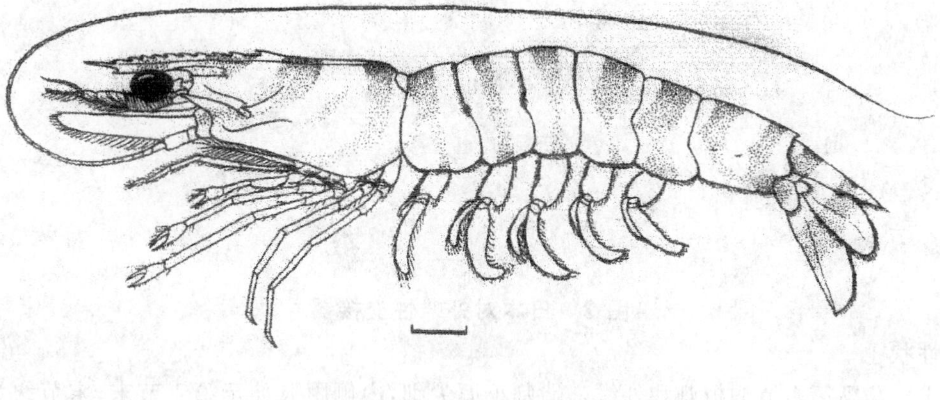

图1 日本对虾外部形态

雄虾第1腹肢的内肢变形特化成交接器,呈倒钟形,中叶末端形成横圆突起折向腹面,显著超出侧叶末端,顶端稍圆,雄性交接器见图2。雄性附肢由2节构成,末端鳞片状,近乎椭圆形,长约为宽的2倍,边缘着生细端刺。

雌虾第4对和第5对步足之间基部的腹甲上,有一囊状交接器为纳精囊,前端开口,其前方有一圆突,见图3。

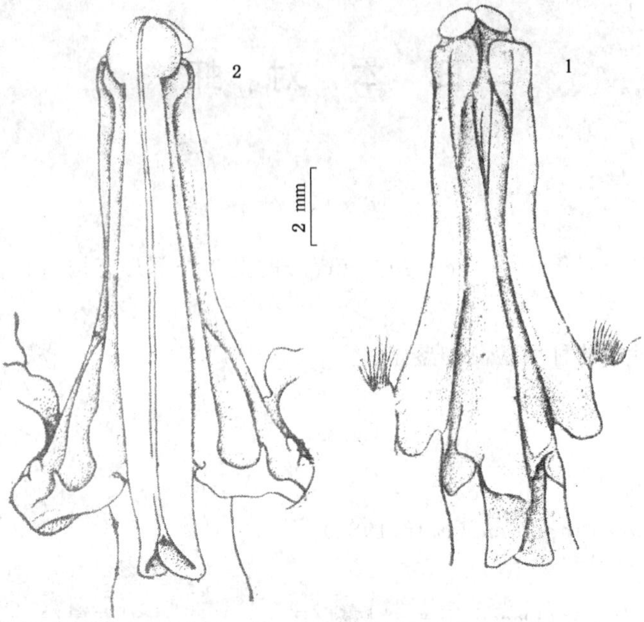

图2 日本对虾雄性交接器(2.背面;1.腹面)

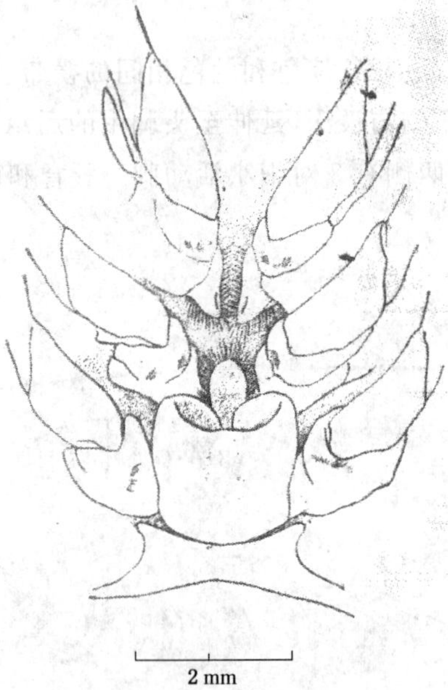

图3 日本对虾雌性交接器

3.2 可量性状

3.2.1 第1触角柄第1节的柄刺和外缘末端刺小而尖细,内侧附肢伸至第1节末,末节约为第2节长度的1/3;第1触角触鞭很短,仅为头胸甲长的1/4,上鞭稍长于下鞭。

3.2.2 第2触角鳞片末缘略超出额角的末端,其触鞭长度约为体长的1.5倍。

3.2.3 第3颚足细长。雄性超出第1触角柄基节末端;雌性较短,不到末端;指节细小,雄性约为掌节长的1/2,雌性约为指节长的2/3。

3.2.4 眼胃脊明显,占自眼眶边缘至肝刺间距离的3/5。

3.3 可数性状

额角齿式:上额角齿数/下额角齿数为8～10/1～2。

4 生长繁殖特性

4.1 生长

由于雌雄对虾性成熟时间不同，因而雌雄对虾的生长类型显著不同。雌性、雄性日本对虾在南海北部自然海区体长与体重关系式分别以式(1)和式(2)表示。

$$W_{♀}=6.378\times10^{-6}L^{3.116} \qquad\cdots\cdots(1)$$

$$W_{♂}=9.949\times10^{-6}L^{3.0295} \qquad\cdots\cdots(2)$$

式中：

W——体重，单位为克(g)；

L——体长，单位为毫米(mm)。

4.2 繁殖

4.2.1 生物学最小型

性成熟的最小体长为 118 mm，最小体重为 20 g。

4.2.2 交配与产卵

日本对虾产卵期较长，南海北部群体 2 月至 8 月均有性成熟个体出现，产卵高峰期在 2 月至 5 月。在 10 月上旬至 11 月初雌虾最后一次蜕皮后进行交配，交配时雄虾将精荚投入雌虾交接器纳精囊内，外覆翼状精荚栓。翌年春季产卵，纳精囊内精子与卵子同时排出。卵粒直径 0.26 mm～0.28 mm，为沉性卵，呈灰绿色或浅褐色。受精后卵膜举起，卵膜径 0.33 mm～0.44 mm。

4.2.3 怀卵量

发育成熟的亲虾在水温升至 26 ℃左右开始产卵，为多次产卵。雌虾怀卵量 20×10^{4} 粒～50×10^{4} 粒。

5 遗传学特性

5.1 染色体数目

日本对虾的染色体数目为 $2n=86$。

5.2 生化遗传学特性

5.2.1 同工酶图谱

日本对虾成体肌肉中的乳酸脱氢酶(LDH)同工酶电泳图谱见图 4，表现为一条酶带。

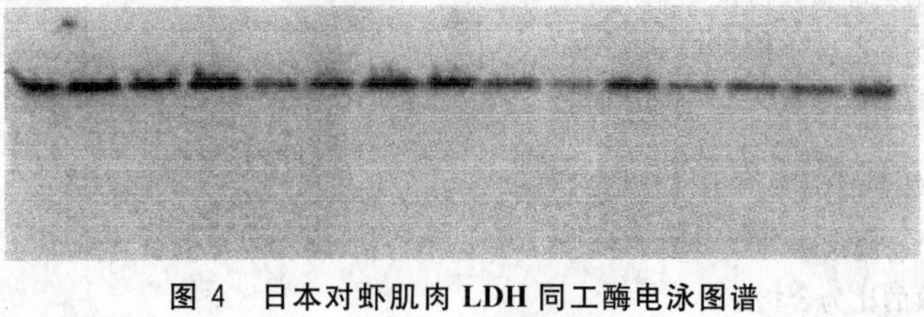

图 4 日本对虾肌肉 LDH 同工酶电泳图谱

5.2.2 群体遗传变异范围

日本对虾平均多态位点比例为 18.2%；平均杂合度的观测值为 0.104 2±0.004 5。

6 检测方法

6.1 染色体的检测

6.1.1 染色体的制备

6.1.1.1 日本对虾胚胎或幼体放入含 0.02%秋水仙素的海水中培养 3 h～4 h。

6.1.1.2 移去海水，加入 0.075 mol/L 氯化钾溶液中室温下处理 20 min～30 min。

6.1.1.3　移去低渗溶液，加入预冷的现配卡诺(Carnoy)氏固定液(甲醇∶冰乙酸＝3∶1)固定，每隔15 min更换一次固定液，更换2次～3次，最后更换1∶1的Carnoy氏固定液固定30 min。

6.1.1.4　将胚胎或幼体滴到冰冻的载玻片上，室温下干燥。

6.1.1.5　用磷酸缓冲液(0.1 mol/L，pH7.2)将吉姆萨(Giemsa)原液稀释为4%的溶液染色15 min。吉姆萨染色液的配制见附录A。

6.1.2　染色体观察

选择染色体形态好的分裂相100个计数，确定染色体数目。

6.2　同工酶检测

6.2.1　样品的采集与保存

日本对虾成体(活体)运到实验室，保存于－70 ℃超低温冰箱中。

6.2.2　样品制备

从液氮中分别取出样品(肌肉)，加入5倍体积的0.1 mol/L磷酸缓冲液(PBS)后冰浴匀浆，4 ℃离心(15 000 r/min，10 min)，取上清液加入少量1%溴酚兰，再加入等体积的40%蔗糖溶液。－20 ℃保存待测。

6.2.3　电泳

同工酶电泳采用不连续聚丙烯酰胺凝胶垂直电泳。电泳在4 ℃冰箱中进行。电泳参数如下。

凝胶浓度(T)：$T_{浓缩胶}=3.0\%$(pH6.7)，$T_{分离胶}=7.5\%$(pH8.9)。

乳酸脱氢酶染色液配方见附录B。

6.2.4　结果计算

多态位点比例按式(3)计算：

$$P=N_1/N_2\times 100\% \qquad \cdots\cdots(3)$$

式中：

P——多态位点比例；

N_1——多态位点数；

N_2——观察位点总数。

平均杂合度观察值按式(4)计算：

$$H_o=H_1/N \qquad \cdots\cdots(4)$$

式中：

H_o——平均杂合度观察值；

H_1——观察到的杂合个体数；

N——观察的个体总数。

7　判定规则

检测结果不符合第3章和5.1要求的，则判定为不合格项；有不合格项的样品为不合格样品。合格样品数与样品总数的比为合格率。

附 录 A
（规范性附录）
吉姆萨（Giemsa）染色液的配制

A.1 Giemsa 染色液母液

称取 0.5 g Giemsa 粉，量取甘油 33 mL，在研钵中先用少量甘油与 Giemsa 粉混合，研磨至无颗粒时再将剩余甘油加入，在 56 ℃条件下温浴 2 h 后，加入 33 mL 甲醇，混匀。并保存于棕色瓶中备用。

A.2 磷酸缓冲液（0.2 mol/L，pH7.2）

磷酸缓冲液由 A 液和 B 液按比例混合而成。

A.2.1 A 液（0.2 mol/L，Na_2HPO_4）

取 36.1 g 磷酸氢二钠（$Na_2HPO_4 \cdot H_2O$）定容于 1 000 mL 的蒸馏水中；或取 71.63 g 磷酸氢二钠（$Na_2HPO_4 \cdot 2H_2O$）定容于 1 000 mL 的蒸馏水中，即可。

A.2.2 B 液（0.2 mol/L，NaH_2PO_4）

取 27.6 g 磷酸二氢钠（$NaH_2PO_4 \cdot H_2O$）定容于 1 000 mL 的蒸馏水中；或取 31.21 g 磷酸二氢钠（$NaH_2PO_4 \cdot 2H_2O$）定容于 1 000 mL 的蒸馏水中，即可。

A.2.3 取 A 液 720 mL、B 液 28 mL，两者混合即可。

A.3 Giemsa 染色液

取 100 mL 的磷酸缓冲液，加入 4 mL Giemsa 染色原液即可。

附 录 B
（规范性附录）
同工酶染色液及其所需溶液的配制

B.1 1 mol/L 三羟甲基氨基甲烷-盐酸（Tris-HCl）缓冲液的配制

800 mL 水中加入 121.1 g Tris 碱，加入浓 HCl 调节 pH 至 8.0，加水定容至 1 000 mL，分装后高压灭菌。

B.2 同工酶染色液的配制

见表 B.1。

表 B.1 同工酶染色液的配制

药 品	浓 度	剂量/mL
Tris-HCl	0.2 mol/L(pH8.0)	50
乳酸锂	1.0 mol/L(pH8.0)	8
辅酶Ⅰ(NAD)	10 mg/mL	1
硝基四唑蓝(NBT)	5 mg/mL	1
甲基吩嗪甲基硫酸盐(PMS)	5 mg/mL	1

ICS 65.020.30
B 40

中华人民共和国国家标准

GB/T 26622—2011

畜禽粪便农田利用环境影响评价准则

Criteria for environmental impact assessment of the animal manure land application

2011-06-16 发布　　2011-11-01 实施

中华人民共和国国家质量监督检验检疫总局
中国国家标准化管理委员会　发布

前 言

本标准的附录A和附录B为规范性附录，附录C为资料性附录。

本标准由中华人民共和国农业部提出。

本标准由全国畜牧业标准化技术委员会归口。

本标准起草单位：中国农业科学院农业环境与可持续发展研究所、农业部畜牧环境设施设备质量监督检验测试中心（北京）。

本标准主要起草人：黄宏坤、董红敏、陶秀萍、陈永杏、尚斌。

畜禽粪便农田利用环境影响评价准则

1 范围

本标准规定了畜禽粪便农田利用对环境影响的评价程序、评价方法、评价报告的编制等要求。

本标准适用于畜禽粪便农田利用的环境影响评价。

2 规范性引用文件

下列文件中的条款通过本标准的引用而成为本标准的条款。凡是注日期的引用文件,其随后所有的修改单(不包括勘误的内容)或修订版均不适用于本标准,然而,鼓励根据本标准达成协议的各方研究是否可使用这些文件的最新版本。凡是不注日期的引用文件,其最新版本适用于本标准。

GB 3838 地表水环境质量标准

GB/T 14848 地下水质量标准

NY/T 395 农田土壤环境质量监测技术规范

3 术语和定义

下列术语和定义适用于本标准。

3.1

无害化处理 sanitation treatment

利用高温、好氧、厌氧发酵和消毒等技术杀灭畜禽粪便中病原菌、寄生虫(卵)和杂草种子的过程。

3.2

畜禽粪便农田利用的环境影响评价 environmental impact assessment for the animal manure land application

对畜禽粪便农田利用后可能造成的环境影响进行分析、预测和评估,提出预防或减轻不良环境影响的对策和措施,并进行跟踪监测的方法和制度的评价全过程。

3.3

农田粪便承载力指数 index for manure load of land application

在一定土壤肥力和单位面积作物预期产量条件下,畜禽粪便农田实际施用量与除化学肥料之外的所需投入畜禽粪便量的比值。

4 评价程序

4.1 资料收集

4.1.1 根据评价任务要求制定评价工作计划,包括评价范围、等级、方法、监测指标和采样方式,做好现场调查前的准备工作。

4.1.2 收集国家相关法律、法规和标准。

4.1.3 调查当地区域地理位置,收集地区经纬度、行政区位置和平面图。

4.1.4 收集当地自然、气候、地质、地形、水文、环境、社会条件和农业生产技术水平等资料,进行现场调查。

4.1.5 收集当地土地利用现状、面积、土壤母质、农田施肥水平、农作物产量等资料。

4.1.6 收集调查当地经济发展历史和现状、农业生产布局、畜牧业发展情况和畜禽粪便管理现状。包括当地农作物种类、栽培技术措施、耕作制度、化肥种类及其施用量,畜禽粪便消纳及环境容量等资料。

4.2 编制畜禽粪便农田利用环境影响评价工作大纲

根据评价目的，宜进行畜禽粪便农田利用环境质量评价工作大纲编制的，其内容和格式见附录 A。

4.3 环境监测

环境监测对象包括畜禽粪便、土壤、水(地表水、地下水)，采样时要注意采集具有代表性样品，记录采样时间、地点、方法以及采样前和当时的土地利用情况。监测分析过程中应采用国家规定的标准方法。

4.4 数据分析处理

将收集到的数据和实际监测数据进行筛选、处理和统计分析，对畜禽粪便不同施用量的土壤质量与当地土壤环境本底值进行对比，作出评价结论；通过预测土壤环境变化，提出畜禽养殖业发展和畜禽粪便利用建议和对策。

4.5 编制环境影响评价报告

编制的畜禽粪便农田利用环境影响评价报告要求数据准确、文字简洁、论点明确、论据充足和结论科学，并提供必要的图表和图片并加以说明，以利审核。环境影响评价报告的内容和格式见附录 B。

5 评价方法

5.1 现场布点和采样

5.1.1 在调查的基础上，选择具有代表性的地块进行采样。土壤采样按 NY/T 395 规定执行。采集有代表性待施入农田的粪便样品 2 kg。水样采集布点数量根据当地实际情况制定，地下水宜采用井水，体积不少于 2 L；地表水不少于 2 L。

5.1.2 评价因子

包括氮、磷、粪大肠菌群、蛔虫卵和主要重金属(铜、锌、铅、铬、镉、砷)；水质评价因子应包括化学需氧量、生化需氧量和硝酸盐。

5.2 畜禽粪便农田利用环境影响评价

5.2.1 农田粪便承载力指数 FC 按式(1)计算：

$$FC=\frac{T}{N-H} \qquad \cdots\cdots(1)$$

式中：

T——单位面积农田畜禽粪便实际施用量，单位为吨每公顷(t/hm^2)；

N——单位面积农田粪便最大施用量，单位为吨每公顷(t/hm^2)，参见附录 C；

H——单位面积化学肥料折算的粪便施用量，单位为吨每公顷(t/hm^2)。

5.2.2 水质污染指数 P_i 按式(2)计算：

$$P_i=\frac{C_i}{S_i} \qquad \cdots\cdots(2)$$

式中：

C_i——水质污染物实测浓度；

S_i——水体污染物的环境标准浓度限值，见 GB 3838 和 GB/T 14848。

5.2.3 土壤综合污染指数

按 NY/T 395 规定执行。

5.2.4 环境质量分级

农田粪便承载力指数(FC)和水质污染指数(P)等级见表 1。土壤综合污染指数分级按 NY/T 395 规定执行。

表 1　农田粪便承载力指数及水质污染指数分级

等级	Ⅰ	Ⅱ	Ⅲ	Ⅳ	Ⅴ
P 和 FC 的最大值	$P(FC)\leqslant 0.7$	$0.7<P(FC)\leqslant 1.0$	$1.0<P(FC)\leqslant 2.0$	$2.0<P(FC)\leqslant 3.0$	$P(FC)>3.0$

6　畜禽粪便农田利用环境影响评价报告的编制

6.1　评价报告应全面、概括地反映环境质量评价全部工作，尽量采用图表加以说明。原始数据和计算过程不必在报告中列出，必要时可编入附录。参考文献按发表的时间次序由近至远列出。评价报告应同时附采样点位置图和监测结果报告。

6.2　环境影响评价报告根据实际情况选择附录 B 中全部内容或部分内容进行编制。

附　录　A
（规范性附录）
畜禽粪便农田利用环境影响评价工作大纲

A.1　前言

概述畜禽粪便农田利用环境评价项目的意义和由来、任务委托情况、承担总体评价任务的单位。

A.2　编制依据

——有关法规和标准。

——评价任务委托书。

A.3　畜禽粪便农田利用环境质量评价工作概况

A.3.1　畜禽养殖基本情况

畜禽粪便农田利用环境质量评价涉及的规模化畜禽养殖场的名称、地点、性质、生产规模、占地面积和场区总平面布置简图。新建的应提供环境影响评价报告书。

A.3.2　环境因子的识别和简要分析

根据对规模化养殖场畜禽粪便农田利用现状初步分析，识别其施用后可能对水体、土壤产生影响的环境因子，从中辨析出畜禽粪便农田利用后对土壤、水体可能产生的污染及其强度。

A.4　畜禽粪便农田利用环境评价区域概况

A.4.1　自然环境概况

包括被评价区域的地质、地貌、地形、地震、水文、气候与气象等。

A.4.2　社会环境

A.4.2.1　环境影响评价区域的地理位置(附地理位置图)、行政区划、交通运输、畜禽养殖和农田情况。

A.4.2.2　畜禽粪便农田利用方式、作物种类、施用量、土壤质量等。

A.5　评价工作内容

——评价目的；

——评价范围的确定：应根据被评价畜禽粪便农田利用的典型田块和水体调查来确定评价区域范围；

——评价重点：主要针对畜禽粪便农田利用后对土壤、水体质量进行评价；

——评价工作概述。

A.6　畜禽粪便农田利用环境质量评价

通过调查与监测畜禽粪便施用典型地块的土壤、水体等的环境质量状况，对畜禽粪便农田利用的环境质量现状进行评价。

畜禽粪便农田利用后对评价区域土壤、水体可能产生的影响进行分析，重点分析长期施用畜禽粪便对该地区环境质量的影响范围和影响程度。

A.7　环境经济损益分析

——社会效益分析；

——经济效益分析；

——环境效益分析。

A.8　环境管理计划和监控计划

——环境管理体系及职能；

——环境监控计划。

A.9　畜禽粪便农田利用后的环境质量和环境影响评价结论和建议。

A.10　评价工作进度。

A.11　评价工作经费预算。

附 录 B
（规范性附录）
畜禽粪便农田利用环境影响评价报告

B.1 前言

概述畜禽粪便农田利用环境影响评价项目意义和由来、评价标准、评价方法和评价区域。

B.2 环境因子的识别和简要分析。

B.3 评价区域环境概况

B.3.1 自然环境概况

B.3.1.1 地理位置，包括所处地区经纬度、行政区位置和交通位置（主要交通线），并附平面图。

B.3.1.2 气候、气象、地质、地形、地貌、水文（含地表水、地下水、水资源总量、利用情况及存在问题）。

B.3.1.3 土地利用类型、面积、土壤类型、土壤肥力水平以及农田施用粪便种类和数量，化学肥料施用种类和数量。

B.3.1.4 矿产、森林、草原、水产、动植物与生态。

B.3.2 社会经济概况

B.3.2.1 行政区划情况。

B.3.2.2 农业生产布局情况。

B.3.2.3 农牧业发展情况。

B.3.3 环境评价区域内畜禽养殖及粪便利用概况

B.3.3.1 畜禽养殖基本情况

B.3.3.1.1 畜禽养殖种类和数量。

B.3.3.1.2 粪便产生量、处理和利用基本情况。

B.3.3.1.3 待施用于农田的畜禽粪便特性，包括氮、磷、钾、重金属、粪大肠菌群、蛔虫卵含量等。

B.3.3.2 畜禽粪便农田利用环境质量现状

B.3.3.2.1 土壤环境质量状况

a） 土壤质量现状。

b） 土壤监测结果分析。

c） 土壤环境质量现状评价。

B.3.3.2.2 水环境质量状况

a） 水质现状。

b） 水质监测结果分析。

c） 水体质量现状评价。

B.4 环境经济损益分析。

B.5 畜禽粪便农田利用环境承载力分析和预测

通过调查不同土地利用类型的畜禽粪便施用量，分析计算农田畜禽粪便承载力。

监测畜禽粪便农田利用典型地块附近水体环境质量，在分析计算水质污染指数及其等级基础上评价水体质量现状，探讨畜禽粪便农田利用后对当地水体环境质量的影响范围和影响程度。

结合当地环境容量、畜禽养殖业和种植业发展规划，分析三者之间的协调性。

B.6 预防或减轻不良环境影响对策和措施

提出减轻或降低畜禽粪便农田利用环境污染的政策、管理措施，并对增施有机肥、减施化肥进行可行性和经济性分析。

B.7 环境影响评价结论和建议

综述畜禽粪便农田利用对生态、环境的有利和不利影响以及环境的总体变化趋势。

畜禽粪便农田利用的社会经济和环境的总体效益分析。

附　录　C
（资料性附录）
畜禽粪便农田施肥量计算的推荐公式及相应参数的确定

C.1　在有田间试验和土肥分析化验的条件下施用量的确定

C.1.1　计算公式

$$N=\frac{A-S}{d\times r} \qquad \cdots\cdots(C.1)$$

式中：

N——一定土壤肥力和单位面积作物预期产量下需要投入的某种畜禽粪便的量，单位为吨每公顷（t/hm^2）；

A——预期单位面积产量下作物需要吸收的营养元素的量，单位为吨每公顷（t/hm^2）；

S——预期单位面积产量下作物从土壤中吸收的营养元素量（或称土壤供肥量），单位为吨每公顷（t/hm^2）；

d——畜禽粪便中某种营养元素的含量，%；

r——畜禽粪便的当季利用率，%。

C.1.2　相应参数的确定

C.1.2.1　A（t/hm^2）的确定

$$A=Y\times a\times 10^{-2} \qquad \cdots\cdots(C.2)$$

式中：

Y——预期单位面积产量，单位为吨每公顷（t/hm^2）；

a——作物形成 100 kg 产量吸收的营养元素的量，单位为千克（kg）。

主要作物形成 100 kg 产量吸收的营养元素的量可以参照表 C.1。不同作物、同种作物的不同品种及地域因素等导致作物形成 100 kg 产量吸收的营养元素的量各不相同，a 值选择应以地方农业管理、科研部门公布的数据为准。

表 C.1　作物形成 100 kg 产量吸收的营养元素的量

作物种类	氮/kg	磷/kg	钾/kg	产量水平/（t/hm^2）
小麦	3.0	1.0	3.0	4.5
水稻	2.2	0.8	2.6	6
黄瓜	0.28	0.09	0.29	75
番茄	0.33	0.1	0.53	75
茄子	0.34	0.1	0.66	67.5
青椒	0.51	0.107	0.646	45
大白菜	0.15	0.07	0.2	90
苹果	0.3	0.08	0.32	30
梨	0.47	0.23	0.48	22.5
柑橘	0.6	0.11	0.4	22.5

注：表中作物形成 100 kg 产量吸收的营养元素的量为相应产量水平下吸收的量。

C.1.2.2 S(t/hm²)的确定

$$S = 2.25 \times 10^{-3} \times c \times t \quad \cdots\cdots (C.3)$$

式中：

2.25×10^{-3}——土壤养分的"换算系数"，20 cm厚的土壤表层1 hm² 总重约为 2.25×10^{6} kg，那么1 mg/kg的养分在1 hm² 地中所含的量为：2.25×10^{6} kg/hm² × 1 mg/kg，即 2.25×10^{-3} t/hm²；

c——土壤中某营养元素的测定值，单位为毫克每千克(mg/kg)；

t——土壤养分校正系数，可实际测定或根据当地科研部门公布的数据进行计算。

C.1.2.3 d的确定

畜禽粪便中某种营养元素的含量，因畜禽种类、畜禽粪便的收集与处理方式不同而差别较大。施肥量的确定应根据某种畜禽粪便的营养成分进行计算。

C.1.2.4 r的确定

畜禽粪便养分的当季利用率，因土壤理化性状、通气性能、温度、湿度等条件而不同，一般在25%～30%范围内变化，故当季吸收率可在此范围内选取或通过田间试验确定。

C.2 不具备田间试验和土肥分析化验的条件下施用量的确定

C.2.1 计算公式

$$N = \frac{A \times p}{d \times r} \quad \cdots\cdots (C.4)$$

式中：

N——一定土壤肥力和单位面积作物预期产量下需要投入的某种畜禽粪便的量，单位为吨每公顷(t/hm²)；

A——预期单位面积产量下作物需要吸收的营养元素的量，单位为吨每公顷(t/hm²)；

p——作物由施肥创造的产量占总产量的比例，%；

d——畜禽粪便中某种营养元素的含量，%；

r——畜禽粪便养分的当季利用率，%。

C.2.2 相应参数的确定

C.2.2.1 A、d、r的确定，见C.1.2.1、C.1.2.3、C.1.2.4。

C.2.2.2 作物由施肥创造的产量占总产量的比例(p)可参照表C.2、表C.3选取。

表C.2 不同土壤肥力下作物由施肥创造的产量占总产量的比例(p)

土地肥力	Ⅰ	Ⅱ	Ⅲ
p/%	30～40	40～50	50～60

表C.3 土壤肥力分级指标

项目		不同肥力水平的土壤全氮含量/(g/kg)		
		Ⅰ	Ⅱ	Ⅲ
土地类别	旱地(大田作物)	>1.0	0.8～1.0	<0.8
	水田	>1.2	1.0～1.2	<1.0
	菜地	>1.2	1.0～1.2	<1.0
	果园	>1.0	0.8～1.0	<0.8

C.2.2.3 畜禽粪便干基的养分含量(d)可参照表C.4。

表C.4 畜禽粪便干基的养分含量(d)

粪便种类	畜禽粪便干基的养分含量/%		
	氮	磷	钾
猪粪	1.0	0.9	1.12
牛粪	0.8	0.43	0.95
羊粪	1.2	0.5	1.32
鸡粪	1.6	0.93	1.61
注：以上数据均为处理后的畜禽粪便养分含量。由于各地喂养的饲料不同，其畜禽粪便的养分含量也有不同，上述数据仅供参考，应以当地实测数据为准。			

ICS 65.040.10
B 40

中华人民共和国国家标准

GB/T 26623—2011

畜禽舍纵向通风系统设计规程

Design requirements of tunnel ventilation system for animal housing

2011-06-16 发布　　2011-11-01 实施

中华人民共和国国家质量监督检验检疫总局
中国国家标准化管理委员会　发布

前　言

本标准的附录A、附录B为资料性附录。

本标准由中华人民共和国农业部提出。

本标准由全国畜牧业标准化技术委员会归口。

本标准起草单位：农业部畜牧环境设施设备质量监督检验测试中心（北京）、中国农业科学院农业环境与可持续发展研究所。

本标准主要起草人：董红敏、陶秀萍、朱志平、尚斌、黄宏坤、陈永杏、游玉波。

畜禽舍纵向通风系统设计规程

1 范围

本标准规定了畜禽舍纵向通风系统的术语和定义以及设计要求。

本标准适用于新建、改建、扩建密闭式或有窗畜禽舍纵向通风系统的设计。

2 规范性引用文件

下列文件中的条款通过本标准的引用而成为本标准的条款。凡是注日期的引用文件，其随后所有的修改单(不包括勘误的内容)或修订版均不适用于本标准，然而，鼓励根据本标准达成协议的各方研究是否可使用这些文件的最新版本。凡是不注日期的引用文件，其最新版本适用于本标准。

GB/T 19525.1　畜禽环境　术语

3 术语和定义

GB/T 19525.1 确定的以及下列术语和定义适用于本标准。

3.1

纵向通风　tunnel ventilation

在畜禽舍污道一端山墙或靠近该山墙的侧墙上集中安装风机排气，在畜禽舍内沿纵轴方向形成气流的通风方式。

4 设计要求

4.1 通风量确定

4.1.1 根据推荐通风需要量计算

根据推荐通风需要量设计纵向通风系统的通风量 $Q(m^3/h)$，按式(1)计算。

$$Q=R\times n \qquad (1)$$

式中：

R——每头(只)动物的推荐通风需要量(参见附录 A)，单位为立方米每小时每头(只)[$m^3/(h\cdot 头)$]；

n——动物数量，单位为头(只)。

4.1.2 根据推荐风速计算

根据推荐风速设计纵向通风系统的通风量 $Q(m^3/h)$，按式(2)计算。

$$Q=V\times A\times 3\,600 \qquad (2)$$

式中：

V——动物的推荐风速(参见附录 B)，单位为米每秒(m/s)；

A——畜禽舍的横截面积，单位为平方米(m^2)。

4.1.3 根据 4.1.1 和 4.1.2 两种方法计算的通风量不同时，取其中较大值。

4.2 进气口设计

4.2.1 进气口基本要求

4.2.1.1 进气口应有合适的面积，保证冬季气流经过时的速度大于 4 m/s，夏季气流经过的速度在 1 m/s～2 m/s。

4.2.1.2 夏季的气流经过畜禽饲养面，冬季的气流不直接吹至动物体。

4.2.2 进气口的形状

进气口宜为矩形。

4.2.3 进气口的安装位置

4.2.3.1 夏季进气口的安装位置

4.2.3.1.1 夏季进气口应集中布置在畜禽舍的净道端，宜在上风向。

4.2.3.1.2 夏季进气口宜安装在与风机相对的山墙和(或)侧墙上，以畜禽舍的纵轴为中心对称布置。

4.2.3.1.3 对于已建的有窗畜禽舍，可将与风机相对的山墙或侧墙上的两个或多个窗户敞开作为进气口，并保证所有的进气口以畜禽舍的纵轴为中心对称布置。

4.2.3.2 冬季进气口的安装位置

4.2.3.2.1 冬季进气口应沿畜禽舍两侧纵墙均匀分散布置，夏季时关闭。

4.2.3.2.2 冬季进气口的安装高度不宜低于 2.0 m，与排气风机的距离不宜小于 5.0 m。

4.2.4 进气口面积

进气口面积 A(m^2)按式(3)计算。

$$A=\frac{Q}{a} \quad \cdots\cdots(3)$$

式中：

Q ——纵向通风系统的通风量，单位为立方米每小时(m^3/h)；

a ——常数(夏季进气口计算时取值 15 000～20 000；冬季进气口计算时取值 3 600)，单位为米每小时(m/h)。

4.3 风机选择

4.3.1 风机的种类

选用低压大流量轴流风机，宜配备导流罩。

4.3.2 风机选择的基本要求

4.3.2.1 选择风机时应根据实际静压曲线下的风机风量确定。

4.3.2.2 选择风机时应大小配合，满足不同温度条件下畜禽舍的通风、换气和降温需求。

4.3.3 风机的安装位置

4.3.3.1 风机应集中安装在畜禽舍排污侧的端墙和(或)侧墙上。

4.3.3.2 风量大的大型风机安装在下方，与动物的饲养面同高；风量小的小型风机宜安装在大风机的上方。

4.3.3.3 风机排气口与邻近障碍物(如建筑物)之间的距离应大于风机叶轮直径的 4 倍～6 倍。

4.3.3.4 风机应装有百叶或防护网(罩)，防止停机时空气倒流或污染物和鼠害进入畜禽舍。

附 录 A
（资料性附录）
不同种类畜禽在不同季节的推荐通风需要量

不同种类畜禽在不同季节的推荐通风需要量如表 A.1 所示。

表 A.1　不同种类畜禽[头(只)]在不同季节的推荐通风需要量

动物品种及年龄		体重/kg	推荐通风需要量/[m³/(h·头)]		
			冬季	温暖季节	夏季
猪	母猪带仔	182	34	136	850
	保育前期仔猪	5～14	3	17	43
	保育后期仔猪	14～34	5	26	60
	生长猪	34～68	12	41	128
	育肥猪	68～100	17	60	204
	妊娠母猪	148	20	68	255
	公猪	182	24	85	306
奶牛	0 月龄～2 月龄		26	85	170
	2 月龄～12 月龄		34	102	221
	12 月龄～24 月龄		51	136	305.8
	24 月龄以上母牛	450	61	204	570
蛋鸡		0.45	0.2	0.8	1.7～2.5
		2.0	1.0～1.2		9.4
		2.5	1.2～1.4		11.2
		3.5	1.5～1.8		14.4
肉鸡	0 日龄～7 日龄		0.1	0.3	0.7
	大于 7 日龄	0.45	0.2	0.8	1.7
		0.2	0.2		
		0.8	0.6		
		2.2	1.2～1.3		
		2.7	1.4～1.5		12.2
注：由于配种猪舍的饲养密度低，每头种猪的推荐通风量为 510 m³/h。					

附 录 B
（资料性附录）
不同种类畜禽的推荐适宜风速

不同种类畜禽的推荐适宜风速如表B.1所示。

表B.1 不同种类畜禽的推荐适宜风速

动物种类	体重/ kg	夏季风速/ (m/s)	冬季节风速/ (m/s)
哺乳母猪	145	0.4	0.2
仔猪	1.5	0.4	0.25
生长育肥猪	25～80	0.6	0.3
成年猪	150～180	1.0	0.3
肉鸡	—	1.0～2.0	0.25
蛋鸡	—	1.0～2.5	0.2～0.5
奶牛	—	2.9～4.0	0.5

ICS 65.040.10
B 92

中华人民共和国国家标准

GB/T 26624—2011

畜禽养殖污水贮存设施设计要求

Design specifications for waste water storage facility of animal farm

2011-06-16 发布 2011-11-01 实施

中华人民共和国国家质量监督检验检疫总局
中国国家标准化管理委员会 发布

前　言

本标准的附录A为资料性附录。

本标准由中华人民共和国农业部提出。

本标准由全国畜牧业标准化技术委员会归口。

本标准起草单位：农业部畜牧环境设施设备质量监督检验测试中心（北京）、中国农业科学院农业环境与可持续发展研究所。

本标准主要起草人：董红敏、陶秀萍、黄宏坤、陈永杏、尚斌、朱志平、游玉波。

畜禽养殖污水贮存设施设计要求

1 范围

本标准规定了畜禽养殖污水贮存设施选址、技术参数要求等内容。

本标准适用于畜禽养殖污水贮存设施的设计。

2 规范性引用文件

下列文件中的条款通过本标准的引用而成为本标准的条款。凡是注日期的引用文件，其随后所有的修改单(不包括勘误的内容)或修订版均不适用于本标准，然而，鼓励根据本标准达成协议的各方研究是否可使用这些文件的最新版本。凡是不注日期的引用文件，其最新版本适用于本标准。

GB 18596 畜禽养殖业污染物排放标准

GB 50016 建筑设计防火规范

GB 50069 给水排水工程构筑物结构设计规范

CJJ/T 54—1993 污水稳定塘设计规范

NY/T 1169 畜禽场环境污染控制技术规范

3 术语和定义

下列术语和定义适用于本标准。

3.1

畜禽养殖污水 waste water from livestock and poultry feeding

冲洗系统运行后产生的液体废弃物，其中包括粪便残渣、尿液、散落的饲料，以及畜禽毛发和皮屑等。

3.2

养殖污水贮存设施 waste water storage facility

用以贮存养殖污水的设施。

4 选址要求

4.1 根据畜禽养殖场区面积、规模以及远期规划选择建造地点，并做好以后扩建的计划。

4.2 满足畜禽养殖场总体布置及工艺要求，布置紧凑，方便施工和维护。

4.3 设在场区主导风向的下风向或侧风向。

4.4 与畜禽养殖场生产区相隔离，满足防疫要求。

5 技术参数要求

5.1 容积

畜禽养殖污水贮存设施容积 $V(m^3)$ 按式(1)计算：

$$V = L_w + R_0 + P \qquad (1)$$

式中：

L_w——养殖污水体积，单位为立方米(m^3)；

R_0——降雨体积，单位为立方米(m^3)；

P——预留体积，单位为立方米(m^3)。

养殖污水体积、降雨体积、预留体积的计算分别为：

a) 养殖污水体积(L_w)

养殖污水体积 L_w(m^3)按式(2)计算：

$$L_w = N \cdot Q \cdot D \qquad \cdots\cdots(2)$$

式中：

N——动物的数量，猪和牛的单位为百头，鸡的单位为千只；

Q——畜禽养殖业每天最高允许排水量，猪场和牛场的单位为立方米每百头每天[m^3/(百头·d)]，鸡场的单位为立方米每千只每天[m^3/(千只·d)]，其值参见附录 A；

D——污水贮存时间，单位为天(d)，其值依据后续污水处理工艺的要求确定。

b) 降雨体积(R_0)

按 25 年来该设施每天能够收集的最大雨水量(m^3/d)与平均降雨持续时间(d)进行计算。

c) 预留体积(P)

宜预留 0.9 m 高的空间，预留体积按照设施的实际长和宽以及预留高度进行计算。

5.2 类型和形式

5.2.1 污水贮存设施有地下式和地上式两种。土质条件好、地下水位低的场地宜建造地下式贮存设施；地下水位较高的场地宜建造地上式贮存设施。

5.2.2 根据场地大小、位置和土质条件确定，可选择方形、长方形、圆形等形式。

5.3 底面和壁面

5.3.1 按 CJJ/T 54—1993 中第七部分“塘体设计”中相关规定执行。

5.3.2 内壁和底面应做防渗处理，具体参照 GB 50069 相关规定执行。

5.3.3 底面高于地下水位 0.6 m 以上。

5.3.4 高度或深度不超过 6 m。

6 其他要求

6.1 地下污水贮存设施周围应设置导流渠，防止径流、雨水进入贮存设施内。

6.2 进水管道直径最小为 300 mm。

6.3 进、出水口设计应避免在设施内产生短流、沟流、返混和死区。

6.4 地上污水贮存设施应设有自动溢流管道。

6.5 污水贮存设施周围应设置明显的标志和围栏等防护设施。

6.6 防火距离按 GB 50016 相关规定执行。

6.7 设施在使用过程中不应产生二次污染，其恶臭及污染物排放应符合 GB 18596 的相关规定。

6.8 制定检查日程，至少每两周检查一次，防止意外泄漏和溢流发生。

6.9 制定应急计划，包括事故性溢流应对措施，做好降水前后的排流工作。

6.10 制定底部淤泥清除计划。

6.11 在贮存设施周围进行绿化工作，按 NY/T 1169 相关要求执行。

附 录 A
（资料性附录）
畜禽养殖业每日最高允许排水量

集约化畜禽养殖业水冲工艺和干清粪工艺最高允许排水量分别见表A.1和表A.2。

表A.1 集约化畜禽养殖业水冲工艺最高允许排水量

种类	猪/[m^3/(百头·d)]		鸡[m^3/(千只·d)]		牛[m^3/(百头·d)]	
季节	冬季	夏季	冬季	夏季	冬季	夏季
标准值	2.5	3.5	0.8	1.2	20	30
注1：废水最高允许排放量的单位中，百头、千只均指存栏数。 注2：春、秋季废水最高允许排放量按冬、夏两季的平均值计算。						

表A.2 集约化畜禽养殖业干清粪工艺最高允许排水量

种类	猪/[m^3/(百头·d)]		鸡[m^3/(千只·d)]		牛[m^3/(百头·d)]	
季节	冬季	夏季	冬季	夏季	冬季	夏季
标准值	1.2	1.8	0.5	0.7	17	20
注1：废水最高允许排放量的单位中，百头、千只均指存栏数。 注2：春、秋季废水最高允许排放量按冬、夏两季的平均值计算。						

ICS 67.060
B 20

中华人民共和国国家标准

GB/T 26625—2011

粮油检验　大豆异黄酮含量测定 高效液相色谱法

Inspection of grain and oils—Determination of soybean isoflavone—High performance liquid chromatography

2011-06-16 发布　　2011-11-01 实施

中华人民共和国国家质量监督检验检疫总局
中国国家标准化管理委员会　发布

前　言

本标准的附录A、附录B为资料性附录。

本标准由国家粮食局提出。

本标准由全国粮油标准化技术委员会归口。

本标准起草单位:中华人民共和国黑龙江出入境检验检疫局、九三粮油工业集团有限公司。

本标准主要起草人:高勇、杨长志、李铁柱、张洪祥、邓立育、王乐、丁丽莎。

粮油检验 大豆异黄酮含量测定
高效液相色谱法

1 范围

本标准规定了高效液相色谱法测定大豆异黄酮(大豆甙、黄豆黄素、染料木甙、大豆黄素、黄豆黄素甙元、染料木素)含量的原理、试剂与材料、仪器与设备、试剂制备与保存、操作步骤、结果计算与表示、精密度的要求。

本标准适用于大豆、豆奶粉、豆豉中大豆异黄酮含量的测定。

本标准测试方法的最低检测限为 2.5 mg/kg。

2 规范性引用文件

下列文件中的条款通过本标准的引用而成为本标准的条款。凡是注日期的引用文件,其随后所有的修改单(不包括勘误的内容)或修订版均不适用于本标准,然而,鼓励根据本标准达成协议的各方研究是否可使用这些文件的最新版本。凡是不注日期的引用文件,其最新版本适用于本标准。

GB/T 6682 分析实验室用水规格和试验方法

3 原理

试样用甲醇-水溶液超声波振荡提取,提取液经离心、浓缩、定容、过滤,用高效液相色谱仪测定,外标法定量。

4 试剂与材料

除另有说明外,所用试剂均为分析纯,水应符合 GB/T 6682 中一级水的规定。

4.1 乙腈:色谱纯。

4.2 甲醇。

4.3 乙酸。

4.4 90%甲醇溶液:取 900 mL 甲醇,加入 100 mL 水,混匀。

4.5 60%甲醇溶液:取 600 mL 甲醇,加入 400 mL 水,混匀。

4.6 10%甲醇溶液:取 100 mL 甲醇,加入 900 mL 水,混匀。

4.7 0.1%乙酸溶液:取 1 mL 乙酸,置于 1 000 mL 容量瓶中,用水定容至刻度。

4.8 0.1%乙酸乙腈溶液:取 1 mL 乙酸,置于 1 000 mL 容量瓶中,用乙腈溶解并定容至刻度。

4.9 大豆甙(daidzin):纯度不低于 98%。

4.10 染料木甙(genistin):纯度不低于 99%。

4.11 大豆黄素(daidzein):纯度不低于 98%。

4.12 染料木素(genistein):纯度不低于 98%。

4.13 黄豆黄素(glycitin):纯度不低于 98%。

4.14 黄豆黄素甙元(glycitein):纯度不低于 98%。

4.15 标准储备溶液配制:

4.15.1 大豆异黄酮标准储备溶液:分别准确称取适量的大豆甙、染料木甙、大豆黄素、染料木素、黄豆黄素、黄豆黄素甙元标准品,分别用 60%甲醇(4.5)配成浓度为 1 mg/mL 的标准储备溶液。−18 ℃避光保存，有效期6个月。

4.15.2 大豆异黄酮混合标准中间溶液：分别移取上述各组分大豆异黄酮标准储备溶液(4.15.1)0.5 mL于同一10 mL容量瓶中，用60%甲醇(4.5)定容至刻度，配制成各组分浓度为50 μg/mL的大豆异黄酮混合标准中间溶液，0 ℃～4 ℃冷藏避光保存，有效期3个月。

4.15.3 大豆异黄酮混合标准工作溶液：分别吸取50.0 μL、100.0 μL、200.0 μL、300.0 μL、1 000.0 μL上述大豆异黄酮混合标准中间溶液(4.15.2)于10 mL容量瓶中，用10%甲醇(4.6)溶液配成各组分浓度0.25 μg/mL、0.50 μg/mL、1.00 μg/mL、1.50 μg/mL、5.00 μg/mL系列的大豆异黄酮混合标准工作溶液，0 ℃～4 ℃冷藏避光保存，有效期一周。

4.16 滤膜：0.45 μm。

5 仪器和设备

5.1 高效液相色谱仪：配紫外检测器。

5.2 分析天平：感量0.01 mg、感量0.01 g。

5.3 旋转蒸发器。

5.4 超声波清洗器：50 W。

5.5 离心机：10 000 r/min。

5.6 粉碎机。

5.7 组织捣碎机。

5.8 浓缩瓶：250 mL。

5.9 样品筛：孔径2.0 mm。

6 试样制备与保存

6.1 试样制备

6.1.1 大豆

取有代表性样品约500 g，用粉碎机(5.6)粉碎使其全部通过孔径2.0 mm样品筛(5.9)，混匀，装入洁净容器作为试样，密封备用。

6.1.2 豆豉

取有代表性样品约500 g，用组织捣碎机(5.7)捣碎，混匀，装入洁净容器作为试样，密封备用。

6.2 试样保存

粉碎试样于4 ℃以下保存。试样制备过程中，应防止样品污染或组分变化。

7 操作步骤

7.1 提取

称取5 g(精确到0.01 g)试样于250 mL具塞三角瓶中，加90 mL 90%甲醇溶液(4.4)，置于超声波清洗器(5.4)中60 ℃提取30 min，在离心机(5.5)中10 000 r/min离心10 min，上清液转移至250 mL浓缩瓶(5.8)中，残渣再加入60 mL 90%甲醇溶液进行提取，上清液也转入250 mL浓缩瓶，在旋转蒸发器(5.3)60 ℃浓缩至约40 mL。浓缩液转入50 mL容量瓶，用10%甲醇溶液(4.6)冲洗浓缩瓶并定容至刻度。取1 mL提取液通过0.45 μm滤膜(4.16)，供高效液相色谱仪测定。

7.2 色谱参考条件

色谱参考条件如下：

a) 色谱柱：RPC_{18}柱(250 mm×4.6 mm，5 μm)或性能相当的色谱柱；

b) 流动相：0.1%乙酸溶液(4.7)和0.1%乙酸乙腈溶液(4.8)，按表1的规定进行梯度洗脱；

c) 流速：1.0 mL/min；

d) 柱温:40 ℃;

e) 波长:260 nm;

f) 进样量:20 μL。

表 1 梯度洗脱表

时间/min	0.1%乙酸水溶液/mL	0.1%乙酸乙腈溶液/mL
0	90	10
12.5	70	30
17.5	60	40
18.5	0	100
21.0	0	100
22.5	90	10
26.0	90	10

7.3 测定

参考上述色谱条件(7.2)调节高效液相色谱仪,使大豆异黄酮各组分的色谱峰完全分离。分别吸取20 μL适当浓度的大豆异黄酮混合标准工作液(4.15.3)和样液(7.1)进行液相色谱测定,分别得到大豆异黄酮各组分的标准工作液峰面积(A_{si})和样液大豆异黄酮各组分峰面积(A_i)。如果样液中大豆异黄酮某一组分峰面积与标准工作溶液中的该组分峰面积相差较大时,稀释样液或调整标准工作液浓度后再行测定。

在上述色谱条件下,大豆异黄酮各组分的保留时间约为:大豆甙 8.2 min、黄豆黄素 8.8 min、染料木甙 11.0 min、大豆黄素 15.3 min、黄豆黄素甙元 16.3 min、染料木素 19.4 min。标准品的色谱图参见附录 A。

7.4 空白试验

除不加试样外,按 7.1~7.3 操作步骤进行测定。

8 结果计算与表示

8.1 大豆异黄酮各组分含量

按式(1)计算试样中大豆异黄酮各组分含量(mg/kg)。

$$X_i = \frac{A_i \times C_{si} \times V}{A_{si} \times m} \quad \cdots\cdots (1)$$

式中:

X_i——试样中某一大豆异黄酮组分含量,单位为毫克每千克(mg/kg);

A_i——试样提取液中某一大豆异黄酮组分的峰面积;

A_{si}——大豆异黄酮混合标准工作液中某一组分的峰面积;

C_{si}——大豆异黄酮混合标准液中某一组分的浓度,单位为微克每毫升(μg/mL);

V——试样提取液最终定容体积,单位为毫升(mL);

m——试样质量,单位为克(g)。

注:计算结果应扣除空白值。

8.2 大豆异黄酮总含量

试样大豆异黄酮总含量为各组分之和,按式(2)计算:

$$X = \sum X_i \quad \cdots\cdots (2)$$

式中：

X——试样中总大豆异黄酮含量，单位为毫克每千克(mg/kg)。

注：本标准6种异黄酮已包括大豆中异黄酮的绝大部分组分，可认为是大豆异黄酮总含量。

8.3 结果表示

取两次测定结果绝对差值小于重复性限 r 的平均值为测定结果，单位为毫克每千克(mg/kg)，保留三位有效数字。如果两个独立测试结果的绝对差值超过重复性限 r，应弃去该测试结果。再重新完成两个独立测试。

9 精密度

9.1 重复性

在重复性条件下，获得的两个独立测试结果的绝对差值不得超过重复性限 r。各组分大豆异黄酮含量 2.5 mg/kg～30 mg/kg 范围内，其重复性限 r 计算方程参见附录B。

9.2 再现性

在再现性条件下，获得的两次独立测试结果的绝对差值不得超过再现性限 R。各组分大豆异黄酮含量 2.5 mg/kg～30 mg/kg 范围内，其再现性限 R 计算方程参见附录B。

附 录 A
（资料性附录）
大豆异黄酮标准品液相色谱图

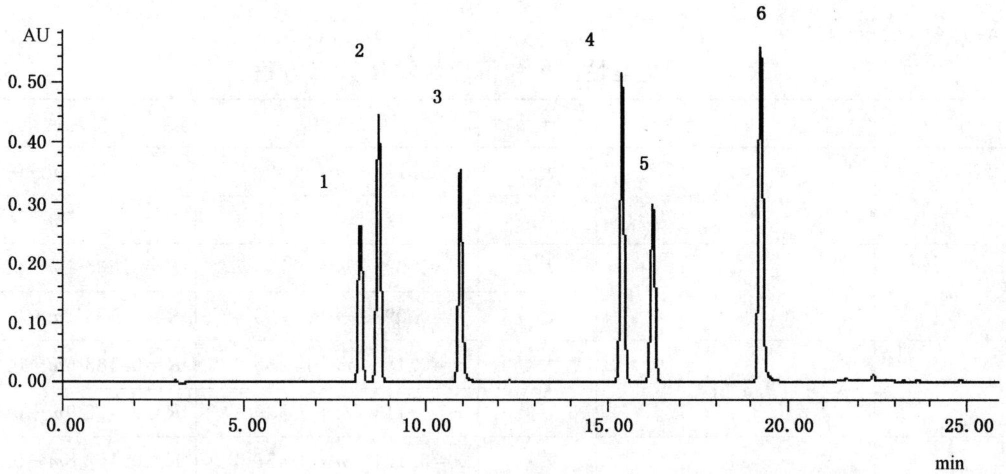

1——大豆甙；

2——黄豆黄素；

3——染料木甙；

4——大豆黄素；

5——黄豆黄素甙元；

6——染料木素。

图 A.1 大豆异黄酮标准色谱图

附 录 B
（资料性附录）
精密度计算

本标准的精密度是按照GB/T 6379.1和GB/T 6379.2规定的要求确定的，其重复性限 r 和再现性限 R 以95%的可信度来计算。

表 B.1 重复性限 r 和再现性限 R 计算方程

组分名称	含量范围/(mg/kg)	样品	重复性限 r	再现性限 R
大豆甙	2.5～30	大豆	$r=0.1357m+0.4000$	$R=0.2239m-0.2762$
		豆豉	$r=0.1275m+0.4864$	$R=0.1685m+0.3600$
黄豆黄素	2.5～30	大豆	$r=0.0973m+0.7047$	$R=0.2351m+0.3089$
		豆豉	$r=0.0976m+0.8066$	$R=0.1841m+0.6578$
染料木甙	2.5～30	大豆	$r=0.1860m+0.2568$	$R=0.1836m+0.4832$
		豆豉	$r=0.1147m+0.4391$	$R=0.1369m+0.0391$
大豆黄素	2.5～30	大豆	$r=0.1241m+0.4810$	$R=0.1598m+0.5105$
		豆豉	$r=0.0741m+0.7389$	$R=0.1640m-0.1368$
黄豆黄素甙元	2.5～30	大豆	$r=0.1223m+0.5448$	$R=0.1613m+0.6762$
		豆豉	$r=0.1290m+0.1853$	$R=0.0718m+1.2041$
染料木素	2.5～30	大豆	$r=0.0982m+0.6643$	$R=0.1370m+0.7502$
		豆豉	$r=0.1147m+0.5795$	$R=0.0885m+0.8544$
注：m 为该组分的含量，即该组分两个独立测定结果的算术平均值。				

参 考 文 献

[1] GB/T 6379.1 测量方法与结果的准确度(正确度与精密度) 第1部分:总则与定义

[2] GB/T 6379.2 测量方法与结果的准确度(正确度与精密度) 第2部分:确定标准测量方法重复性与再现性的基本方法

ICS 67.200.10
X 14

中华人民共和国国家标准

GB/T 26626—2011/ISO 8534:2008

动植物油脂　水分含量测定 卡尔费休法(无吡啶)

Animal and vegetable fats and oils—Determination of water content—Karl Fischer method (pyridine free)

(ISO 8534:2008,IDT)

2011-06-16 发布　　　　2011-11-01 实施

中华人民共和国国家质量监督检验检疫总局
中国国家标准化管理委员会　发布

前　言

本标准使用翻译法等同采用ISO 8534:2008《动植物油脂　水分含量测定　卡尔费休法(无吡啶)》(英文版)。

为了便于使用,本标准对ISO 8534:2008进行了下列编辑性修改:

——删除了国际标准的前言;

——将"本国际标准"改为"本标准";

——用小数点"."代替国际标准中作为小数点的逗号",";

——规范性引用文件中用现行国家标准GB/T 15687代替ISO 661,参考文献中用现行国家标准GB/T 5524代替ISO 5555。

本标准的附录A、附录B为资料性附录。

本标准由国家粮食局提出。

本标准由全国粮油标准化技术委员会归口。

本标准负责起草单位:山东省粮油检测站。

本标准参与起草单位:南京财经大学、济南市粮食局粮油质量检测站。

本标准起草人:任凌云、袁健、胡学春、翟少锋、杨晓蓉、吴真真、李振华、刘丽菊、王培、李维克。

引　言

卡尔费休法测定动植物油脂中的水分有两种不同的方法。本标准详述了卡尔费休容量法，它适用于测定含水量较高的样品(1 mg～100 mg)。

附录B详述了库仑滴定法，它比容量法灵敏度更高，适用于测定含水量更低的样品(10 μg～10 mg)。

动植物油脂　水分含量测定
卡尔费休法(无吡啶)

1　范围

本标准规定了动植物油脂(以下简称油脂)水分含量的卡尔费休测定法,其中所用试剂不含吡啶。

2　规范性引用文件

下列文件中的条款通过本标准的引用而成为本标准的条款。凡是注日期的引用文件,其随后所有的修改单(不包括勘误的内容)或修订版均不适用于本标准,然而,鼓励根据本标准达成协议的各方研究是否可使用这些文件的最新版本。凡是不注日期的引用文件,其最新版本适用于本标准。

GB/T 15687　动植物油脂　试样的制备(GB/T 15687—2008,ISO 661:2003,IDT)

3　术语与定义

下列术语和定义适用于本标准。

3.1

水分含量　water content

在本标准规定条件下所测定的 100 g 样品中所含水的克数。

注:水分含量以质量百分数表示。

4　原理

溶解的油脂被碘和二氧化硫溶液滴定,在有水存在的条件下二氧化硫被碘氧化。理论上,发生反应式(1)中的化学反应:

$$H_2O + I_2 + SO_2 + CH_3OH + 3RN \longrightarrow [RNH]SO_4CH_3 + 2[RNH]I \quad \cdots\cdots\cdots\cdots(1)$$

醇与二氧化硫和含氮氨碱(RN)反应形成一种中间体甲基亚硫酸盐,随后被碘氧化成甲基硫酸盐,氧化反应同时消耗样品中的水,终点以电位来监测。

5　试剂

警告:应遵照当地对有害物质处理的规定。应遵照技术的、组织的以及人身安全的规定。

建议使用"配制好的"溶剂,单组分试剂(5.1.1)或双组分试剂(5.1.2)均可。卡尔费休试剂的滴定度为 1 到 2 毫克水每毫升时,适合滴定的要求。

5.1　卡尔费休试剂

容量法卡尔费休试剂分为单组分试剂和双组分试剂。

5.1.1　单组分试剂

滴定溶液含有所需的所有反应物即碘、二氧化硫、咪唑均溶解在适当的醇溶液中,甲醇通常作为工作溶剂加入到滴定池中。

可选无水甲醇为溶剂,但是测定油脂时应使用无水甲醇加无水三氯甲烷混合溶液(甲醇含量应至少占体积的 25%,最好占体积的 50%)。

5.1.2　双组分试剂

滴定所需的所有反应物含在两种不同的溶液中。滴定液只含有碘和甲醇,而滴定池中的工作溶液含有其他的卡尔费休的组分。

5.2 水标准溶液

商业上制备的水标准溶液，标定浓度为10 mg/g(质量分数1.0%)。

6 仪器设备

实验室常规仪器，特别是下列仪器。

6.1 卡尔费休测定仪

按照仪器说明书的要求进行安装及日常维护。仪器使用密闭的反应池，不能放在湿度大的环境中，也不能把仪器或待测样品放在靠近水龙头、水池及洗涤机附近。

6.2 分析天平

精确到0.1 mg。

6.3 注射器(1 mL、2 mL、5 mL、10 mL和20 mL)

为了使水标准溶液测定结果准确和可重复，要使用玻璃气密性注射器。水标准溶液10.0 mg/g时，使用10 mL的注射器；水标准溶液滴1.00 mg/g或0.10 mg/g时，使用5 mL的注射器。除了适合的注射器外，应选择足够长的针头，以便通过仪器密封垫注射到溶液下。

7 扦样

实验室收到的样品应具有代表性，并且在运输和储存过程中不得受损和变质。

扦样不是本标准规定的内容，推荐采用GB/T 5524。

8 试样制备

试样制备按GB/T 15687进行。

所取试样的质量根据样品的水分含量来调整，卡尔费休容量法(正文)应使样品中含有的水在1 mg到100 mg之间；卡尔费休库仑法(附录B)应使样品中含水量在10 μg到10 mg之间，所使用的卡尔费休仪器和试剂应用水标准溶液在相应的范围内加以标定。若采用容量法测定，滴定所消耗的卡尔费休试剂不应少于0.5 mL。

9 操作步骤

9.1 滴定度

每瓶滴定溶液(卡尔费休试剂)每天要测定其滴定度。

9.1.1 按照说明书的要求对仪器进行校准。

9.1.2 滴定池中加入20 mL至40 mL工作溶剂(5.1)直到浸过铂电极。

9.1.3 滴定至终点。

警告：注意不要滴定过终点。

9.1.4 用注射器(6.3)吸取水标准溶液(5.2)测定滴定溶液的滴定度，水标准溶液的质量以减量法称量。

9.1.4.1 用注射器量取1 g水标样(精确到0.1 mg)放在分析天平(6.2)上称量。

打开安瓿瓶，吸取少量水标准溶液(1 mL～2 mL)润洗注射器内部，并弃去，然后立刻将剩余的水标准溶液吸入到注射器中，排除气泡。从注射器注射前后的减量得出所用水标准溶液的质量，至少做三次平行试验。

9.1.4.2 当天平读数稳定后，将天平调零。

9.1.4.3 将水标准溶液注射到密闭的滴定池中。

9.1.4.4 将注射器放回天平，记录下注入水的质量，精确至0.1 mg，此质量值显示为负值。

9.1.4.5 将样品质量值输入仪器。

9.1.5 开始滴定，达到终点时记录下滴定值。有些仪器需根据显示的水分计算出滴定值。

9.1.6 将不少于三次滴定度测定值平均，记录其算术平均值。

9.1.7 把新测定的卡尔费休试剂的滴定度值输入仪器。

滴定度 ρ，单位为毫克每毫升(mg/mL)，按式(2)计算：

$$\rho = \frac{m \times w}{V} \qquad \cdots\cdots(2)$$

式中：

m——水标准溶液的质量，单位为克(g)；

w——水标准溶液的浓度，单位为毫克每克(mg/g)；

V——消耗的滴定剂体积，单位为毫升(mL)。

9.1.8 同一瓶卡尔费休试剂的滴定度每天不会发生显著变化，但是两天中滴定度也可能发生超过10%的变化。滴定度测定应在仪器准备好12 h内进行，否则要冲洗滴管并重新装满滴定池。按照说明书的要求来更换试剂瓶的干燥剂，可使滴定溶液滴定度的漂移降到最低。

9.2 试样

9.2.1 按表1所示称样量，用注射器方法称重，将试样注入仪器中。滴定所用卡尔费休试剂不应少于0.5 mL。

表1 容量法称样量

试样水分含量/ %(质量分数)	最少称样量[a]/ g	试样中含水量/ mg
0.001	20	0.2
0.01	20	2
0.1	5	5
1	1	10
5	0.2	10
10	0.1	10
20	0.05	10

[a] 准确的称样量取决于所需要的精确度以及所用的滴管。但是，试样质量不应超过溶剂质量，试样与溶剂的最大质量比例是1∶1。

9.2.2 用减量法进行称样。

9.2.2.1 用合适的注射器吸取试样，并置于天平上。

9.2.2.2 天平读数稳定后，将天平调零。

9.2.2.3 立刻将试样注入反应池。

9.2.2.4 将注射器放回天平，天平读数稳定后，记录其质量，精确到0.1 mg。

9.3 测定

9.3.1 往滴定池中加入20 mL至40 mL工作溶剂(5.1)直到浸过铂电极。

9.3.2 滴定至终点。

警告：注意不要过滴定

9.3.3 按9.2步骤，称量试样并注入反应池。

9.3.4 到达滴定终点时，记录试样的水分含量。

9.3.5 工作溶剂最多进行6次试样的测定就要重新更换并进行预滴定(9.3.1至9.3.2的步骤)。

9.3.5.1 如果出现沉淀，表示试样没有完全溶解，应更换工作溶剂。

9.3.5.2 如果滴定池中的工作溶剂测定两次试样的间隔超过 10 min,要预滴定工作溶剂。

9.3.5.3 在双组分溶剂体系中,加到滴定池的溶剂量决定于被滴定的最大水量,溶剂或混合溶剂的量应能满足滴定 60 mg 到 90 mg 的水。

9.3.5.4 更换和预滴定工作溶剂之前,所能滴定的试样数目取决于样品的溶解性、双组分试剂体积和滴定池的容量。在应用双组分试剂时,加入工作溶剂的原始体积决定了能被滴定的水的最大量。由于水分含量、滴定液滴定度以及样品溶解性的不同而加入工作溶剂的体积有所变化,选择 6 份试样就是给出添加量的指导。

10 结果表示

仪器按式(3)自动完成结果计算。

$$w = \frac{V \times \rho \times 100}{m \times 1\ 000} \qquad \cdots\cdots(3)$$

式中:

w——试样的水分含量,单位为克每 100 克(g/100 g);

V——滴定液消耗的体积,单位为毫升(mL);

ρ——滴定度[每毫升试剂相当的水量,单位为毫克每毫升(mg/mL)];

m——试样质量,单位为克(g)。

11 精密度

11.1 联合实验室测试

附录 A 汇集了本方法联合实验室试验数据的精密度。对于其他浓度范围和测试对象来说,这些试验数据可能不适用。

11.2 重复性

在同一实验室,由同一操作者使用相同设备,按相同的测试方法,并在短时间内对同一被测对象相互独立进行测试获得的两次独立测试结果的绝对差值大于表 A.1 中重复性限 r 的情况不得超过 5%。

11.3 再现性

在不同的实验室,由不同的操作者使用不同的设备,按相同的测试方法,对同一被测对象相互独立进行测试获得的两次独立测试结果的绝对差值大于表 A.1 中再现性限 R 的情况不得超过 5%。

12 实验报告

实验报告需说明至少以下信息:

——测试样品所需的有关信息;

——如果知道扦样方法,则注明;

——涉及本标准的检验方法;

——获得的检验结果;

——如检验了重复性,列出最终结果;

——本标准中没有具体说明的,或者被认为是可选择的,以及所有可能影响结果的操作步骤。

关于实验报告的详细信息,参见 ISO/IEC 17025:2005 的 5.10。

附 录 A
（资料性附录）
联合实验室测试结果

5个国家的22个实验室进行了以下样品的国际联合测试：

A 水分含量3%中碳链甘油三酯
B 样品A/植物油(1+1)
C 样品A/植物油(1+3)
D 蓖麻油
E 蓖麻油/植物油
F 特级初榨橄榄油
G 植物油
H 植物油

2006年德国成员团体(DIN)组织了容量法的国际间联合测试，所得结果按照国际标准ISO 5725-1和ISO 5725-2的要求进行了统计计算以给出精密度数据。结果见表A.1。

表A.1 容量法的统计结果

样品	A	B	C	D	E	F	G	H
实验室数量，n_p	10	12	12	14	14	14	14	13
剔除离群值后实验室数量，n_p	9	10	10	14	12	12	12	11
可接受结果的数量，n_t	18	20	20	28	24	24	24	22
平均水分含量，w/(g/100 g)	2.939	1.439	0.728	0.295	0.181	0.075	0.044	0.010 4
重复性标准差，s_r/(g/100 g)	0.025	0.015	0.015	0.008	0.003	0.003	0.002	0.001 0
重复性变异系数，$CV(r)$/%	0.8	1.1	2.1	2.7	1.6	4.4	4.8	10.1
重复性限，r/(g/100 g)	0.070	0.043	0.043	0.022	0.008	0.009	0.006	0.002 9
再现性标准差，s_R/(g/100 g)	0.144	0.024	0.021	0.022	0.008	0.005	0.005	0.002 7
再现性变异系数，$CV(R)$/%	4.9	1.7	2.9	7.5	4.2	6.9	10.4	26.4
再现性限，R/(g/100 g)	0.403	0.068	0.060	0.062	0.021	0.015	0.013	0.007 6

附 录 B
（资料性附录）
库仑法有关信息和数据精密度

本标准(正文)详述的容量法适用于测定水分含量较高(高水分)的样品，库仑法适用于测定水分含量 10 μg 到 10 mg(低水分)的样品。但是，只要试样量合适，两种方法均适用于高水分和低水分样品的测定。卡尔费休库仑法，是通过测定滴定过程中产生的电量(以库仑表示)来测定含水量的。电量等于电流(A)乘以滴定时间(s)。根据法拉第定律，在卡尔费休反应过程中生成 1 mol 碘，需消耗 2×96.485 C 电量，同时有 1 分子碘与 1 分子水发生反应。

在卡尔费休库仑法测定水分含量时，与水反应所需的碘是由碘化物在阳极被氧化产生的。替代卡尔费休容量法的试剂，库仑法所需试剂实际上是由仪器内部的反应池产生的。电流通过阳极的试剂就会有碘生成。生成的碘与消耗的电量成比例关系。利用这个原理制成的商用仪器是非常精密的，通常能实现完全自动化和电脑化。

这种仪器包括两个池，阳极池和阴极池，被一个隔膜分开，有铂电极浸入到电解液中。反应发生在阳极池。仪器的其余部分便于反应、测定消耗的电量，换算成水分。根据法拉第定律电量和物质的量的换算关系，可以准确测定碘的生成量。由于 1 分子水与 1 分子碘反应，可换算出样品的水含量。

库仑法比容量法更灵敏，可以测定低水分含量的样品(见表 B.1)，对大气湿度和化学副反应也很灵敏。

表 B.1 库仑法试样称样量

样品水分含量/ %(质量分数)	称样量/ g	样品中的水含量/ mg
0.000 1	10	0.01
0.001	10	0.1
0.01	5	0.5
0.1	2	2
1	0.2	2

5 个国家 22 个实验室进行了以下样品的国际联合测试：

A 水分含量 3%中碳链甘油三酯

B 样品 A/植物油(1+1)

C 样品 A/植物油(1+3)

D 蓖麻油

E 蓖麻油/植物油

F 特级初榨橄榄油

G 植物油

H 植物油

2006 年德国成员团体(DIN)组织了库仑法的国际间联合测试，所得结果按照国际标准 ISO 5725-1 和 ISO 5725-2 的要求进行了统计计算以给出精密度数据。结果见表 B.2。

表 B.2 库仑法的统计结果

样品	A	B	C	D	E	F	G	H
实验室数量，n_p	11	14	13	14	14	15	15	15
剔除离群值后实验室数量，n_p	11	14	10	13	11	12	11	12
可接受结果的数量，n_t	22	28	20	26	22	24	22	24

表 B.2(续)

样品	A	B	C	D	E	F	G	H
平均水分,w/(g/100 g)	2.994	1.436	0.708	0.284	0.178	0.075 3	0.043 8	0.007 1
重复性标准偏差,s_r/(g/100 g)	0.041	0.037	0.010	0.006	0.003	0.000 7	0.000 6	0.000 4
重复性变异系数,$CV(r)$/%	1.4	2.6	1.4	2.3	1.5	0.9	1.3	5.1
重复性限,r/(g/100 g)	0.116	0.103	0.027	0.018	0.007	0.001 9	0.001 6	0.001 0
再现性标准偏差,s_R/(g/100 g)	0.214	0.079	0.030	0.013	0.007	0.002 1	0.001 0	0.001 5
再现性变异系数,$CV(R)$/%	7.1	5.5	4.2	4.6	3.8	2.8	2.3	21.1
再现性限,R/(g/100 g)	0.599	0.220	0.084	0.036	0.019	0.005 8	0.002 8	0.004 2

参 考 文 献

［1］ GB/T 5524 动植物油脂 扦样(GB/T 5524—2008,ISO 5555:2001,IDT).

［2］ ISO 5725-1,*Accuracy* (*trueness and precision*) *of measurement methods and results—Part 1: General principles and definitions*.

［3］ ISO 5725-2,*Accuracy* (*trueness and precision*) *of measurement methods and results—Part 2: Basic method for the determination of repeatability and reproducibility of a standard measurement method*.

［4］ ISO/IEC 17025:2005,*General requirements for the competence of testing and calibration laboratories*.

［5］ RIEDEL-DE HAËN. *Hydranal manual*,2000 *edition*. Riedel de Haën,Seelze,Germany.

［6］ DIETRICH, A. Karl Fischer titration: Ⅱ—Standardization, equipment validation, and control techniques. *Am. Lab*. 1994,26:23.

ICS 67.060
B 20

中华人民共和国国家标准

GB/T 26627.1—2011

粮油检验　小麦谷蛋白溶胀指数测定
第1部分:常量法

Inspection of grain and oils—
Determination of swelling index of glutenin (SIG) for wheat—
Part 1: Macro-method

2011-06-16 发布　　2011-11-01 实施

中华人民共和国国家质量监督检验检疫总局
中国国家标准化管理委员会　发布

前　言

GB/T 26627《粮油检验　小麦谷蛋白溶胀指数测定》分为两部分：

——第1部分：常量法；

——第2部分：微量法。

本部分为GB/T 26627的第1部分。

本标准由国家粮食局提出。

本标准由全国粮油标准化技术委员会归口。

本标准负责起草单位：河南工业大学、西北农林科技大学、陕西省粮油产品质量监督检验所、山东省粮油检测站、西安市粮油质量检验中心。

本标准主要起草人：王春、胡新中、陈洁、郑建梅、党献民、任正东、任凌云、张海玲。

粮油检验　小麦谷蛋白溶胀指数测定
第1部分：常量法

1　范围

GB/T 26627 的本部分规定了常量方法测定小麦谷蛋白溶胀指数的术语和定义、原理、试剂、仪器、操作步骤、结果计算与表示。

本部分适用于小麦和小麦粉谷蛋白溶胀指数的测定。

2　规范性引用文件

下列文件中的条款通过 GB/T 26627 的本部分的引用而成为本部分的条款。凡是注日期的引用文件，其随后所有的修改单(不包括勘误的内容)或修订版均不适用于本部分，然而，鼓励根据本部分达成协议的各方研究是否可使用这些文件的最新版本。凡是不注日期的引用文件，其最新版本适用于本部分。

GB/T 5490　粮油检验　一般规则

GB 5491　粮食、油料检验　扦样、分样法

GB/T 5497　粮食、油料检验　水分测定法

3　术语和定义

下列术语和定义适用于 GB/T 26627 的本部分。

3.1

谷蛋白溶胀指数　swelling index of glutenin (SIG)

在规定条件下，全麦粉或小麦粉在十二烷基硫酸钠(SDS)-乳酸溶液中溶胀，经离心分离后，沉淀物的质量占样品质量的百分数，用 SIG 表示。

4　原理

在规定条件下，小麦中的不溶性谷蛋白在 SDS-乳酸溶液中形成不溶于水的胶体絮状物，经离心分离后，测定并计算出沉淀物占样品的质量分数。

5　试剂

5.1　十二烷基硫酸钠(SDS)：纯度＞99％，重结晶。

5.2　乳酸：分析纯，体积分数为 85％。

5.3　乳酸工作液：10 mL 85％的乳酸(5.2)用 80 mL 蒸馏水稀释。静置 24 h 后使用。

5.4　3％ SDS-乳酸溶液：99％的重结晶 SDS(5.1)30 g，溶于 970 mL 蒸馏水中，再加入 20 mL 乳酸工作液(5.3)，混合均匀后用蒸馏水定容至 1 000 mL。静置 24 h 后使用。

6　仪器

6.1　小型实验粉碎机：样品粉碎后，细度达 95％以上能够通过 CQ24 号筛。

6.2　小型实验制粉机：样品制粉出粉率 60％～70％，细度能够全部通过 CQ24 号筛。

6.3　天平：感量 0.01 g。

6.4　漩涡振荡器。

6.5 离心机：适合 50 mL 离心管，离心力能够稳定保持在 450g。

6.6 具盖塑料离心管：50 mL，盖子密封性好。

7 操作步骤

7.1 试样制备：

7.1.1 扦样与分样：按 GB 5491 执行。

7.1.2 水分测定：按 GB/T 5497 执行。

7.1.3 全麦粉样品制备：分取约 200 g 小麦净样，调节小麦样品的水分含量至 14%。用小型实验粉碎机(6.1)粉碎，过 CQ24 号筛。筛下物混合均匀后，放入密闭容器中备用。

7.1.4 小麦粉样品制备：分取约 500 g 小麦净样，按小麦制粉要求，软麦样品水分含量调节在 14%；硬麦样品水分含量调节在 15%。用小型实验制粉机(6.2)制粉，过 CQ24 号筛。筛下物混合均匀后，放入密闭容器中备用。

7.1.5 小麦粉样品：取适量待测的小麦粉样品备用。

7.2 将试样和配制的试剂置于 22 ℃±2 ℃的室温下，直至试样和试剂的温度与室温平衡。

7.3 在 22 ℃±2 ℃的室温下，称量 50 mL 离心管(6.6)质量(m_0)，精确至 0.01 g，于离心管中称取全麦粉或小麦粉试样 0.95 g～1.05 g，精确至 0.01 g，记录样品和离心管质量(m_1)。离心管中加入 15 mL 蒸馏水，盖紧离心管盖，在漩涡振荡器(6.4)上振荡 5 s，静置水化，开始计时。在水化 5 min 时漩涡振荡 5 s，在 10 min 时漩涡振荡 5 s 后，向离心管中加入 15 mL 3%的 SDS-乳酸溶液(5.4)，再漩涡振荡 5 s，开始静置溶胀 20 min。溶胀期间，每隔 5 min 漩涡振荡一次，每次振荡 5 s，自溶胀开始后共漩涡振荡 4 次。

7.4 将溶胀后样品置于离心机(6.5)中，以 450g 离心力离心 300 s，小心倒出大部分上清液，用吸管吸去剩余上清液，以 450g 离心力再离心 180 s，用吸管吸去残余上清液，称量沉淀物和离心管质量(m_2)，精确至 0.01 g。

7.5 同一样品进行两次平行测定。

8 结果计算与表示

8.1 结果计算

谷蛋白溶胀指数按式(1)计算：

$$X=\frac{(m_2-m_0)\times 100}{(m_1-m_0)\times(100-W)} \quad \cdots\cdots(1)$$

式(1)中：

X——谷蛋白溶胀指数(SIG)，以干基质量分数计，%；

m_0——离心管质量，单位为克(g)；

m_1——样品和离心管质量，单位为克(g)；

m_2——溶胀后沉淀物和离心管质量，单位为克(g)；

W——样品水分含量，以质量分数表示，%。

8.2 结果表示

测定结果符合 8.3 要求时，取两次测定结果的算术平均值作为测定结果，结果保留两位小数。测定结果不符合 8.3 要求时，应重新测定，测定结果的处理按 GB/T 5490 的规定执行。

8.3 允许差

两次测定结果的绝对差值不应超过 0.30%。

ICS 65.020.01
B 04

中华人民共和国国家标准

GB/T 26628.1—2011

粮油检验　储粮真菌标准图谱
第1部分：曲霉属

Inspection of grain and oils—Standard atlas of stored grain fungi—
Part 1: *Aspergillus*

2011-06-16 发布　　2011-11-01 实施

中华人民共和国国家质量监督检验检疫总局
中国国家标准化管理委员会　发布

前　言

GB/T 26628《粮油检验　储粮真菌标准图谱》分为四个部分：

——第1部分：曲霉属；

——第2部分：青霉属；

——第3部分：镰刀菌属；

——第4部分：丝孢纲其他重要菌属。

本部分为GB/T 26628的第1部分。

本部分的附录A为规范性附录，附录B为资料性附录。

本部分由国家粮食局提出。

本部分由全国粮油标准化技术委员会归口。

本部分起草单位：国家粮食储备局成都粮食储藏科学研究所。

本部分主要起草人：李荣涛、杨健、郭道林、兰盛斌、黎万武、付鹏程、王伟、王双林、赵小军、叶真洪、李浩杰。

粮油检验　储粮真菌标准图谱
第1部分：曲霉属

1　范围

GB/T 26628 的本部分规定了储粮真菌标准图谱曲霉属检验的术语和定义、检验环境及粮食中常见曲霉菌落图和显微形态特征图。

本部分适用于稻谷、小麦、玉米及杂粮中的曲霉属检验的辅助参考。

2　规范性引用文件

下列文件中的条款通过 GB/T 26628 本部分的引用而成为本部分的条款。凡是注日期的引用文件，其随后所有的修改单(不包括勘误的内容)或修订版均不适用于本部分，然而，鼓励根据本部分达成协议的各方研究是否可使用这些文件的最新版本。凡是不注日期的引用文件，其最新版本适用于本部分。

GB/T 4789.28—2003　食品卫生微生物学检验　染色法、培养基和试剂

3　术语和定义

下列术语和定义适用于 GB/T 26628 的本部分。

3.1

曲霉属　*Aspergillus*

半知菌亚门、丝孢纲、丝孢目、丛梗孢科的一属。主要特征为它的无性繁殖体由菌丝体上某部分细胞分化扩大为足细胞，向上长出分生孢子梗，梗的顶端膨大为顶囊，在顶囊上生出一层或两层小梗，从每个小梗的顶端生出一串分生孢子，组成一个头状体的结构，称为分生孢子头。一个带柄的分生孢子头就是曲霉菌无性繁殖体的基本特征和主要方式。有性繁殖只是在部分类群中出现，形成颜色鲜艳的子囊壳或称被子器，内生多数子囊，子囊内形成子囊孢子。有些曲霉能产生菌核。

4　检验环境

4.1　菌落观察：室内环境应光线充足、明亮，但不应在直射阳光下观察。如果需要照明，应有具有漫射光的照明光源，光照度宜在(450±100) lx 范围内。

4.2　显微观察：根据不同物镜放大倍数，调整显微镜的光源强度和聚光镜的孔径光阑，聚光镜的孔径光阑应与所用物镜的数值孔径一致或稍大一些，使整个观察视野明亮适宜。具体的显微观察操作步骤见附录 A。

4.3　显微拍摄：300 万以上像素硬件图像分辨率，USB 2.0 接口输出，30 位真彩色原色输出，自动曝光、自动白平衡，显示目镜图像和电脑图像同步齐焦，屏幕显示 90%以上显微镜目镜视场的图像。

5　粮食中常见曲霉菌落图和显微形态特征图

常见曲霉的主要形态特征描述参见附录 B。

粮食中常见曲霉菌落图和显微形态特征图分别见图 1～图 28。

5.1 黄曲霉（*A. flavus*）

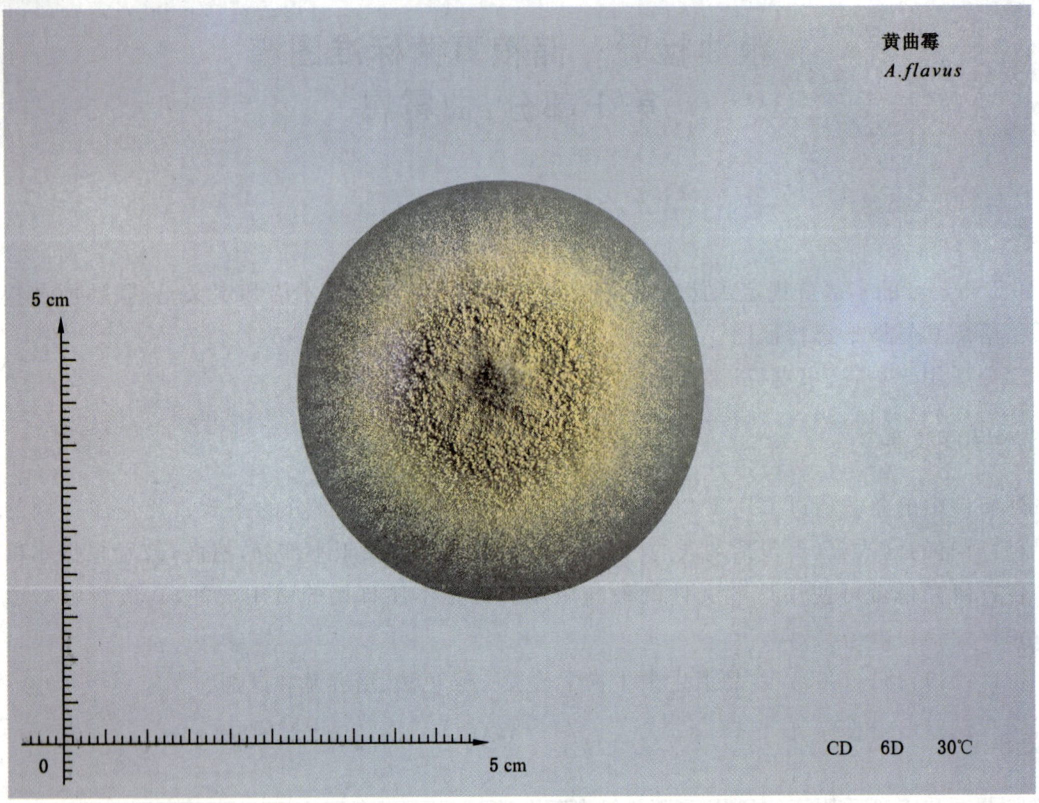

a）

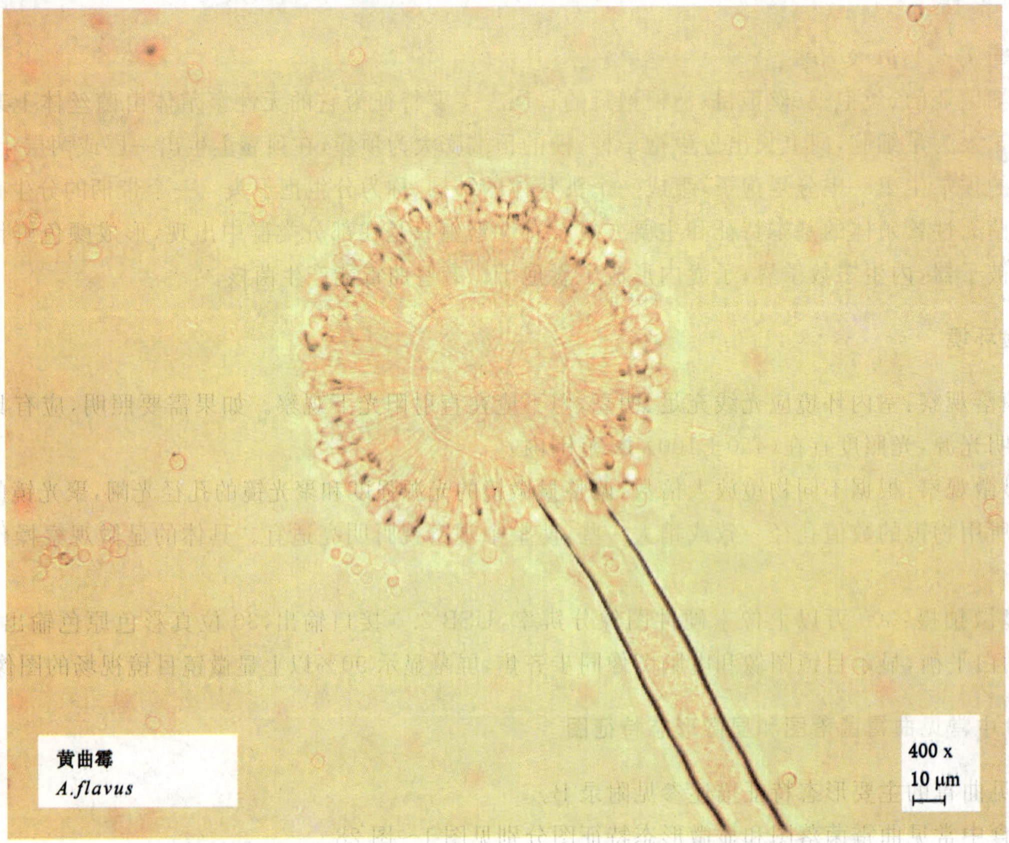

b）

图 1

5.2 寄生曲霉（*A. parasiticus*）

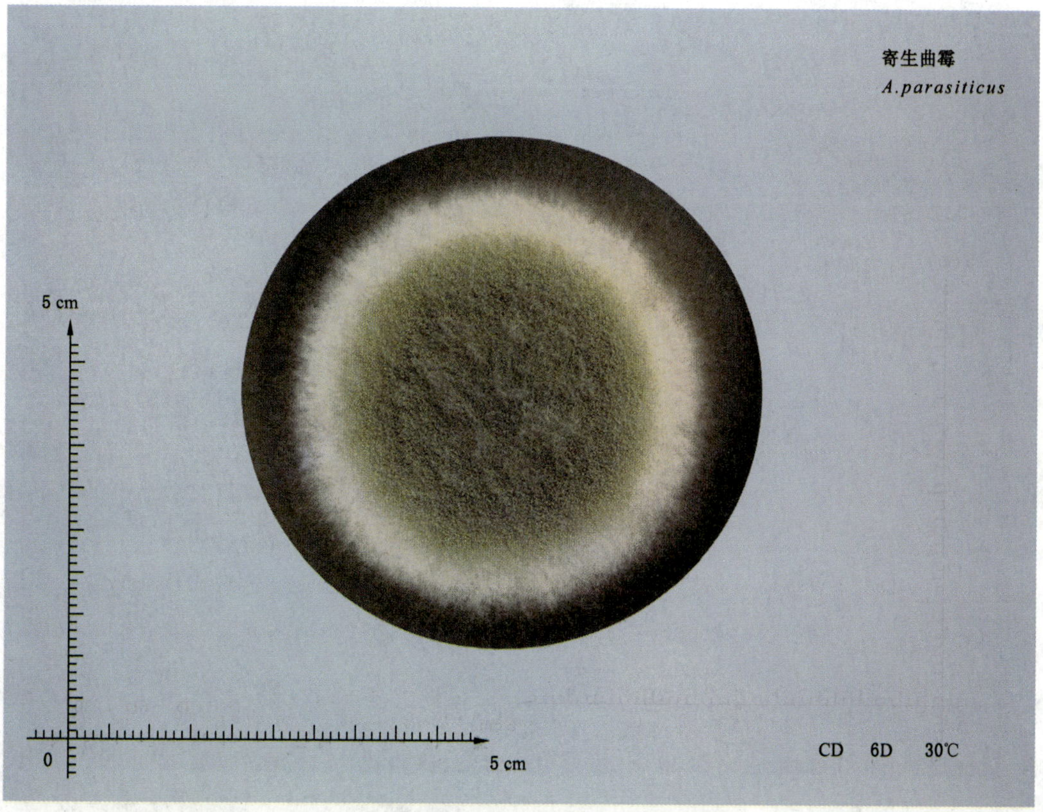

a)

b)

图 2

5.3 杂色曲霉（*A. versicolor*）

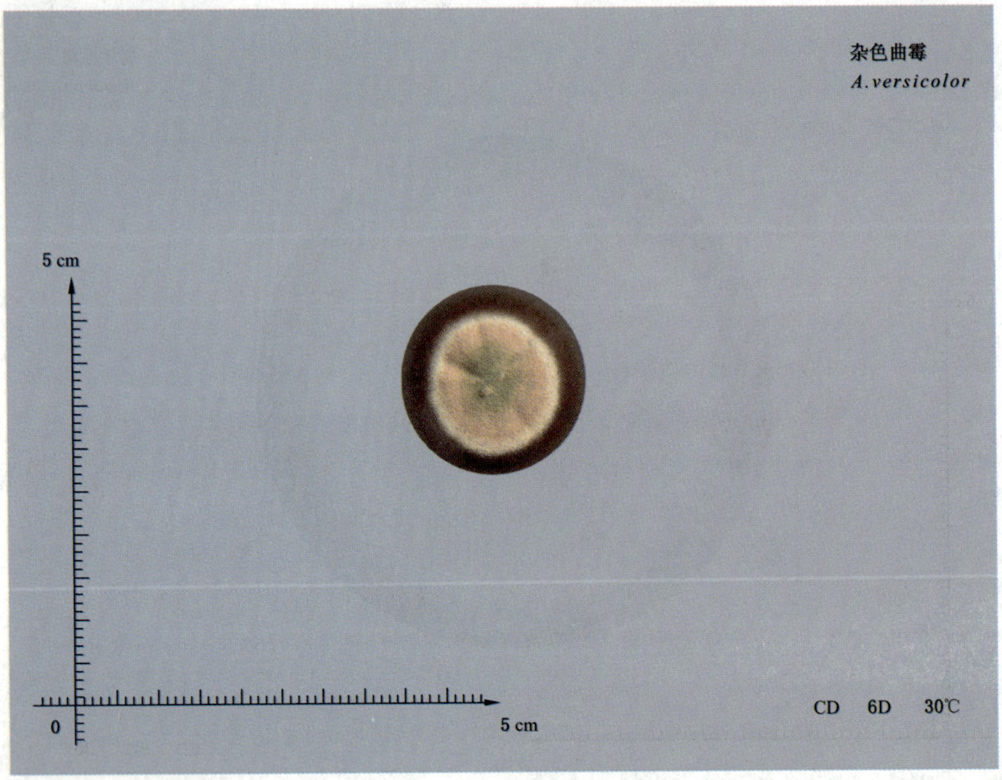

a)

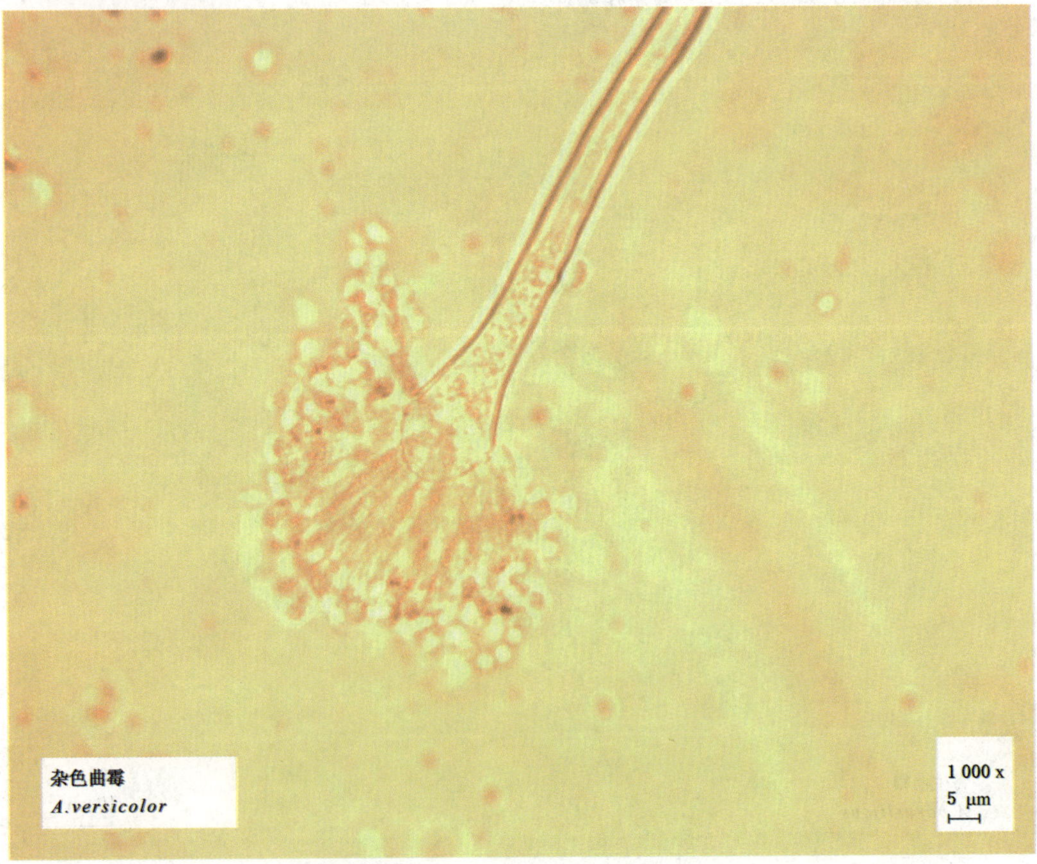

b)

图 3

5.4 构巢曲霉（*A. nidulans*）

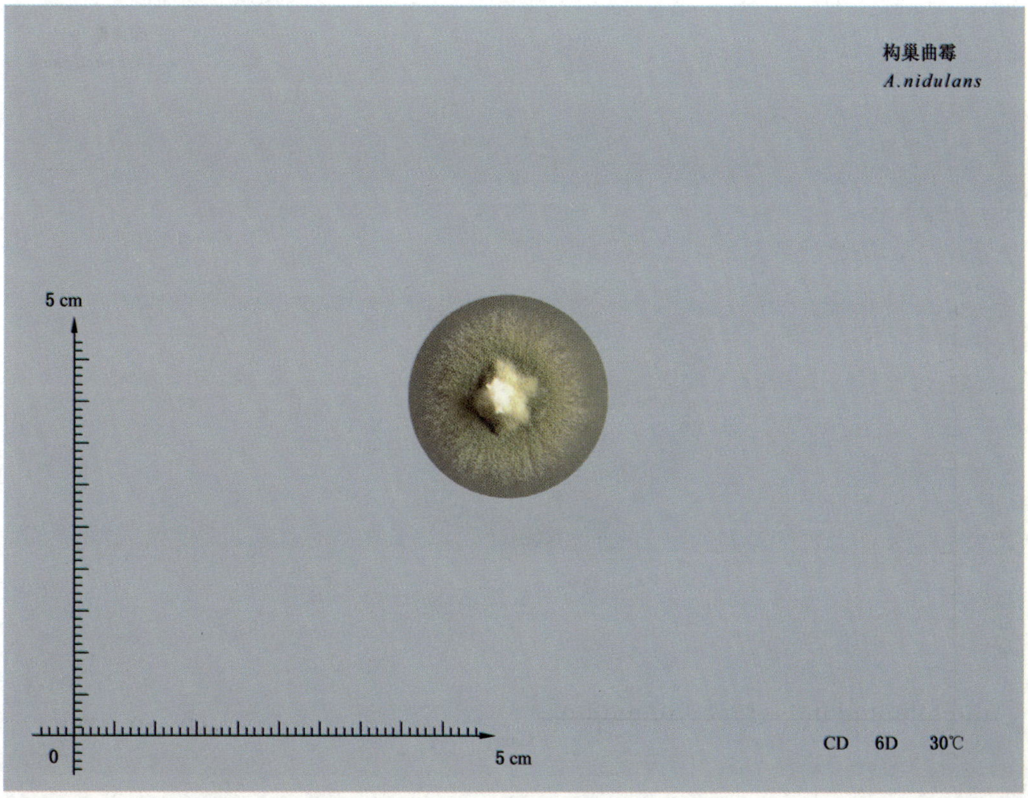

a）

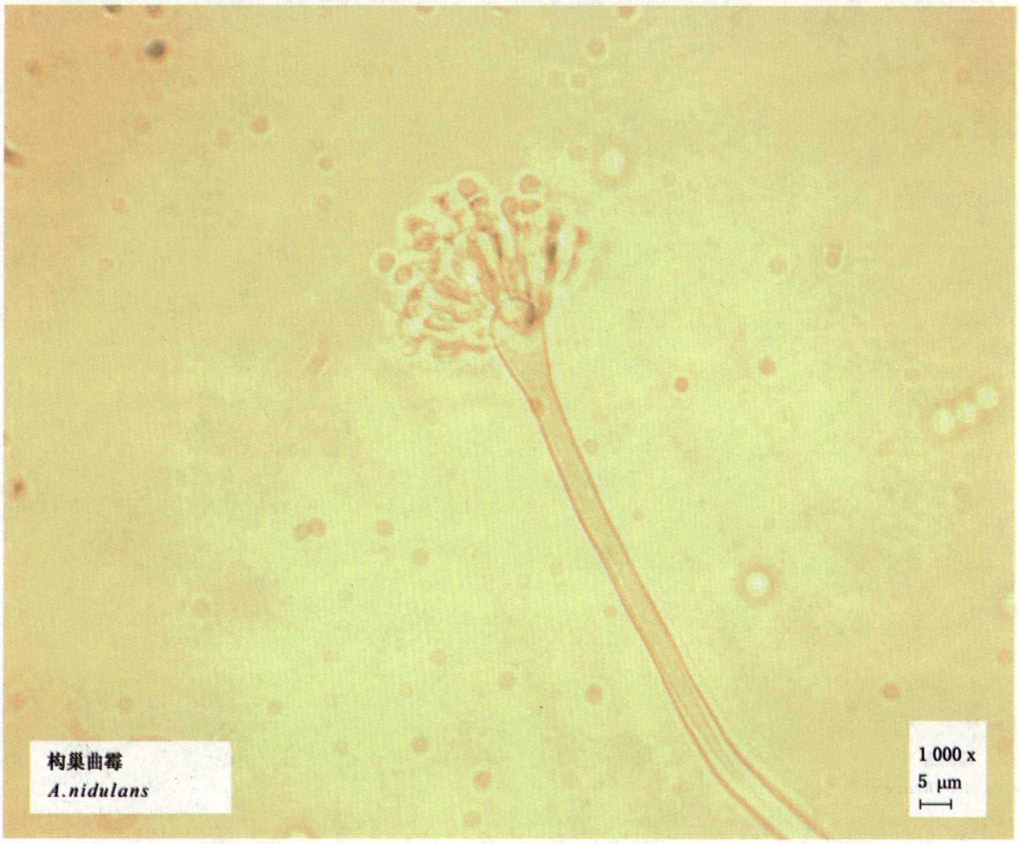

b）

图 4

5.5 棕曲霉（*A. ochraceus*）

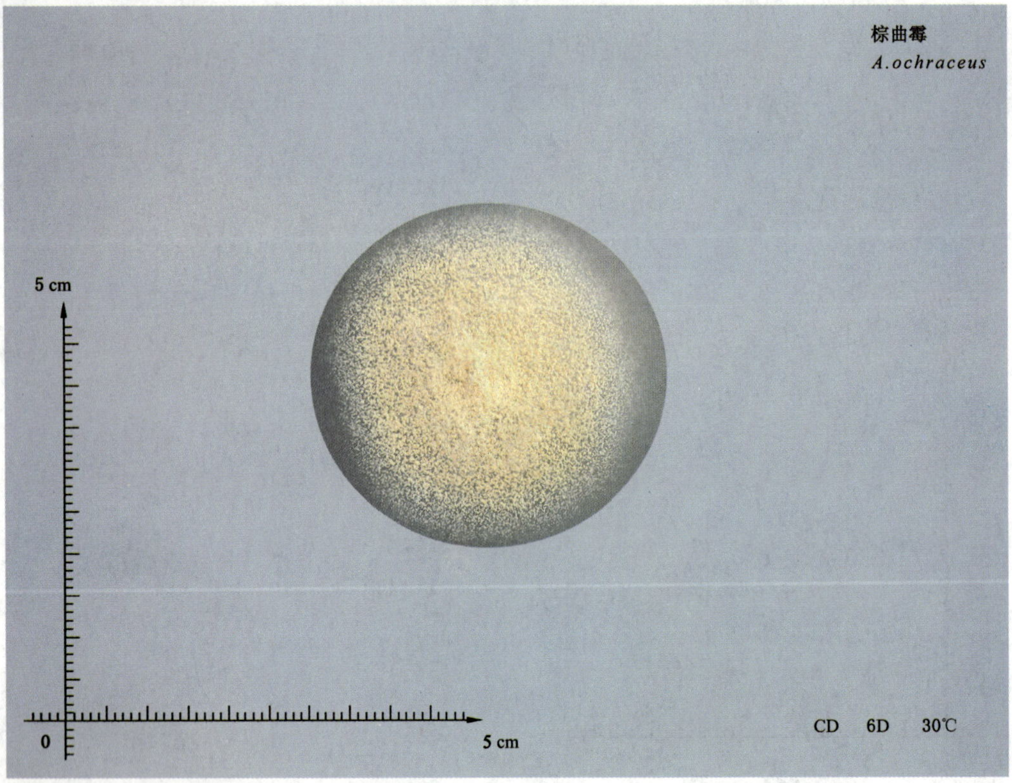

a)

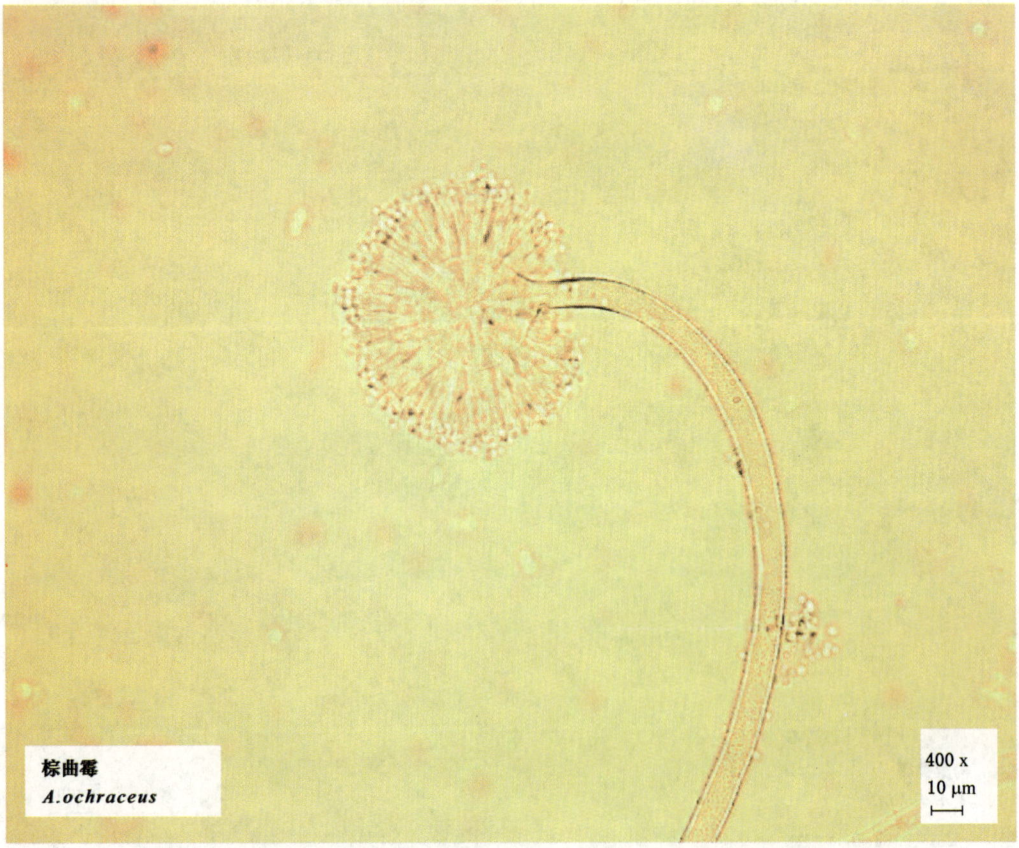

b)

图 5

5.6 棒曲霉（*A. clavatus*）

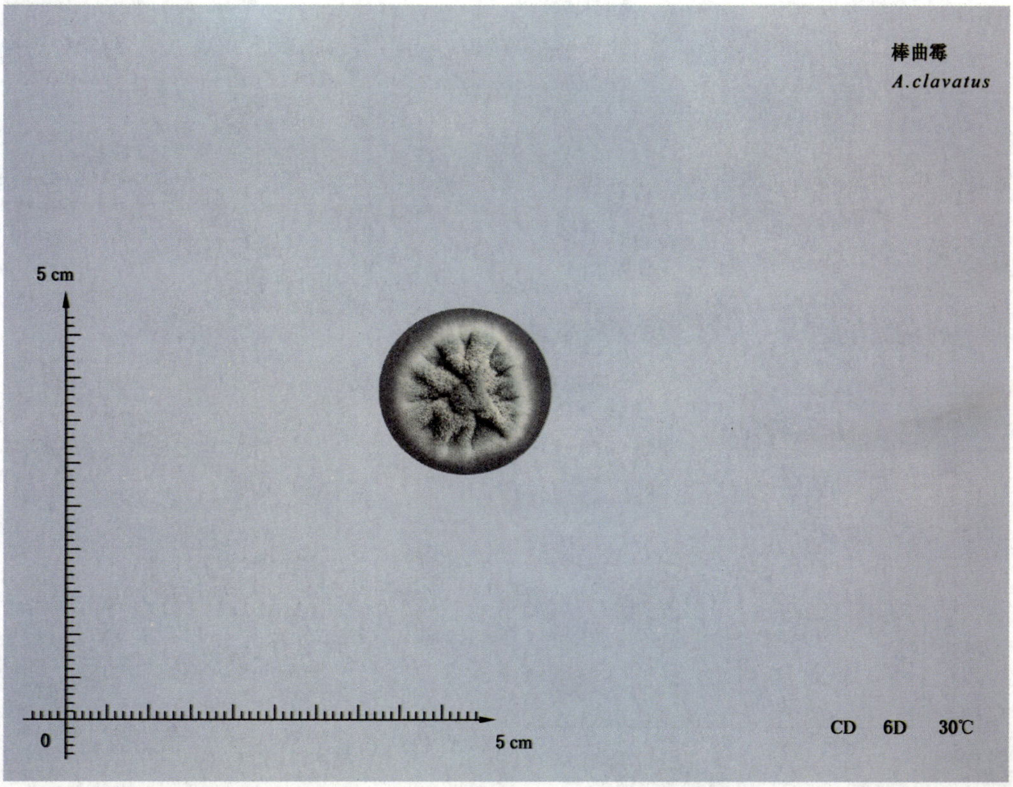

a）

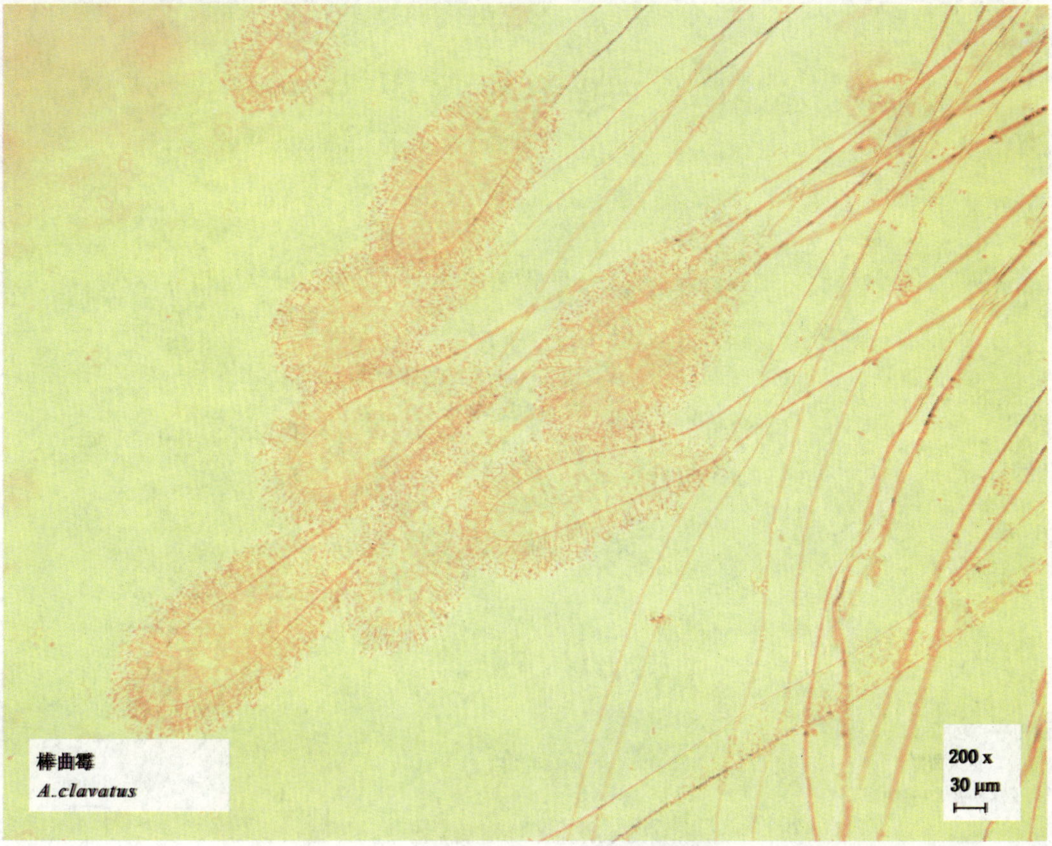

b）

图 6

5.7 巨大曲霉（*A. giganteus*）

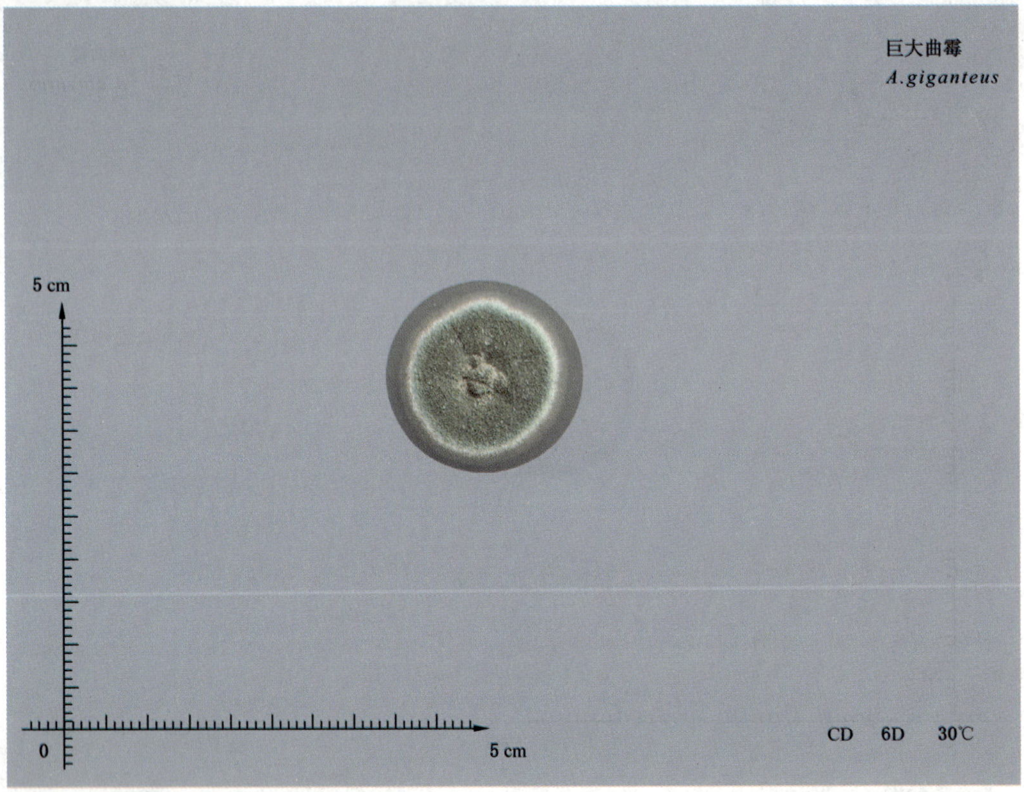

a）

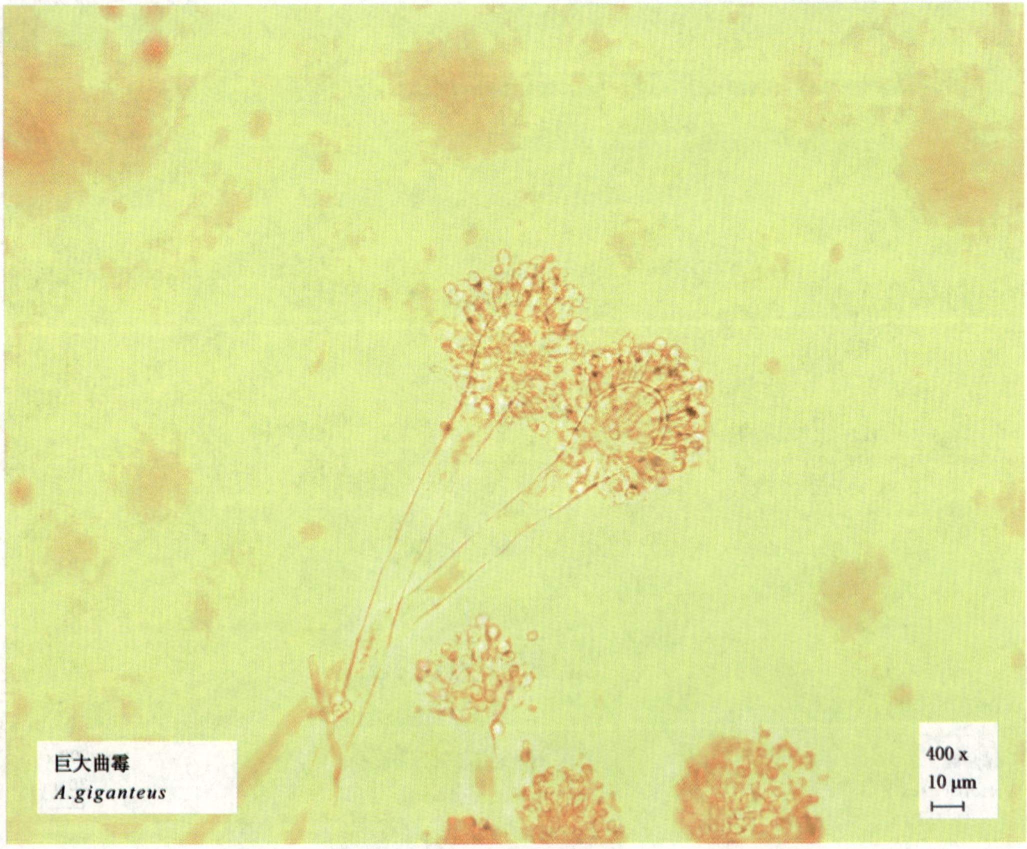

b）

图 7

5.8　栖土曲霉（*A. terricola*）

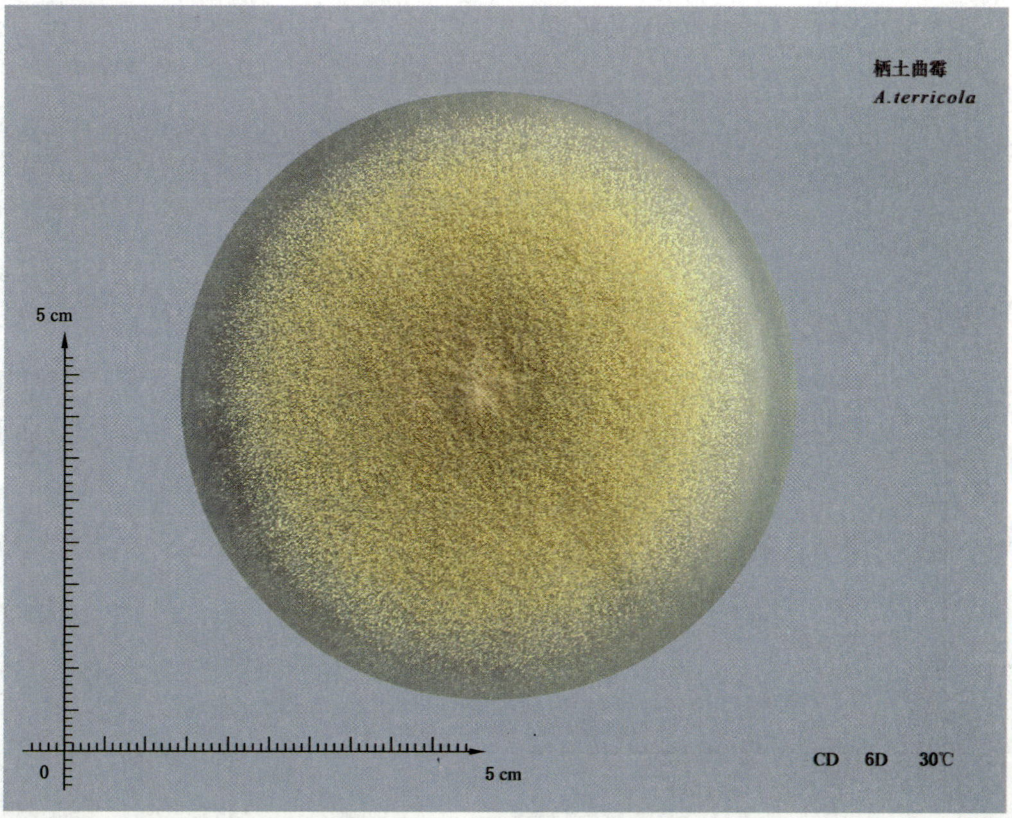

a）

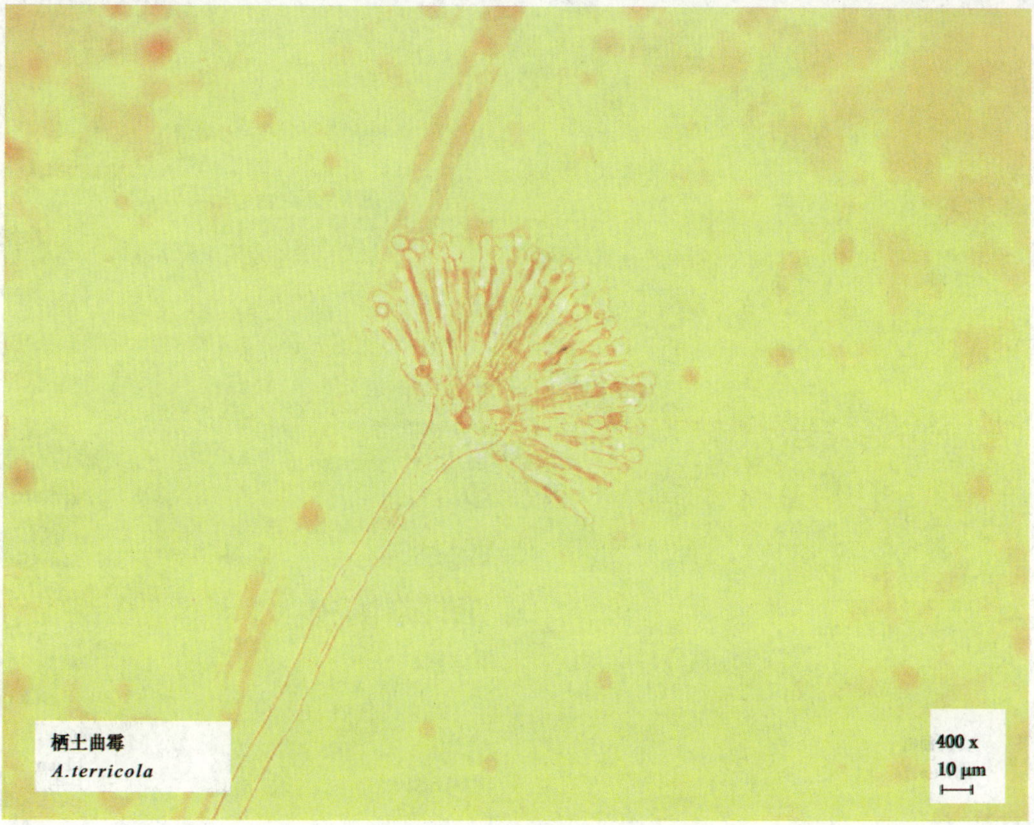

b）

图 8

5.9 文氏曲霉(*A. wentii*)

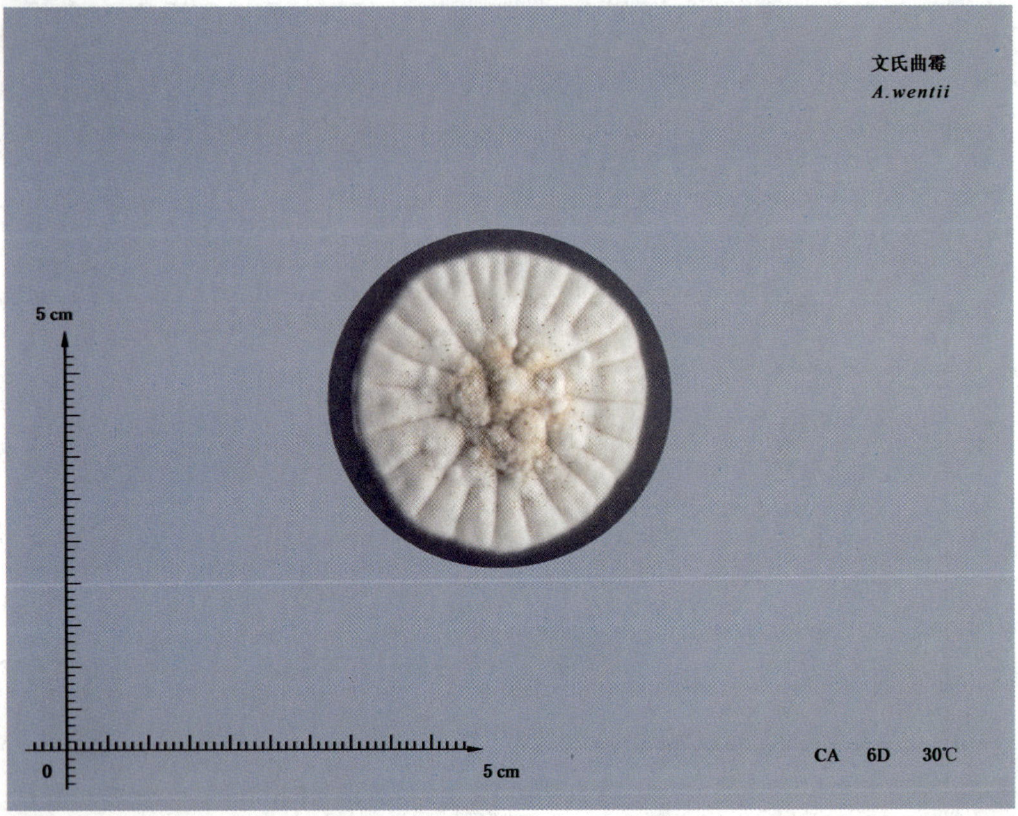

a)

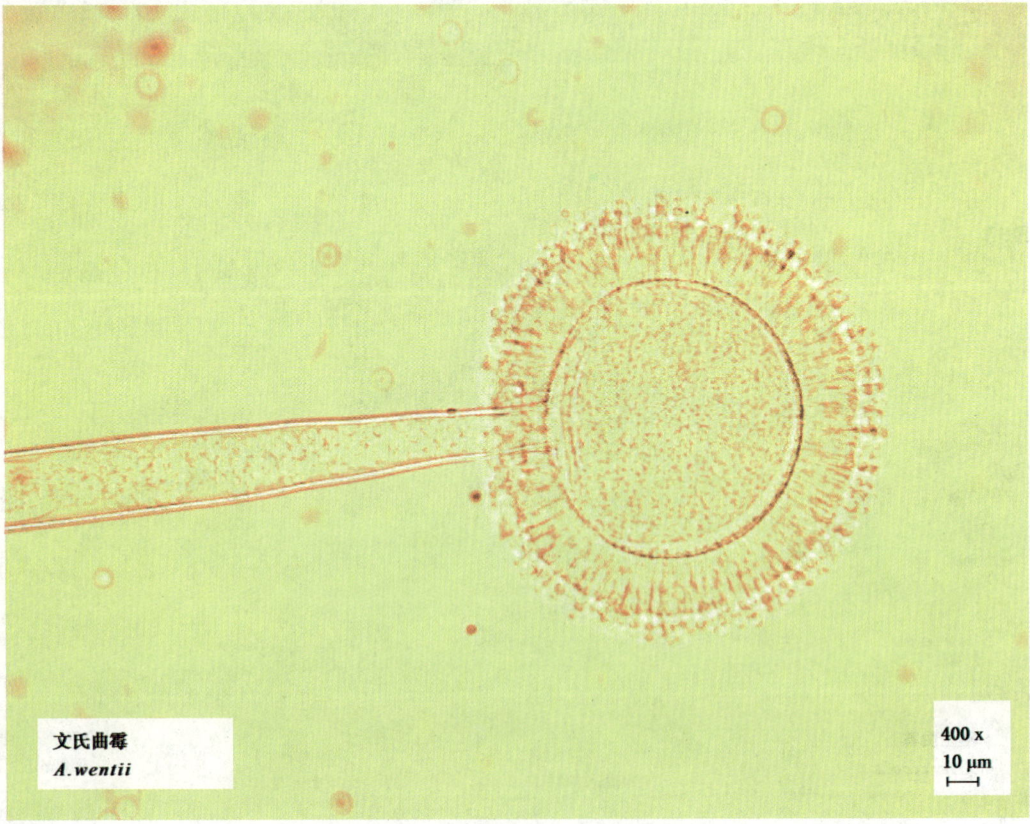

b)

图 9

5.10 灰绿曲霉群（*A. glaucus group*）

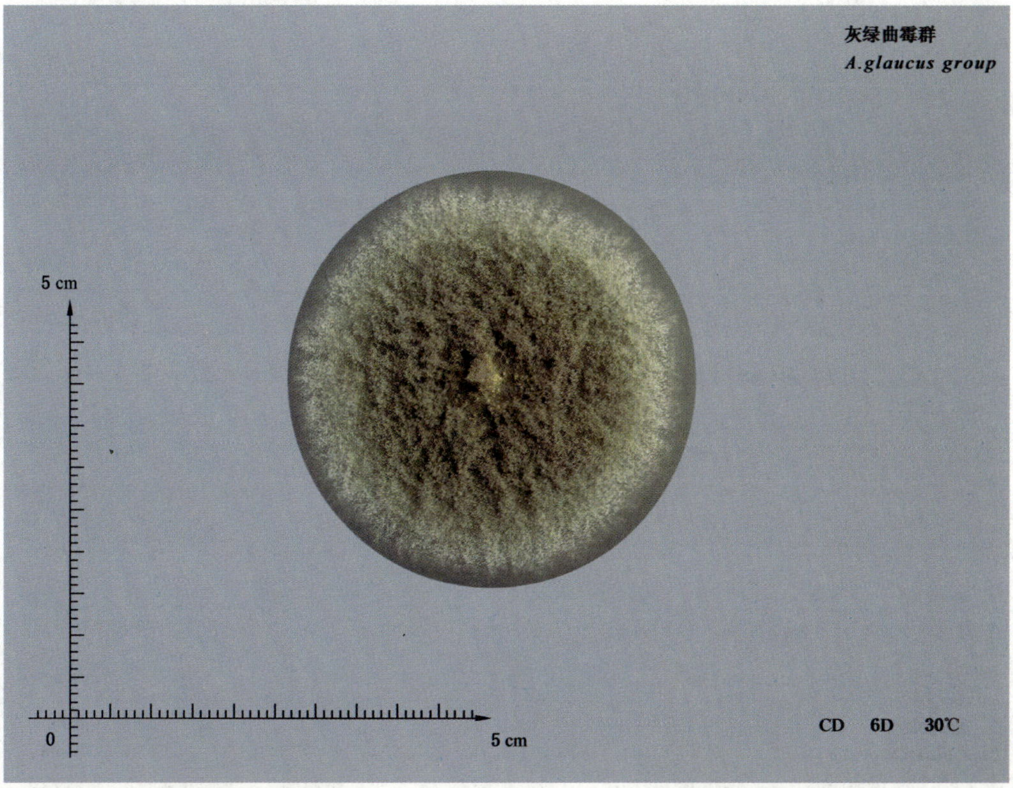

a）

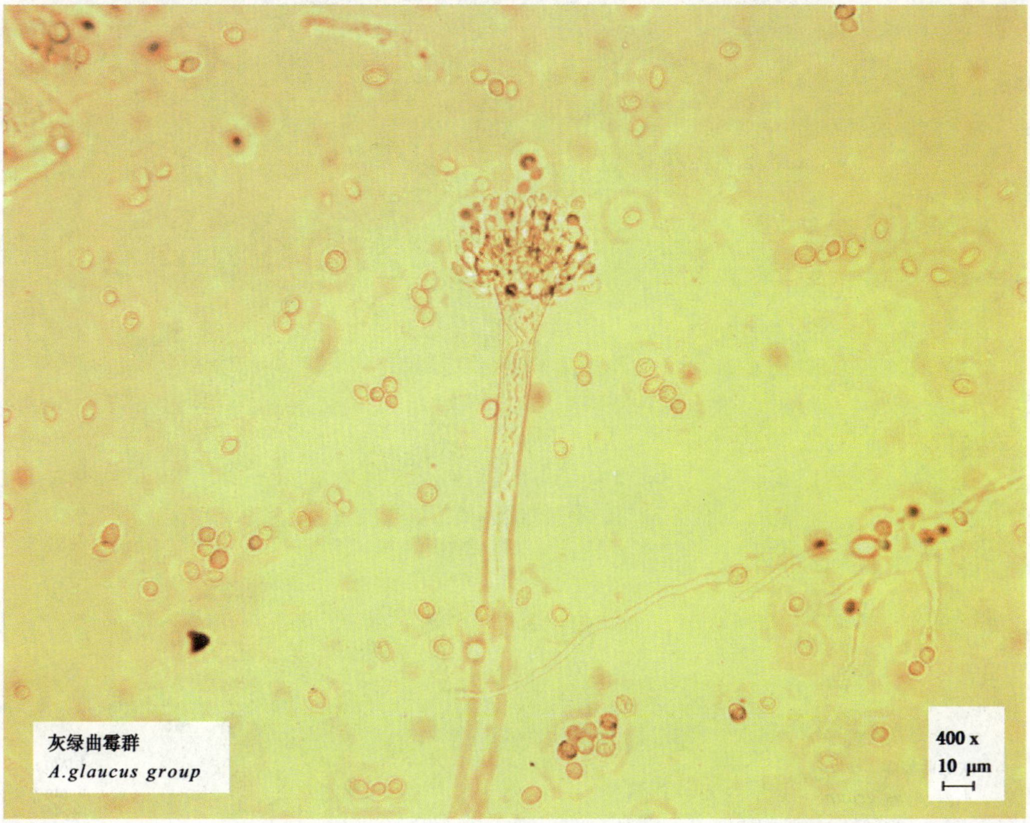

b）

图 10

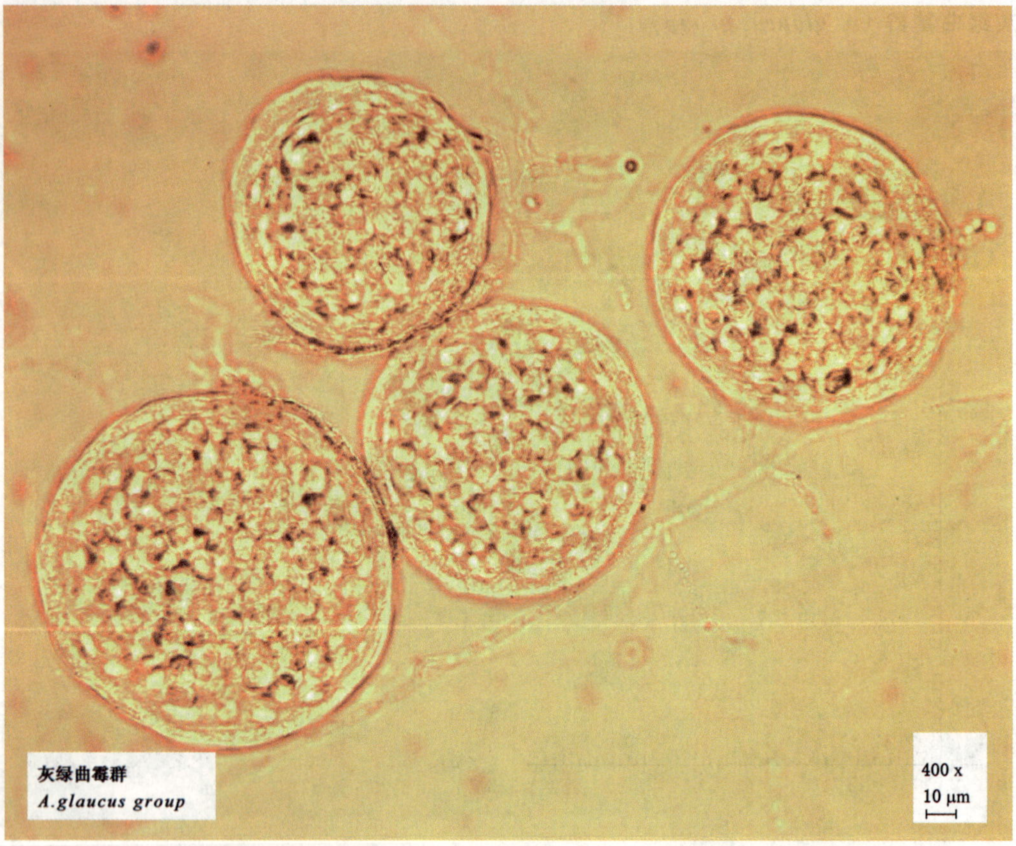
灰绿曲霉群
A.glaucus group
400 x
10 μm

c)

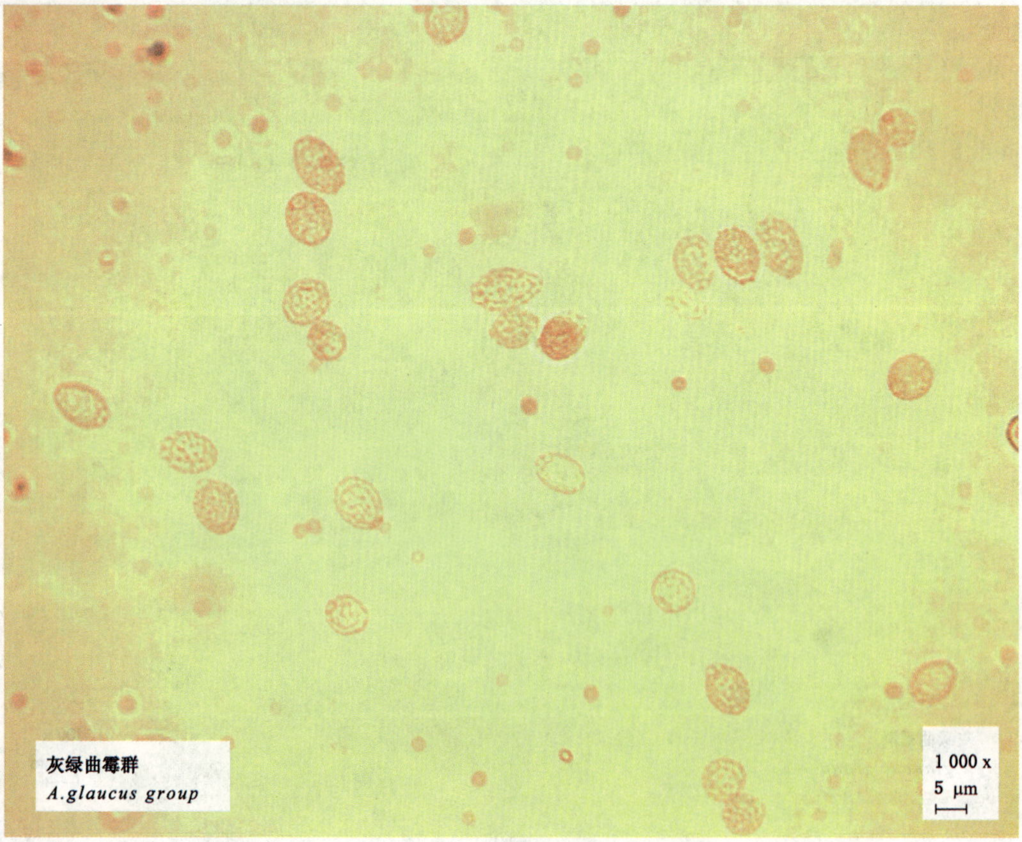
灰绿曲霉群
A.glaucus group
1 000 x
5 μm

d)

图 10（续）

5.11 阿姆斯特丹曲霉（*A. amstelodami*）

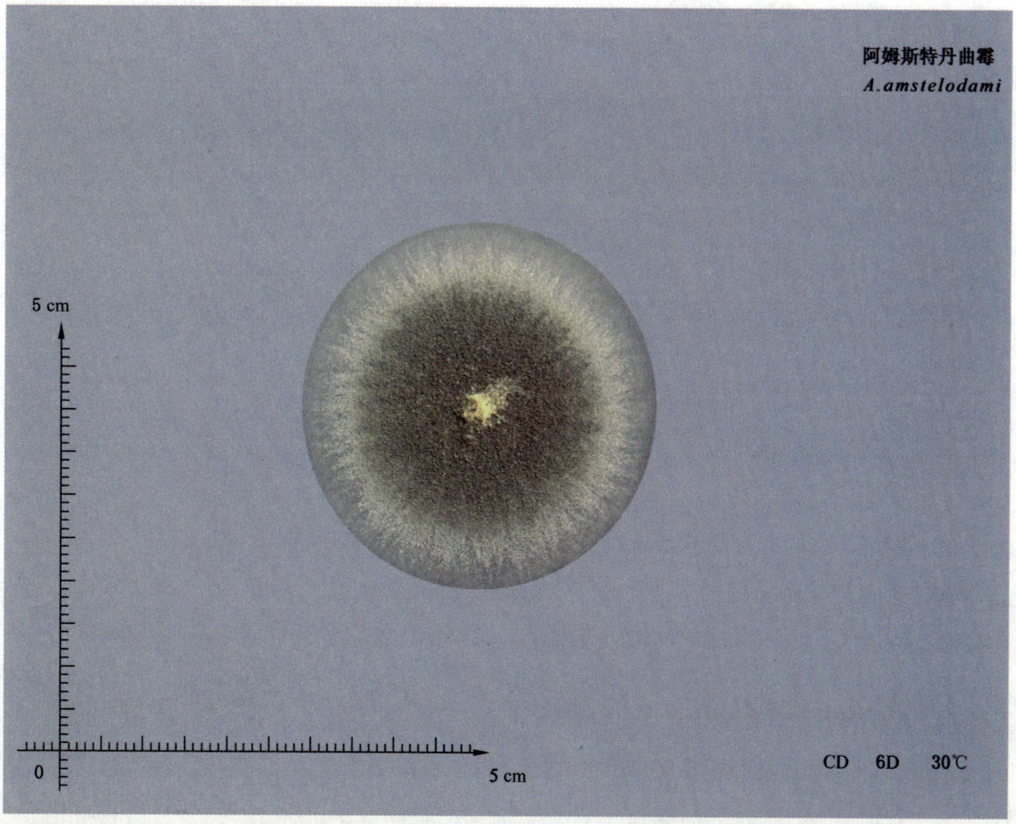

a)

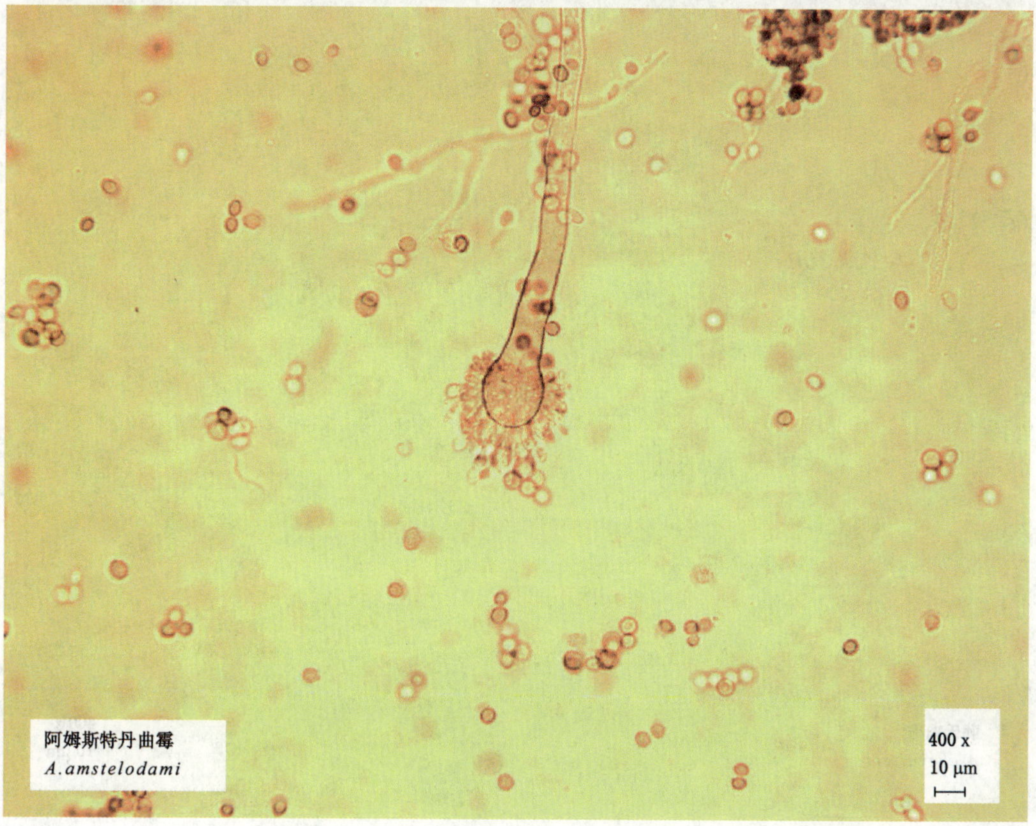

b)

图 11

5.12 薛氏曲霉（*A. chevalieri*）

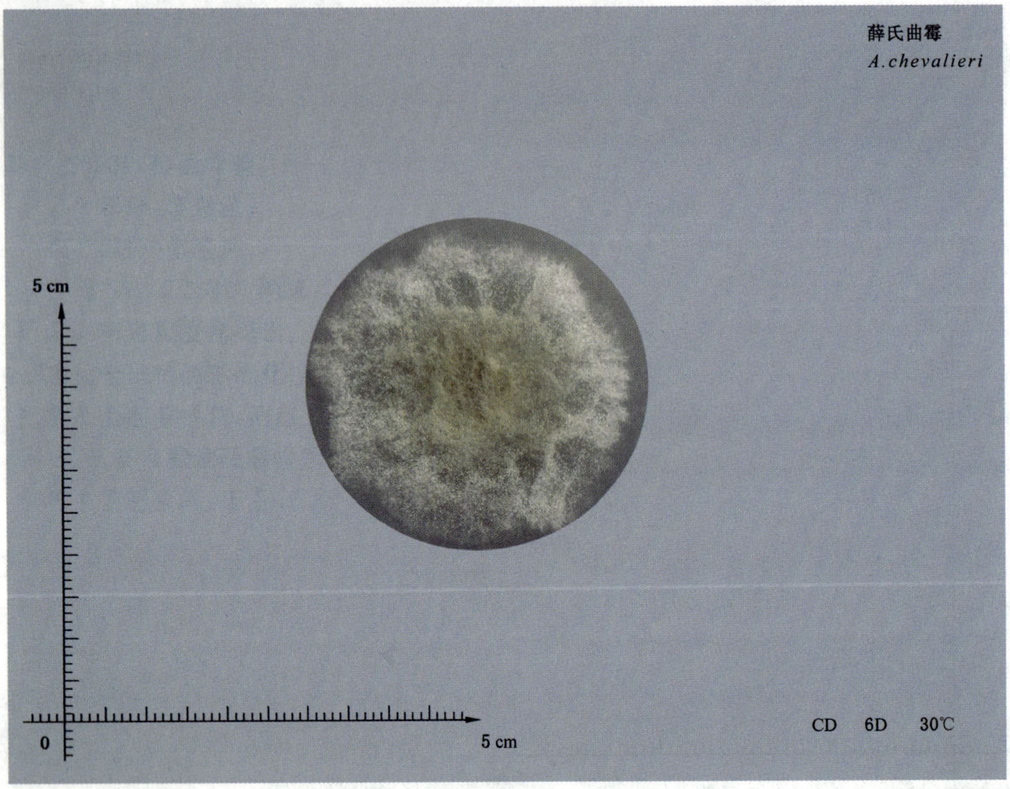

a)

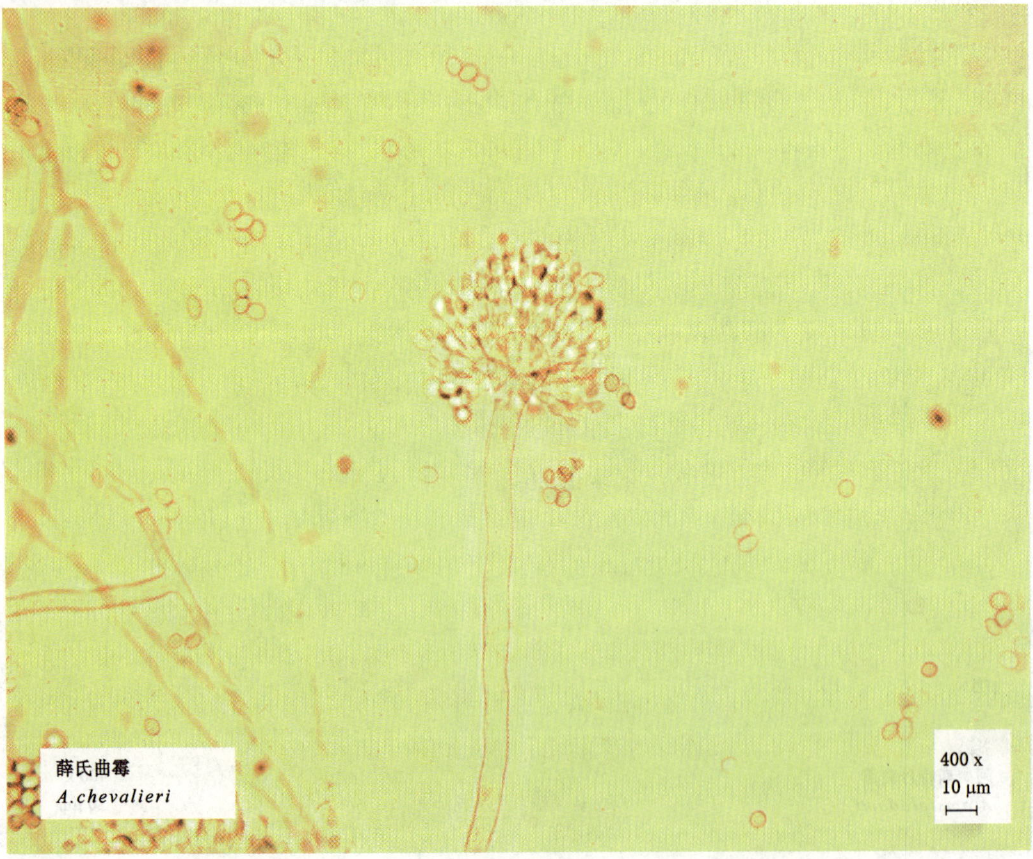

b)

图 12

5.13 曲霉（*A. ruber*）

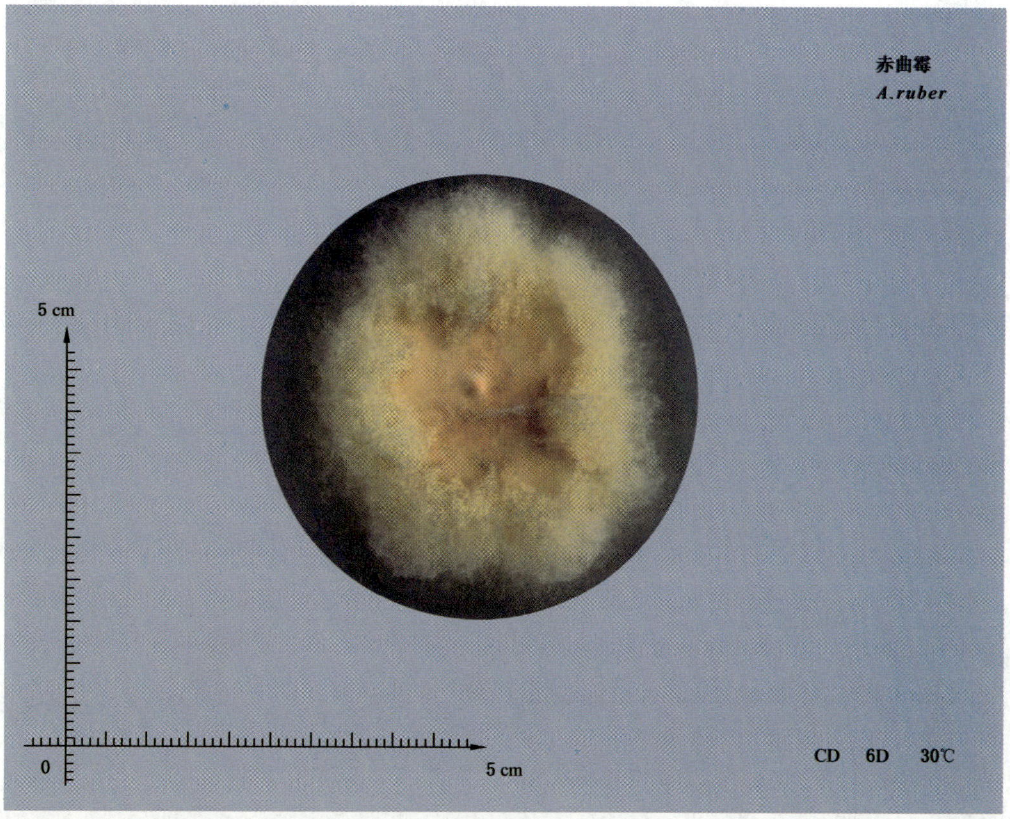

a)

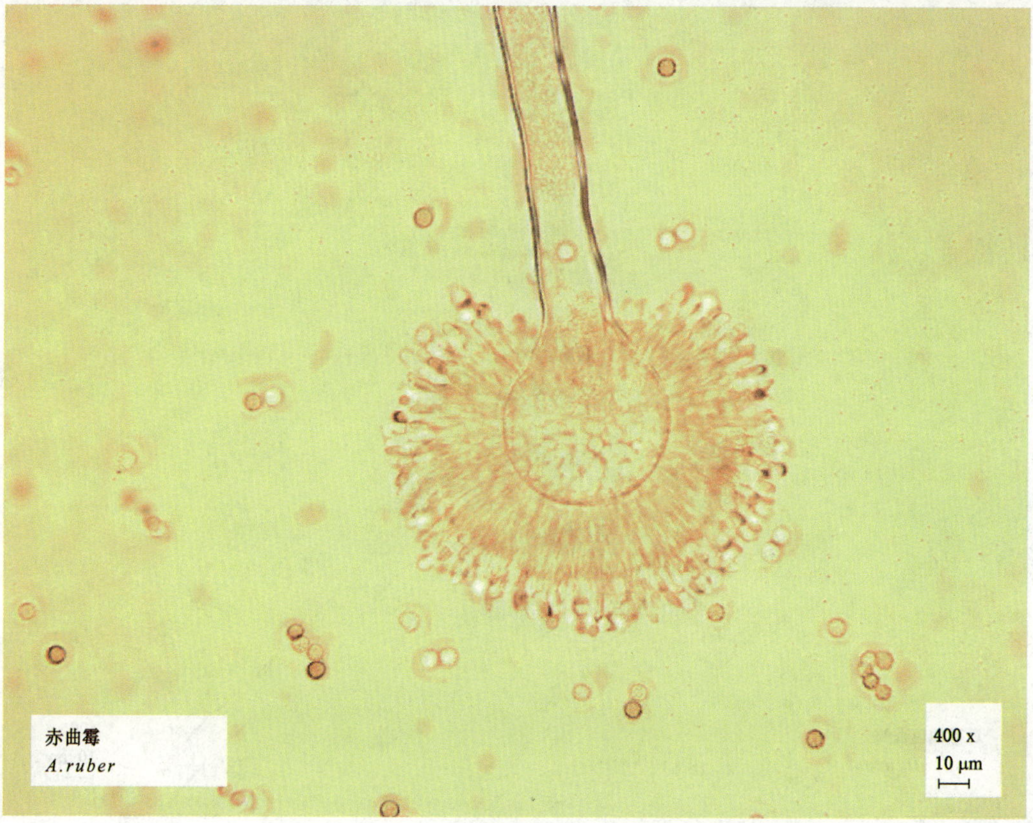

b)

图 13

5.14 近橄榄色曲霉（*A. subolivaceus*）

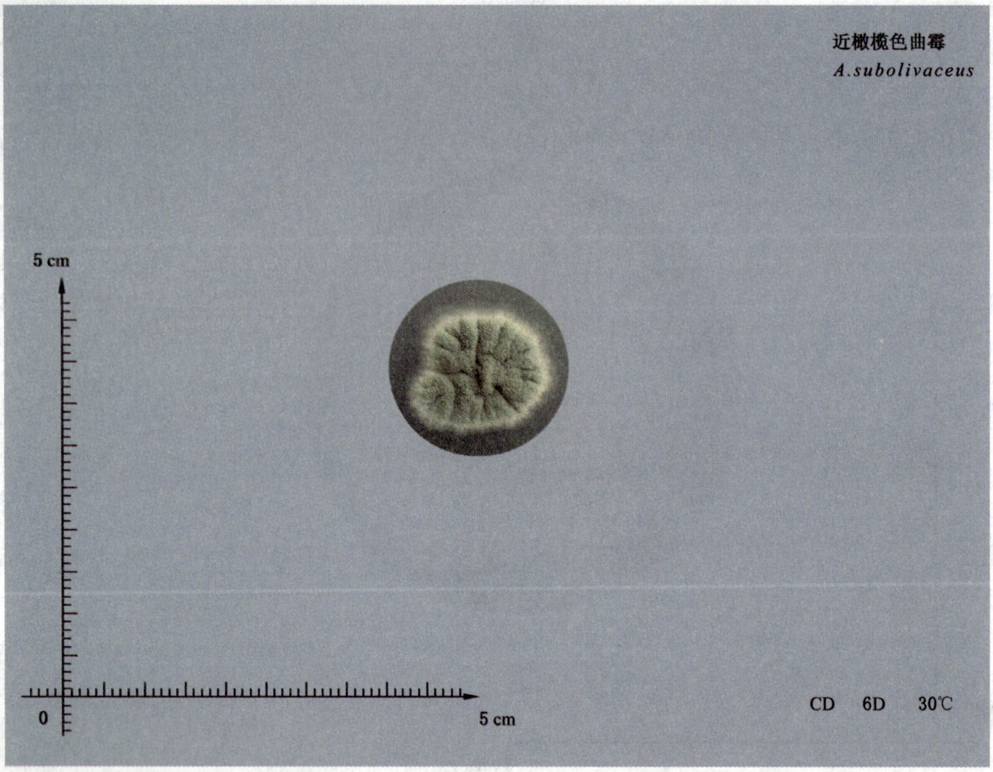

a）

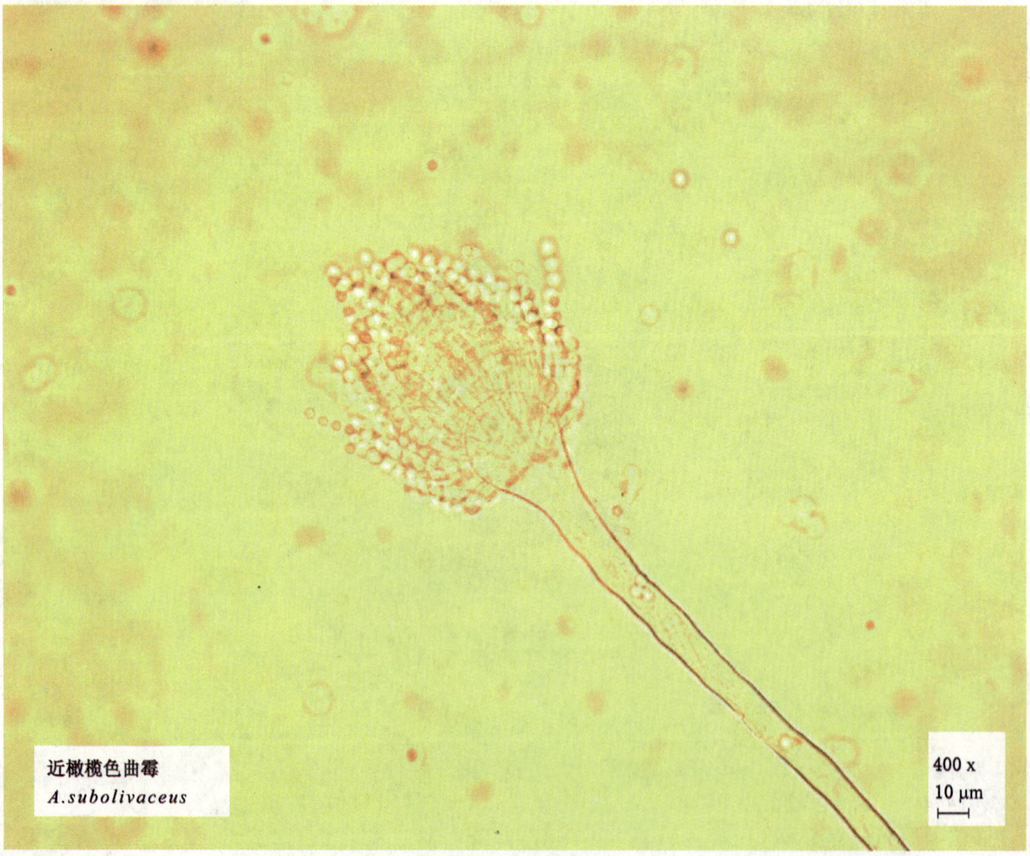

b）

图 14

5.15　匍匐曲霉（*A. repens*）

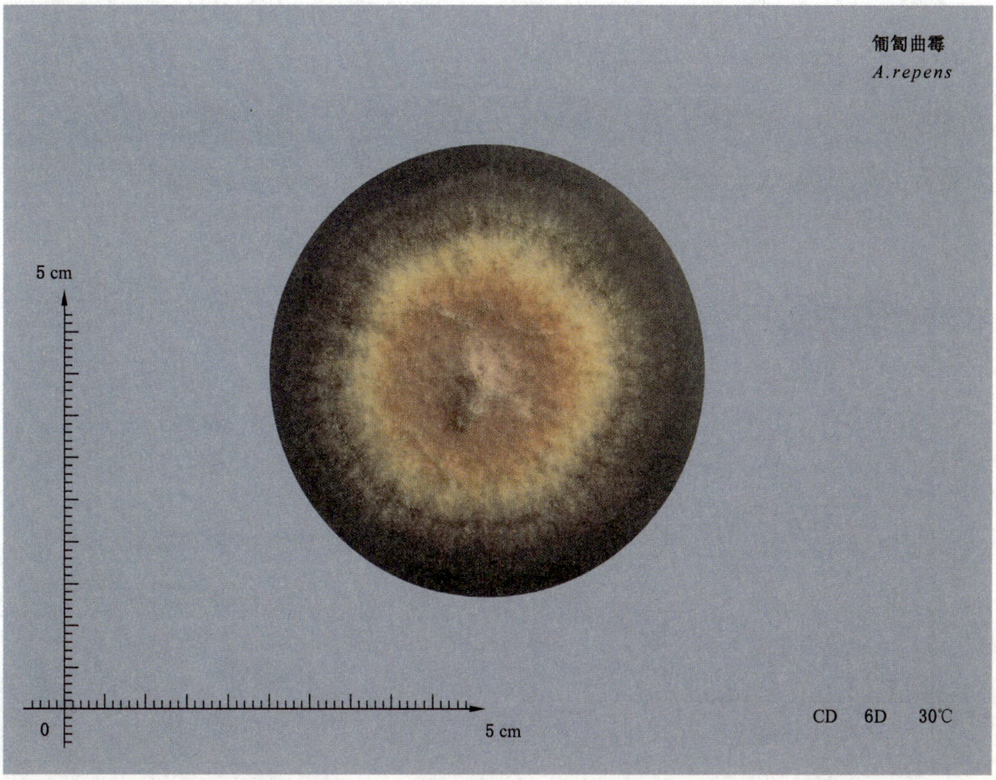

a)

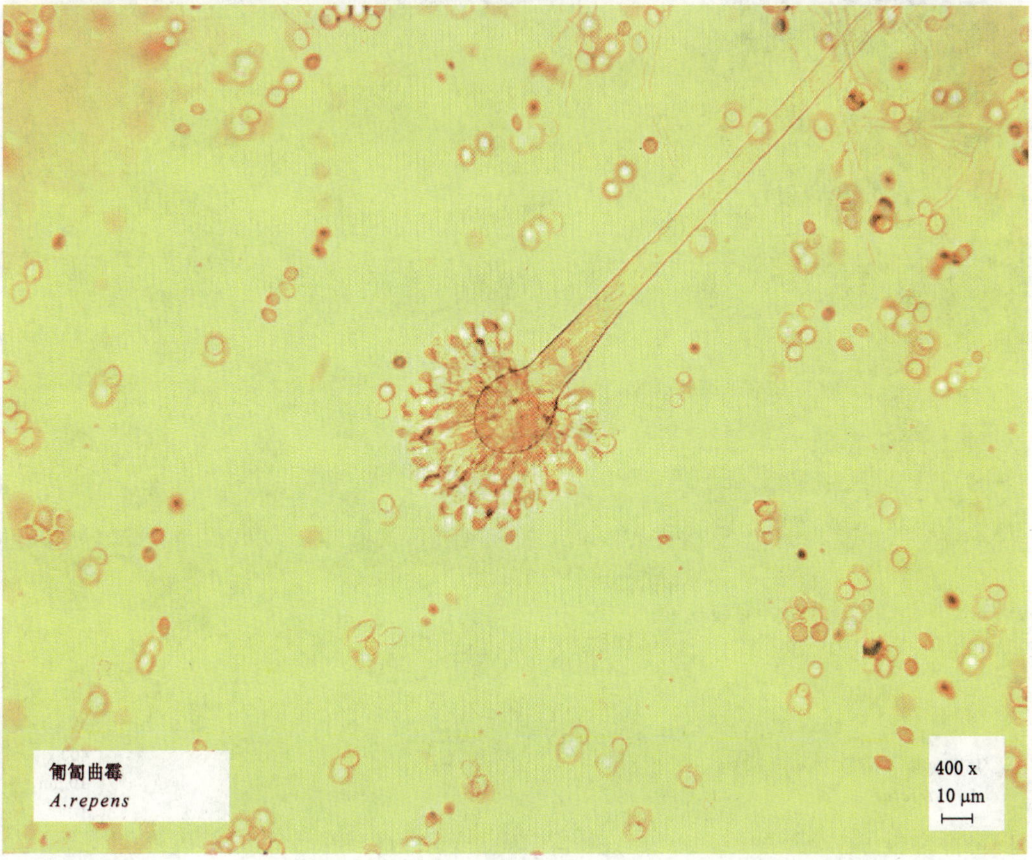

b)

图 15

5.16 局限曲霉（*A. restrictus*）

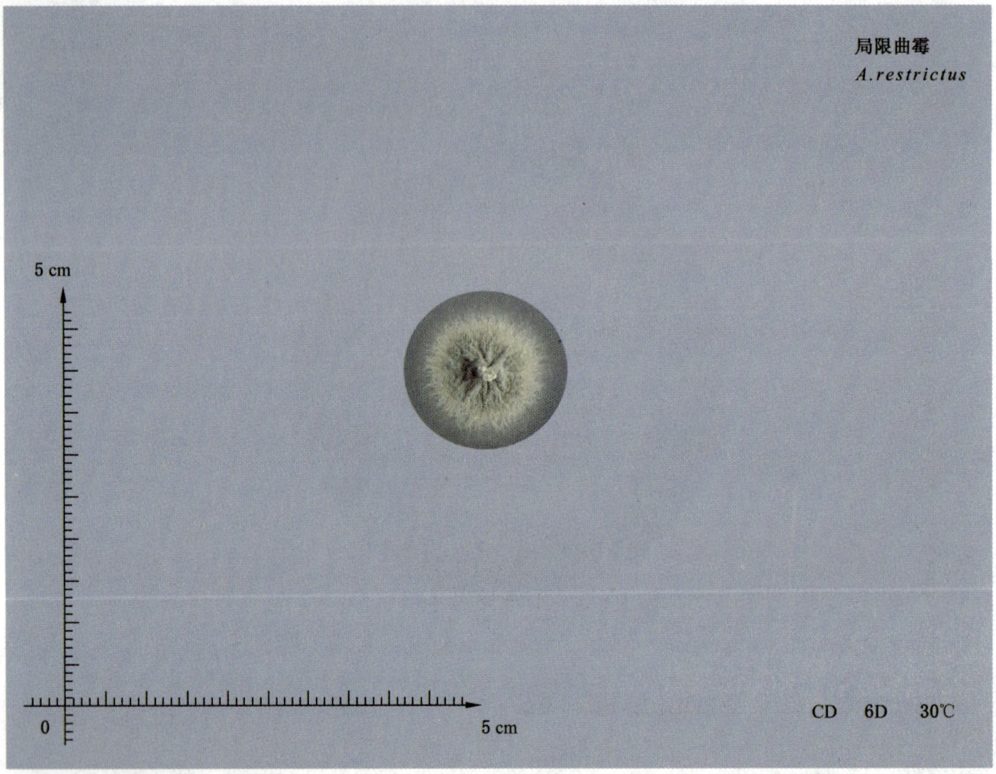

a）

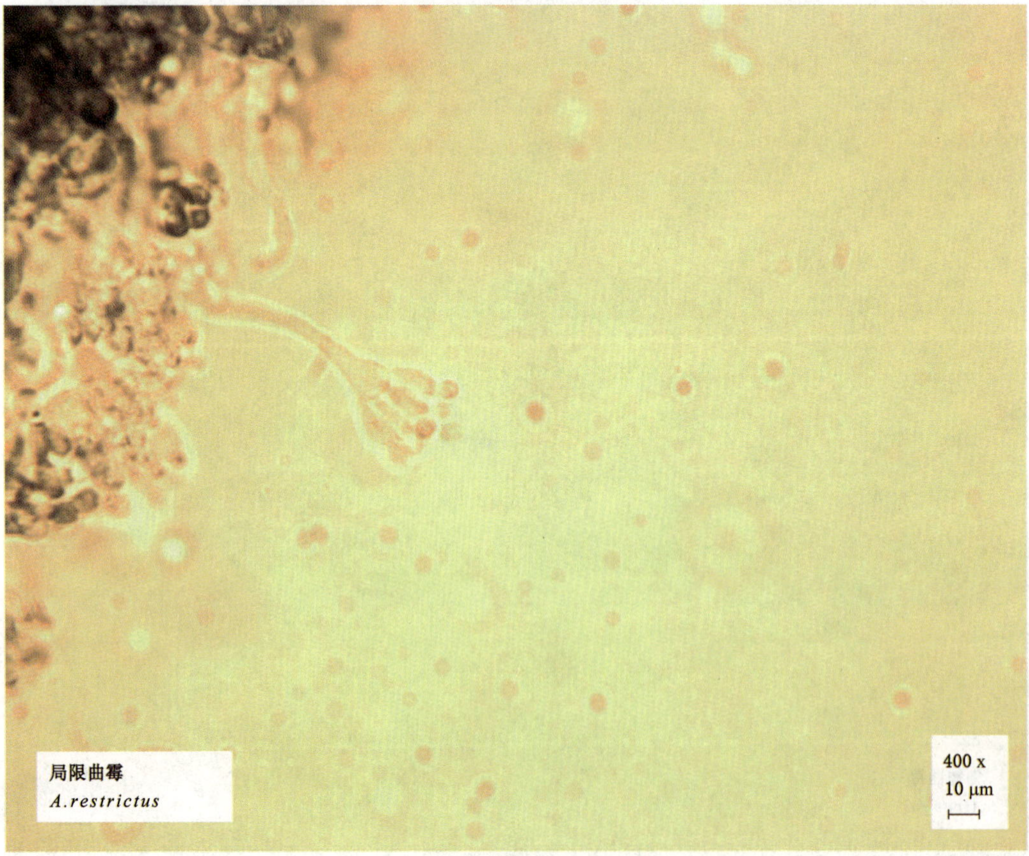

b）

图 16

5.17 爪甲曲霉（*A. unguis*）

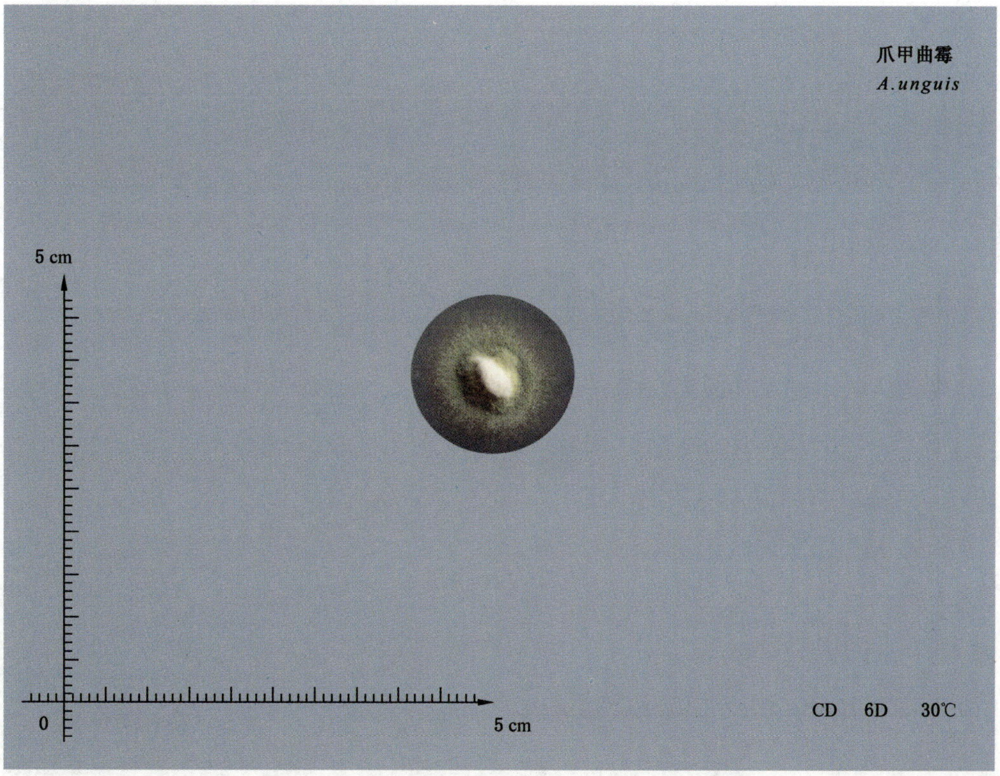

a）

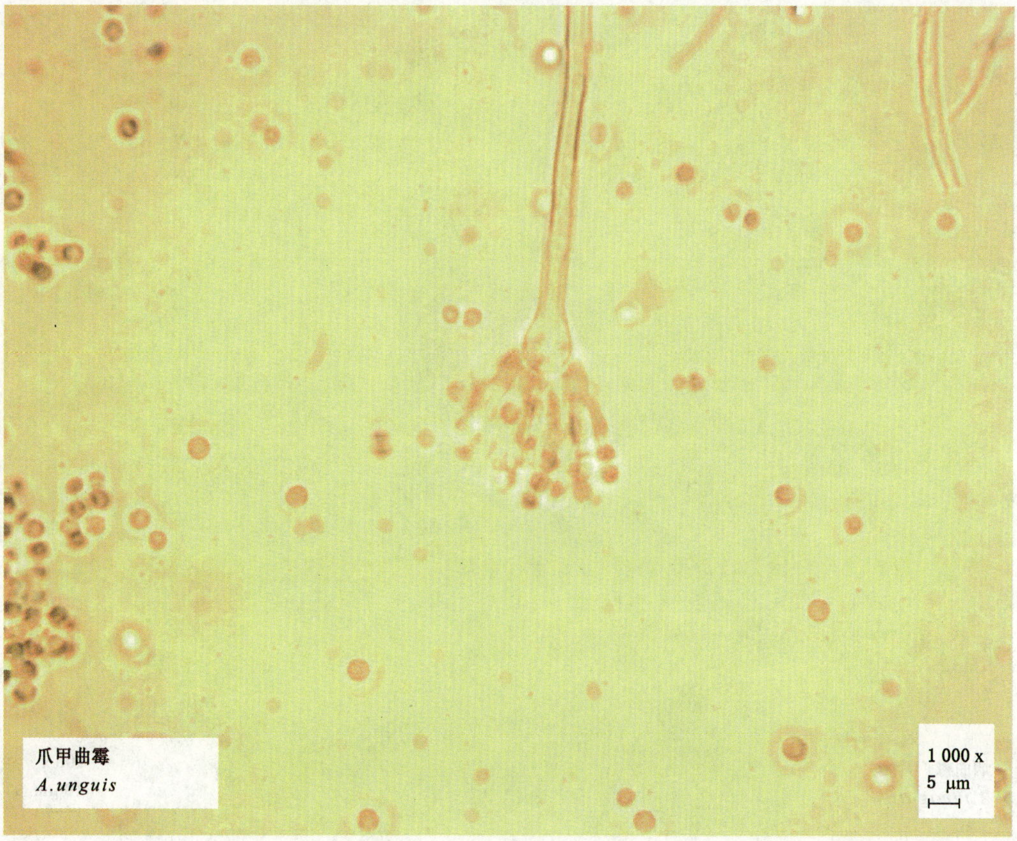

b）

图 17

5.18 烟曲霉（***A. fumigatus***）

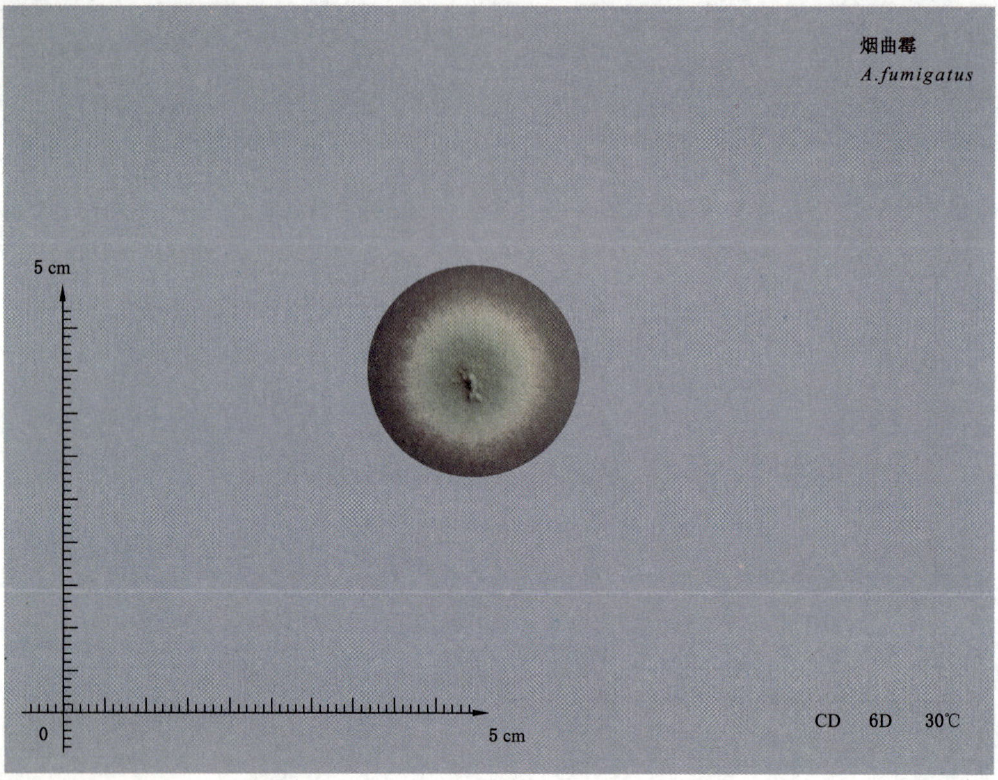

a）

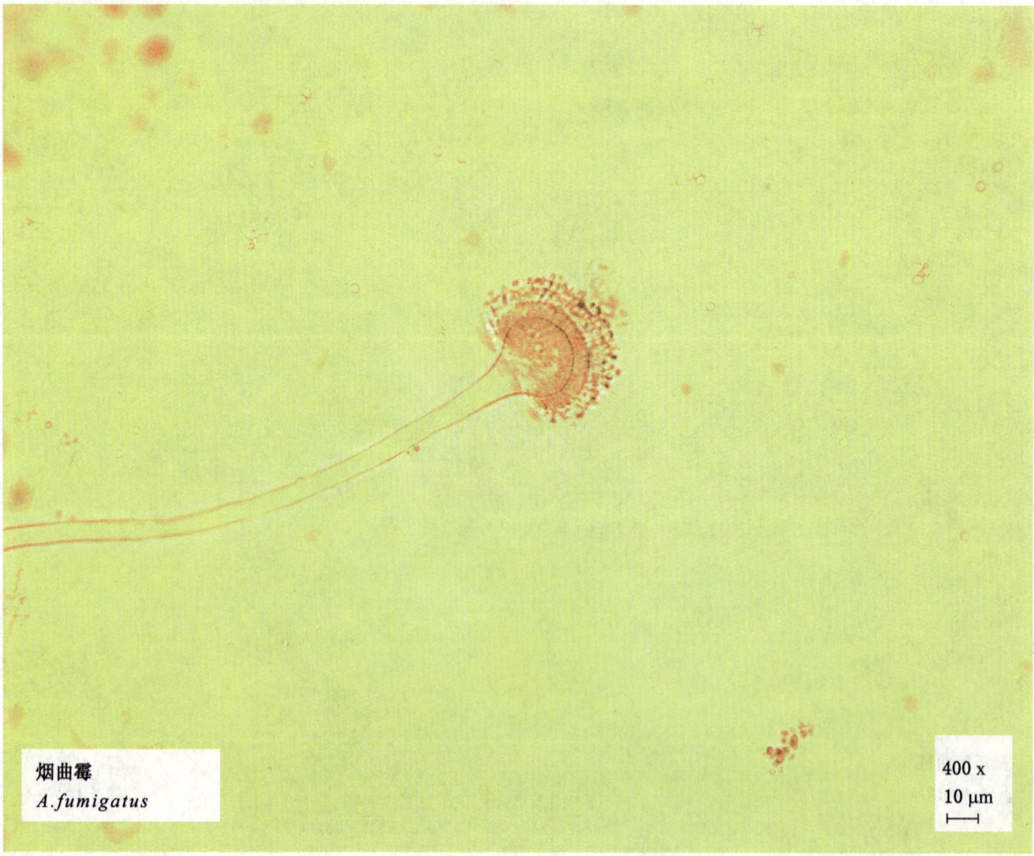

b）

图 18

5.19 黄叉曲霉(*A. flavo-furcatis*)

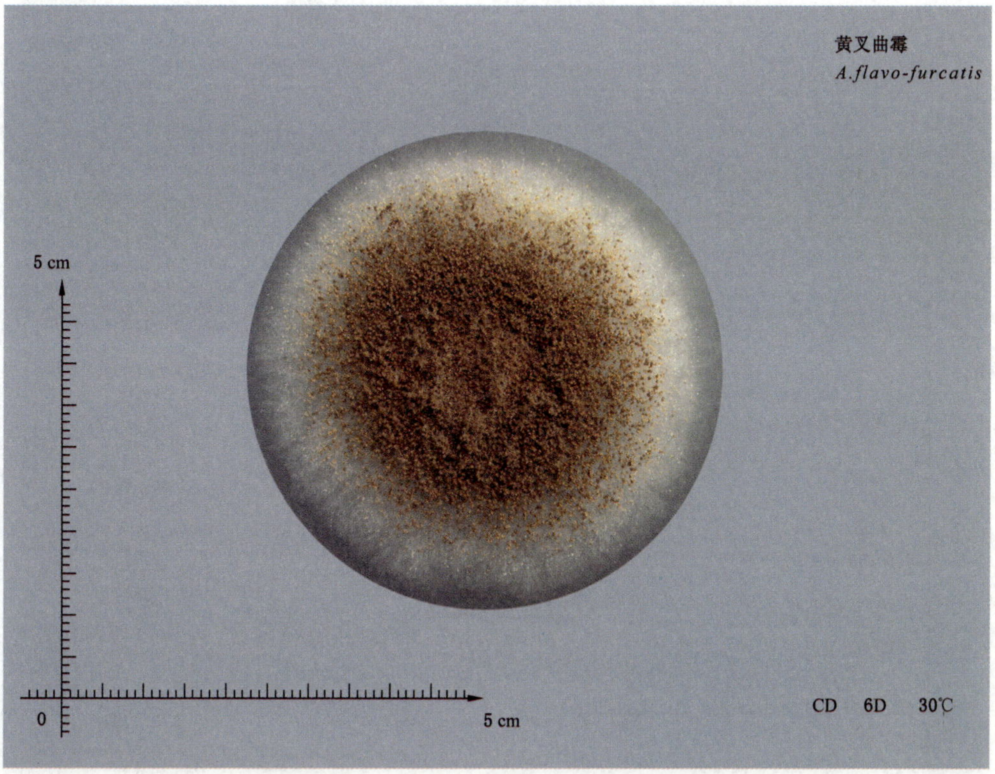

a)

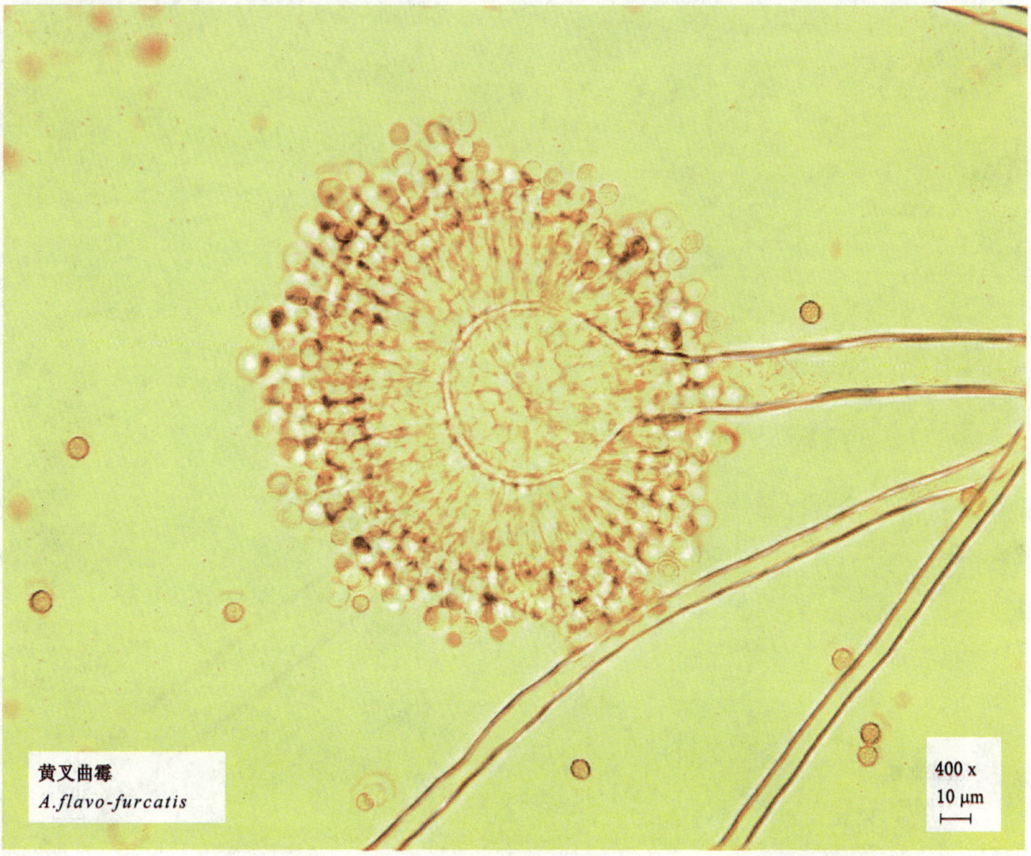

b)

图 19

5.20 无花果曲霉（**A. *ficuum***）

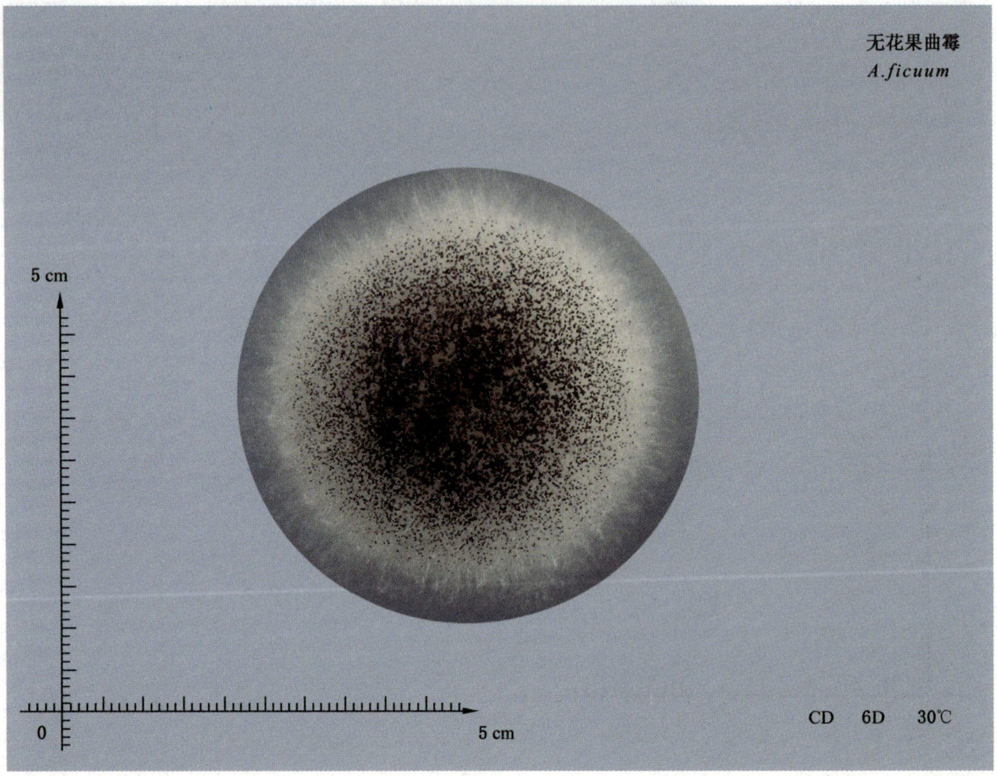

a）

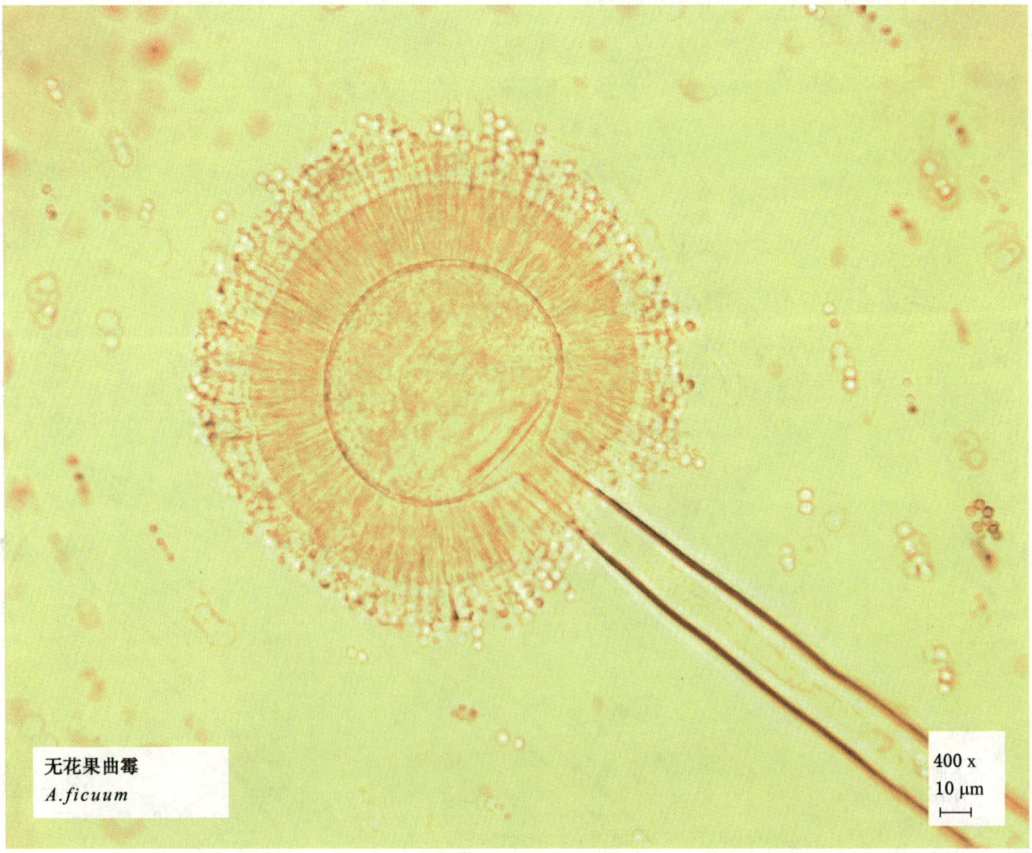

b）

图 20

5.21 泡盛曲霉（*A. awamori*）

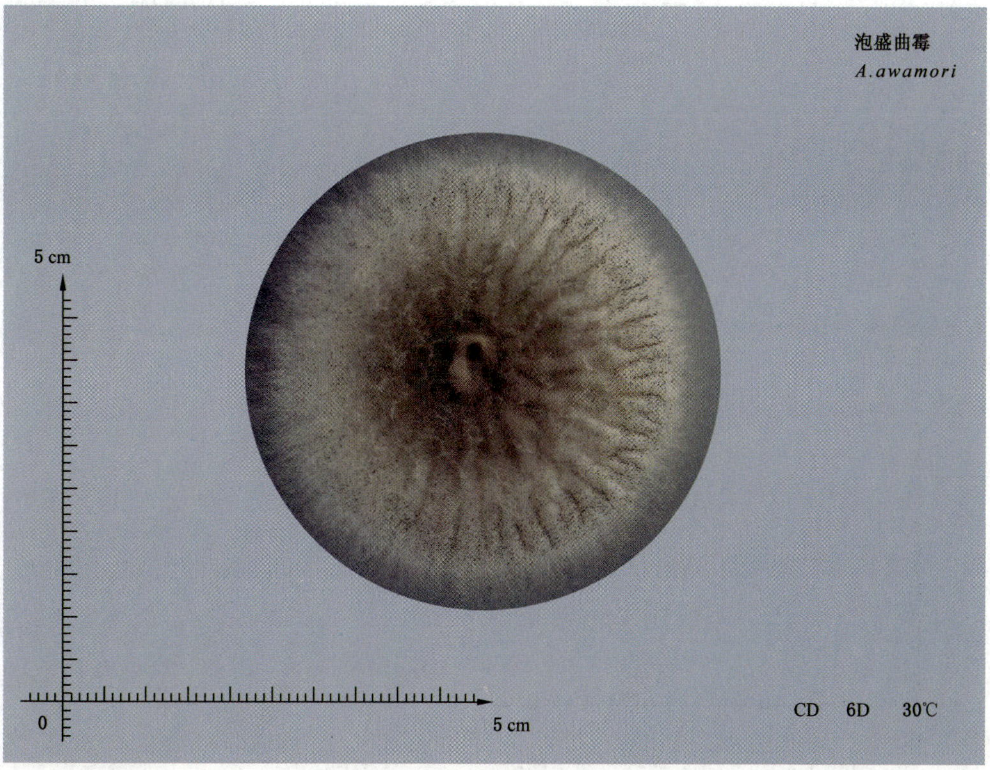

a)

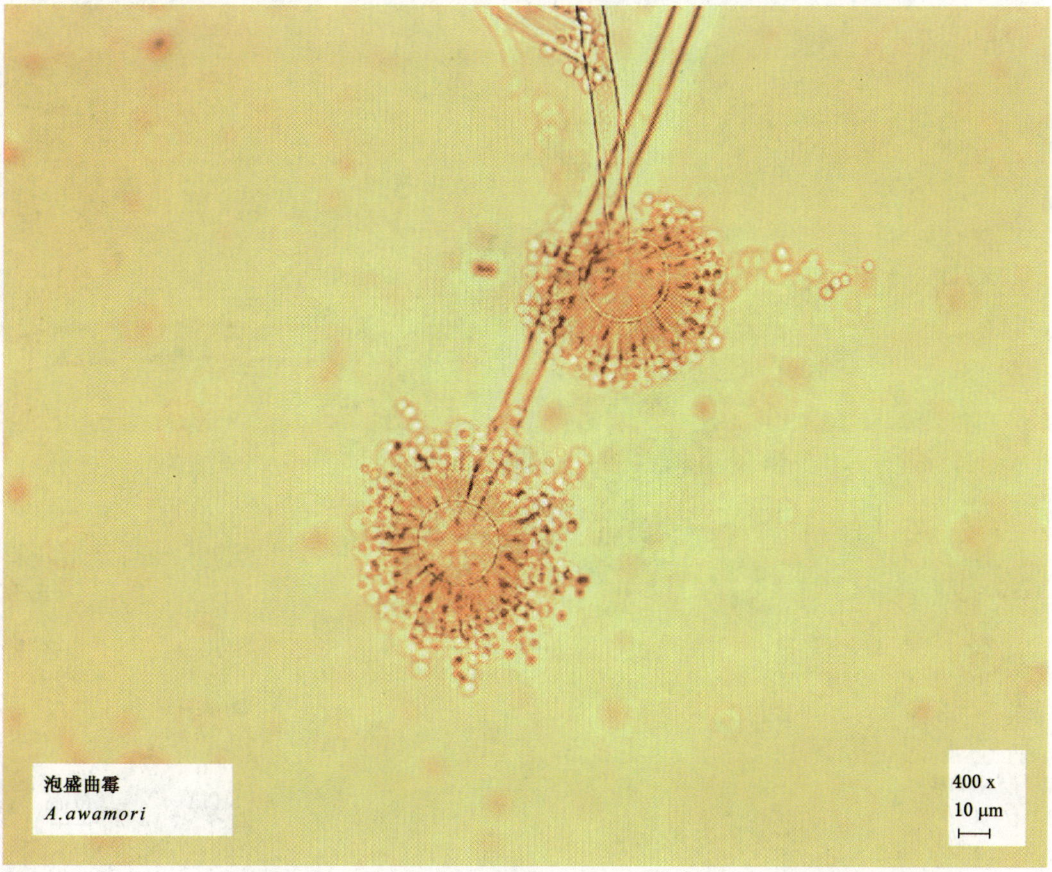

b)

图 21

5.22 黑曲霉（*A. niger*）

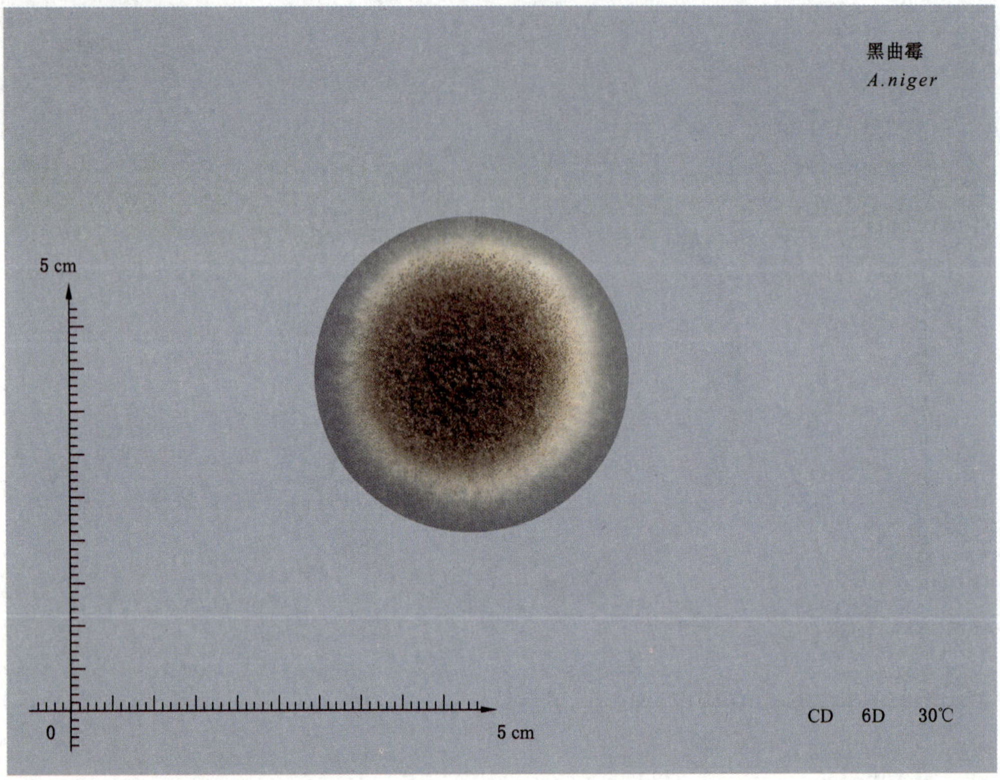

a）

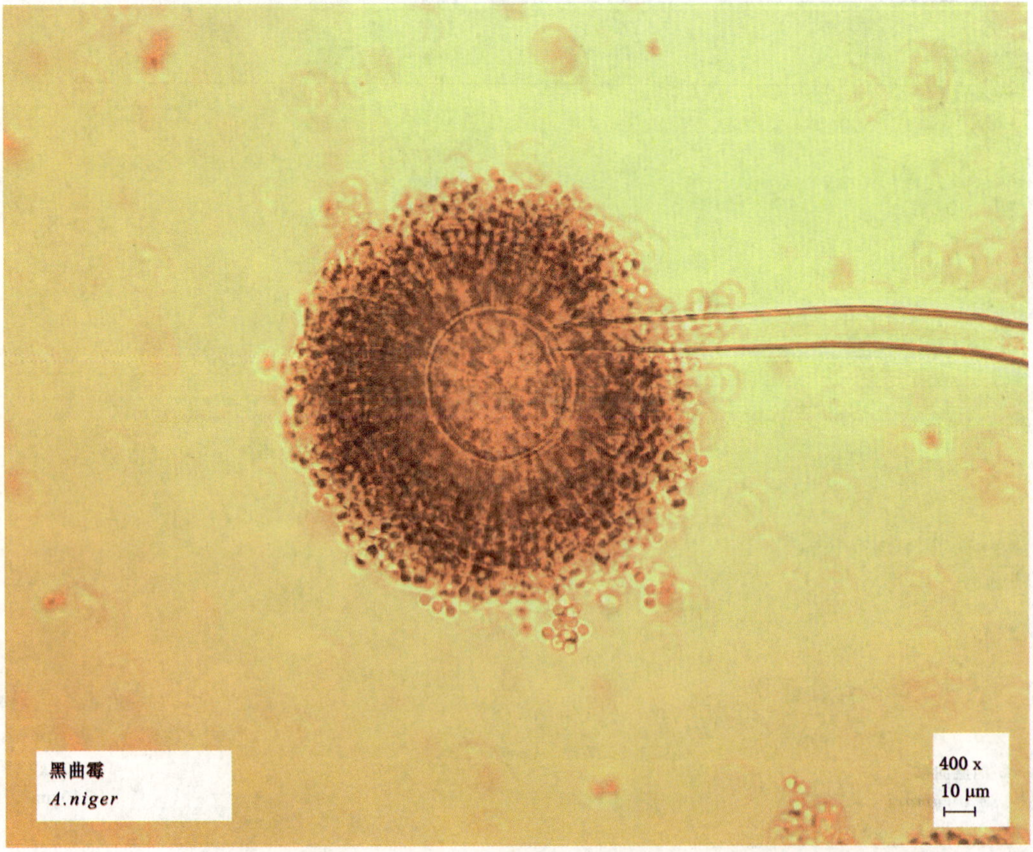

b）

图 22

5.23 塔宾曲霉（*A. tubingensis*）

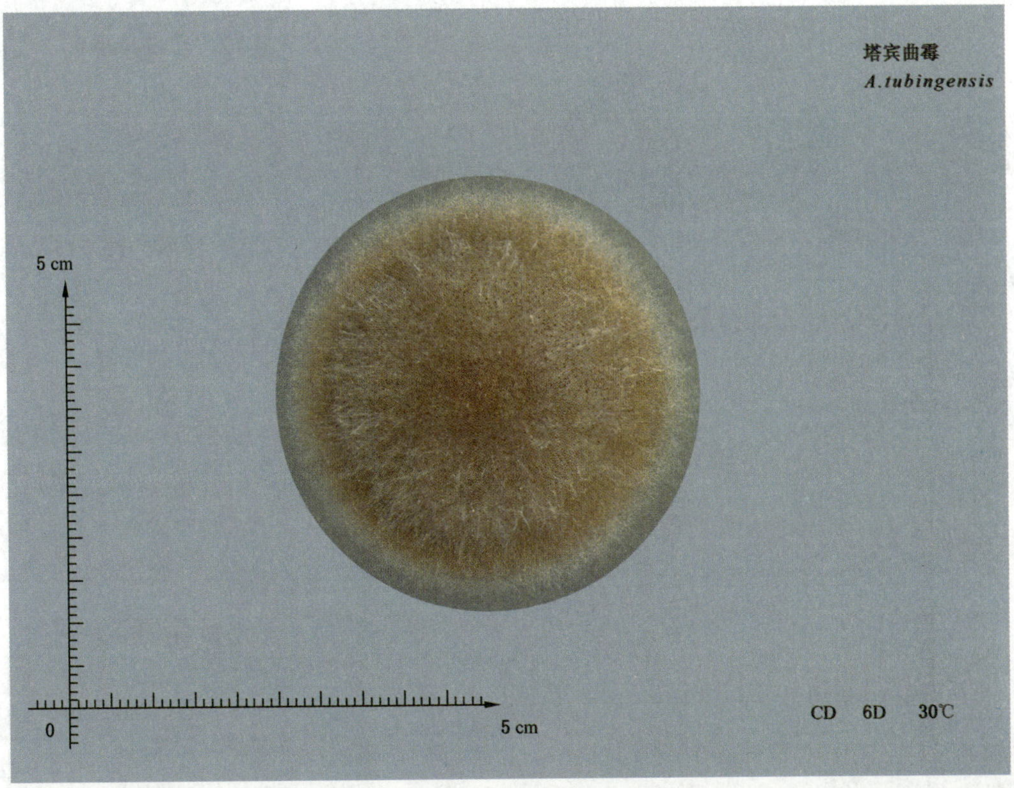

a）

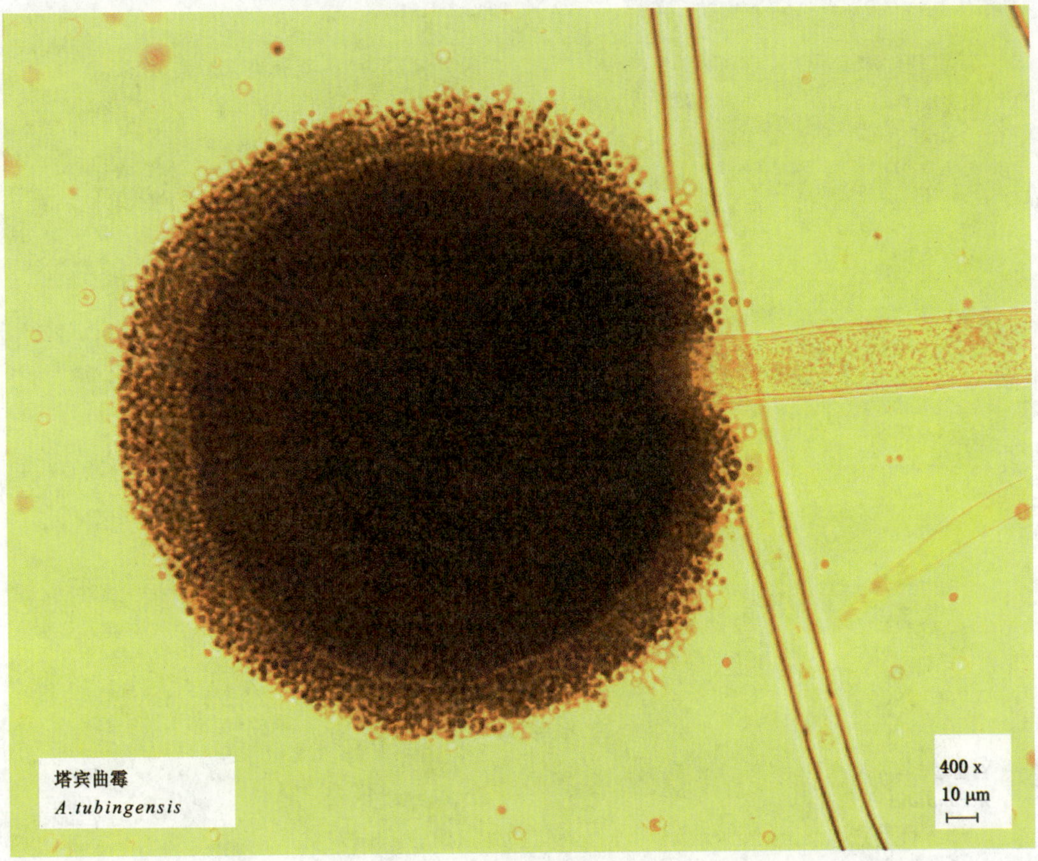

b）

图 23

5.24 白曲霉（*A. candidus*）

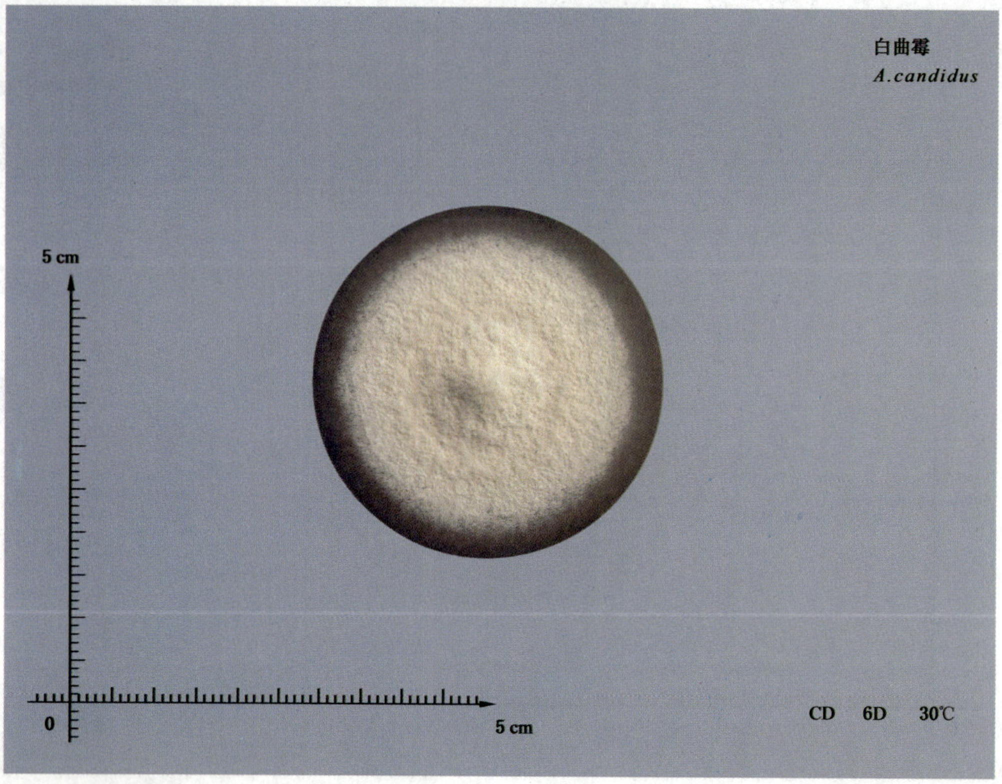

a)

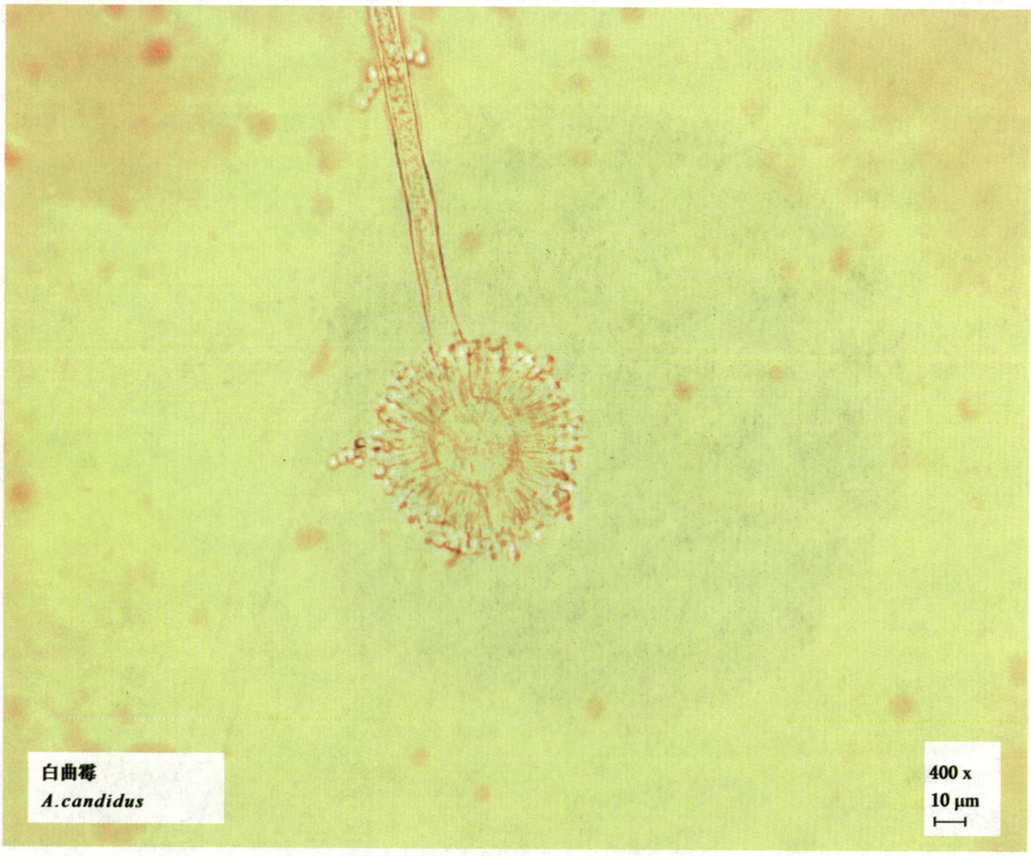

b)

图 24

5.25 溜曲霉（**A. *tamarii***）

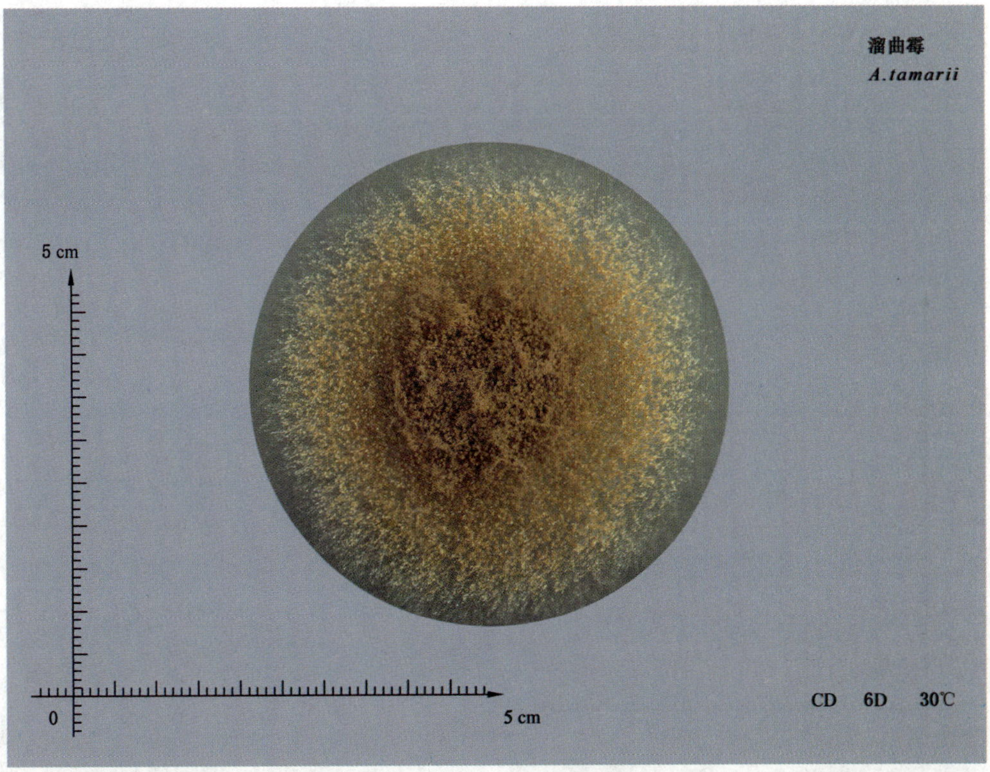

a)

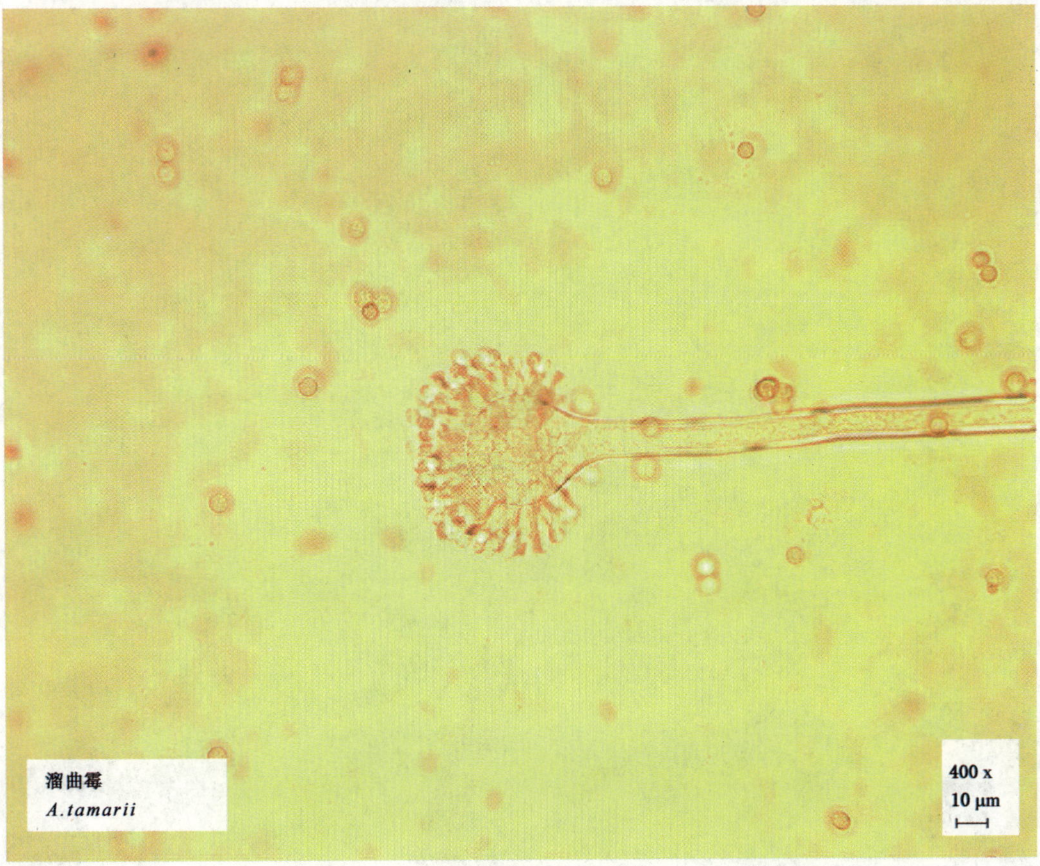

b)

图 25

5.26 焦曲霉（*A. ustus*）

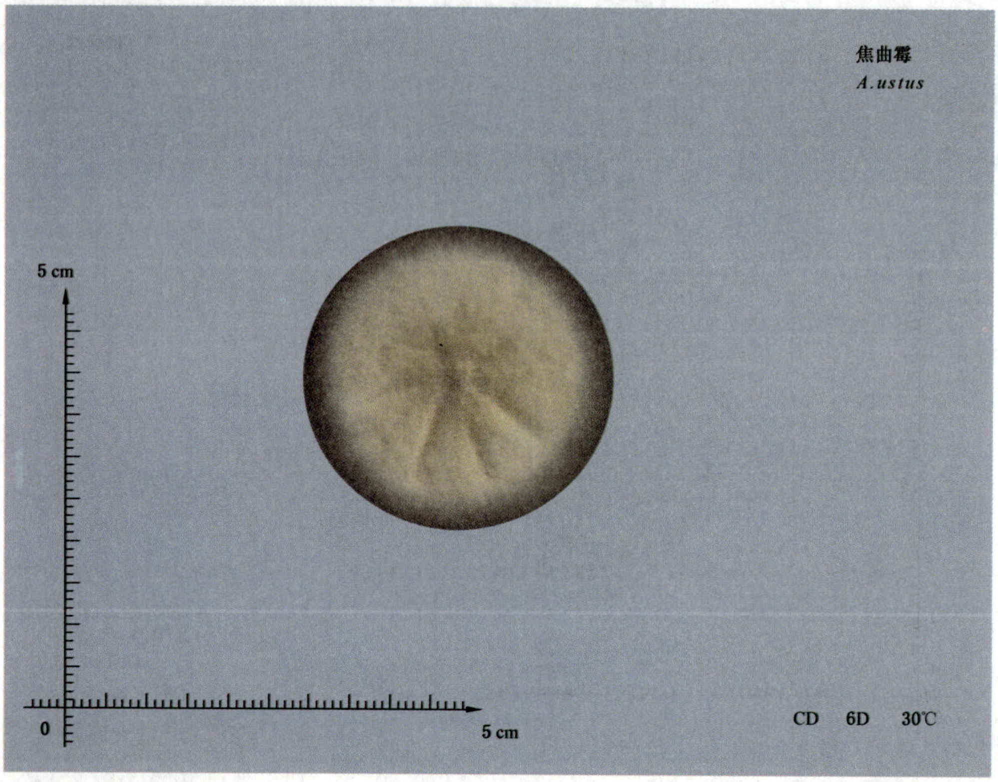

a）

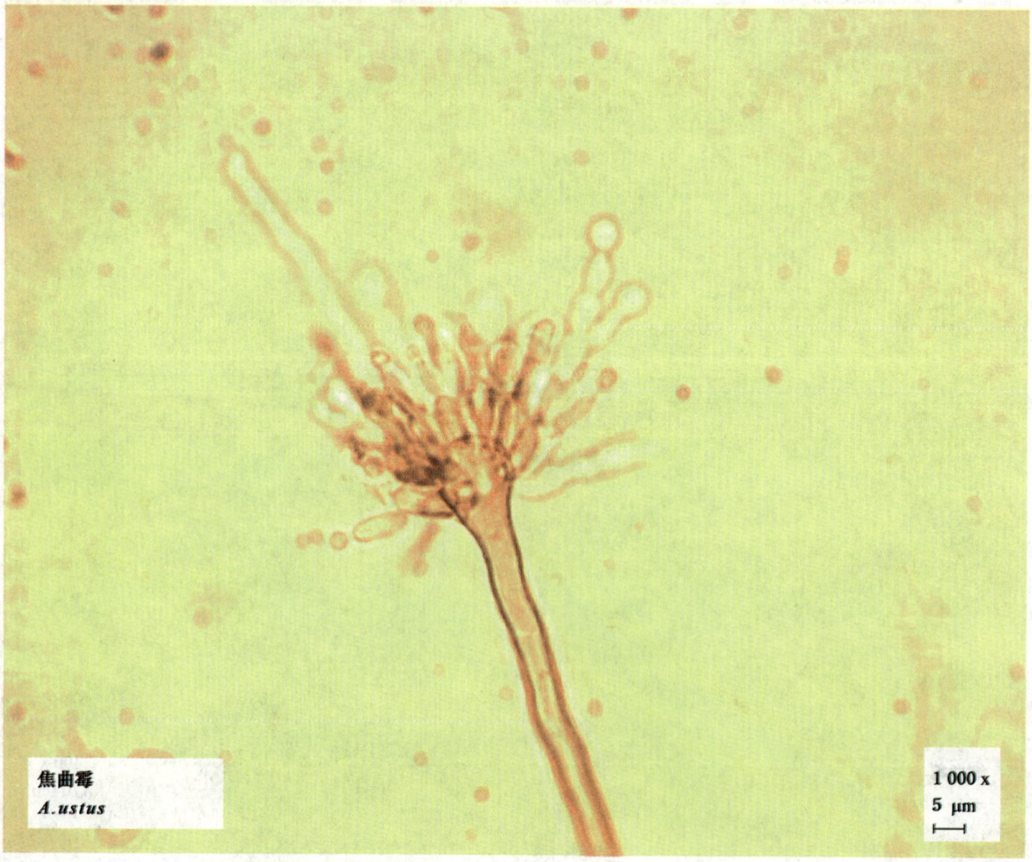

b）

图 26

5.27 黄柄曲霉（**A. *flavipes***）

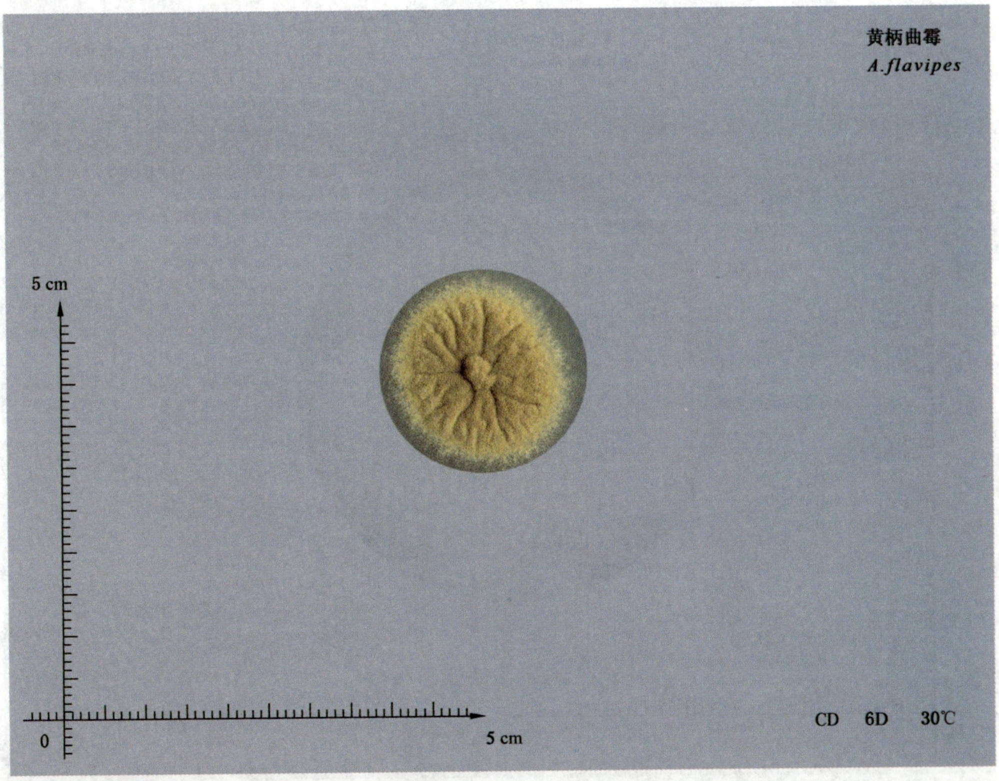

a)

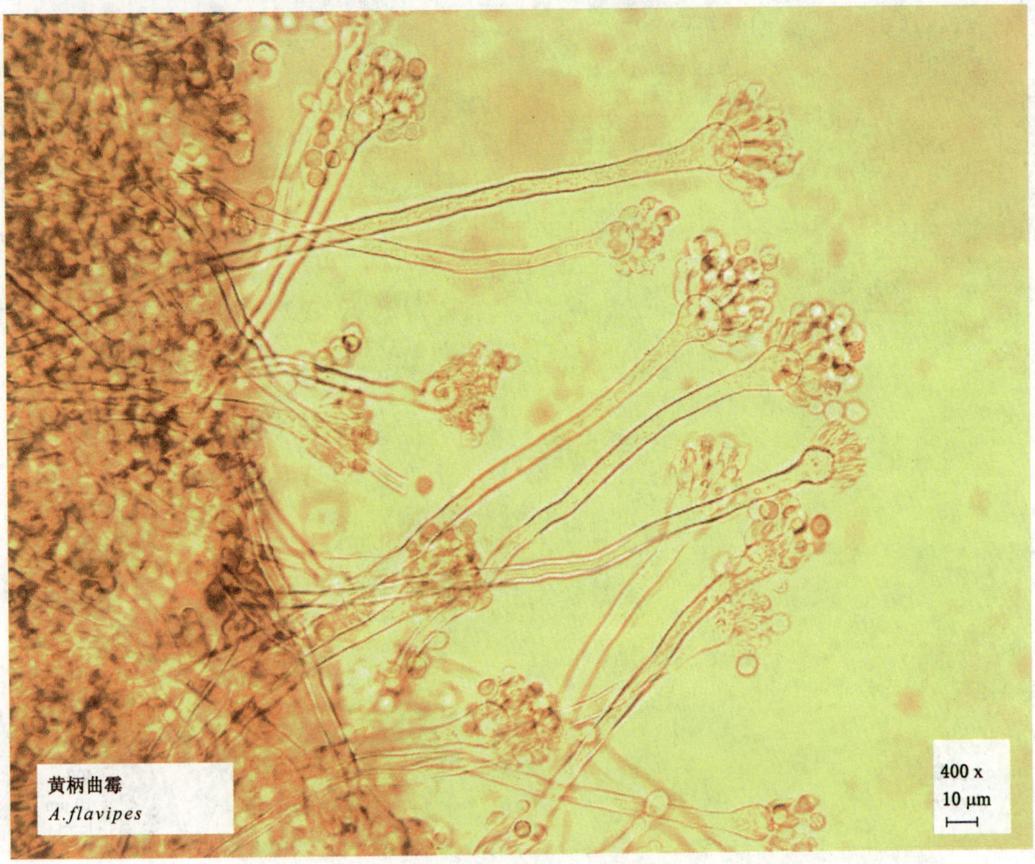

b)

图 27

5.28 土曲霉（*A. terreus*）

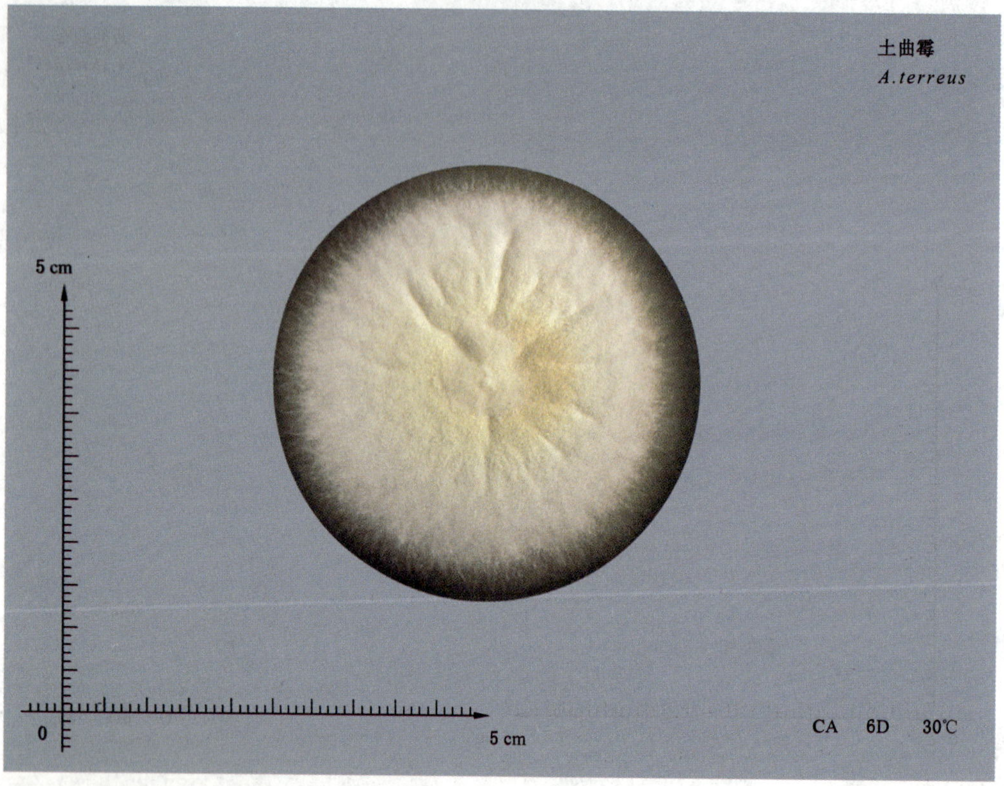

a）

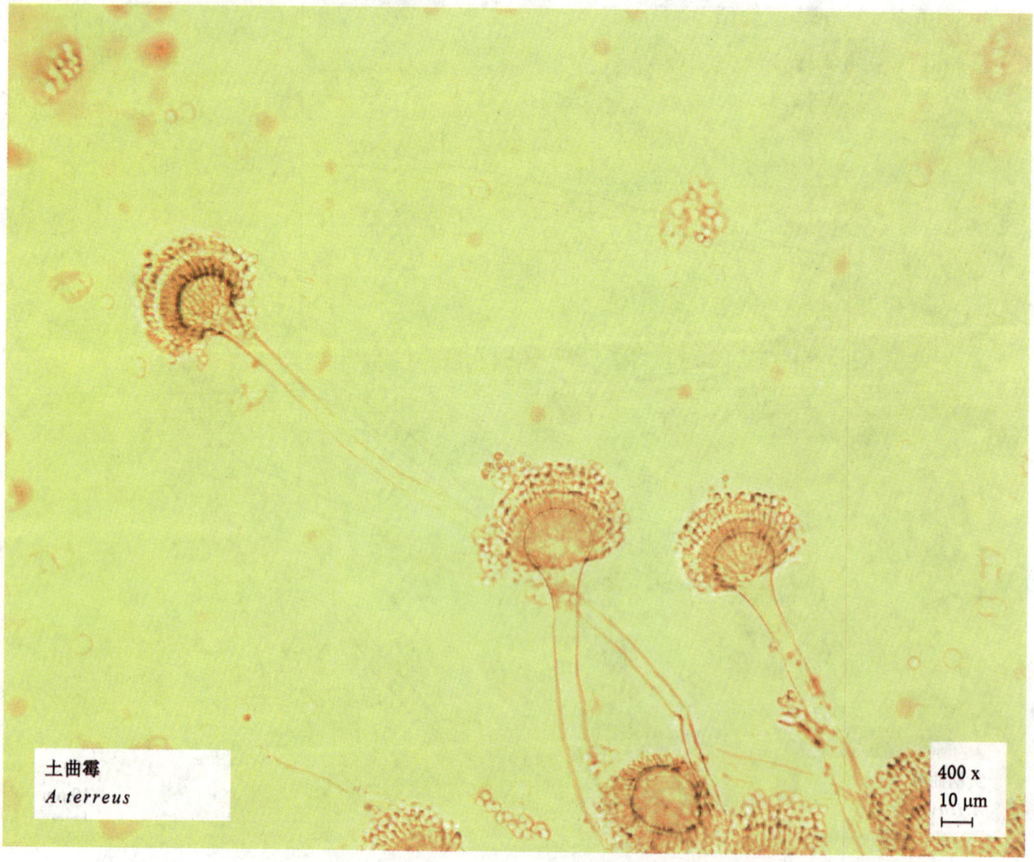

b）

图 28

6 图谱说明

6.1 菌落图谱中的 30 ℃表示培养温度为(30±1)℃，6D 表示 6 天,CD 表示培养基采用高盐察氏培养基,CA 表示培养基采用察氏培养基。

6.2 显微特征图谱中的×××x 代表放大倍数,如 200x 表示放大 200 倍。

附　录　A
（规范性附录）
粮食中曲霉菌落观察及显微观察操作步骤

A.1　设备和材料

A.1.1　显微镜：放大倍数为1 000倍以上，内置光源，强度可调，宜具备数码照相功能，数码照相机的分辨率宜在300万像素以上。

A.1.2　目镜测微计：具有10倍的双目镜。

A.1.3　物镜：配备10倍、20倍、40倍、100倍（油镜）。

A.1.4　生物培养箱。

A.1.5　冰箱。

A.1.6　超净工作台。

A.1.7　放大镜。

A.1.8　酒精灯。

A.1.9　接种钩针。

A.1.10　解剖针。

A.1.11　滴瓶。

A.1.12　三角瓶。

A.1.13　载玻片。

A.1.14　盖玻片。

A.1.15　培养皿。

A.1.16　镊子。

A.1.17　高压蒸汽灭菌器。

A.2　培养基和试剂

A.2.1　乳酸-苯酚液：按GB 4789.28—2003的3.24规定配制。

A.2.2　察氏培养基：按GB 4789.28—2003的4.77规定配制。

A.2.3　高盐察氏培养基：按GB 4789.28—2003的4.78规定配制。

A.2.4　香柏油。

A.2.5　二甲苯。

A.2.6　无菌水。

A.2.7　75%乙醇。

A.3　操作步骤

A.3.1　菌落观察

A.3.1.1　用种植分离法或稀释分离法把粮食籽粒上的曲霉分离并纯化，将纯化后的未知菌株保存于斜面试管中备用。

A.3.1.2　将分装于250 mL或500 mL三角瓶中已灭菌的高盐察氏培养基（A.2.3）熔化后，放入45 ℃水浴中保温备用。

A.3.1.3　将熔化培养基在超净工作台（A.1.6）中以无菌操作倾注于直径9 cm～10 cm的培养皿（A.1.15）中，每个培养皿注入12 mL～15 mL，凝固后备用。

A.3.1.4 将接种针(A.1.9)经火焰灭菌并冷却后,从斜面试管(A.3.1.1)上蘸取极少量孢子,点植于培养皿中的培养基(A.3.1.3)上,一般点植成三角形的三点。

A.3.1.5 将接完种的培养皿倒置并放入30℃恒温培养箱(A.1.4)中培养6天,用肉眼或放大镜观察菌落的生长或发育速度、菌落的颜色、菌落表面质地、菌落边缘、培养基颜色变化等。

A.3.2 显微观察

A.3.2.1 取一片洁净的载玻片(A.1.13),在中央滴一滴乳酸-苯酚液(A.2.1)。

A.3.2.2 用接种针(A.1.9)或解剖针(A.1.10)从培养皿(A.3.1.5)或试管(A.3.1.1)的纯化菌落上挑取少许含有子实体的菌体放入载玻片的液滴(A.3.2.1)中,并将菌丝体挑开,勿使成团。

A.3.2.3 用镊子(A.1.16)取盖玻片(A.1.14),从一边轻轻加盖,避免产生气泡,如果有气泡,可在酒精灯(A.1.8)上微微加热除去。

A.3.2.4 用显微镜(A.1.1)观察载片标本中菌丝、子实体、孢子等的特征。

A.4 观察结果

A.4.1 将A.3.1.5的观察现象与第5章的菌落标准图[a)图)]对照,确定菌的种类。

A.4.2 将A.3.2.4的观察现象与第5章的显微特征标准图[b)图)]对照,确定菌的种类。

附 录 B
（资料性附录）
常见曲霉的主要形态特征

B.1 黄曲霉（*A. flavus*）图1

菌落生长较快，在CD培养基上5天～7天直径3 cm～4 cm或4 cm～7 cm，最初带黄色，然后变为黄绿色，反面无色或带褐色。在低倍显微镜下观察可见分生孢子头疏松放射状，继变为疏松柱状。顶囊烧瓶形或近球形，全部顶囊着生小梗，小梗单层、双层或单、双层同时生在一个顶囊上。分生孢子球形、近球形，粗糙。

B.2 寄生曲霉（*A. parasiticus*）图2

菌落在CD培养基上生长较快，5天～7天直径4 cm～7 cm，平坦或带放射状沟纹，幼时带黄色，老后呈暗绿色，反面奶油色至淡褐色。低倍显微镜下观察，分生孢子头呈疏松放射状。分生孢子梗光滑或粗糙，顶囊近球形或烧瓶形。分生孢子球形，极粗糙，具小刺。

B.3 杂色曲霉（*A. versicolor*）图3

菌落在CD培养基上生长较局限，5天～7天直径2 cm～4 cm，绒状、絮状或两者同时存在。颜色变化相当广泛，不同菌系可能局部淡绿、灰绿、浅黄甚至粉红色；反面近于无色至黄橙色或玫瑰色。有的菌落有无色至紫红色的液滴。分生孢子头疏松放射状，顶囊半椭圆形至半球形，上半部或四分之三部位上着生小梗，小梗双层。分生孢子球形，粗糙。

B.4 构巢曲霉（*A. nidulans*）图4

菌落在CD培养基上生长较局限，5天～7天直径3 cm～5 cm，绒状，绿色，有的菌系由于产生较多的闭囊壳而显现黄褐色，反面紫红色。分生孢子头短柱形，分生孢子梗极短，常弯曲。小梗双层。分生孢子球形，粗糙。

B.5 棕曲霉（*A. ochraceus*）图5

菌落在CD培养基上生长较局限，5天～7天直径3 cm～5 cm，褐色或浅黄色。反面带黄褐色或绿褐色。分生孢子头幼时球形，老后分裂成2个～3个柱状分叉。分生孢子梗有明显麻点。顶囊球形。小梗双层，自顶囊全部表面密集着生。分生孢子球形至近球形，常粗糙。

B.6 棒曲霉（*A. clavatus*）图6

菌落在CD培养基上生长较局限，5天～7天直径1 cm～4 cm，绒毛状或厚毛毡状，灰淡青绿色，分生孢子头棍棒状。分生孢子梗粗大，表面光滑，无色。顶囊棍棒状。小梗一层，短，密生在顶囊表面。分生孢子椭圆形，光滑。

B.7 巨大曲霉（*A. giganteus*）图7

菌落在CD培养基上生长较局限，5天～7天直径2 cm～4 cm，绒毛状或厚毛毡状，淡蓝绿色至灰蓝绿色，分生孢子头近似棒状，但不如棒曲霉明显。分生孢子梗粗大，表面光滑，无色。顶囊棒状。小梗一层，短，密生在顶囊表面。分生孢子椭圆形，光滑。

B.8 栖土曲霉（*A. terricola*）图 8

菌落在 CD 培养基上生长较快，5 天～7 天直径 3 cm～7 cm，黄色或黄褐色，细密。分生孢子梗无色，光滑或具小颗粒。分生孢子头较小。小梗大部分双层，少数单层，单层和双层小梗通常可以在同一个分生孢子头内观察到。分生孢子有粗疏小刺。

B.9 文氏曲霉（*A. wentii*）图 9

菌落在 CD 培养基上生长较快，5 天～7 天直径 3 cm～7 cm，白色，密集成絮团状，菌落中间有棕褐色或咖啡色的分生孢子头区域。分生孢子头很大，圆球形。分生孢子梗很长。顶囊圆形。小梗二层，遍生于顶囊表面。分生孢子球形或椭圆形，表面通常粗糙，也有光滑的。

B.10 灰绿曲霉群（*A. glaucus group*）图 10

菌落在 CD 培养基上生长较快，5 天～7 天直径 3 cm～7 cm，绒毛状或絮状，呈灰青绿色，老时变为褐绿色或暗绿色。分生孢子头疏松辐射状。分生孢子梗光滑，有隔膜。顶囊不大，圆球形或圆顶形。小梗一层生于顶囊的全部或上部，小梗较粗。分生孢子椭圆形到近球形，有短刺。部分种产生大量黄色、橙色或橘红色的子囊孢子。

B.11 阿姆斯特丹曲霉（*A. amstelodami*）图 11

菌落在 CD 培养基上生长较快，5 天～7 天直径 3 cm～7 cm，绒毛状或絮状，菌落深绿色，带有硫黄色斑点，反面无色到淡黄色。子囊孢子扁豆形，表面粗糙，中央有明显的纵沟和隆起的边缘。

B.12 薛氏曲霉（*A. chevalieri*）图 12

菌落在 CD 培养基上生长较快，5 天～7 天直径 3 cm～7 cm，最初为白色的短羊毛状，后变成具有成块的淡青色区域和埋藏有橙色子囊孢子区域。子囊孢子扁豆形，表面平滑或近似平滑，中央有脊线或纵沟，脊薄，呈鸡冠状，形状如滑轮。

B.13 赤曲霉（*A. ruber*）图 13

菌落在 CD 培养基上生长较快，5 天～7 天直径 3 cm～7 cm，绒毛状或絮状，菌落为锈红色到深红棕色。产生大量赤红色子囊孢子。子囊孢子扁豆形，表面平滑或近似平滑，中央有脊线或纵沟，脊低而钝圆，中央沟宽而浅。

B.14 近橄榄色曲霉（*A. subolivaceus*）图 14

菌落在 CD 培养基上生长较局限，5 天～7 天直径 2 cm～4 cm，菌落呈淡黄橄榄色或灰橄榄色，分生孢子头球形至放射状或柱状。小梗单层或双层，通常在同一菌种上可以看到这两种情况。分生孢子梗具有显著的小刺。分生孢子光滑或近于光滑。

B.15 匍匐曲霉（*A. repens*）图 15

菌落在 CD 培养基上生长较快，5 天～7 天直径 3 cm～7 cm，绒毛状或絮状，菌落污绿色混有黄色，产生大量橙红色子囊孢子。子囊孢子扁豆形，表面平滑或近似平滑，中腰有纵痕，无中央脊，也无中央沟。

B.16 局限曲霉（*A. restrictus*）图 16

菌落在 CD 培养基上生长局限，5 天～7 天直径 1 cm～3 cm，菌落暗绿色到褐绿色。分生孢子头小，为细长的柱状，类似青霉属中一些单轮生青霉穗。顶囊不大，近半球形。分生孢子卵圆形到圆桶形，表面粗糙。

B.17　爪甲曲霉（*A. unguis*）图 17

菌落在 CD 培养基上生长较局限，5 天～7 天直径 1 cm～3 cm，绒状，暗黄至绿色，具有镶饰盒细尖的菌丝存在。分生孢子头短柱形，分生孢子梗极短，常弯曲。小梗双层。分生孢子球形，粗糙，具有小刺。

B.18　烟曲霉（*A. fumigatus*）图 18

菌落在 CD 培养基上生长较局限，5 天～7 天直径 2 cm～4 cm，绒状或带絮状，暗绿色、烟绿色，反面具有相同颜色。分生孢子头柱状，幼时青绿色。分生孢子梗短，表面光滑。顶囊瓶状。小梗一层，在顶囊的上半部或三分之二部密生。分生孢子球形，有小刺。

B.19　黄叉曲霉（*A. flavo-furcatis*）图 19

菌落生长较快，在 CD 培养基上 5 天～7 天直径 4 cm～7 cm，深黄绿至褐色然后呈暗褐色。分生孢子头较大，呈疏松放射状。顶囊烧瓶形或近球形，全部顶囊着生小梗，小梗单层、双层或单、双层同时生在一个顶囊上。分生孢子具有显著的小疣。

B.20　无花果曲霉（*A. ficuum*）图 20

菌落在 CD 培养基上生长较快，5 天～7 天直径 3 cm～5 cm，粗地毡状，炭黑色，初期有白色羊毛状菌丝。分生孢子头大，圆球形。分生孢子梗长度不超过 4.0 mm。顶囊圆球形。小梗二层，密生在顶囊的全部表面。分生孢子球形，成熟期直径在 5.0 μm 以下，表面粗糙。

B.21　泡盛曲霉（*A. awamori*）图 21

菌落在 CD 培养基上生长较快，5 天～7 天直径 3 cm～5 cm，粗地毡状，幼时呈灰橄榄褐色或深橄榄褐色，后变为红褐色。分生孢子头圆球形。分生孢子梗大部分长 1.0 mm～1.5 mm，表面光滑。顶囊圆球形。小梗二层，密生在顶囊的全部表面。分生孢子球形，大部分直径 4.0 μm～4.5 μm。

B.22　黑曲霉（*A. niger*）图 22

菌落在 CD 培养基上生长较快，5 天～7 天直径 3 cm～5 cm，粗地毡状，黑色、黑褐色，初期有白色羊毛状菌丝。分生孢子头大，圆球形。分生孢子梗很长表面光滑。顶囊圆球形。小梗二层，密生在顶囊的全部表面。分生孢子球形，表面粗糙。

B.23　塔宾曲霉（*A. tubingensis*）图 23

菌落在 CD 培养基上生长较快，5 天～7 天直径 3 cm～5 cm，表面疏松，暗黑色至褐色，反面无色。分生孢子头大，圆球形。分生孢子梗大部分长 2 mm～3 mm，也有达 5.0 mm。表面光滑。顶囊圆球形。小梗二层，密生在顶囊的全部表面。分生孢子球形，大部分直径在 3.0 μm～3.55 μm。

B.24　白曲霉（*A. candidus*）图 24

菌落在 CD 培养基上生长较快，5 天～7 天直径 3 cm～5 cm，绒状，白色，老熟时变为乳酪色。分生孢子头圆球形。分生孢子梗光滑。顶囊圆球形。小梗二层。分生孢子球形或扁球形，表面光滑。

B.25　溜曲霉（*A. tamarii*）图 25

菌落生长较快，在 CD 培养基上 5 天～7 天直径 3 cm～4 cm 或 4 cm～7 cm，深黄绿至褐色。在低倍显微镜下观察可见分生孢子头疏松放射状。顶囊烧瓶形或近球形,全部顶囊着生小梗,小梗单层、双层或单、双层同时生在一个顶囊上。分生孢子具有显著的小疣。

B.26 焦曲霉(*A. ustus*)图26

菌落在CD培养基上生长较快,5天~7天直径3 cm~5 cm,絮状,最初为褐黄色,继变为褐色或紫灰色,反面黄色或橙色,老后呈褐色。分生孢子头放射状至疏松柱状。顶囊半球形至近球形。小梗双层。分生孢子球形,粗糙。

B.27 黄柄曲霉(*A. flavipes*)图27

菌落在CD培养基上生长较局限,5天~7天直径2 cm~4 cm,淡黄色,反面黄褐色至红褐色。分生孢子头疏松柱状或趋于放射状。分生孢子梗壁较厚,近于光滑或微呈粒状。顶囊近球形或稍长。小梗双层生于顶囊顶部。分生孢子球形或近球形,光滑。

B.28 土曲霉(*A. terreus*)图28

菌落在CA培养基上生长较快,5天~7天直径4 cm~6 cm,绒状或毛毡状,肉桂色到沙褐色,反面黄色到污褐色。分生孢子头长柱状。分生孢子梗光滑无色。顶囊半球形。小梗二层在顶囊上半部或三分之二部分着生。分生孢子球形或近球形,表面光滑。
